教育部高等学校电子信息类专业教学指导委员会规划教材

高等学校电子信息类专业系列教材

Principle and Application of MSP430 Microcontroller

MSP430单片机
原理与应用

王兆滨　马义德　孙文恒　　编著

Wang Zhaobin　Ma Yide　　Sun Wenheng

清华大学出版社

北京

内 容 简 介

本书以 MSP430F261x 系列单片机为平台，详细阐述了 MSP430 单片机的内、外部结构组成以及常用片上外设模块的基本工作原理。本书在对基本指令、寻址方式和汇编语言等底层控制原理讲解的基础上，使用 C 语言作为各个片上模块的程序设计语言，这样既能使读者体会汇编语言的高效，也能使他们感觉到高级语言的方便快捷；内容组织上不贪大求全，而是尽量做到把最常用、最能反映单片机精髓的知识讲细、讲精、讲透，以达到让读者触类旁通的目的；力求做到内容组织独具匠心、理论讲解深入浅出、实例设计简单易懂、习题练习丰富有趣。

本书可以作为高等院校计算机专业、电子信息科学与技术专业、通信工程专业、自动化专业、物联网专业以及其他相关专业本科生的单片机课程教材，也可供广大从事单片机应用系统开发的相关工程技术人员参考使用。

图书在版编目（CIP）数据

MSP430 单片机原理与应用/王兆滨，马义德，孙文恒编著.—北京：清华大学出版社，2017(2024.7 重印)
（高等学校电子信息类专业系列教材）
ISBN 978-7-302-46053-4

Ⅰ．①M…　Ⅱ．①王…　②马…　③孙…　Ⅲ．①单片微型计算机－高等学校－教材
Ⅳ．①TP368.1

中国版本图书馆 CIP 数据核字（2017）第 004888 号

责任编辑：郑寅堃　薛　阳
封面设计：李召霞
责任校对：时翠兰
责任印制：杨　艳

出版发行：清华大学出版社
　　　　网　　　址：https://www.tup.com.cn，https://www.wqxuetang.com
　　　　地　　　址：北京清华大学学研大厦 A 座　　　　　　邮　　编：100084
　　　　社 总 机：010-83470000　　　　　　　　　　　　邮　　购：010-62786544
　　　　投稿与读者服务：010-62776969，c-service@tup.tsinghua.edu.cn
　　　　质量反馈：010-62772015，zhiliang@tup.tsinghua.edu.cn
　　　　课件下载：https://www.tup.com.cn，010-83470236
印 装 者：北京建宏印刷有限公司
经　　销：全国新华书店
开　　本：185mm×260mm　　　印　张：26.25　　　字　数：633 千字
版　　次：2017 年 7 月第 1 版　　　　　　　　　　印　次：2024 年 7 月第 7 次印刷
印　　数：2801～3100
定　　价：69.00 元

产品编号：071561-02

序

FOREWORD

我国电子信息产业销售收入总规模在 2013 年已经突破 12 万亿元,行业收入占工业总体比重已经超过 9%。电子信息产业在工业经济中的支撑作用凸显,更加促进了信息化和工业化的高层次深度融合。随着移动互联网、云计算、物联网、大数据和石墨烯等新兴产业的爆发式增长,电子信息产业的发展呈现了新的特点,电子信息产业的人才培养面临着新的挑战。

(1) 随着控制、通信、人机交互和网络互联等新兴电子信息技术的不断发展,传统工业设备融合了大量最新的电子信息技术,它们一起构成了庞大而复杂的系统,派生出大量新兴的电子信息技术应用需求。这些"系统级"的应用需求,迫切要求具有系统级设计能力的电子信息技术人才。

(2) 电子信息系统设备的功能越来越复杂,系统的集成度越来越高。因此,要求未来的设计者应该具备更扎实的理论基础知识和更宽广的专业视野。未来电子信息系统的设计越来越要求软件和硬件的协同规划、协同设计和协同调试。

(3) 新兴电子信息技术的发展依赖于半导体产业的不断推动,半导体厂商为设计者提供了越来越丰富的生态资源,系统集成厂商的全方位配合又加速了这种生态资源的进一步完善。半导体厂商和系统集成厂商所建立的这种生态系统,为未来的设计者提供了更加便捷却又必须依赖的设计资源。

教育部 2012 年颁布了新版《高等学校本科专业目录》,将电子信息类专业进行了整合,为各高校建立系统化的人才培养体系,培养具有扎实理论基础和宽广专业技能的、兼顾"基础"和"系统"的高层次电子信息人才给出了指引。

传统的电子信息学科专业课程体系呈现"自底向上"的特点,这种课程体系偏重对底层元器件的分析与设计,较少涉及系统级的集成与设计。近年来,国内很多高校对电子信息类专业课程体系进行了大力度的改革,这些改革顺应时代潮流,从系统集成的角度,更加科学合理地构建了课程体系。

为了进一步提高普通高校电子信息类专业教育与教学质量,贯彻落实《国家中长期教育改革和发展规划纲要(2010—2020 年)》和《教育部关于全面提高高等教育质量若干意见》(教高【2012】4 号)的精神,教育部高等学校电子信息类专业教学指导委员会开展了"高等学校电子信息类专业课程体系"的立项研究工作,并于 2014 年 5 月启动了《高等学校电子信息类专业系列教材》(教育部高等学校电子信息类专业教学指导委员会规划教材)的建设工作。其目的是为推进高等教育内涵式发展,提高教学水平,满足高等学校对电子信息类专业人才培养、教学改革与课程改革的需要。

本系列教材定位于高等学校电子信息类专业的专业课程,适用于电子信息类的电子信息工程、电子科学与技术、通信工程、微电子科学与工程、光电信息科学与工程、信息工程及其相近专业。经过编审委员会与众多高校多次沟通,初步拟定分批次(2014—2017 年)建设约 100 门课程教材。本系列教材将力求在保证基础的前提下,突出技术的先进性和科学的前沿性,体现创新教学和工程实践教学;将重视系统集成思想在教学中的体现,鼓励推陈出新,采用"自顶向下"的方法编写教材;将注重反映优秀的教学改革成果,推广优秀的教学经验与理念。

为了保证本系列教材的科学性、系统性及编写质量,本系列教材设立顾问委员会及编审委员会。顾问委员会由教指委高级顾问、特约高级顾问和国家级教学名师担任,编审委员会由教育部高等学校电子信息类专业教学指导委员会委员和一线教学名师组成。同时,清华大学出版社为本系列教材配置优秀的编辑团队,力求高水准出版。本系列教材的建设,不仅有众多高校教师参与,也有大量知名的电子信息类企业支持。在此,谨向参与本系列教材策划、组织、编写与出版的广大教师、企业代表及出版人员致以诚挚的感谢,并殷切希望本系列教材在我国高等学校电子信息类专业人才培养与课程体系建设中发挥切实的作用。

吕志伟 教授

前 言
PREFACE

MSP430 单片机是美国德州仪器(Texas Instruments,TI)于 1996 年开始推向市场的一种 16 位超低功耗单片机,它具有极低功耗、高性能、丰富的片上外设和通信接口等特点。由于将多个不同功能的模拟电路、数字电路模块和微处理器集成在一个芯片上,所以又称之为混合信号处理器。

MSP430 单片机不但具有传统单片机的特征,还具有一些片上系统的特点。因此,国内外很多高等院校已将 MSP430 系列单片机作为单片机相关课程的讲授对象。

利用该单片机进行嵌入式系统教学具有以下特点。

1. 结构简单、资源丰富、使用方便

MSP430 单片机使用的是 16 位 RISC CPU,存储结构上采用冯·诺依曼结构。各个片上外设均挂接在内部总线上,但外设与外设之间、外设与 CPU 之间都是独立工作的,外设与 CPU 通过中断机制联系在一起。MSP430 单片机内嵌有 JTAG 逻辑部件,便于下载和在线仿真。

MSP430 单片机组织结构简洁、便于理解,其核心部件主要包括时钟系统、RISC CPU、Flash、RAM 和相关 I/O 端口,其他片上外设都是对该类单片机自身的扩展和增强。

MSP430 系列单片机种类丰富多样。目前,MSP430 单片机涵盖 F1xx、F2xx、G2xx、F4xx、F5xx、F6xx 共 6 大系列,还有集成有无线收发功能的 CC430 系列等合计约有 600 种,能够满足大多数工程应用场合的需求。

2. 有利于减少外围电路设计

MSP430 单片机中集成大量的片上外围设备,例如看门狗、模拟比较器、定时器、串行通信接口、硬件乘法器、液晶驱动器、10 位/12 位 ADC、16 位 Σ-Δ ADC、DMA、I/O 端口、基本定时器、实时时钟和 USB 控制器等。充分利用这些片上外设,可以减少嵌入式系统外围电路设计、简化设计流程、节约成本、提高系统可靠性、缩小 PCB 和产品体积。

3. 有利于开展更高层次的学习

MSP430 单片机的内核是 16 位 RISC CPU。在整个单片机系列中,属于中端单片机。在高端 32 位单片机中,一般是采用 RISC 核,如 Cortex M 系列单片机。在掌握了 MSP430 单片机原理及其开发技术后,再学习 32 位的高端单片机难度将大为降低。当然,在熟悉 MSP430 单片机的基础上学习其他类型的单片机(如 51 单片机)会更加容易。

4. MSP430 单片机的市场逐渐扩大

在美国德州仪器公司多年来不懈的努力下,MSP430 单片机的市场份额在不断增加,在 16 位单片机市场中独占鳌头。即便是在 8 位单片机市场中,也已对传统的 51 单片机形成了强烈冲击。

5. 符合目前及未来节能降耗的要求

随着世界能源危机日趋严重,迫切需要节能环保的产品。MSP430 单片机与其他单片机相比在低功耗方面有着不可比拟的优势,推广使用 MSP430 单片机符合"节能降耗"的时代主题。

尽管 MSP430 单片机具有众多的技术优势,也是目前嵌入式系统应用开发所必需的,但是目前能够用于 MSP430 单片机教学的图书较少。尽管这些图书在编写上各有所长,但就课堂教学来说,仍存在一些不足:①有些图书内容大多直接翻译 TI 提供的用户指南和数据手册,并未做进一步加工或整合;②有些图书完全工程化的讲解方式对工程师或具有一定单片机基础的人有参考价值,不适合初学者。因为这些图书直接讲述单片机的工程应用,对工作原理讲解较少,读者从这些书中获取的信息,只是知其然,而不知其所以然,难以激发创新思维。

为此,我们在编写过程中尽量弥补这些不足,同时融合了我们多年在嵌入式系统方面的科研积累与教学改革经验,使得本书具有以下鲜明特色。

(1)在内容组织上打破了传统的参考书式的讲解方式,对各个知识点的内容重新划分整合。然后再按照由浅入深、循序渐进的思路进行重新组织,使之容易被学生接受。

(2)在实例选择上尽量做到先易后难、先部分后整体,考虑到初学者的特点,力求使实例做到简单易懂。首先让学生通过学习简单的例子激发和培养学生的学习兴趣和探索欲望,然后再逐步提高难度、提升水平。先是单个功能、单个模块的学习,逐步转换成对整个系统的分析和设计。

(3)秉承"理论学习是认识单片机的起点,设计单片机系统是最终落脚点"的理念。在理论讲解的基础上,通过实例让学生对单片机的认识形象化,配合丰富有趣的习题练习使学生对于单片机的理解硬件化或产品化。

本书以 MSP430F261x 单片机为例,全面而翔实地介绍了 MSP430 单片机的结构组成、工作原理以及常用模块的使用方法。内容组织上不贪大求全,而是尽量做到把最常用、最能反映单片机精髓的知识讲细、讲精、讲透,以达到让读者触类旁通的目的。在组织结构上,全书共分为 12 章,第 1 章介绍了与嵌入式系统相关的基本知识;第 2 章介绍了 MSP430 单片机的内部结构和外部组成,并简要介绍了 MSP430 单片机寻址方式、指令系统;第 3 章主要回顾了 MSP430 单片机 C 程序设计的相关知识;第 4~11 章分别讲述了 MSP430 单片机的输入输出端口及常用接口设计、时钟系统、定时器、模数转换器、数模转换器、通用串行通信接口、存储器、DMA 等常用片上模块的工作原理及使用方法;第 12 章介绍了 MSP430 单片机应用系统设计基础。

书中各章节的知识点都提供了简单易懂的例程,本书所有例程均在 IAR Embedded Workbench For MSP430 v5 和 TI CCSv5 中调试通过。每章附有大量习题供学生课下巩固本章内容,部分习题可以训练学生的创新思维能力。

总之,全书结构紧凑、布局合理,具有一定的通用性、系统性和实用性。内容叙述力求简洁、凝练。力求做到深入浅出的理论讲解、简单易懂的实例设计、丰富有趣的习题练习、独具匠心的知识体系。为了便于学习和阅读 TI 公司提供的相关原始数据资料,本书使用的逻辑电路符号与公司官方资料中使用的符号保持一致。

在本书的编写和出版过程中得到了兰州大学信息科学与工程学院电路与系统研究所田

毅、张燕、孙晓光、李剑、郭丽杰、杨泽坤、陈丽娜、张垚、赵继鹏等研究生,以及兰州大学信息科学与工程学院电子信息科学与技术专业和通信工程专业部分本科生的协助。感谢他们在资料搜集、书稿整理、程序调试、后期校稿等方面所做的工作。此外,书中例题参考了 TI 官方网站提供的大量例程,个别例题及部分内容也参考了互联网上的有关资料,在此向这些资料的作者一并表示诚挚的感谢。

　　需要特别指出的是,本教材的出版得到了兰州大学教材建设基金资助和兰州大学信息科学与工程学院教材建设基金资助。感谢美国德州仪器公司大学计划给予兰州大学 MSP430 & Cortex M 单片机联合实验室的持续支持。

　　由于作者水平所限,书中难免存在部分疏漏和不妥之处,恳请广大读者批评指正!

编　者

2017 年 3 月于兰州大学

目 录
CONTENTS

## 第 1 章

绪　　论

1.1　嵌入式系统概述

从计算机发展的历程来看,嵌入式系统诞生于微型计算机时代。微型计算机以其体积小、价位低、性能可靠的特点迅速发展、广泛应用。与此同时,大型机电设备的智能化控制要求日益强烈,因此将微型计算机嵌入到大型机电设备中以实现设备的智能化控制成为必然趋势。这样微型计算机就成为嵌入到特定机电系统中的专用计算机,最早的嵌入式系统也就应运而生。嵌入式系统经过几十年的不断创新和探索,已进入高速发展和普及时期,其发展惠及小至日常生活、大至国防航天。嵌入式系统的迅速发展表明,它正朝着更智能、更方便、更高效、更安全、更可靠的方向发展。

1.1.1　嵌入式系统的定义

嵌入式系统(Embedded System)是一个具有特定功能的专用计算机系统,因此与常见的通用计算机相比有所不同。嵌入式系统通常是在一个大系统中用于特定功能的控制,并且还具有一定的实时性要求。目前,由于嵌入式系统的内涵与外延较广、涉及内容较多,很难给它下一个严格的定义。即便是现有定义也"仁者见仁、智者见智"。例如,美国电气和电子工程师协会(IEEE)对嵌入式系统给出的定义是:"devices used to control, monitor, or assist the operation of equipment, machinery or plants",即嵌入式系统是可用于控制、监视、辅助装备、机器或设备运行的装置。该定义反映出嵌入式系统涵盖软硬件范畴,既有硬件平台也有软件支持。

目前国内普遍认同的一个定义是:嵌入式系统是以应用为中心、以计算机技术为基础、软硬件可裁剪、适应应用系统对功能、可靠性、成本、体积、功耗严格要求的专用计算机系统。

1.1.2　嵌入式系统的构成

与计算机系统一样,嵌入式系统也由硬件部分和软件部分组成。具体地说,嵌入式系统一般由嵌入式处理器、操作系统、应用程序和输入输出设备等部分组成,如图 1.1 所示。

嵌入式处理器是整个嵌入式系统的真正核心,犹如人的大脑。由于超大规模集成电路的迅速发展,嵌入式处理器中大都具有丰富的资源。以 MSP430 单片机为例,只需要在一片嵌入式处理器上添加电源电路就构成了一个嵌入式核心控制单元。

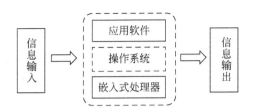

图 1.1　嵌入式系统组成框图

嵌入式处理器与通用处理器的最大区别是，嵌入式处理器大多工作于专门设计的应用场合，它将许多外接辅助设备集成到芯片上成为其内部资源。因此，嵌入式系统可以设计得比较小巧，同时兼有高效率和高可靠性。

信息的输入输出设备是嵌入式处理器与外界进行信息交换的必经之地。它首先将获取的外界信息传输给嵌入式处理器进行分析处理，然后再将处理后的结果输出到外界。例如，在温控系统中，首先将温度传感器感知到的温度变化信息传输给处理器，处理器分析处理后，再将是否需要启用继电器的信号传输给外部的继电器。

硬件部分为嵌入式系统搭建好了运行的平台，软件部分才是台上的主角，也是整个嵌入式系统的灵魂。嵌入式系统软件由操作系统和应用软件组成。

在早期的嵌入式系统或较简单的嵌入式系统中一般没有操作系统，而是直接在硬件平台上开发并运行应用程序。但随着嵌入式系统的软硬件资源越来越多，整个系统资源的有效管理和利用成为一个突出问题。嵌入式操作系统的出现解决了这一系列问题。

嵌入式操作系统是一种支持嵌入式系统应用的操作系统软件。它能够有效管理越来越复杂的系统资源；能够把硬件虚拟化，使得开发人员从繁忙的驱动程序移植和维护中解脱出来；可以提供库函数、标准设备驱动程序以及工具集等。通常包括与硬件相关的底层驱动软件、系统内核、设备驱动接口、通信协议、图形界面、标准化浏览器等。

1.1.3　嵌入式系统的特点

嵌入式系统应用领域多、形态各异。结构组成上，嵌入式系统是集软硬件于一体的、可独立工作的计算机系统；外观上，嵌入式系统又是一个"可编程"的逻辑器件；从功能上，它还是能对宿主对象进行"智能"控制的控制器。相对于通用计算机系统而言，嵌入式系统具有以下特点。

1. 专用性

嵌入式系统是针对某一领域的特定应用而设计的，不具有通用性。例如，路由器中的嵌入式系统与移动手机的嵌入式系统完全是两码事。嵌入式系统的硬件和软件都是为特定应用对象而设计的，它通常具有某种专用性的特征。

2. 实时性

工业控制、数据通信、数据采集等是嵌入式系统的重要应用领域。在这些领域中对嵌入式系统的实时性均有较高的要求，这就需要从软硬件方面进行精心设计。例如，软件上通过精心设计可以使嵌入式系统快速地响应外部事件，硬件上通过特殊设计与布局可使系统响应时间缩短，进而提升整个系统的实时性。

当然，随着嵌入式系统在消费性电子产品的广泛应用，它们对实时性的要求相对较宽松,像目前十分流行的智能数码产品如移动电话、PDA、MP3、飞机、舰船、数码相机等。它们对实时性的要求不高,只要能够满足人的需求即可。但总体来说,实时性是对嵌入式系统的普遍要求。

3. 低功耗

嵌入式系统的应用环境决定了低功耗是嵌入式系统追求的目标之一。尤其对于便携式设备而言,它们由于不可能配备容量较大的电源,因此降低功耗是延长工作时间的最主要手段。目前有些处理器的功耗已降至毫瓦甚至微毫瓦级。为了降低系统功耗,通常一方面选择使用低功耗的嵌入式处理器,另一方面采用降低系统功耗的设计方法,如将嵌入式系统的相关软件固化在存储器中。

4. 可靠性

可靠性是对嵌入式系统的基本要求,特别是在产品质量、人身安全、国家机密以及无人值守等场合。一旦出现不可靠情况,将会造成很大危害。所以与普通系统相比较,对嵌入式系统可靠性的要求极高。

5. 资源受限

由于嵌入式系统对成本、体积、功耗有严格要求,使得嵌入式系统的资源与通用计算机相比相当紧缺。因此,在软硬件设计时都需精细设计以充分利用有限的资源。

另外,绝大多数嵌入式系统本身不具备自举开发能力,必须通过特定的开发工具和环境才能完成系统应用软件的开发和修改。普通用户一般不可以对其中的程序功能进行修改。

1.1.4 嵌入式系统的发展

嵌入式系统的发展与嵌入式处理器的发展密不可分,可以说,没有嵌入式处理器也就没有嵌入式系统。随着嵌入式处理器的飞速发展,嵌入式系统也大致经历4个发展阶段。

(1) 单片机时代。该阶段以4位或8位嵌入式处理器为核心进行嵌入式系统的设计与开发。其主要特点是结构与功能相对单一、效率低、存储容量小,主要用于专业性极强的工业控制领域。该系统上一般没有操作系统。但是该类系统使用简单、开发方便、价格便宜。目前在工业控制领域仍被广泛应用。

(2) 微控制器时代。该阶段以8位或16位嵌入式处理器为核心进行应用系统开发。该类系统中一般具有简单的操作系统。该阶段的嵌入式系统主要用于提升应用对象的自动化及智能化水平,最典型的是在智能仪器仪表和智能家电等方面的应用。

(3) 以32位嵌入式处理器为基础,配合嵌入式操作系统的应用为标志的嵌入式系统。该阶段嵌入式处理器性能大幅提升和存储容量持续增大,使嵌入式操作系统得到广泛使用。这些方面的改善让嵌入式系统越来越像缩小版的PC。它可以具有PC的很多常用功能,如音/视频播放、娱乐、上网,以及简单的文档编辑。该阶段的嵌入式系统最贴近人们的生活,最典型的应用是在消费类电子领域,如智能手机、上网本、数码相机、便携式摄像机、MP3/MP4、GPS、数码相框等产品。

(4) 以互联网接入为标志的嵌入式系统。在该阶段嵌入式产品间的联网成为必然趋势。新一代的嵌入式系统不但具备内嵌网络接口,还应支持除TCP/IP之外的IEEE 1394、USB、CAN、Bluetooth或IrDA等通信接口。软件方面支持网络模块,在设备上嵌入Web浏览器,真正实现随时随地上网。随着物联网、云计算的发展,使得嵌入式系统接入互联网更加富有积极意义。

需要注意的是,属于不同阶段的嵌入式系统应用领域和应用场合是不同的。在相当长一段时间里,它们之间是同时存在的。例如,尽管 32 位 ARM 处理器应用越来越广,但是 8 位甚至 4 位单片机仍然有它的用武之地。

1.1.5　嵌入式系统的应用

人类已步入嵌入式系统无处不在的时代,大到航空航天设备、小到袖珍的数码产品和电子药丸都可以看到它的身影。据统计,全球 95％以上的电子产品都属于嵌入式系统。因此,嵌入式产品已经渗透到人们生活的方方面面,从家用电器、便携式医疗设备、手持通信设备、汽车电子设备到信息终端、仪器仪表、航天航空、军事装备、制造工业、环境工程和过程控制等。

1. 工业控制

工业控制是单片机的重要应用领域之一,单片机在工业控制中充分发挥了自身的控制能力,也使得工业控制越来越自动化、智能化,如利用单片机可以构成形式多样的控制系统、数据采集系统。常见的有工厂流水线的智能化管理、生产过程控制、电梯智能化控制、数控机床、各种报警系统,与计算机联网构成二级控制系统等。

2. 智能仪器仪表

用单片机改造传统的测量、控制仪器仪表,能促进仪表向自动化、网络化、数字化、智能化、多功能化、综合化、柔性化方向发展。不但可使长期以来测量仪器中所存在的误差修正、线性化处理、零漂、热噪声等难题迎刃而解,而且还可以提高精度、扩展量程、增加功能、提高可靠性等。

由单片机构成的智能仪表集测量、处理、控制功能于一体,赋予测量仪表以崭新的面貌,不仅使传统的仪器仪表发生根本性的变革,也给传统的仪器仪表行业技术带来了一次深刻的变革。

3. 医疗保健设备

随着生活水平的提高,人们对自身健康的关注越来越重视。传统医疗设备体积大,但不易挪动,使用时需要培训。这些特点无法使设备的价值得到充分发挥。而单片机在该领域的应用使得医疗设备体积变小,便携性增强,如医用呼吸机、各种分析仪、监护仪、超声诊断设备及病床呼叫系统等。随之而来的还有大量便携的保健设备,如便携式血糖仪、便携式血压计、便携式心率仪等。

4. 计算机系统接口与通信设备

计算机系统,特别是在较大型的工业测控系统中,除了通用外部设备(如打印机、键盘、磁盘、CRT)外,还有许多外部通信、数据采集、多路分配管理、驱动控制等接口。这些外部设备和接口如果完全由主机进行管理,势必造成主机负担过重,降低运行速度,接口的管理水平也不可能得到提高。如果用单片机进行接口的控制与管理,单片机与主机并行工作,可极大地提高系统的运行速度。同时,由于单片机对接口信息可进行加工处理,会极大地减少接口界面的通信密度,提高接口的管理水平,也极大减轻了 CPU 的负担。例如,在大型数据采集系统中,用单片机对 A/D 转换器接口进行控制不仅可提高数据采集速度,而且还可对数据进行预处理,如进行数字滤波、线性化处理、误差修正等。在通信接口中可采用单片机对数据进行编码、解码、接收/发送控制等工作；在通用计算机外设上已实现了单片机的键盘管理、打印机、绘图机、硬盘驱动控制等。

5. 智能家电

智能家电是将单片机应用到传统家电设备后形成的家电产品，它是具有自动监测自身故障、自动测量、自动控制、自动调节与远方控制中心通信功能的家电设备。单片机在家电中应用使得家电功能更加强大，也更加智能化。目前在家电领域都可以看到单片机的身影，如采用了单片机控制的电饭煲、洗衣机、电冰箱、空调机、彩电、其他音响视频器材等。随着技术的进步和人们对家电功能要求的提高，将来智能家电将走向网络化。未来将与智能家居、物联网进一步融合，形成功能更加强大、完善的智能化系统。当然它的目的是让人们生活得更加舒适、更加健康。除了智能家电外，日常生活中随处可见的各种电子娱乐产品中都有嵌入式系统的身影，如 MP3、MP4、数码相机、数码摄像机等。

1.2 嵌入式微处理器

嵌入式处理器是嵌入式系统的核心，是控制、辅助系统运行的硬件单元。嵌入式微处理器从 20 世纪 70 年代开始，经过四十多年的发展，从早期的 8 位处理器到现在的 32 位、甚至 64 位处理器，现已形成种类齐全、型号众多、性能迥异、可适用于不同用途的嵌入式处理器家族。

1.2.1 嵌入式处理器分类

根据嵌入式处理器的用途与特色不同，通常将其分为微控制器、嵌入式微处理器、嵌入式数字信号处理器及片上系统。

1. 微控制器

微控制器（Micro-Controller Unit，MCU）在早期称为单片微型计算机，简称单片机。随着应用的深入、技术的进步及单片机自身的不断发展，单片机的片上外设资源日趋丰富，在控制方面优势十分显著。因此，国外已将单片机改称为微控制器。但国内一直沿用单片机的称呼。在不产生歧义的情况下，本书对这两个词不做区分。

微控制器是目前嵌入式系统工业的主流，它内部集成 ROM/EPROM/Flash、RAM、总线、定时/计数器、看门狗、I/O、串行接口、脉宽调制输出、A/D、D/A 等各种必要功能和外设。微控制器的最大特点是单片化、体积小，从而使功耗和成本下降、可靠性提高。

目前，MCU 正朝着高性能和低功耗方向发展。例如，为了提高性能降低功耗，一些新技术应用到 MCU 中，比较突出的是 Cortex M 进入该领域。目前，众多厂商均推出了基于 Cortex M 核的 MCU 产品，如 TI 公司推出了基于 Cortex M4 的 MCU 系列。

2. 嵌入式微处理器

嵌入式微处理器（Micro-Processor Unit，MPU）是由通用计算机的 CPU 演变而来的。它在 CPU 的基础上，只保留与嵌入式应用紧密相关的功能硬件，去除其他不必要的部分。这样就能够以较低的功耗和资源满足嵌入式应用的特殊要求。与通用 CPU 相比，嵌入式微处理器具有体积小、重量轻、成本低、可靠性高的优点，其显著特征是具有 32 位以上的处理能力和较高的性能。

3. 嵌入式数字信号处理器

嵌入式数字信号处理器(Digital Signal Processor,DSP)是专门用于信号处理方面的处理器,它在系统结构和指令算法方面进行了特殊设计,具有很高的编译效率和指令的执行速度。在数字滤波、FFT、谱分析等各种仪器上获得了大规模的应用。

DSP 的理论算法在 20 世纪 70 年代就已经出现,但是由于专门的 DSP 处理器还未出现,所以这种理论算法只能通过 MPU 等由分立元件实现。MPU 较低的处理速度无法满足 DSP 的算法要求,其应用领域仅局限于一些尖端的高科技领域。随着大规模集成电路技术发展,1982 年世界上诞生了首枚 DSP 芯片,其运算速度比 MPU 快了几十倍,在语音合成和编码解码器中得到了广泛应用。至 20 世纪 80 年代中期,随着 CMOS 技术的进步与发展,第二代基于 CMOS 工艺的 DSP 芯片应运而生,其存储容量和运算速度都得到成倍提高,成为语音处理、图像硬件处理技术的基础。到 20 世纪 80 年代后期,DSP 的运算速度进一步提高,应用领域也从上述范围扩大到了通信和计算机方面。20 世纪 90 年代后,DSP 发展到了第 5 代产品,集成度更高,使用范围也更加广阔。

目前最为广泛应用的是 TI 的 TMS320C2000/C5000 系列,另外,如 Intel 的 MCS-296 和 Siemens 的 TriCore 也有各自的应用领域。

4. 片上系统

片上系统(System on a Chip,SoC)是追求产品系统最大包容的集成器件,是目前嵌入式应用领域的热门话题之一。SoC 最大的特点是成功实现了软硬件无缝结合,直接在处理器片内嵌入操作系统的代码模块。而且 SoC 具有极高的综合性,在一个硅片内部运用 VHDL 等硬件描述语言,实现一个复杂的系统。用户不需要再像传统的系统设计一样,先绘制庞大复杂的电路板,再进行连接焊制。SoC 用户只需要使用精确的语言,综合时序设计直接在器件库中调用各种通用处理器的标准,然后在仿真之后就可以直接交付芯片厂商进行生产。由于绝大部分系统构件都是在系统内部,整个系统就特别简洁,不仅减小了系统的体积和功耗,而且提高了系统的可靠性和设计生产效率。

由于 SoC 往往是专用的,所以大部分都不为用户所知,比较典型的 SoC 产品是 Philips 的 Smart XA。少数通用系列如 Siemens 的 TriCore,Motorola 的 M-Core,某些 ARM 系列器件,Echelon 和 Motorola 联合研制的 Neuron 芯片等。SoC 芯片也将在声音、图像、影视、网络及系统逻辑等应用领域中发挥重要作用。

1.2.2 嵌入式处理器的体系结构

目前,嵌入式处理器的体系结构按照 CPU 的指令结构可以分为复杂指令集计算机(Complex Instruction Set Computer,CISC)结构和精简指令集计算机(Reduced Instruction Set Computer,RISC)结构;按照 CPU 与存储器的连接关系可以分为哈佛(Harvard)结构和冯·诺依曼结构。

1. 指令体系结构

CISC 和 RISC 是当前最为常见的两种指令架构。它们的区别在于不同的指令设计理念和方法。CISC 的设计目的是要用最少的机器语言指令来完成所需的计算任务,而 RISC 的设计目的是用最常用的指令,在最短的时间内完成处理任务。RISC 一般只有少数指令,但是每个指令的执行时间相当短,因此,微处理器可以大幅提高指令的执行效率。

（1）CISC。在20世纪60～70年代，存储器价格昂贵且速度较慢。为了减少访问存储器，提升处理器效率，CISC得到重视和发展。CISC指令集的特点有：指令格式不固定、寻址方式复杂多样；指令解释和译码利用微程序实现，便于指令系统的扩充；众多功能强大性能各异的指令可以减少程序的长度，减轻编程人员的负担；具有较强的处理高级语言的能力。

因此，CISC的优点突出表现在：能够有效缩短新指令的微程序设计时间，允许实现CISC体系机器的向上相容；新系统可以使用一个包含早期系统的指令超集合，也可使用较早计算机上使用的软件；微程序指令的格式与高阶语言相匹配，因而编译器并不一定要重新编写。

CISC的缺点有：指令使用频度不均衡；大量复杂指令的控制逻辑不规整，不适于VLSI集成；CISC指令的格式长短不一，需要不同的时钟周期来完成，执行较慢的指令将影响整台机器的执行效率，不利于采用先进指令级并行技术；复杂指令增加硬件的复杂度，使指令执行周期大大加长，直接访存次数增多，数据重复利用率低。

（2）RISC。人们在研究CISC中指令的使用频率时发现：在完成计算任务时，计算机中约20%的指令承担了80%的工作，便是著名的"20/80规律"。根据这一规律，对指令系统进行优化，选取那些使用频率最高、很有用又不复杂的指令。同时，采用简单的指令格式、固定的指令字长和简单的寻址方式，让指令的执行尽可能安排在一个周期内完成。这种通过简化指令功能，使指令的平均执行周期减少，从而提高计算机的工作主频，同时大量使用通用寄存器来提高子程序执行的速度的技术就称为RISC技术，以此技术构建的指令集就称为RISC指令集。

在指令方面，RISC指令集十分精简、指令长度相同、寻址方式少、指令格式规整。在处理器设计方面采用了硬连线指令译码、大量的通用寄存器、高速缓存结构、高效流水操作等提高处理效率的方法。使得RISC CPU具有较高的处理速度和指令执行效率，同时也便于优化编译程序。

RISC的优点很明显，即在使用相同的芯片技术和相同运行时钟下，RISC系统的运行速度将是CISC的2～4倍。另外，由于RISC处理器可以减小芯片使用面积，所以缩减体积、降低功耗也是其一大优点。RISC处理器比相对应的CISC处理器设计更简单，所需的时间更短，并且比CISC处理器更先进，具有更好的应用前景。

RISC的缺点是，由于指令少，加重了汇编语言程序编写人员的负担，增加机器语言的长度，也占用了更大的存储空间。对编译程序要求较高，即必须有一个高效、可靠的编译程序才能充分发挥RISC的优点。

（3）RISC与CISC。RISC和CISC都试图在体系结构、操作运行、软硬件、编译时间和运行时间等诸多因素中做出某种平衡，以寻求处理器的高性能。它们各自都有丰富的内容，在它们之间也没有绝对的分界线，只是实现的方法不同。例如，在指令系统方面，RISC指令等长，指令执行周期数大多为一个时钟周期，因而没有了CISC中的复杂寻址模式，提高了取指令和译码的效率。RISC对不常用的功能，通过组合指令来完成。虽然执行效率较低，但可以通过流水线等技术来弥补这方面的不足。而CISC计算机的指令系统复杂，指令执行周期数平均为4个时钟周期，有专用的指令来完成特定的工作。在程序设计方面，RISC程序设计复杂，需要多条指令支持，不易设计；而CISC则程序设计简单，效率较高。

此外,RISC 处理器的自身体积相对 CISC 处理器较小。RISC 微处理器结构简单,布局紧凑,包含较少的单元电路,面积小、功耗低;而 CISC 微处理器电路单元复杂、功能强大,因此面积大、功耗也大。

目前,基于 RISC 的处理器不断涌现,并在许多领域已显示出其固有的特色。但由于 CISC 技术有一定的历史基础,市场占有率高,因此不能简单地说谁比谁好。但毋庸置疑,它们将会在激烈的竞争中互相取长补短,不断完善。其结果是,一方面两者之间的差距不断缩小,另一方面,处理器的性能就越来越高。这无疑会对处理器的发展产生积极的影响。

2. 存储体系结构

(1)冯·诺依曼结构。美籍匈牙利数学家冯·诺依曼(Von Neumann)在 20 世纪 40 年代提出了著名的"存储程序原理"。他认为:程序只是一种(特殊的)数据,可以像数据一样被处理,因此可将其和数据一起存储在同一个存储器中。利用这一思想构成的计算机系统结构便称为冯·诺依曼结构,也称普林斯顿结构。虽然计算机技术以惊人的速度发展,但"存储程序原理"至今仍是计算机的基本工作原理。

如图 1.2 所示,冯·诺依曼结构是一种将程序指令存储器和数据存储器合并在一起的存储器结构,程序指令存储地址和数据存储地址指向同一个存储器的不同物理位置,采用单一的地址及数据总线,程序指令和数据的宽度相同。当处理器执行指令时,先从存储器中取出指令、译码,再取操作数执行运算。

冯·诺依曼结构具有实现简单、生产成本低的特点,所以早期的处理器大都采用这种体系结构。在程序不断变化执行代码,并且频繁对数据与代码占有的存储器进行重新分配的情况下,冯·诺依曼结构占有绝对优势,因为统一编址可以最大限度地利用资源。这也是该结构一直在被广泛使用的原因之一。该结构也存在弊端,最明显的是,由于指令执行需要遵循串行处理方式,即使单条指令也要耗费几个甚至几十个周期。当高速运算时,在传输通道上会出现瓶颈效应。

目前使用冯·诺依曼结构的 CPU 和微控制器有很多。例如,TI 的 MSP430 单片机、Freescale 的 HCS08 系列、Intel 公司的 8086 及其他 CPU、ARM 公司的 ARM7、MIPS 公司的 MIPS 处理器。

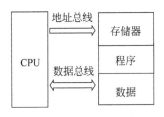

图 1.2　冯·诺依曼结构

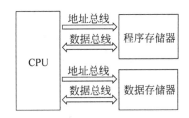

图 1.3　哈佛结构

(2)哈佛结构。哈佛(Harvard)结构是一种将程序指令存储和数据存储分开的存储器结构。它是一种并行体系结构,其主要特点是将程序和数据存储在不同的存储空间中,即程序存储器和数据存储器是两个相互独立的存储器。每个存储器独立编址、独立访问、指令和数据有不同的数据宽度。与两个存储器相对应的是系统中的 4 套总线(如图 1.3 所示):程序的数据总线与地址总线、数据的数据总线与地址总线。这种分离的程序总线和数据总线可允许在一个机器周期内同时获取指令(来自程序存储器)和操作数(来自数据存储器),从而提高了执行速度。又由于程序和数据存储器在两个分开的物理空间中，所以取指和执行操作可以完全重叠。

哈佛结构最大的优点是使用该结构的处理器具有较高的执行效率。目前在需要进行高速、大量数据处理的处理器中大多采用该结构。该结构设计复杂，不容易实现，生产成本也较高。尽管如此，目前很多嵌入式微处理器中还是采用了该结构，如 Microchip 公司的 PIC 系列芯片，还有 Motorola 公司的 MC68 系列、Zilog 公司的 Z8 系列、Atmel 公司的 AVR 系列和 ARM 公司的 ARM9、ARM10 和 ARM11。

（3）应用场合。在嵌入式应用中，系统要执行的任务相对单一，程序一般是固化在硬件里。理论上讲，哈佛结构更加适合用在程序固化、任务相对简单的控制系统中。若在编译时将程序空间和数据空间一次性分配好，冯·诺依曼结构也可以实现程序固化以及控制相对简单的任务。所以，现在大量的单片机也还在沿用冯·诺依曼结构。

目前处理器使用的体系结构已并非严格意义上的两种结构，而是经过改进的版本。例如在经典的冯·诺依曼结构中引入并行流水线技术以提升程序的执行效率。现在的处理器依托 Cache 技术已将二者很好地统一起来了。

1.2.3　常见嵌入式处理器

目前市场上单片机种类繁多，但在国内常见的单片机类型主要有以下几种。

1. 51 系列单片机

51 系列单片机始于 Intel 公司于 1980 年生产的 8031 单片机。后来 Intel 公司先后陆续推出了多种与之兼容的 8 位单片机，统称为 MCS-51 单片机。MCS-51 单片机因其自身诸多优点，已成为目前使用最为广泛的 8 位单片机之一。随 Intel 之后，其他著名 IC 制造商也随之推出了与 MCS-51 指令系统兼容的单片机，后来人们将其统称为 51 系列单片机，即所有 51 系列单片机所使用的内核均是 8051 内核。目前 51 系列单片机具有高性能价格比、控制能力强、扩展灵活、资料丰富等优点，结构简单，易学易用，适于广大单片机爱好者入门学习使用。尽管内核是一样的，但各个厂商生产的 51 系列单片机还是各有特色，除 MCS-51 系列单片机外，这里分别介绍 4 种国内常见的 51 系列单片机。

（1）C8051F 系列单片机。C8051F 系列单片机是 Cygnal 公司（已被 Silicon Lab 收购）推出的一款 51 系列单片机。该系列单片机在技术上进行了较大突破，一方面极大地提升了51 内核的执行速度，另一方面实现了资源的充分利用，并率先使用了基于 JTAG 接口的仿真调试方法。

该系列单片机具有高速指令处理能力，增加了中断源和复位源、全速在线调试以及丰富的片内资源，如高精度的多通道 ADC、DAC、电压比较器、内部或外部电压基准、内置温度传感器、6 位可编程定时/计数器阵列等。C8051F 单片机的典型应用包括智能电力变送器、无刷直流电动机控制等。

（2）AT89 系列单片机。AT89 系列单片机是 Atmel 公司基于 Intel 公司的 MCS-51 系列单片机研发出来的与 MCS-51 兼容但性能高于 MCS-51 的单片机。该单片机以其性能稳定，抗干扰能力著称。这个系列单片机的最大特点是在片内含有 Flash 存储器。它问世以来，以其优良的性能和实惠的价格赢得了国内研究人员的广泛使用。主要应用领域有航空电子设备、海洋环境、电池管理、工业电机控制、通用遥控、大型家用电器、照明、汽车引擎控制通信、医疗设备等,特别是在便携式、省电及特殊信息保存的仪器和系统中应用广泛。

(3) NXP 系列单片机。NXP 系列单片机是 NXP 公司(前 Philips 公司半导体部)推出的系列单片机。NXP 公司生产的单片机主要是 8 位和 16 位单片机。常见的 8 位系列单片机有 P89LPC9xxx、P87LPC7xxx、P89C5xx、P80C5xx 及 80C51 系列。而其 16 位系列单片机相对较少,只有 PXA 系列和 XA 系列。

(4) STC 系列单片机。STC 系列单片机是中国本土企业——宏晶科技公司推出的 51 系列单片机,该公司主要生产 89C51、90、11、12 等系列增强型 51 单片机。与其他单片机相比,STC 单片机以其低功耗、廉价、稳定性能,占据着国内较大的 51 单片机市场。

2. AVR 系列单片机

AVR 系列单片机是 Atmel 公司于 1997 年推出的 RISC 系列单片机。该系列单片机吸收了 DSP 双总线的结构,采用哈佛总线结构。AVR 系列单片机采用低功率、非挥发的 CMOS 工艺制造,除具有低功耗、高密度的特点外,还支持低电压的联机 Flash,E^2PROM 写入功能。支持 BASIC、C 等高级语言编程。AVR 系列单片机具有多个系列,包括 ATtiny、AT90、ATmega。每个系列又包括多个产品,它们在功能和存储器容量等方面有很大的不同,但基本结构和原理都类似,而且编程方式也相同。

AVR 系列单片机具有良好的集成性能。AVR 系列的单片机都具备在线编程接口,其中的 Mega 系列还具备 JTAG 仿真和下载功能;都含有片内看门狗电路、片内程序 Flash、同步串行接口 SPI;多数 AVR 单片机还内嵌了 AD 转换器、E^2PROM、模拟比较器、PWM 定时/计数器等多种功能;AVR 系列单片机的 I/O 接口具有很强的驱动能力,灌电流可直接驱动继电器、LED 等器件,从而省去驱动电路,节约系统成本。

该系列单片机具有简便易学、费用低廉、高速、低耗、保密等特点,广泛应用于计算机外部设备、工业实时控制、仪器仪表、通信设备、家用电器、宇航设备等各个领域,如空调控制板、打印机控制板、智能电表、智能手电筒、LED 控制屏、医疗设备和 GPS 等。

3. PIC 单片机

该系列单片机是 MicroChip 公司生产的另一使用广泛特色鲜明的单片机。PIC 系列单片机既有 8 位的也有 16 位的。8 位单片机又可分成低档、中档和高档单片机,其中,中档的 PIC16F873(A)、PIC16F877(A)单片机用得最多。PIC 系列单片机采用 RISC CPU 结构,指令少;使用哈佛双总线结构,运行速度快;工作电压低,功耗小;I/O 直接驱动力大、价格低、体积小,十分适合用于量大、档次低、价格敏感的产品上。在办公自动化设备、消费电子产品、电信通信、智能仪器仪表、汽车电子、金融电子、工业控制等不同领域具有广泛的应用。PIC 系列单片机在世界单片机市场份额排名中逐年提高,发展非常迅速。

4. MSP430 单片机

MSP430 单片机是 TI 公司于 1996 年开始推向市场的一种 16 位超低功耗、具有精简指令集的混合信号处理器。该系列单片机具有处理能力强、运算速度快、超低功耗、片内资源丰富、开发环境方便高效等特点。MSP430 单片机具有 1xx 系列、2xx 系列、G2xx 系列、4xx 系列、5xx 系列、6xx 系列、FRAM 系列、低电压系列、RF SOC 系列等,种类齐全、型号众多。该系列单片机主要应用在电容式触摸、具有微控处理器的射频连接、实用计量、便携式医疗设备、安防应用、能量收集、USB 等多种场合。

5. C2000 单片机

C2000 单片机也是由 TI 公司生产的。与其他系列单片机有所不同,C2000 单片机的核心是 DSP 核心,所以数学运算能力强,适合于运算各种复杂的控制算法;其次,它的中断响应速度快,可以快速进入中断处理突发事件,实时性好、稳定性强。该系列单片机主要有 C24 系列的 16 位单片机和 32 位的 C28xx 系列单片机。C2000 系列单片机一般用在光伏逆变器、数字电机控制、数字电源等领域。

6. Freescale 单片机

Freescale(飞思卡尔)半导体公司是原 Motorola 公司半导体产品部于 2004 年独立出来的。Freescale 系列单片机采用哈佛结构和流水线指令结构,在许多领域内都表现出低成本、高性能的特点,它的体系结构为产品的开发节省了大量时间。Freescale 单片机提供了多种集成模块和总线接口,可以在不同的系统中更灵活地发挥作用。主要应用在汽车电子、数据连接、家电控制、节能、医疗电子、电机控制、工业控制等领域。

7. 凌阳单片机

凌阳单片机是凌阳科技公司生产的单片机总称,包括 8 位和 16 位两大系列。凌阳 8 位单片机是 SPMC65 系列单片机,该系列单片机最突出的优点在于抗干扰能力,并为其应用领域做了具有针对性的增强设计;同时拥有丰富易用的资源以及优良的结构。凌阳 16 位单片机主要是 SPMC75 系列单片机,其内核采用凌阳科技自主知识产权的微处理器。常用型号有 SPMC75 系列、SPMC65 系列、SPCE061A,主要应用在家用电器、工业控制、仪器仪表、安防报警、计算机外围等领域。

8. 其他单片机

实际上国际各大电子公司都具有自己的单片机产品。由于这些单片机被直接用于它们自己生产的产品中,所以不像上面所讲的通用单片机那样经常被提到,例如 EPSON 单片机、东芝单片机、LG 单片机、NS 单片机、富士通单片机、Zilog 单片机、SAMSUNG 单片机等。

1.2.4 嵌入式处理器的发展

制造商为了满足不同的用户要求不断提高处理器的技术性能,在 IC 技术、体系结构等方面不断采用最新技术成果,使其朝着高性能、多品种、多功能的方向不断发展。

1. CPU 性能不断提升

微处理器处理能力是由 CPU 的性能直接体现的。因此,提升微处理器的性能最有效的方式就是提升 CPU 的性能。目前,提升 CPU 性能的主要措施如下。

(1)采用双 CPU 结构以提高处理能力。通过扩展数据总线宽度,增加布尔处理机等方式以提高运算速度和精度,通常把内部数据总线宽度增加到 16 位或是 32 位。

(2)采用多级流水线结构。流水线结构是指当前一个指令周期正在执行时,下一条指令的地址甚至下几条指令的地址已依次被送到地址总线上,这样从宏观上来看两条或多条指令执行在时间上是重复的。这种流水线结构指令以队列形式出现在 CPU 中,从而大大提高了微处理器的运算速度。这类单片机的处理速度比标准单片机高出 10 倍以上,适用于数字信号和数字图像处理。

(3)采用串行总线结构。例如,新型串行总线 I²C 总线可使用很少几根数据线代替现行的 8 位数据总线,从而大量减少了芯片引脚、降低了成本。由于这类总线有利于减少引脚、降低成本,故各个芯片制造商也都竞相开发此类产品。

(4) 采用 RISC 结构。在微处理器芯片中,将那些不常用的且由硬件实现的复杂指令改由软件来实现,而硬件只支持常用的简单指令。这种方法可以大大减少硬件的复杂程度,并显著地减少了处理器芯片的门个数,从而提高了处理器的总性能。RISC 结构更适合于当前芯片新半导体材料的开发与应用。如用砷化镓取代硅半导体材料制成的单片机,具有抗辐射、对温度不敏感、功耗低等优点;在恶劣环境下,性能良好并且可以获得非常高的运行速度。

2. 内部资源渐丰富且功能强大

内部资源一般是指芯片内集成的存储器容量、I/O 口及其他功能部件电路的种类和数量的总和,有时也称片上资源或片内资源。内部资源,一方面是常规部件(如片内存储器 RAM/ROM)容量越来越大、性能越来越强,如片内程序存储器容量已达 1MB,为了便于使用,Flash 存储器已取代 ROM。为了能使单片机方便地构成网络系统,一般单片机串行接口都具有 USART 功能,而有些高档单片机还设置了一些特殊串行接口功能如 SPI (Serial Peripheral Interface) 等。另一方面,除了单片机一般必须具有的 ROM/Flash、RAM、定时/计数器、I/O 口、中断系统外,随着单片机档次的不断提高和应用需求的不同要求,片内集成的部件还有 A/D 转换器、D/A 转换器、DMA 控制器、中断控制器、锁相环、频率合成器、字符发生器、波特率发生器、声音发生器、监视定时器、正弦波发生器、译码驱动器、CRT 控制器、预定标器和比较器等。因此,采用这类单片机构成控制系统时,一方面外围硬件电路可以减到最少,从而大大减少了控制系统的体积;另一方面也提高了工作可靠性。

3. 引脚多功能化

随着芯片内部功能的增强和资源的增加,单片机所需的引脚数也会相应增加,这是不可避免的。例如,一个能寻址 1MB 存储空间的单片机需要 20 条地址线和 8 条数据线。太多的引脚不仅会增加制造时的困难,而且也会使芯片的集成度大为降低。为了减少引脚数量,提高应用灵活性,普遍采用一脚多用的设计方案。

4. 功耗降低

随着半导体工艺技术的发展,一方面微处理器性能大大提高;另一方面自身功耗明显降低。表现在集成度不断提高、低功耗化、工作电源范围加宽。

就单片机发展趋势来看,可分成两个方向:一是沿着通用单片机的方向发展;二是沿着专用单片机的方向发展,专用机的代表机型是 TI 公司的 TMS320 系列机,它是数字信号处理专用单片机,在数字滤波、语言处理、图像处理中有广泛的应用。

1.3 MSP430 单片机

德州仪器(Texas Instruments,TI)是世界上最大的模拟电路技术部件制造商,全球领先的半导体跨国公司,它以开发、制造、销售半导体和计算机技术闻名于世,主要从事创新型数字信号处理与模拟电路方面的研究、制造和销售。除半导体业务外,还提供传感与控制、教育产品和数字光源处理解决方案。

MSP430 单片机是 TI 公司于 1996 年推向市场的一款超低功耗 16 位微控制器(Micro-Controller Unit，MCU)。由于该芯片除了微控制器，还集成了众多功能不同的数字外设和模拟外设，故而称为混合信号处理器(Mixed Signal Processor，MSP)。由于片上外设资源丰富，最大限度地减少了外围电路设计，极大地方便了用户使用。因而是一款真正意义上的"单片"机。目前，TI 公司 MSP430 单片机已经发展成为一个庞大的 MCU 家族。现有一千多种型号可供用户选择，型号齐全、功能多样，可满足多种嵌入式领域的应用。

1.3.1 典型特点

1. 性能卓越

MSP430 单片机是 16 位单片机，其采用了高效的精简指令集系统，共有 51 条指令。使用存储空间统一编址，具有 7 种寻址方式以及大量的寄存器。

支持高达 25MHz 的时钟晶振，可实现 40ns 的指令周期。16 位的数据宽度、40ns 的指令周期以及多功能的硬件乘法器(能实现乘加运算)相配合，可实现部分数字信号处理算法(如 FFT 等)。这是其他类型的单片机所无法比拟的。

2. 功耗超低

MSP430 单片机最显著的特点就是超低的功耗，这主要得益于先进的制造工艺、较低的工作电压(1.8～3.6V)和灵活可控的时钟系统设计。通常，工作电压越低、工作频率越小，单片机的功耗也就越低。如在 1MHz、2.2V 条件下，MSP430 单片机消耗的电流为 250μA。此外，在不同的工作条件下，MSP430 单片机的工作电流会波动，但都限制在 0.1～400μA 之内。

3. 资源丰富

MSP430 单片机中集成了丰富的片上外设资源，如看门狗、定时器、串行通信接口(支持 UART、SPI、I²C 等)、硬件乘法器、液晶驱动器、模拟比较器、10 位/12 位 ADC、16 位 Σ-Δ ADC、DMA、I/O 端口等外围模块。

这些模块功能强大，使用方便。例如，看门狗可使失控的程序迅速复位，保证了系统运行的可靠性；16 位定时器(Timer_A 和 Timer_B)具有捕获/比较功能，可实现事件计数、时序发生、PWM 产生等功能；统一的串行通信接口(USCI)可实现异步、同步及多址访问串行通信；10/12 位硬件 A/D 转换器具备高达 200kb/s 的转换速率，可满足大多数数据采集的需要。在具体的应用设计中，用户可根据不同应用选择不同的组合方式，进而为系统的单片解决方案提供极大方便。

4. 开发方便

为了便于用户开发，TI 公司提供了灵活方便的开发环境。对于 Flash 型单片机的开发而言，由于其内部集成了 JTAG 调试接口。开发时只需要一个 JTAG 调试器和一台 PC 即可完成程序的下载以及在线调试等功能。在软件开发集成环境方面，既可以使用 TI 公司自己的开发集成环境 Code Composer Studio(CCS)，也可使用第三方软件，如 IAR 公司 Embedded Workbench For MSP430，还有开源的 GCC430 开发软件。这种以 Flash 技术、JTAG 调试、集成开发环境相结合的开发方式，极大地缩减了产品的开发周期，具有方便、简洁、易学易用的优点。

5. 成本低廉

使用 MSP430 单片机开发产品具有低成本的特点,主要表现在以下几个方面。

(1) 在相同的性能下,单片机本身价格低廉;特别指出的是,TI 新近推出的 value line 系列单片机更是以 8 位单片机的超低价格实现 16 位单片机的出色性能。这使得 MSP430 单片机的价格优势更加明显。

(2) 由于单片机内部集成了大量外设,省去了购买部分片外外设的开销,同时降低了设计 PCB 的难度,也缩小了 PCB 的占用面积,使得硬件设计成本得到降低。

(3) 方便快捷的开发环境,缩短产品的开发周期,使得软件开发成本也不同程度地降低。

6. 工作稳定

MSP430 单片机独特的设计结构保证了系统运行的稳定性和可靠性,其表现如下。

(1) 目前几乎所有的 MSP430 单片机芯片上均带有看门狗模块,该模块可使运行不正常的程序复位,避免死机或程序"跑飞"的情况。

(2) 除 3xx 与 1xx 系列中的 F11x1、F12x、F13x、F14x 型号外,其他所有型号的 MSP430 单片机均具有掉电保护(Brown Out Reset,BOR)模块,该模块可在电压较低的情况下使系统自动复位,从而有效避免因工作电压过低引起的不可预测行为。部分单片机还集成了功能更强的电源电压检测(Supply Voltage Supervisor,SVS)模块。

(3) MSP430 单片机中集成了内部数控振荡器(DCO)。当单片机复位时系统默认使用内部时钟源 DCO 提供的时钟信号启动 CPU,以保证程序能够从确定的位置开始执行。从而保证外部晶振有足够的时间起振和稳定时间,然后再由软件配置系统的工作时钟。当外部时钟信号出现故障时,DCO 会自动启动为 CPU 提供时钟信号,进而保证系统正常工作。

(4) MSP430 单片机正常工作的温度范围宽。大多 MSP430 单片机满足工业级器件的要求,工作温度在 $-40 \sim 85℃$ 之间。部分特殊应用类的单片机的工作范围更宽达到 $-45 \sim 105℃$ 之间。

1.3.2 命名规则

TI 公司的 MSP430 单片机家族数量庞大。为了便于识别,其每种型号的命名方式非常有规律。用户只要记住这些命名规则,就可以很快地了解该型号的功能以及内部资源情况。每个型号的 MSP430 单片机其完整的编号大致可分为 11 个部分,现以一个例子说明 MSP430 单片机的具体命名规则,如图 1.4 所示。

$$\underset{1}{\text{MSP}} \quad \underset{2}{\text{430}} \quad \underset{3}{\text{F}} \quad \underset{4}{\text{2}} \quad \underset{5}{\text{6}} \quad \underset{6}{\text{18}} \quad \underset{7}{\text{A}} \quad \underset{8}{\text{T}} \quad \underset{9}{\text{ZQW}} \quad \underset{10}{\text{T}} \quad \underset{11}{\text{-EP}}$$

图 1.4 命名实例

第 1 部分表示处理器所属应用类型。目前主要有三个选项,分别是 CC、MSP 和 XMS。其中,CC 表示该型号单片机属于嵌入式射频无线电应用,它是 TI 专门针对无线应用场合推出的单片机;MSP 表示混合信号处理器,该类型就是通常大家所说的 MSP430 单片机;XMS 表示实验芯片。

第 2 部分表示该芯片是 430 MCU 平台,它属于 TI 的低功耗微控制器平台。TI 公司为其生产的 MCU 处理器赋予了一个统一代号,即为 430。

第 3 部分有两种含义,其一表示单片机存储器的类型;其二表示该单片机的特殊应用领域。单片机的存储类型以及特殊应用领域的说明具体如表 1.1 所示。

表 1.1　存储器类型及特殊应用代码

存储器类型	含　义	特殊应用	含　义
C	ROM 型存储器	FG	Flash 型,较适用于医疗设备
F	Flash 型存储器	CG	ROM 型,较适用于医疗设备
FR	FRAM 型存储器	FE	Flash 型,较适用于电量计量
G	Flash 型存储器(经济型)	FW	Flash 型,较适用于流量计量
L	不是非易失型存储器	AFE	具有模拟前端
		BT	支持蓝牙预编程功能
		BQ	非常适用于无线电源控制

第 4 部分表示单片机所属的大系列。目前 MSP430 单片机共有 7 大系列,具体见表 1.2。

表 1.2　各大系列的最高主频情况

系列名	支持最高主频/Hz	系列名	支持最高主频/Hz
1xx	8M	5xx	20M/25M;8M/24M
2xx	12M/16M	6xx	20M/25M(带 LCD)
3xx	8M	0xx	4M
4xx	8M/16M(带 LCD)		

第 5 部分表示单片机所属大系列中的子系列。一般来说,在同一个子系列中单片机的片上模块资源都是一样的,所不同的是内部存储器的大小。

第 6 部分表示单片机存储器的容量。不同的数字对应不同的容量,一般数字越大,容量越大。具体对应关系见表 1.3。

表 1.3　存储器容量与编号的关系

编　　号	存储器容量/KB	编　　号	存储器容量/KB
0	1	7	32
1	2	8	48
2	4	9	60
3	8	16	92
4	12	17	92
5	16	18	116
6	24	19	120

第 7 部分为可选项。"A"表示修正(Revision)。

第 8 部分表示器件正常工作的温度范围:S 表示 0～50℃;I 表示－40～85℃;T 表示－40～105℃。

第 9 部分表示芯片的封装类型。MSP430 单片机具有多样的封装形式,如图 1.5 所示。

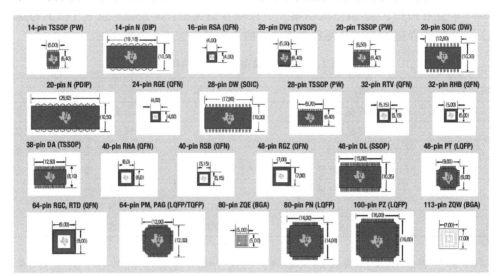

图 1.5　MSP430 单片机封装示意图

第 10 部分为可选项,T(tape & reel)表示卷带封装。小卷为 7 英寸,大卷为 11 英寸,无标记表示管或盘。

第 11 部分表示附加特性。"-Q1"表示汽车专用;"-EP"表示增强型产品可工作在 0～50℃之间;"-HT"表示极端温度。

大多数单片机编号,基本上都遵循这一命名规律,但是最近新推出的某些型号不符合该规律。

1.3.3　产品系列概况

经过几十年的发展,TI 公司的 MCU 产品不断推陈出新,芯片型号众多。TI 公司的 MCU 产品主要分为低功耗 MCU、高性能 MCU 和无线 MCU。低功耗 MCU 主要指的是 MSP430 系列单片机,高性能 MCU 主要是指传统 DSP 内核的 F28xx 系列、Cortex M 系列以及 TMSx70 系列。无线 MCU 则是针对近些年比较流行的无线应用而推出的一系列产品,主要包括 RF430 系列、CC430 系列和 SimpleLink CC 系列。在无线 MCU 中内核比较多,有 51 内核的,也有 MSP430 内核的,还有 Cortex M 内核的。这里主要介绍低功耗 MCU 系列的单片机。

MSP430 系列单片机共有 8 大系列,分别为 1xx 系列、2xx 系列、3xx 系列、4xx 系列、5xx 系列、6xx 系列以及低电压 0xx 和无线 CC430 系列,如图 1.6 所示。为便于阐述,这里将 CC430 和 MSP430 分开来介绍,首先介绍 MSP430 各大系列的基本情况,然后介绍 CC430 系列单片机的一些情况。

1. 1xx 系列

该系列单片机是基于 Flash 或 ROM 的超低功耗单片机,最高可以提供 8MIPS 的处理速度;工作电压为 1.8～3.6V,具有高达 60KB 的 Flash 容量和各种高性能模拟及智能数字外设,基本特征如下。

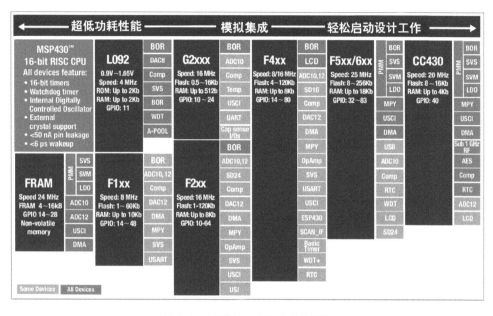

图 1.6　MSP430 单片机产品概况

（1）超低功耗低至：

0.1μA——RAM 保持模式。

0.7μA——实时时钟模式。

200μA/MIPS——工作模式。

（2）待机唤醒时间在 6μs 之内。

（3）Flash 容量 1～60KB；ROM 容量 1～16KB；RAM 容量 512B～10KB。

（4）GPIO 引脚数量：14、22、48 引脚。

（5）ADC：10 位和 12 位斜率 SAR。

（6）其他集成外设：模拟比较器、DMA、硬件乘法器、SVS、12 位 DAC。

此外，还有一类 1xx 系列单片机，如 MSP430BQ1010 单片机，作为高级固定功能器件，可构成接收器端的控制和通信单元，用于便携式应用中的无线电源传输。MSP430BQ1010 符合无线电源联盟（WPC）规范。配合使用符合 WPC 的发送器端控制器，可以实现完整的无线电源系统。

2. 2xx 系列

（1）通用型（F2xx）。该系列为基于 Flash 的超低功耗单片机，在 1.8～3.6V 的工作电压范围可提供高达 16MIPS 的处理速度。内部包含极低功耗振荡器（VLO）、内部上拉/下拉电阻和低引脚数选择，基本特征如下。

① 超低功耗低至：

0.1μA——RAM 保持模式。

0.3μA——待机模式（VLO）。

0.7μA——实时时钟模式。

220μA/MIPS——工作模式。

② 待机唤醒时间小于 1μs。

③ Flash 容量 1～120KB；RAM 容量 128～8KB。

④ GPIO 引脚数量：10、16、24、32、48、64 引脚。

⑤ ADC：10 位和 12 位斜率 SAR、16 位 Σ-Δ ADC。

(2) 经济型(G2xx)。经济、高效的 MSP430 G2xx 超值系列具有基于闪存的超低功耗 MCU，在 1.8～3.6V 的工作电压范围内性能高达 16MIPS。包含极低功耗振荡器(VLO)、内部上拉/下拉电阻和低引脚数选择。目前，该系列主要有 G2xx1、G2xx2 和 G2xx3 三个子系列，基本特征如下。

① 超低功耗低至：

$0.1\mu A$——RAM 保持模式。

$0.4\mu A$——待机模式(VLO)。

$0.7\mu A$——实时时钟模式。

$220\mu A/MIPS$——工作模式。

② 待机唤醒时间小于 $1\mu s$。

③ Flash 容量 0.5～2KB；RAM 容量 128B。

④ GPIO 引脚数量：10、16、24 引脚。

⑤ ADC：10 位斜率 SAR。

⑥ 其他集成外设：模拟比较器。

(3) 专用型。为了更好地适应汽车电子设备的特殊应用，在部分 G2xx 和 F2xx 系列中的单片机进行了特殊设计，使得这些单片机符合 AEC-Q100 标准，并适用于高达 105℃ 的环境温度中。因此该类 MSP430 单片机具有智能外设的完美组合，易于使用、成本低，具有超低功耗，可为多种汽车电子设备应用提供灵活的解决方案。

3. 3xx 系列

该系列是 TI 公司最早推出的单片机型号，属于旧款的 ROM 或 OTP 器件系列，其工作电压为 2.5～5.5V。内置高达 32KB ROM，可提供 4MIPS 的处理能力，基本特征如下。

(1) 超低功耗低至：

$0.1\mu A$——RAM 保持模式。

$0.9\mu A$——实时时钟模式。

$160\mu A/MIPS$——工作模式。

(2) 待机唤醒时间小于 $6\mu s$。

(3) ROM 容量 2～32KB；RAM 容量 512B ～1KB。

(4) GPIO 引脚数量：14、40 引脚。

(5) ADC 选项：14 位斜率 SAR。

(6) 其他集成外设：LCD 控制器、硬件乘法器等。

4. 4xx 系列

该系列属于 LCD Flash 或 ROM 的系列，提供 8～16MIPS 的处理能力，包含集成 LCD 控制器，工作电压为 1.8～3.6V，具有 FLL 和 SVS，是低功耗测量和医疗应用的理想选择，基本特征如下。

(1) 超低功耗低至：

$0.1\mu A$ RAM——保持模式。

0.7μA——实时时钟模式。

200μA/MIPS——工作模式。

（2）待机唤醒时间小于 6μs。

（3）Flash/ROM 容量 4～120KB；RAM 容量 256B～8KB。

（4）GPIO 引脚数量：14、32、48、56、68、72、80 引脚。

（5）ADC：10 位和 12 位斜率 SAR、16 位 Σ-Δ ADC。

（6）其他集成外设：LCD 控制器、模拟比较器、12 位 DAC、DMA、硬件乘法器、运算放大器、USCI 模块等。

5. 5xx 系列

（1）Flash 型（F5xx）。该系列属于 TI 推出的新款基于 Flash 的单片机，具有最低工作功耗，在 1.8 ～3.6V 的工作电压范围内性能高达 25MIPS。包含优化功耗的创新电源管理模块和 USB，基本特征如下。

① 超低功耗低至：

0.1μA——RAM 保持模式。

2.5μA——实时时钟模式。

165μA/MIPS——工作模式。

② 待机唤醒时间小于 5μs。

③ Flash 容量高达 256KB；RAM 容量高达 18KB。

④ GPIO 引脚数量：29、31、47、48、63、67、74、87 引脚。

⑤ ADC：10 位和 12 位 SAR。

⑥ 其他集成外设：USB、模拟比较器、DMA、硬件乘法器、RTC、USCI 等。

（2）FRAM 型（FR57xx）。该系列是 TI 推出基于 FRAM 存储功能的单片机，是具备动态分区功能的统一存储器，且存储器访问速度比 Flash 快 100 倍。FRAM 还可在所有功率模式下实现零功率状态保持，这意味着即使发生功率损耗的情况也可保证写入操作。由于写入寿命能实现 100M 个周期，故而不再需要 E^{2}PROM。所有这些功能均可在低于 100μA/MHz 工作功耗的条件下实现。

① 超低功耗低至：

320nA——RAM 保持模式。

1.5μA——实时时钟模式。

82μA/MIPS——工作模式。

② FRAM 容量高达 16KB；RAM 容量高达 1KB。

③ GPIO 引脚数量：33 引脚。

④ ADC：10 位 SAR。

⑤ 其他集成外设：MPU、USB、模拟比较器、DMA、硬件乘法器、RTC、USCI、电源管理模块等。

6. 6xx 系列

该系列属于最新 TI 推出的新款基于 Flash 的单片机，具有最低工作功耗，在 1.8～3.6V 的工作电压范围内性能高达 25MIPS，包含优化功耗的创新电源管理模块、LCD 和 USB。

（1）超低功耗低至：

0.1μA——RAM 保持模式。

2.5μA——实时时钟模式。

165μA/MIPS——工作模式。

（2）待机唤醒时间小于 5μs。

（3）Flash 容量高达 256KB；RAM 容量高达 18KB。

（4）GPIO 引脚数量：74 引脚。

（5）ADC：12 位 SAR。

（6）其他集成外设：USB、LCD、DAC、模拟比较器、DMA、硬件乘法器、RTC、电压管理模块等。

7. 低电压系列

该系列单片机专门为低电压场合应用设计。目前主要有 MSP430 C09x 和 MSP430 L092 两个系列。该系列单片机可以工作在 0.9～1.65V 低压范围内，可以提供高达 4MPIS 的处理能力。

（1）超低功耗低至：

1μA——RAM 保持模式。

1.7μA——实时时钟模式。

45μA/MIPS——工作模式。

（2）ROM 容量 1～2KB；SRAM 容量 2KB。

（3）GPIO 引脚数量：11 引脚。

（4）ADC：8 位 SAR。

（5）其他集成外设：定时器、看门狗、掉电保护、模拟比较器、SVS 等。

8. CC430 系列

该系列单片机将微处理器内核、外设、软件和射频收发器紧密集成，从而创建出真正简便易用的适用于无线应用的片上系统解决方案。它具有低于 1GHz 的射频收发器，工作电压为 1.8～3.6V，可以提供高达 20MPIS 的处理能力。

（1）超低功耗低至：

1μA——RAM 保持模式。

1.7μA——实时时钟模式。

180μA/MIPS——工作模式。

（2）Flash 容量高达 32KB；RAM 容量高达 4KB。

（3）GPIO 引脚数量：30、44 引脚。

（4）ADC：12 位 SAR。

（5）其他集成外设：定时器、看门狗、掉电保护、模拟比较器、电源管理模块、RTC、USCI 模块等。

1.3.4　应用场合

MSP430 单片机自被推出以来，以其强大的处理能力和超低的功耗获得越来越多用户的青睐。如今已在全球得到了广泛应用。MSP430 单片机应用广泛，除了传统单片机的应用领域外,还在以下领域具有较好的应用前景。

1. 流量计量

流量计量应用是 MSP430 单片机的重要应用领域之一。因此 TI 在这方面推出了大量的专用 MCU 产品。例如,针对单相计量,推出了低成本的 MSP430FE47x2 单片机,它集成了 ESP 能量计算引擎与 2×16 位 Σ-Δ ADC、128 段 LCD 驱动器、高达 32KB 的闪存与 1KB 的 RAM、实时时钟集成在一起,使得功耗在系统组件上缩减到原来的 1/5。针对三相电子计量,推出了 MSP430F471xx 单片机,它提供了同步的电压和电流采样以及篡改检测功能。针对煤气或水的流量计量,推出了 MSP430FW42x 单片机,它提供的扫描接口(SIF)外设模块是测量机械设备转速的一种创新方法,可在 CPU 休眠时操作,也可与各种传感器配合使用,并且旋转和线性运动也都可以测量出来。

2. 便携式医疗

随着便携性成为医疗产品的发展趋势,制造商正在寻求能够降低设计复杂度并缩短开发成品的时间的技术。在大多数医疗设备中,实际的生理学信号是模拟信号,该信号需要经过诸如扩大和滤波等的信号调节技术处理,才能够被测量、监控或显示。MSP430 微控制器 MCU 提供带有高度集成的完整信号链的超低功耗处理器平台,适用于诸如个人血压监护仪、肺活量计、脉动式血氧计和心率监护仪等应用。

3. 消费类和便携式电子产品

触控优化外设、超低功耗设计及低成本的 MSP430 单片机已成为消费类和便携式电子应用的理想选择。MSP430 单片机具有诸多易于触控应用的特点,例如,无须外部器件的电容式触控 I/O 模块;响应速度更快、灵敏度更高并支持更多按钮的 0.4ns 定时器 D 分辨率;电池供电的应用采用超低功耗 1.8V 操作电压;大多数 MSP430 超值系列器件上的电容式触控 I/O 需要小于 2KB 的闪存及仅 14B 的 RAM;传感器可以集成到 PCB 中。

4. 安全与安防

随着节能问题越来越突出,包括安防市场在内的所有应用都在寻找省电的方式。低功耗和电池供电安全系统(例如烟雾探测器、温控器和破损玻璃检测系统)是 MSP430 微控制器中采用的超低功耗和集成高性能模拟独特组合的理想选择。

5. 能源收集

利用 MSP430 单片机通过设计可以实现超过 20 年的电池寿命。这是传统电池供电系统无法实现的全新应用的大门。例如,它可以使用一粒葡萄为时钟供电,也可以利用车辆振动为桥梁上的传感器供电,还可以控制农场或酒厂中用于无线监控的太阳能供电传感器。

习题

1-1　简述什么是嵌入式系统。列举自己知道的含有嵌入式系统的产品。

1-2　简述嵌入式系统的基本构成。

1-3　简述嵌入式系统与嵌入式操作系统的区别。

1-4　简述单片机应用系统与嵌入式系统的关系。

1-5 介绍目前嵌入式处理器的发展状况,列举你知道的嵌入式处理器的厂商及其产品。

1-6 简述哈佛结构与冯·诺依曼结构的优、缺点。

1-7 简述 CISC 与 RISC 的优、缺点。

1-8 列出 MSP430 单片机的特点。

1-9 根据 MSP430 单片机的命名规则,分析 MSP430F2416 单片机的相关情况。

1-10 列出常见的单片机,并指出其特点。

## 第 2 章

MSP430 单片机结构组成

硬件资源是物质基础。单片机应用系统主要用单片机作为控制内核,通过相应的外部接口电路和传感器、执行元件,实现设计者需要的检测和控制。硬件设计是整个系统设计的基础,也是系统资源设置与分配的根据。因此,熟悉并掌握单片机的内部结构是进行单片机应用设计的基础。

本章讲述 MSP430 单片机硬件结构组成的相关知识,如单片机内部结构、外部结构、单片机初始化以及中断系统等。

2.1 内部结构

目前单片机类型各式各样,尽管它们各有特点但单片机的工作原理基本相同。因此,基本结构都是类似的,区别只是功能的多少、性能的高低而已。一般单片机的内部结构主要由CPU 内核、定时/计数器、片内存储器(RAM/Flash)、并行输入输出口、串行输入输出口等组成。

单片机之所以有这么多种类和型号,是因为各个制造商通过增加、增强某些功能或减弱、取消某些功能来突出自己的优势。于是,就有了当今单片机类型众多的情形。但就其核心结构框架来说,基本上是不变的。TI 公司的 MSP430 单片机内部结构框架就基本保持稳定,只不过它的内部功能更为强大、硬件资源更为丰富、能耗更低而已。MSP430 单片机内部结构(如图 2.1 所示)包括中央处理器(CPU)、JTAG 模块、时钟系统模块、存储器模块、性能增强模块和片内外设模块等。

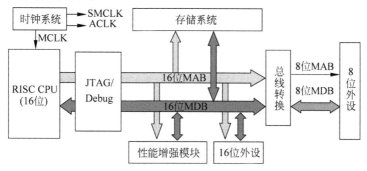

图 2.1 内部逻辑结构框图

2.1.1　中央处理器

CPU 是单片机的核心,其结构性能直接决定了整个嵌入式系统的整体性能。MSP430 的 CPU 是按照精简指令集和高透明的宗旨设计成的 16 位处理器,因此又称为 RISC CPU,其中具有大量的内部寄存器。MSP430 CPU 主要包括总线接口、算术逻辑单元(ALU)、工作寄存器组(R0~R15)、控制单元等部分,内部逻辑框图如图 2.2 所示。

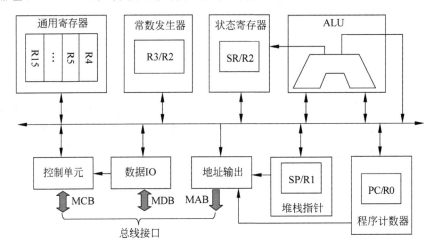

图 2.2　CPU 内部逻辑框图

1. 总线接口

从 TI 公司提供的 MSP430 内部逻辑框图(图 2.1)可以看出,MSP430 的内部总线分为地址总线(MAB)、数据总线(MDB)和控制总线(MCB)。由于片内外设的自身类型不同,所以在 16 位外设与 8 位外设之间设计了一个总线转换单元,负责 8 位总线与 16 位总线之间的转换。而片内所有外设模块间的数据通信也都是通过这些内部总线实现的。

与此相似,CPU 内部也是由寄存器组、ALU、控制单元、总线接口等功能组件组成的,各个部分之间的数据通信也是通过其内部专用总线来完成的。CPU 内部与外部数据的交互是通过总线接口实现的。总线接口主要负责 CPU 与外界各个片上模块间的数据通信。为了提高数据访问速度,分别使用地址总线、数据总线、控制总线传输地址、数据及控制信息。

需要注意的是,目前 MSP430 单片机的内部总线不对片外设备开放。如果需要对存储空间进行扩展,需要借助单片机的 I/O 端口完成地址、数据以及控制信息传送。

2. 算术逻辑单元

算术逻辑单元(Arithmetic-Logic Unit, ALU)是 CPU 的重要组成部分,也是 CPU 中的唯一运算单元,如图 2.3 所示。MSP430 RISC CPU 拥有一个功能强大的 16 位 ALU,它既可以完成加、减、乘、除等基本的算术运算和与、或、非等逻辑运算,还可以实现按位逻辑算术。需要注意,算术运算中二进制都以补码的形式来表示。MSP430 单片机的硬件乘法器不属于 CPU 的组成部分,它只是一个

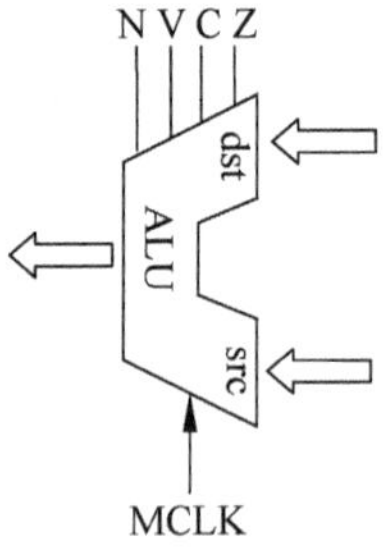

图 2.3　ALU 示意图

片上外设而已。

3. 工作寄存器组

寄存器是 CPU 的重要组成部分之一,是有限存储容量的高速存储部件。MSP430 单片机的 CPU 中有 16 个 16 位工作寄存器。其中,R0～R3 被用作专用寄存器,R4～R15 被用作存放临时数据的公共寄存器,即通用寄存器。

(1) 专用寄存器。在 16 个工作寄存器中,R0～R3 用于程序计数器(PC)、堆栈指针(SP)、状态寄存器(SR)和常数发生器(CG)。现分别对其作用及使用情况做一介绍。

① 程序计数器(PC/R0)。为使程序能够自动地连续执行,CPU 必须具有确定下一条指令地址的能力,而程序计数器起到的正是这种作用。程序计数器是 CPU 中最基本、最重要的寄存器之一,其中存放着下一条待执行指令的地址。

在开始执行程序前,必须将该程序的起始地址,即程序首条指令所在的存储单元地址送入 PC。随即开始程序的执行。当执行指令时,CPU 将自动修改 PC 的内容,即 PC 增加一个量,这个量一般等于指令所含的字节数,以便使其总是下一条指令的地址。当程序按照顺序执行时,PC 会自动增加 2。当程序转移时,如执行条件转移或无条件转移、子程序调用或中断响应,此时 PC 中将被置入新值。当然这时程序的执行路线将发生改变。所以说,程序计数器掌控着程序的执行路线。

一般来说,PC 的宽度决定了单片机的直接寻址能力。当 MSP430 单片机的 PC 为 16 位寄存器时,其直接寻址空间最大为 64KB。由于 MSP430 单片机的存储空间是按照字节方式编址且遵循偶地址对齐方式存储的,所以 PC 中的值总是偶数。对 PC 的访问与其他寄存器的访问方式无太大区别,既可以读也可以写。但是必须以字为单位进行存取。

② 堆栈指针(SP/R1)。堆栈实际上是一种遵循先进后出的数据结构。该结构在存储器中表现为一段大小不定的连续 RAM 区域,如图 2.4 所示。对于 MSP430 单片机来说,其堆栈区域是向地址减小的方向增长的。由此可知,栈底其实就是第一个进栈数据,而栈顶则是最后一个进栈数据。堆栈指针就是用来指示当前栈顶的位置信息(即地址)。对于堆栈只有进栈与出栈两种操作。

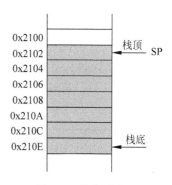

图 2.4　堆栈示意图

在程序执行中,往往需要中止当前程序的执行,去调用子程序或处理中断服务程序。在完成子程序调用和中断服务程序的处理后,还需要能够返回到程序中止处继续往下执行。为了让程序能够准确地回到中止处,这时就需要用到堆栈。在子程序调用或处理中断服务程序前,首先将现场信息依次压入堆栈中,当执行完程序需要返回时,再将堆栈中的现场信息依次复原,进而实现程序的正确返回。

堆栈除了保存现场数据之外,还可以用于参数传递,保存变量或参数。堆栈的大小受限于 RAM 空间的大小。因此,在使用堆栈时一定要注意不要发生溢出的情况。一般堆栈中只保存必需的数据,其他非必要数据要及时清除。另外,无节制嵌套调用子程序或函数也会导致堆栈溢出错误。

③ 状态寄存器(SR/R2)。状态寄存器是 ALU 的一个重要组成部分。状态寄存器用来存放两类信息:一类是体现当前指令执行结果的各种状态信息,如有无进位、有无溢出、结

果正负、结果是否为零等；另一类是存放系统的一些控制信息，如总中断、CPU、晶振等控制开关。MSP430 程序状态寄存器的控制位分布如下。

15～9	8	7	6	5	4	3	2	1	0
未使用	V	SCG1	SCG0	OSCOFF	CPUOFF	GIE	N	Z	C

这里仅介绍反映指令执行结果的各种状态信息位，其他控制位将在后续章节中介绍。V 表示溢出标志位，当算术运算结果超出有符号数范围时 V＝1，否则 V＝0；N 表示负标志位，当运算结果为负时 N＝1，否则 N＝0；Z 表示零标志位，当运算结果为零时 Z＝1，否则 Z＝0；C 表示进位标志位，当运算结果产生进位时 C＝1，否则 C＝0。

④ 常数发生器。在程序执行时，有些常数如－1、＋1、＋2、＋4、＋8 等往往被频繁使用。为了提高执行效率，MSP430 单片机提供了专门产生常数的发生器，用于产生这些经常使用的常数。具体的产生方式如表 2.1 所示。

由表 2.1 可知，常数发生器实际由 R2/R3 产生，具体产生什么常数与源操作的寻址方式有关。由于常数发生器的存在，可以将常用常数的寻址方式由立即数寻址变成寄存器寻址，从而缩短了该类指令的执行时间。

表 2.1　常数发生器产生常数的情况

寄存器	源操作数寻址模式	常　数	说　明
R2/CG1	00		寄存器模式
R2/CG1	01	(0)	绝对寻址模式
R2/CG1	10	0004H	＋4，位处理
R2/CG1	11	0008H	＋8，位处理
R3/CG2	00	0000H	0，字处理
R3/CG2	01	0001H	＋1
R3/CG2	10	0002H	＋2，位处理
R3/CG2	11	FFFFH	－1，字处理

（2）通用寄存器。在整个存储系统中，寄存器拥有非常高的读写速度，所以在寄存器之间的数据传送非常快。为此，数据运算结果以及中间变量等数据一般都暂存在通用寄存器中。一般来说，通用寄存器越多，CPU 的处理性能就越好，即通用寄存器的存储长度与数目多少将直接影响 CPU 的性能。

MSP430 单片机一共有 12 个通用寄存器，用于传送、暂存数据以及保存运算结果。这些寄存器既可以进行字节操作也可以进行字操作。汇编语言程序员必须熟悉每个寄存器的用法，才能在程序中做到正确、合理地使用它们。

4. 控制单元

该单元是 CPU 的控制指挥部件，负责指令的识别、解释译码以及产生各种相应时序的工作。根据指令的性质与内容，产生各种时序逻辑，控制各个功能模块的运行，进而保证单片机能够有条不紊地工作。因此该部件实际上也是整个单片机系统的控制调度中心。它的主要功能是产生 CPU 工作所需要的各时序信号，读取的指令进行指令译码。

单片机执行指令的过程大致是,首先从程序寄存器中取出指令;然后送往控制译码单元进行指令的识别与译码。译码的结果通过各种定时控制逻辑电路产生各种特定的定时信号与控制信号。单片机各个部件、模块在定时、控制信号的作用下进行相应操作。

2.1.2　存储空间组织结构

就存储器的组织结构而言,目前主要有两种不同方式:一种是程序与数据共用一个存储空间,也就是统一编址,即冯·诺依曼结构;另一种是程序存储器与数据存储器用各自独立的空间,相互之间无关系,即哈佛结构。这两种组织结构已在第 1 章中做过介绍,这里不再赘述。为了简化指令设计,MSP430 单片机存储结构采用的是统一编址结构,即冯·诺依曼结构。

通常数据在存储器中存放的最小单元是一个字节,存储器地址也是以字节为最小单位进行连续编址的。由于 MSP430 使用的是 16 位 RISC CPU,它对存储器的访问均是以字方式进行的。因此,为规范数据存放与访问方式,避免读取数据出错,MSP430 单片机的存储器对数据存放进行了规范化处理,具体如图 2.5 所示。

可以看出,MSP430 单片机的存储空间也是按照字节进行连续编址的,即最小存储单位是字节。字地址统一遵循"偶地址对齐"的方式编址,即在 MSP430 的存储空间编址中,字地址永远是偶数。同时对字的存储方式也做了进一步规定,即高字节在高地址、低字节在低地址,即低字节地址与字地址相同。若以奇地址访问字,系统会自动将其转化为相应偶地址进行访问,具体用法将在指令系统中进行详细介绍。

MSP430 单片机对存储空间进行了统一的功能划分,并且不同型号的 MSP430 单片机划分方式基本一致,如图 2.6 所示,具体划分如下。

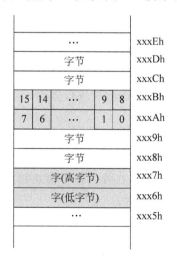

图 2.5　数据在存储器中组织形式

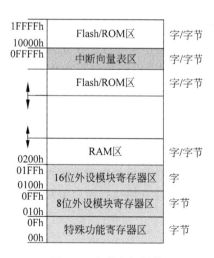

图 2.6　存储空间划分

(1) 0000h～000Fh 区间为特殊功能寄存器区,该区域一共有 16 个字节。由于 MSP430 采用了 RISC CPU,极大地减少了特殊功能寄存器的数目。在 MSP430 大家族里,其特殊功能寄存器数目很少(不多于 16 个),其功能一般是对中断功能进行管理。对于该区域的存取必须以字节方式进行。

（2）0010h～01FFh 区间为外设模块寄存器区，该区域用于存放片上外设模块的各种寄存器。由于外设模块的寄存器有 16 位的也有 8 位的，为便于访问，特将 0010h～00FFh 区间用于存放 8 位寄存器，0100h～01FFh 区间用于存放 16 位寄存器。

（3）RAM 区域始于 0200h，其大小视具体情况而定，主要用于堆栈、变量和数据的保存。例如，用于存放运算的中间结果、采集的数据、输入的变量等以实现缓存与数据暂存的功能。因此该区域又称为数据存储器。该区域可以字方式存取，也可以字节方式存取。

数据存储器一般是由随机存取存储器（RAM）组成。但目前数据存储技术发展迅速，Flash 存储器以及 FRAM 存储器的存取速度不断提升，这些存储器也可以用于存储数据。并且 Flash 型与 FRAM 型存储器都具有非易失性，即掉电后数据也不会丢失，可以保存重要参数。例如，在有些 MSP430 单片机中具有 InfoFlash 存储器，它就可以当作数据 RAM 使用。一些新推出的 MSP430 单片机中也具备了可用作数据 RAM 的 FRAM 存储器。

（4）Flash/ROM 区域位于地址空间的后部，其大小仍以具体型号而定。该区域主要用于存放系统程序或应用程序、常数、数据表格等。具体可分为用户程序代码区、中断向量表区以及系统程序引导区。

① 用户程序代码区。该区域主要用于存放用户编写的程序及其常数、表格等数据。它是 Flash/ROM 区域的主体，占据绝大多数的空间。MSP430 单片机允许用户在程序代码区存放大的数据表格，并可以字节和字方式对其访问。这样当使用表格数据时就不需要将表格数据复制到 RAM 中。这样不但增强了程序设计的灵活性，还节省了存储空间。

② 中断向量表区。该区域存放 MSP430 单片机相应中断处理程序的入口地址。不同型号的单片机所对应中断向量表的内容及其含义均不相同。例如，MSP430F43x 系列单片机的中断向量表包含 16 个中断类型；而 MSP430F261x 系列单片机的中断向量表却最多可容纳 32 个中断类型。尽管向量表的大小不定，但中断向量表的位置相对固定，即最大地址为 FFFFh。

③ 系统程序引导区。在大多数 Flash 型的 MSP430 单片机中都含有片内引导程序，它可以实现对程序代码的读写操作，为升级用户程序提供一种可选的手段。该区域一般是 1KB 大小。引导程序既可以对程序进行修改，也可以对 RAM 中的数据进行修改。

2.1.3　单片机复位过程

MSP430 单片机加电后，单片机内部的掉电复位（BOR）模块首先工作并产生系统复位信号，在该复位信号的作用下单片机内部各个模块进行初始化。在片内各个模块初始化完毕之后，系统才开始执行用户编写的程序，整个过程如图 2.7 所示。

图 2.7　系统初始化过程示意图

1. 掉电复位

为了让单片机在一个确定性的环境中运行，大多数 MSP430 单片机都有一个掉电复位（Brownout Reset，BOR）电路。其作用是避免系统因电源电压过低而进入不可预测的运行状态。

掉电复位的功能很简单,就是当电源电压低于某一阈值时就会产生复位信号,进而使系统复位。掉电复位电路的存在可以有效避免因受到外界干扰、电网波动、误操作等原因造成系统死机现象。掉电复位电路极大地增强了 MSP430 单片机的稳定性与可靠性。而这部分电路功耗较低,有些型号的单片机(如 2xx 系列)中,BOR 电路可以实现零功耗。BOR 电路尽管可以实现掉电保护功能,但它不能实时监测 VCC 的波动情况。另外,BOR 电路不能用程序控制。

2. 复位信号

MSP430 单片机具有两种系统复位信号,分别是上电复位信号(Power On Reset, POR)和上电清零信号(Power Up Clear, PUC)。PUC 与 POR 之间的关系如图 2.8 所示。只要有 POR 信号产生就必定会产生 PUC 信号;反过来,PUC 信号不能产生 POR 信号。

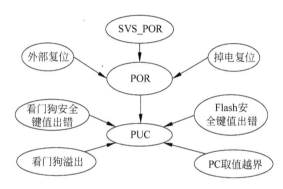

图 2.8　POR 与 PUC 之间的关系

由于 POR 信号一般在复位引脚处于低电平或系统加电与掉电时产生,所以由 POR 信号引起的复位也称为"硬复位"。除了 POR 信号可以产生 PUC 信号以外,其他一些内部事件如看门狗定时溢出、Flash 安全键值出错等也可以产生 PUC 信号,故由 PUC 信号引起的复位也称为"软复位"。

2.2　外部结构

经过上节的介绍,已对 MSP430 单片机内部结构构成、地址空间分布、片上资源配置等情况有了大致的了解。本节将以 MSP430F261x 系列单片机为例对芯片外部结构进行介绍。

2.2.1　封装类型

MSP430F261x 系列单片机具有以下三种封装类型,即 64 引脚的 PM 封装、80 引脚的 PN 封装以及 113 引脚的 ZQW 封装,如图 2.9 所示。由于封装样式的差异,对其内部资源的分布也有一定影响,见表 2.2。例如,PN 封装与 ZQW 封装的单片机内部资源完全一致。含有 8 组 I/O 端口,每组端口 8 个引脚。PM 封装由于只用 64 个引脚,所以其可用的 I/O 引脚要少一些,只有 6 组 I/O 端口。

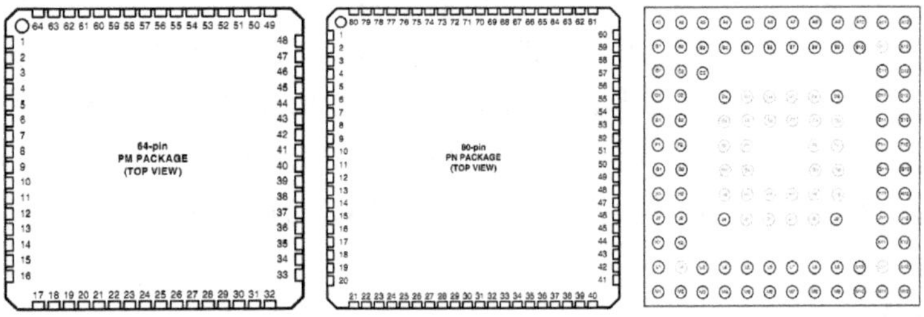

(a) PM封装(64引脚)　　　　(b) PN封装(80引脚)　　　　(c) ZQW封装(113引脚)

图 2.9　MSP430F261x 的封装信息

表 2.2　不同封装下引脚分布情况

引 脚 名 称	引脚编号			引 脚 名 称	引脚编号		
	PM	PN	ZQW		PM	PN	ZQW
工作电源引脚							
AVCC	64	80	A2	AVSS	62	78	B2,B3
DVCC1	1	1	A1	DVSS1	63	79	A3
DVCC2	-	52	F12	DVSS2	-	53	E12
参考电压引脚							
VeREF+/DAC0	10	10	F2	VREF+	7	7	E2
VREF−/VeREF−	11	11	G1				
晶振引脚							
XIN	8	8	E1	XOUT	9	9	F1
XT2IN	53	-	-	XT2OUT	52	-	-
JTAG 引脚							
TDO/TDI	54	70	B7	TDI/TCLK	55	71	A6
TMS	56	72	B6	TCK	57	73	A5
复位引脚							
RST/NMI	58	74	B5				
P1 端口							
P1.0/TACLK/CAOUT	12	12	G2	P1.4/SMCLK	16	16	J2
P1.1/TA0	13	13	H1	P1.5/TA0	17	17	K1
P1.2/TA1	14	14	H2	P1.6/TA1	18	18	K2
P1.3/TA2	15	15	J1	P1.7/TA2	19	19	L1
P2 端口							
P2.0/ACLK/CA2	20	20	M1	P2.4/CA1/TA2	24	24	L4
P2.1/TAINCLK/CA3	21	21	M2	P2.5/Rosc/CA5	25	25	M4
P2.2/CAOUT/TA0/CA4	22	22	M3	P2.6/ADC12CLK/DMAE0/CA6	26	26	J4
P2.3/CA0/TA1	23	23	L3	P2.7/TA0/CA7	27	27	L5
P3 端口							
P3.0/UCB0STE/UCA0CLK	28	28	M5	P3.4/UCA0TXD/UCA0SIMO	32	32	M7
P3.1/UCB0SIMO/UCB0SDA	29	29	L6	P3.5/UCA0RXD/UCA0SOMI	33	33	L8

引脚名称	引脚编号			引脚名称	引脚编号		
	PM	PN	ZQW		PM	PN	ZQW
P3 端口							
P3.2/UCB0SOMI/UCB0SCL	30	30	M6	P3.6/UCA1TXD/UCA1SIMO	34	34	M8
P3.3/UCB0CLK/UCA0STE	31	31	L7	P3.7/UCA1RXD/UCA1SOMI	35	35	L9
P4 端口							
P4.0/TB0	36	36	M9	P4.4/TB4	40	40	M11
P4.1/TB1	37	37	J9	P4.5/TB5	41	41	M12
P4.2/TB2	38	38	M10	P4.6/TB6	42	42	L12
P4.3/TB3	39	39	L10	P4.7/TBCLK	43	43	K11
P5 端口							
P5.0/UCB1STE/UCA1CLK	44	44	K12	P5.4/MCLK	48	48	H12
P5.1/UCB1SIMO/UCB1SDA	45	45	J11	P5.5/SMCLK	49	49	G11
P5.2/UCB1SOMI/UCB1SCL	46	46	J12	P5.6/ACLK	50	50	G12
P5.3/UCB1CLK/UCA1STE	47	47	H11	P5.7/TBOUTH/SVSOUT	51	51	F11
P6 端口							
P6.0/A0	59	75	D4	P6.4/A4	3	3	C1
P6.1/A1	60	76	A4	P6.5/A5/DAC1	4	4	C2,C3
P6.2/A2	61	77	B4	P6.6/A6/DAC0	5	5	D1
P6.3/A3	2	2	B1	P6.7/A7/DAC1/SVSIN	6	6	D2
P7 端口							
P7.0	-	54	E11	P7.4	-	58	C11
P7.1	-	55	D12	P7.5	-	59	B12
P7.2	-	56	D11	P7.6	-	60	A12
P7.3	-	57	C12	P7.7	-	61	A11
P8 端口							
P8.0	-	62	B10	P8.4	-	66	B9
P8.1	-	63	A10	P8.5	-	67	B8
P8.2	-	64	D9	P8.6/XT2OUT	-	68	A8
P8.3	-	65	A9	P8.7/XT2IN	-	69	A7

注：表中"-"表示相应封装没有该引脚。

2.2.2　引脚说明

尽管 MSP430 单片机的引脚很多，但是根据它们的功能可将其分成工作电源引脚、参考电压引脚、晶振引脚、JTAG 引脚、复位引脚和 I/O 引脚 6 大类，下面分别给予介绍。

1. 工作电源引脚（6 个）

AVCC 表示模拟部分电源正极；AVSS 表示模拟部分接地；DVCC1、DVCC2 表示数字部分电源正极；DVSS1、DVSS2 表示数字部分接地。

MSP430 单片机为了防止数字电路对模拟电路的干扰，可将模拟电源与数字电源分开。数字电源和模拟电源的电压最大不能有 0.3V 的偏差。但这两部分不可能完全隔离开，数字部分和模拟部分之间需要有公共连接。所以在供电时至少接地端应该是在一起的。具体使用时,用0Ω的电阻或磁珠或电感连接起来可减小干扰。但推荐的做法是模拟部分正极与数字部分正极直接相连,数字地与模拟地直接相连。

2. 参考电压引脚(3个)

VeREF＋表示外部参考电压正极;VREF＋表示内部参考电压正极;VeREF－/VREF－表示外部/内部参考电压负极。

参考电压主要是用于AD转换或DA转换的。MSP430单片机为了兼顾方便与灵活性,设计了两套参考电源配置方案,其一是提供了内部参考电压;其二是提供了外部参考电压。当内部参考电压不能满足需要时,可使用外部参考电压,以实现设计的灵活性。

3. 晶振引脚(4个)

XIN表示XT1晶振输入端;XOUT表示XT1晶振输出端;XT2IN表示XT2晶振输入端;XT2OUT表示XT2晶振输出端。

MSP430单片机可以同时外接两个时钟晶振,分别记为XT1和XT2。XT1可用于连接低频或高频晶振,通常连接手表晶振(32.768kHz),使用手表晶振时可以直接相连。XT2只能用于连接高频晶振,与引脚连接时需要加上与之匹配的电容。

4. JTAG引脚(4个)

TDO/TDI表示测试数据输出/编程数据输入端;TDI/TCLK表示测试数据输入/测试时钟输入;TMS表示测试模式选择;TCK表示JTAG测试时钟。

在MSP430单片机中,JTAG除了用于程序下载、在线调试之外,还具有一个特别重要的功能,即保护单片机内程序不被非法使用。在JTAG的TDI/TCLK引脚处设置了一熔丝,当程序调试完毕,准备产品化的时候,可使熔丝熔断。一旦熔丝熔断就再也不可以使用JTAG口进行程序的读写了,以此达到保护用户程序的目的。

5. 复位引脚(1个)

MSP430单片机$\overline{\text{RST}}$/NMI引脚为多功能复用引脚,其第一功能是复位信号输入端,复位信号是低电平有效,并且低电平保持时间应不小于$2\mu s$。第二功能是外部非屏蔽中断输入端。外部非屏蔽中断信号属于边缘触发,上升沿有效。第三功能不常使用,对于具有Bootstrap Loader功能的芯片,该引脚还可用于引导系统程序启动。

6. I/O引脚(64/48个)

MSP430F261x系列单片机拥有众多的I/O引脚,为便于管理,将8个引脚组成一组,分别记为P1、P2、P3、P4、P5、P6、P7、P8。对于PM封装,只有P1~P6。由于单片机内部集成了众多外设资源,外部引脚资源不足。为了节约引脚,MSP430单片机采用了引脚复用的方式,每个引脚平均具有两三个功能。只有P7口及P8口(P8.6和P8.7除外)仅具有单一的I/O引脚功能。另外,P1和P2端口还具有中断能力。

尽管MSP430单片机的总线不对外开放,但利用丰富的I/O引脚也可以实现对外部设备的并行数据传输。由于MSP430单片机集成了通用串行通信接口,也可以实现多种方式的异步数据传输。考虑到每个I/O端口具有较多的配置寄存器,有关I/O端口的内容将在后续章节中详细介绍。

2.2.3 MSP430 单片机最小系统

最小系统也叫最小应用系统,是指能够使微处理器正常工作的最少元器件构成的硬件系统。传统的微处理器最小系统至少应包括电源电路、晶振电路和复位电路,有些还需要存储器扩展电路。对于 MSP430 单片机而言,其最小系统更为简洁,只需要外加电源即可正常工作。这主要是由于 MSP430 单片机内部集成了掉电复位模块、内部高频时钟源及存储系统。但考虑到实际应用时的复杂性,这里介绍 MSP430 单片机常用的三种外围电路。

1. 电源电路

MSP430F261x 系列单片机具有较宽的工作电压,只要不低于 1.8V、不高于 3.6V,单片机均能稳定工作。但是部分片上外设对电源的要求较高。例如,对 Flash 进行擦写操作的最低电压是 2.2V,ADC 模块需要 2.2V 以上的电压才可以正常工作。MSP430 单片机的电源电路比较简单,如图 2.10 所示。

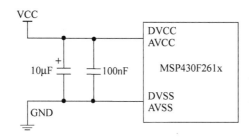

图 2.10 电源电路设计

2. 复位电路

复位电路的基本功能是系统上电时提供复位信号,直至系统电源稳定后,撤销复位信号。为可靠起见,电源稳定后还要经一定的延时才撤销复位信号,以防电源开关或电源插头分-合过程中引起的抖动而影响复位。由于 MSP430F261x 系列单片机内部已经集成了掉电保护电路,正常情况下,只需在单片机 $\overline{RST/NMI}$ 引脚处外接一电阻与 VCC 端相连,单片机即可正常工作,如图 2.11(a)所示。另一种常见的复位电路是由电阻与电容构成的 RC 复位电路,如图 2.11(b)所示。调节电容的大小可以改变延时长度,调节 R 可调整负载特性。在实际电路设计中,如图 2.11(c)所示电路更为常用。该电路与图 2.11(b)相比,增加了一个二极管和一个按键开关。二极管的作用是在电源电压瞬间下降时使电容迅速放电,一定宽度的电源毛刺也可令系统可靠复位。按键开关可对单片机进行手动复位。若需要更为稳定可靠的复位电路,可以使用专门的复位芯片如 MAX809、TPS383x 等。

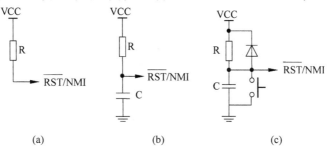

图 2.11 复位电路设计

只要加上合适的电源并将复位引脚置为高电平,MSP430 单片机就可以工作,这也是 MSP430 单片机最小的应用系统。

3. 晶振电路

晶振全称为晶体振荡器(Crystal Oscillators),其作用是为单片机系统提供基本的时钟信号。晶振可以提供稳定、精确的单频时钟信号。在通常工作条件下,普通的晶振频率绝对精度可达 50×10^{-6}。MSP430F261x 系列单片机可以同时外接两个外部晶振(XT1 和 XT2)为单片机提供精确的时钟信号。其中,XT1 晶振与引脚 XIN、XOUT 相连,XT2 与引脚 XT2IN、XT2OUT 相连。

在这两个晶振中,XT1 通常用于连接低频晶振,例如 32.768kHz 的手表晶振。由于 MSP430 单片机内部已集成了与低频晶振相匹配的电容,因此低频晶振可以直接与相应引脚相连,通过配置内部电容即可正常工作,如图 2.12(a)所示。低频晶振提供的时钟信号通常用于向片内低速外设提供时钟,并作为定时唤醒 CPU 使用。除了外界低频晶振之外,还可以外接高频晶振。当引脚 XIN、XOUT 外接高频晶振时,内部集成的电容已无法与之匹配。因此,需要自备 $20 \sim 30\text{pF}$ 的匹配电容,接法如图 2.12(b)所示。XT2IN 与 XT2OUT 引脚只能外接高频晶振,同时又因为 XT2IN 与 XT2OUT 引脚内部无内置电容,所以也需要自备电容。连接方法如图 2.12(c)所示。

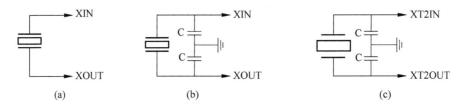

(a)　　　　　　　　　　(b)　　　　　　　　　　(c)

图 2.12　晶振电路设计

需要注意的是,匹配电容的大小与晶振输出的频率成反比。即对于同一个晶振电容值越大,晶振输出的频率越低;反之则越高。因此,只有在合适的范围内才能输出标称频率。若匹配电容选择不当,可导致晶振无法起振。

如果系统对时钟信号要求不太严格,也可以使用内置时钟源。在 MSP430F261x 系列单片机中,不但内置了用于产生高频时钟信号的数控振荡器 DCO,还集成一个低频振荡器用于产生低频时钟信号。由于内置振荡器易受温度等外界因素影响,误差相对较大,只适合为 CPU 运算提供时钟或在对时间误差要求较宽松的场合使用。

2.3　指令系统

单片机所能执行的全部指令的集合称为指令系统,它描述了单片机内全部的控制信息和"逻辑判断"能力。因此,指令系统是 CPU 的重要性能指标,也是进行 CPU 内部电路设计的基础。不同种类单片机的指令系统包含的指令种类和数目也不同。

MSP430 系列单片机的汇编语言指令由 4 部分组成,其格式如下。

[标号:]	操作码	操作数	[;注释]

例如：

```
Label: MOV R0, R5 ; R0→R5
```

可见，一条指令通常由标号、操作码、操作数和注释4部分构成，并且这4部分的相对位置是不能自由更改的。各个部分之间由空格或制表符隔开。其中，标号与注释部分的内容可以没有。现就各部分的含义进行说明。

标号(Label)：为用户自己设定的标记符号，用于指示该指令的起始(即指令第一个字节的)地址，也称为符号地址。汇编时，该符号被赋予该指令的起始地址。书写时，标号一般居左对齐，后面不必用冒号。

操作码(Operation)：规定了指令的功能，因此任何语句都必须具有操作码，不可省略。此部分一般用便于记忆的助记符表示，如上例中的 MOV。

操作数(Operands)：规定了指令要操作的数据信息(主要是数据类型和寻址方式)。一条指令可以具有0个、1个、2个甚至多个操作数。若具有两个操作数，则第一个为源操作数，第二个为目的操作数。源操作数与目的操作数之间用逗号隔开。若只有一个操作数，则它既是源操作数又是目的操作数。

注释(Comment)：是语句的说明部分，用来指示该指令具体完成什么功能。注释主要是为了方便程序员阅读程序而设定的。它须用分号和前面的部分隔开。在汇编时，该部分内容将被忽略掉。

2.3.1　指令集

MSP430 系列单片机的指令系统为16位精简指令集系统，共由51条指令组成，其中，27条为内核指令(Core Instruction)，24条为仿真指令(Emulated Instruction)。内核指令与仿真指令的差别在于，内核指令具有自己的操作码(op-code)，而仿真指令没有。仿真指令的作用就是便于程序员读写。在汇编时，汇编器将把仿真指令转换成具有唯一操作码的内核指令。因此，仿真指令的使用并不会影响指令长度和执行效率。

内核指令可分为单操作数指令、双操作数指令和跳转指令。而对于单操作数指令与双操作数指令，根据操作数的位数，又可分为字节指令(以.B为后缀)和字指令(以.W为后缀)。字节指令即以字节方式访问数据或外设。字指令即以字方式访问数据或外设。若指令不使用后缀(.B或.W)，则系统默认为字指令。

MSP430指令集按其功能划分，可分为：数据传送指令(6条)、算术运算指令(14条)、逻辑操作指令(10条)、位操作指令(8条)、控制转移指令(13条)。

1. 数据传送指令

在单片机程序设计中，数据传送是最基本和最主要的操作，也是最为频繁的操作。MSP430 单片机提供了6条与数据传送有关的指令，可以实现多种数据传送操作。

```
  MOV[.B]    src, dst    ; src → dst
* CLR[.B]    dst         ; 0 → dst
  PUSH[.B]   src         ; SP − 2 → SP, src → (SP)
* POP[.B]    dst         ; (SP) → src, SP + 2 → SP
  SWPB       dst         ; 第 15～8 位与第 7～0 位互换
  SXT        dst         ; 将第 7 位填充到第 8～15 位中
```

2. 算术运算指令

MSP430 单片机具有 14 条算术运算指令,这些指令又分为加法运算指令和减法运算指令,并且这两类指令均会对标志位产生相应的影响。但对控制标志位(OSCOFF、CPUOFF、GIE)不产生任何影响。

MSP430 的加法类指令有 7 条,具体如下。

```
ADD[.B]     src, dst    ; src + dst → dst
ADDC[.B]    src, dst    ; src + dst + C → dst
DADD[.B]    src, dst    ; src + dst + C → dst(十进制)
ADC[.B]     dst         ; dst + C → dst
DADC[.B]    dst         ; dst + C → dst(十进制)
INC[.B]     dst         ; dst + 1 → dst
INCD[.B]    dst         ; dst + 2 → dst
```

MSP430 单片机共有 7 条与减法运算有关的指令,具体如下。

```
SUB[.B]     src, dst    ; dst − src → dst
SUBC[.B]    src, dst    ; dst − src − 1 + C → dst
CMP[.B]     src, dst    ; dst − src
SBC[.B]     dst         ; dst − 1 + C → dst
TST[.B]     dst         ; dst − 0
DEC[.B]     dst         ; dst − 1 → dst
DECD[.B]    dst         ; dst − 2 → dst
```

3. 逻辑操作指令

逻辑操作指令共 10 条,其中,逻辑运算指令 6 条,逻辑移位指令 4 条。这些指令对控制标志位(OSCOFF、CPUOFF、GIE)不产生任何影响,部分指令对状态标志位有影响。

```
AND[.B]     src, dst    ; src ∧ dst → dst
BIC[.B]     src, dst    ; src̄ ∧ dst → dst
BIS[.B]     src, dst    ; src ∨ dst → dst
BIT[.B]     src, dst    ; src ∧ dst
XOR[.B]     src, dst    ; src ⊕ dst → dst
RLA[.B]     dst         ; C ← MSB … LSB ← 0
RLC[.B]     dst         ; C ← MSB … LSB ← C
RRA[.B]     dst         ; MSB → MSB … LSB → C
RRC[.B]     dst         ; C → MSB … LSB → C
INV         dst         ; d̄s̄t̄ → dst
```

4. 位操作指令

此类指令共 8 条,属于无操作数指令,只能对状态寄存器中的位进行操作。也就是说,MSP430 单片机的寄存器是不具备位寻址功能的。要想实现位操作,只能通过字或字节掩膜的办法实现。

MSP430 的位操作指令只有 8 条且均为仿真指令,分别对进位位、零标志位、负标志位及中断使能标志位进行设置,具体如下。

```
* CLRC     ; 进位位清零
* SETC     ; 进位位置位
* CLRZ     ; 零标志位清零
```

```
* SETZ    ; 零标志位置位
* CLRN    ; 负标志位清零
* SETN    ; 负标志位置位
* DINT    ; 关总中断
* EINT    ; 开总中断
```

5. 控制转移指令

此类指令共 13 条,大致可分为子程序调用、返回指令、无条件转移、条件转移、空操作指令。该类指令(除 RETI 外)对状态标志位不产生任何影响。

```
CALL    dst ; SP - 2 → SP, PC → @SP, dst → PC
 RET    ; @SP → PC, SP + 2 → SP
 RETI   ; (SP) → SR,SP + 2 → SP
        ; (SP)→PC,SP + 2→SP

  BR    dst ; dst → PC
 JMP    label ; PC + 2 offset → PC
JC/JHS  label ; 若 C = 1 则转移 label 处执行,否则往下执行
JNC/JLO label ; 若 C = 0 则转移 label 处执行,否则往下执行
JZ/JEQ  label ; 若 Z = 1 则转移 label 处执行,否则往下执行
JNZ/JNE label ; 若 Z = 0 则转移 label 处执行,否则往下执行
 JGE    label ; 若(N .XOR. V) = 0 则转移 label 处执行,否则往下执行
  JL    label ; 若(N .XOR. V) = 1 则转移 label 处执行,否则往下执行
  JN    label ; 若 N = 1 则转移 label 处执行,否则往下执行

* NOP ; 空操作
```

2.3.2　寻址方式

单片机执行程序的过程,实际上就是不断寻找操作数并对操作数进行操作的过程。寻址方式是指在程序执行过程中,指令寻找操作数所使用的方法。寻址方式是单片机的重要性能指标之一。一般情况下,寻址方式越多,功能就越强,灵活性也就越大。操作数的存放不外乎以下三种情况。

(1) 操作数包含在指令中,即指令的操作数字段包含操作数本身,这种操作数为立即数;

(2) 操作数包含在内部寄存器中,指令中的操作数字段是内部寄存器的一个编码,这种寻址方式称为寄存器寻址;

(3) 操作数在内存数据区,操作数字段包含着此操作数地址。

MSP430 单片机支持立即寻址、绝对寻址、变址寻址、符号寻址、寄存器间接寻址、寄存器寻址、自动增量寄存器间接寻址等多种寻址方式。

1. 立即寻址

立即寻址,又称立即数寻址。在这种寻址方式中,操作数在指令中由源操作数直接给出。

例如:

```
MOV  #0020H, R4  ; 20H→R4
```

注意：

（1）立即数前需要加"♯"，即♯data；否则将会出错。例如，MOV 0020H，R4 为非法指令。

（2）立即寻址只能用于源操作数的寻址。例如，MOV R4，♯0020H 是错误的用法。

2. 绝对寻址

绝对寻址，又称直接寻址。绝对寻址的操作数位于 RAM 内，操作数的地址直接在指令中给出。

例如：

```
MOV R9, &2360H          ; 将 R9 中的内容存入 2360H 地址单元中
MOV &2000H, R7          ; 将 2000H 地址单元中的内容存入 R7 中
```

注意：

（1）绝对地址前需要加"&"，即 &addr，否则将会出错。例如 MOV 2000H，R7 为非法指令。

（2）绝对寻址方式适用于源操作数寻址和目的操作数寻址。

（3）该寻址方式主要用于访问具有绝对固定地址的外设模块。对它们使用绝对寻址，可以保证软件的透明度。

3. 符号寻址

该寻址方式的操作数在 RAM 中，但操作数的地址却在指令中以标号的形式给出。

例如：

```
AAA  MOV ♯2036H, R9     ; AAA 表示该指令的起始地址
     MOV AAA, R8        ; 将 AAA 地址单元的内容存放在 R8 中
```

又如

```
MOV  Tab1, R10              ; 将数据表中第一个字存放在 R10 中
Tab1  DW 10E2H, 2214H, 59A2H ; 定义一块数据区域,标号 Tab1 代表该数据区域的起始地址
```

该语句执行后的结果为 R10 = 10E2H。

注意：

（1）这里所说的符号是程序员在程序中自己定义的标号，其代表的是此指令的起始地址。

（2）绝对寻址中，符号所指代的具体地址可由汇编器计算得到，也可由程序员给出；而符号寻址中的地址是由程序员在编写程序时给出的。

（3）标号前加上"&"，表示的是地址。

（4）该寻址方式适用于源操作数寻址和目的操作数寻址。

（5）该寻址方式一般用于随机访问。

4. 寄存器寻址

该寻址方式的操作数存放在寄存器中。例如：

```
MOV R10, R8             ; 将 R10 的内容存放在 R8 中
MOV ♯1205H, R7          ; 将立即数 1205H 存放在 R7 中
MOV R6, &120H           ; 将 R6 的内容存放到 0120H 单元中
```

注意：

(1) 该寻址方式将源操作中内容移动到目的操作数,但源操作数的内容不变。

(2) 该寻址方式适用于源操作数寻址和目的操作数寻址。

(3) 该寻址方式通常用于对时间要求较严格的操作。

5. 变址寻址

该寻址方式的操作数存放在 RAM 中,操作数的地址为寄存器的内容加上前面的偏移量。例如：

```
MOV #0400H,R7          ; 将立即数 0400H 存放在 R7 中
MOV #0530H,R4          ; 将立即数 0530H 存放在 R4 中
MOV 3(R7), 5(R4)       ; 将 0400H+3 地址单元的内容存放到 0530H+5 地址单元中
```

注意：

(1) 该寻址方式将源操作数或目的操作数涉及的寄存器内容在执行前后不变。

(2) 该寻址方式适用于源操作数寻址和目的操作数寻址。

6. 寄存器间接寻址

寄存器间接寻址,也称间接寻址。该寻址方式的操作数存放在 RAM 中,但此操作数的地址位于寄存器中。例如：

```
MOV #0453H,R5          ; 将立即数 0453H 存放在 R5 中
MOV @R5, R4            ; 将 0453H 地址单元的内容存放到 R4 中
```

注意：

(1) 该寻址方式将源操作数涉及的寄存器内容在执行前后不变。

(2) 该寻址方式只适用于源操作数。

(3) 若要在目的操作数中也使用间接寻址,需用变址寻址方式间接实现,即用 0(Rn)代替@Rn。例如,MOV @R5, 0(R4)即可实现目的操作数的寄存器间接寻址。

7. 自动增量寄存器间接寻址

该寻址方式的操作数存放在 RAM 中,但此操作数的地址位于寄存器中。可以看出该寻址方式与寄存器间接寻址方式大致相同,唯一不同的是,使用自动增量寄存器间接寻址方式的寄存器在执行完间接寻址之后会自动增加。具体增加的数量视指令类型而定。如对于字节指令自动加 1；对于字指令自动加 2。例如：

```
MOV #0201H, R8         ; 将立即数 0201H 存放到 R8 中
MOV #3000H,R7          ; 将立即数 3000H 存放到 R7 中
MOV @R8+, 0(R7)        ; 首先将 0201H 地址单元的内容存放到 3000H 地址单元中,
                       ; 然后 R8 中的内容自动增加 2
```

注意：

(1) 该寻址方式只适用于源操作数。

(2) 该寻址方式适用于对表进行随机访问,但目的寄存器的内容需程序员手动改变。

MSP430 单片机指令的源操作数可以使用上述 7 种寻址方式,而目的操作数却只能使用其中的 4 种寻址方式,具体见表 2.3。

表 2.3　MSP430 寻址方式

寻 址 方 式	使 用 场 合	
寄存器寻址	源操作数	目的操作数
变址寻址	源操作数	目的操作数
符号寻址	源操作数	目的操作数
绝对寻址	源操作数	目的操作数
间接寻址	源操作数	—
自动增量寄存器间接寻址	源操作数	—
立即寻址	源操作数	—

2.3.3　指令周期

指令周期是执行一条指令所需要的时间,即从取指令、分析指令到执行完所需的全部时间。可见指令周期就是指令的执行周期,也称指令执行周期。指令的执行周期取决于指令格式和寻址方式,而不是指令本身。通常,指令的执行周期是以主时钟(MCLK)作为参考的。

同一条指令的指令周期会因所采用的寻址方式不同而存在较大的差异。现以最常见的数据传输指令 MOV 为例来说明这个问题。

(1) 寄存器组之间的数据传输,如"MOV Rn, Rm",即源操作数与目的操作数均采用的是寄存器寻址方式。在该寻址方式下,指令执行效率最高。此时 MOV 指令的指令周期为一个 MCLK 周期。

(2) 寄存器与立即数之间的数据传输,如"MOV ♯data, Rn",即源操作数采用立即数寻址,目的操作数采用寄存器寻址。在该寻址方式下,指令执行效率依然较高。此时 MOV 指令的指令周期为两个 MCLK 周期。

(3) 寄存器与存储器之间的数据传输,如"MOV Rn, EDE",即源操作数采用寄存器寻址,目的操作数采用符号寻址。在该寻址方式下,指令执行效率相比前者就低得多了。此时 MOV 指令的指令周期为 4 个 MCLK 周期。

(4) 存储器与存储器之间的数据传输,如"MOV@ Rn(@ Rn+)",EDE 即源操作数采用间接(自动增量间接)寻址,目的操作数采用符号寻址。在该寻址方式下,指令执行效率相比前者更低。此时 MOV 指令的指令周期为 5 个 MCLK 周期。

指令执行周期最长的是类似"MOV EDE, EDE"这样的数据传输。在该类寻址方式下,指令执行效率最低。此时 MOV 指令的指令周期为 6 个 MCLK 周期。

除了寻址方式,指令格式对指令周期也有一定的影响。MSP430 单片机的指令按照指令格式分为三种指令,即跳转指令、单操作数指令与双操作数指令。对于跳转指令而言,其指令周期是固定的,均是两个 MCLK。通常,单操作数指令一般比双操作数指令要快。

2.3.4　指令集扩展

MSP430 指令集是针对最大为 64KB 存储空间设计的,但随着程序越来越复杂,需要使

用的存储空间也不断扩大,如此一来,原有的指令寻址空
间也逐渐不能满足需要。在此背景下,MSP430X 指令集
被设计出来。MSP430X 是对 MSP430 指令系统的扩展,
以适应存储器空间扩大的需要。MSP430X 指令集中的
指令可以直接访问 1MB 空间。图 2.13 为扩展前后存储
空间的变化情况。为了与存储空间小于 64KB 的单片机
程序做到兼容,扩展后原 64KB 存储空间的功能区分配
不变,超出 64KB 范围的用作程序存储空间。

当存储空间扩展到 1MB 时,其地址位也由 16 位扩
展到 20 位。即访问 64KB 空间外的数据时,使用的绝对
地址必然大于 16 位。因此,用于存放地址的寄存器必须

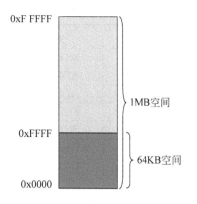

图 2.13 存储器扩展示意图

扩充。这里仅简要介绍一下指令集的扩展情况,而有关 MSP430X 的其他扩展情况,请参阅
MSP430 相关系列的用户手册。

MSP430X 对单操作数指令、双操作数指令和仿真指令都进行了部分扩充,以满足寻址
范围扩大后的需要。

1. 扩展的单操作数指令

在原先的基础上,单操作数指令扩充了 16 条指令,如表 2.4 所示。

表 2.4　扩展单操作数指令

序号	扩展指令	操作数	说　　明
1	CALLA	dst	调用子程序指令
2	POPM.A	♯n,Rdst	重复出栈指令
3	POPM.W	♯n,Rdst	重复出栈指令
4	PUSHM.A	♯n,Rsrc	重复压栈指令
5	PUSHM.W	♯n,Rsrc	重复压栈指令
6	PUSHX[.B,.A]	src	压栈指令
7	RRCM[.A]	♯n,Rdst	重复带进位位循环右移指令
8	RRUM[.A]	♯n,Rdst	重复无符号数算术右移指令
9	RRAM[.A]	♯n,Rdst	重复算术右移指令
10	RLAM[.A]	♯n,Rdst	重复算术左移指令
11	RRCX[.B,.A]	dst	带进位位循环右移指令
12	RRUX[.B,.A]	dst	无符号数算术右移指令
13	RRAX[.B,.A]	dst	算术右移指令
14	SWPBX[.A]	dst	字节交换指令
15	SXTX[.A]	Rdst	位扩展指令
16	SXTX[.A]	dst	位扩展指令

2. 扩展的双操作数指令

在原先的基础上,双操作数指令扩充了 12 条指令,如表 2.5 所示。

表 2.5 扩展双操作数指令

序号	扩展指令	操作数	说　明
1	MOVX[.B,.A]	src,dst	数据传送指令
2	ADDX[.B,.A]	src,dst	加法指令
3	ADDCX[.B,.A]	src,dst	带进位的加法指令
4	SUBX[.B,.A]	src,dst	减法指令
5	SUBCX[.B,.A]	src,dst	带借位的减法指令
6	CMPX[.B,.A]	src,dst	比较指令
7	DADDX[.B,.A]	src,dst	带进位的十进制加法指令
8	BITX[.B,.A]	src,dst	位测试指令
9	BICX[.B,.A]	src,dst	位清零指令
10	BISX[.B,.A]	src,dst	或运算指令
11	XORX[.B,.A]	src,dst	异或运算指令
12	ANDX[.B,.A]	src,dst	与运算指令

3. 扩展的仿真指令

在原先的基础上,仿真指令扩充了 19 条指令,如表 2.6 所示。

表 2.6 扩展仿真指令

序号	扩展指令	操作数	说　明	用于仿真的指令
1	ADCX[.B,.A]	dst	加进位位指令	ADDCX[.B,.A] #0,dst
2	BRA	dst	无条件转移指令	MOVA dst,PC
3	RETA		子程序返回指令	MOVA @SP+,PC
4	CLRA	Rdst	清零指令	MOV #0,Rdst
5	CLRX[.B,.A]	dst	清零指令	MOVX[.B,.A] #0,dst
6	DADCX[.B,.A]	dst	十进制加进位位指令	DADDX[.B,.A] #0,dst
7	DECX[.B,.A]	dst	减 1 指令	SUBX[.B,.A] #1,dst
8	DECDA	Rdst	减 2 指令	SUBA #2,Rdst
9	DECDX[.B,.A]	dst	减 2 指令	SUBX[.B,.A] #2,dst
10	INCX[.B,.A]	dst	加 1 指令	ADDX[.B,.A] #1,dst
11	INCDA	Rdst	加 2 指令	ADDA #2,Rdst
12	INCDX[.B,.A]	dst	加 2 指令	ADDX[.B,.A] #2,dst
13	INVX[.B,.A]	dst	取反指令	XORX[.B,.A] #-1,dst
14	RLAX[.B,.A]	dst	算术左移指令	ADDX[.B,.A] dst,dst
15	RLCX[.B,.A]	dst	带进位位循环左移指令	ADDCX[.B,.A] dst,dst
16	SBCX[.B,.A]	dst	减借位位指令	SUBCX[.B,.A] #0,dst
17	TSTA	Rdst	测试指令	CMPA #0,Rdst
18	TSTX[.B,.A]	dst	测试指令	CMPX[.B,.A] #0,dst
19	POPX	dst	出栈指令	MOVX[.B,.A] @SP+,dst

4. 指令集扩展对程序设计的影响

尽管在对 MSP430 的指令集扩展时,充分考虑到与原有指令集的兼容性。但对于程序编写人员来说,还是需要了解一下对具体程序设计带来的影响。

首先说一下对汇编语言程序的影响,由于汇编语言是面向底层的低级语言,对硬件结构及其指令集的改动最为敏感。因此,指令集扩展对汇编程序设计的影响最大。

从指令层次来看,MSP430 指令集是 MSP430X 指令集的真子集。在访问 64KB 以内的存储空间时,优先使用 MSP430 指令集中的指令进行程序设计,这样做是为了增强程序的兼容性。当超过 64KB 时再使用扩展的指令。

在程序设计层面,程序的启动地址应安排在低 64KB 空间。主程序原则上可以存在程序存储空间的任何位置,但考虑到兼容性问题,一般优先将其置于低地址空间。同时务必保证所有中断服务程序都处在低 64K 存储区内;否则将会出现错误。当然这一过程一般默认是由汇编器或编译器完成的。

相对汇编语言,对于 C 语言程序设计的影响微乎其微。这是因为,指令集的扩展主要影响指令的使用以及寻址方式和寄存器间的操作。而这些操作对于 C 语言来说都是透明的,也就是说,C 编译器可以对所使用的指令自动识别。因此,对 C 语言程序的编写并无影响。

指令集扩展后,给 C 语言程序带来一些好处。如 C 语言的执行周期数减少,中断响应时间进一步缩短,编译生成的代码体积更小。

习题

2-1　简述 MSP430 单片机内部结构及其所具有的明显特征。

2-2　MSP430 单片机内部包含哪些主要功能部件?各个功能部件最主要的功能是什么?

2-3　简述 MSP430 单片机的 CPU 的结构以及各组成部分的功能。

2-4　MSP430 单片机的 CPU 的主要特征是什么?

2-5　MSP430 单片机的 CPU 寄存器有什么特点?应该如何正确使用?

2-6　MSP430 单片机 CPU 状态寄存器的作用是什么?各位的含义是什么?

2-7　MSP430 单片机存储器的组织方式是什么?这种组织方式与 RISC 结构有什么关系?

2-8　MSP430 单片机是如何对存储空间进行统一的功能划分的?

2-9　MSP430 单片机丰富的片上外设资源有哪些?它们的主要功能是什么?

2-10　简述 MSP430 单片机最小系统的构成。与传统的微处理器最小系统相比MSP430 单片机最小系统有什么不同?

2-11　MSP430 单片机如何实现初始化?

2-12　简述仿真指令与内核指令的区别。

2-13　简述仿真指令的作用。

2-14　MSP430 指令集中有哪几种指令格式?它们各自的特点分别是什么?

2-15　MSP430 共有几种寻址方式?它们在使用时有何不同?

2-16　简述寄存器寻址与寄存器间接寻址的不同。

2-17　常数发生器产生的常数与立即数在进行数据传输时在执行效率上有什么不同?

2-18　简述符号寻址与绝对寻址之间的区别。

2-19　列出下面指令中源操作数的寻址方式。

  (1) MOV R4，R8   (2) MOV &2036H，R9

  (3) MOV 2(R5)，7(R6)   (4) MOV @R5，R4

  (5) MOV @R5＋，5(R3)   (6) MOV ♯2011，R9

  2-20 MOV ♯2012H，&2011H，执行指令后，(2010H)、(2011H)、(2012H)中的内容发生何种变化？

  2-21 MSP430 是否支持位地址寻址？如何进行位操作？

  2-22 若 SP＝ 1002H,(SP)＝1234H,R5＝ 5678h,则 POP R5 执行后,SP、R5 中的内容有何变化？

  2-23 影响指令周期的因素有哪些？举例说明。

  2-24 简述 MSP430X 指令集的产生背景及其特点。

  2-25 指令集扩展对程序设计有何影响？

## 第 3 章

MSP430 单片机 C 语言程序设计基础

3.1 单片机程序设计基础

3.1.1 程序流程图

在程序设计中,最重要的不是编写代码而是算法设计,这与建筑和机械制造很相似。例如,当要建设一栋高楼时,首先要做的是绘制高楼的结构图以及施工图,然后是现场施工。程序设计也是如此,当面对一个程序设计任务时,首先想要做的是先画出整个任务实现的流程图,然后再使用具体的程序设计语言进行代码实现。可见,程序流程图的绘制在整个程序设计中起着重要作用。实际上,绘制流程图的过程就是思考和形成算法的过程。由于其直观性,绘制过程本身又促进了思考。因此,程序流程图是人们对解决问题的方法、思路或算法的一种描述方法。当人们看到一个优秀的程序流程图时,就能很快地把握住程序结构和处理思路,有利于程序纠错和维护。

程序流程图具有符号规范、画法简单、结构清晰、逻辑性强、便于描述、容易理解等优点。绘制流程图所需要的基本符号如图 3.1 所示,它们分别是起始框、终止框、执行框和判别框。其中,起始框和终止框是程序流程图必备的;执行框中注有必要文字说明以指示具体执行了何种操作,该框所指的操作可大可小。在概要设计阶段执行框所描述的是一个大的功能模块。在详细设计阶段则是指在实现某一特定功能时需要执行的具体指令或语句。

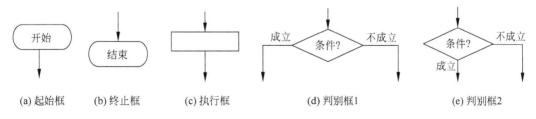

(a) 起始框　　(b) 终止框　　(c) 执行框　　(d) 判别框1　　(e) 判别框2

图 3.1　流程图中基本符号

绘制程序框图的规则:使用标准的框图符号;框图一般按从上到下、从左到右的方向画;除判别框外,大多数程序框图的符号只有一个进入点和一个退出点,而判别框是具有超过一个退出点的唯一符号。在绘制流程图时要注意结构化程序设计中三种基本结构的流程图标准画法。尽量将复合条件转为多个单一条件。流程线不要忘记画箭头,因为它是反映流程执行的先后顺序。如果不画箭头,就难以判断执行次序。

3.1.2　单片机程序设计语言

目前主要的单片机程序设计语言是汇编语言和 C 语言。汇编语言是面向 CPU 的程序设计语言。由于汇编语言程序直接利用单片机指令集中的指令实现具体的算法功能,因此汇编语言与机器语言具有较好的一致性,可以访问所有能够被访问的软、硬件资源。汇编语言程序的目标代码简短,占用内存少,执行速度快,是高效的程序设计语言。它经常与高级语言配合使用,以改善程序的执行速度和效率,弥补高级语言在硬件控制方面的不足。汇编语言的缺点是不同处理器具有不同的汇编语言语法和编译器,编译好的程序无法在不同的处理器上执行,缺乏可移植性。汇编语言程序的可读性差、不易维护。总之,汇编语言程序编写烦琐、工作量大、开发效率很低,周期长且单调。目前处理器性能不断提升、存储资源越来越丰富,使得汇编语言目标代码少、效率高的优势正在逐渐丧失。使用汇编语言从事嵌入式系统开发的人数总体呈下降趋势。

C 语言是一种既具有高级语言的特点,又具有部分汇编语言特点的程序设计语言。C 语言也是一种结构化的程序设计语言,因为它提供了三种基本结构语句,而且提供了定义"函数"的功能。函数可以完成子程序的所有功能,是完成程序功能的基本构件。由于函数允许将一个程序中的多个任务被分别定义、编码和单独编译,所以函数可以使程序模块化。作为一种高级语言,C 语言功能齐全、应用范围大,已是目前最为流行的高级语言之一。但是 C 语言代码的执行效率比汇编语言要低。

在程序设计历史上汇编语言曾是非常流行的语言之一。一方面,随着硬件技术的进步,CPU 性能不断提高、储存资源日益增大、成本逐渐降低;另一方面,随着软件规模的增长以及对开发进度和效率的苛刻要求,高级语言逐渐取代了汇编语言。但即便如此,高级语言也不可能完全替代汇编语言的作用。以 Linux 内核为例,尽管绝大部分内核代码是用 C 语言编写的,但在某些关键地方仍然使用了汇编代码。因为这部分代码与硬件的关系非常密切,即使是 C 语言也会显得力不从心,而汇编语言则能够很好地扬长避短,最大限度地发挥硬件的性能。

一般对于小程序来说,若是对硬件进行简单的控制可以用汇编语言,若更多涉及逻辑设计方面的内容,则需要使用 C 语言。对于稍大一些的程序来说,C 语言的优势就十分明显了。就现代单片机程序设计来说,大多是以 C 语言为主,汇编语言为辅。即只有在那些对代码大小和效率要求较高的场合才使用汇编语言。

3.1.3　单片机程序设计的一般步骤

人们在嵌入式系统产品开发过程中摸索出了程序设计的一般步骤,具体如图 3.2 所示。该步骤对于基于单片机的产品设计与程序开发具有很好的借鉴作用。按此步骤进行产品开发可使设计者少走弯路,缩短开发周期,提高产品可靠性。

1. 需求分析、明确任务

该阶段要尽可能搞清楚用户的全部需求信息,即对要完成的任务进行详细的了解与分析。然后将具体的实际问题抽象转化成计算机可以处理的问题。

2. 算法设计

在明确任务之后,就需要将其转化成计算机算法。算法就是在计算机上解决问题的方法与步骤。对于复杂的大型程序,算法设计又可分为概要设计和详细设计两个阶段。对于比较小的软件两个可以同时做。详细设计完成后算法设计也就基本完成了,接下来将设计好的算法转化成使用具体程序设计语言编写出的程序,进而实现在计算机上的求解。在设计算法时一般会采用或借鉴现有的一些计算方法和日常生活中解决问题的逻辑思维推理方法等。

绘制程序流程图是在算法设计之初就开始的工作,在算法设计好之后,程序流程图也就确定了。所以说算法设计的过程,也是绘制程序流程的过程。通过画流程图可以首先从图上检验算法的正确性,减少出错的可能,使得动手编写程序时的思路更加清晰。

3. 芯片选择及合理分配单片机资源

等完成算法设计之后,就需要决定在何种硬件平台上实现上述算法。在确定好主要芯片之后,就需要完成单片机系统的资源配置及分配,主要是单片机存储空间和工作单元的合理分配和外围设备的配置。在这个过程中,应充分利用不同型号单片机的特殊优点以方便资源配置和系统

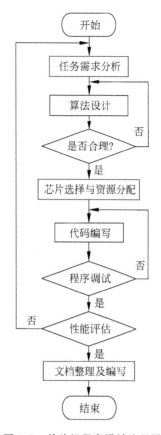

图 3.2 单片机程序设计流程图

设计。例如,合理、正确地对存储空间进行分段和数据定义。由于 MSP430 单片机对 16 位数据处理效率最高,因此要充分利用这一特点。

4. 代码编写

该步骤在单片机程序设计中是最为重要的一步。经过 1～3 步的准备,已完成了程序代码编写前的所有工作。编写程序时要选择好编写语言,对于同一种算法,不同的程序设计语言会有不同的实现方法。编程能力的提高是一个循序渐进的过程。对于初学者来说,一方面,要多读现有的程序,以学习别人的编程经验;另一方面,还必须多动手,亲自编写程序,不要怕失败,只有通过无数次失败,才能从中积累自己的编程经验。

5. 程序调试

在源代码编写完毕之后,就要进行调试。通过调试的程序只能说明没有语法错误,但不能排除没有逻辑错误。所以能不能达到预期效果还必须用实际数据测试才可以。一般来说,这是一个反复测试的过程。对此,程序编写人员,尤其是初学者一定要有充分的心理准备。只要有足够的耐心,加上认真、细致的工作态度,就一定能找出其中的逻辑错误。事实上,即使是一个非常有经验的程序员,也没有百分之百的把握一次就成功。

6. 性能评估

在程序调试完后,就需要将程序应用到产品上进行实际环境检验,其中包括功能检验、

可靠性检验、极端环境下检验。凡经过检验符合要求了,整个程序设计工作就算结束了,接下来就是文档整理与使用说明书的编写工作了。若不符合要求,则需要重新开始,这是最坏的情况。一般而言,只要将任务需求分析做得足够细,一般不会出现这种极端情况。

7. 文档整理与编写

程序运行无误,实际试运行正常,且经过了各种环境测试,但这并不意味着产品开发任务的结束。程序文档的编写也是程序设计的一个重要任务。其目的是为了便于修改和维护程序。程序文档一般包括含有功能要求和指标程序的设计任务书、程序流程图、存储单元分配清单、源程序清单、应用系统资源分配、参量计算和设计、错误信息的定义、实际功能及指标测试结果说明、程序使用和维护说明书等。需要注意的是,部分程序文档的编写是与上述1~6步同时进行的。

3.2 MSP430 单片机 C 语言程序设计

目前支持 MSP430 单片机的 C 语言编译器很多,国内主要使用的是 IAR 公司的 IAR Embedded Workbench for MSP430(EW430)和 TI 公司开发的 Code Composer Studio (CCS)。MSPGCC 作为一种开源编译器也具有一定的使用者。这些 C 编译器功能比较强大,可以编译出高效、紧凑的机器代码。

MSP430 单片机的 C 语言程序(以后简称 C430)设计方法与标准 C 语言的基本上相同。但单片机的资源与 PC 相比,十分匮乏。为了更好地适应 MSP430 单片机的程序设计,C430 对标准 C 语言进行了扩展。主要表现在数据类型及数据长度、关键字扩展以及由此引起的函数扩展等。需要说明的是,不同的 C430 编译器对 C 语言的扩展不完全相同,例如,IAR 公司的 C 编译器与 TI 公司的 C 编译器都对 C 语言的支持程度略有不同,大多数情况下,MSP430 单片机的源程序可以在各个版本的 C430 编译器上使用。

3.2.1 数据类型与运算符

1. 标识符与关键字

标识符是指常量、变量、语句标号、数组、文件名以及用户自定义函数的名称。C 语言规定标识符只能由字母、数字、下画线组成,并且只能由字母、下画线开头,所用字母区分大小写。C 语言中一些已被赋予特定含义的标识符被称为关键字或保留字,关键字不能用作标识符,在 C 语言中的关键词见表 3.1。这些关键字将在后续章节中陆续介绍。

表 3.1　C 语言中的 32 个关键词

与数据类型相关的关键字(12 个)			
short	声明短整型变量或函数	struct	声明结构体变量或函数
int	声明整型变量或函数	union	声明共用数据类型
long	声明长整型变量或函数	enum	声明枚举类型
float	声明浮点型变量或函数	void	声明函数无返回值或无参数,声明无类型指针
double	声明双精度变量或函数	unsigned	声明无符号类型变量或函数
char	声明字符型变量或函数	signed	声明有符号类型变量或函数

与变量有关的关键字(6 个)			
auto	声明自动变量	extern	声明变量是在其他文件正声明
const	声明只读变量	register	声明寄存器变量
static	声明静态变量	volatile	说明变量在程序执行中可被隐含地改变
与程序控制有关的关键字(12 个)			
if	条件语句	for	一种循环语句
else	条件语句否定分支(与 if 连用)	do	循环语句的循环体
switch	用于开关语句	while	循环语句的循环条件
case	开关语句分支	continue	结束当前循环,开始下一轮循环
default	开关语句中的"其他"分支	break	跳出当前循环
goto	无条件跳转语句	return	子程序返回语句(可以带参数,也可不带参数)
其他关键字(2 个)			
sizeof	计算数据类型长度	typedef	用以给数据类型取别名

为更好地满足单片机程序设计要求,C430 在标准的 32 个关键字的基础上又扩充了多个新关键字,它们都以双下画线开头。例如,关键词"__no_init"。由于 C 语言 main 函数开始运行之前将对 RAM 区域进行清零操作,所以处于该区域的变量将全部变成零。若使部分变量在此过程中不被清零,则需要使用关键字__no_init。其功能是使程序启动时不给变量赋初值。它一般用于不需要初始化的变量。例如:

    __no_init char tmp;   // 定义一个 char 型变量 tmp,程序启动时不对它初始化

另外,C430 对标准 C 语言中一些关键词做了进一步限制。现以 volatile、const 和 static 为例进行说明。

(1) volatile 用于定义挥发性变量。编译器将认为该变量的值会随时变化,对该变量的任何操作都不会被优化过程删除。例如:

    volatile int tmpA;   // 定义 int 型变量 tmpA,该变量不会被编译器优化

(2) const 用于定义常量,const 定义的常量将被放在 Flash 中,因而可以用 const 关键字定义一些像显示段码表这样的常量数组。例如:

    const int digtal_table[10] = { '0','1','2','3','4','5','6','7','8','9'};
    // digtal_table 将存放在 Flash 中

(3) static 用于定义本地全局变量,只能在本文件内使用。因此,使用它可以避免跨文件的全局变量混乱。例如:

    static unsigned char tmpB;   // 定义静态 unsigned char 型变量 tmpB

2. 数据类型及存储长度

C430 支持标准 C 语言中的所有数据类型。此外,还增加了 8 个字节长度的 long long int 数据类型。如表 3.2 所示为 C430 支持的主要数据类型及其数值范围。

表 3.2　C430 支持的数据类型及数据长度

数据类型	存储长度	值　　域
char	1B	[−128　　127] [0　　　　255]
short	2B	[−32 768　32 767] [0　　　　65 535]
int	2B	[−32 768　32 767] [0　　　　65 535]
long	4B	[−2 147 483 648　2 147 483 647] [0　　　　　4 294 967 295]
long long	8B	[−9 223 372 036 854 775 808　9 223 372 036 854 775 807] [0　18 446 744 073 709 551 615]
float	4B	[1.175 49e−38　3.402 823 5e+38]
double	4B	[1.175 49e−38　3.402 823 5e+38]
long double	4B	[1.175 49e−38　3.402 823 5e+38]
指针 *	2B	[0　0xFFFF]
指针 **	20 位	[0　0xFFFFF]

* MSP430X 的 16 位地址空间；** MSP430X 的 20 位地址空间

3. 运算符及优先级

运算符是告诉编译器执行特定算术或逻辑操作的符号。C 语言把除了控制语句和输入输出以外的几乎所有基本操作都作为运算符处理。因此 C 语言运算符的运算范围很宽,可分为算术运算符、关系运算符、逻辑运算符、按位运算符、逗号运算符、复合运算符等,具体见表 3.3。采用复合运算符有利于简化程序,也可以提高编译效率,产生高质量的目标代码。此外,还有一些用于完成特殊任务的运算符。

表 3.3　C 语言所有运算符及优先级

优先级	运算符	名称或含义	使用形式	结合方向	说　　明
1	[]	数组下标	数组名[常量表达式]	左到右	下标运算符
	()	圆括号	(表达式)/函数名(形参表)		函数调用运算符
	.	成员选择(对象)	对象.成员名		分量运算符
	−>	成员选择(指针)	对象指针−>成员名		
2	−	负号运算符	−表达式	右到左	算术运算符
	(类型)	强制类型转换	(数据类型)表达式		强制类型转换运算符
	++	自增运算符	++变量名/变量名 ++		算术运算符
	−−	自减运算符	−−变量名/变量名 −−		
	*	取值运算符	*指针变量		指针运算符
	&	取地址运算符	&变量名		
	!	逻辑非运算符	!表达式		逻辑运算符
	~	按位取反运算符	~表达式		位运算符
	sizeof	长度运算符	sizeof(表达式)		求字节数运算符

续表

优先级	运算符	名称或含义	使 用 形 式	结合方向	说　　明
3	/	除	表达式 / 表达式	左到右	算术运算符
	*	乘	表达式 * 表达式		
	%	余数(取模)	整型表达式/整型表达式		
4	+	加	表达式＋表达式	左到右	
	−	减	表达式－表达式		
5	<<	左移	变量 << 表达式	左到右	位运算符
	>>	右移	变量>>表达式		
6	>	大于	表达式>表达式	左到右	关系运算符
	>=	大于等于	表达式>= 表达式		
	<	小于	表达式 < 表达式		
	<=	小于等于	表达式 <= 表达式		
7	==	等于	表达式 == 表达式	左到右	
	!=	不等于	表达式 != 表达式		
8	&	按位与	表达式 & 表达式	左到右	位运算符
9	^	按位异或	表达式 ˆ 表达式	左到右	
10	|	按位或	表达式 | 表达式	左到右	
11	&&	逻辑与	表达式 && 表达式	左到右	逻辑运算符
12	||	逻辑或	表达式 || 表达式	左到右	
13	?:	条件运算符	表达式 1? 表达式 2：表达式 3	右到左	条件运算符
14	=	赋值运算符	变量＝表达式	右到左	赋值运算符
	/=	除后赋值	变量 /= 表达式		复合赋值运算符
	*=	乘后赋值	变量 *= 表达式		复合赋值运算符
	%=	取模后赋值	变量 %= 表达式		复合赋值运算符
	+=	加后赋值	变量 += 表达式		复合赋值运算符
	−=	减后赋值	变量 −= 表达式		复合赋值运算符
	<<=	左移后赋值	变量 <<= 表达式		复合赋值运算符
	>>=	右移后赋值	变量>>= 表达式		复合赋值运算符
	&=	按位与后值	变量 &= 表达式		复合赋值运算符
	^=	按位异或后赋值	变量 ^= 表达式		复合赋值运算符
	|=	按位或后赋值	变量 |= 表达式		复合赋值运算符
15	,	逗号运算符	表达式,表达式,…	左到右	逗号运算符

3.2.2　常见程序结构

1. 顺序结构

顺序结构是三种结构中最简单、最常见的一种程序结构,也是其他程序结构的基础。顺序结构中的语句是按照书写的先后次序顺序执行的,每个语句都会被执行到,并且只能执行一次。一般而言,顺序结构程序一般包括变量定义、变量赋值、运算处理和输出结果等步骤,如图 3.3 所示。

在单片机 C 语言程序设计中,顺序结构主要用于模块配置,例如对 I/O 端口、定时器等模块的初始化操作。

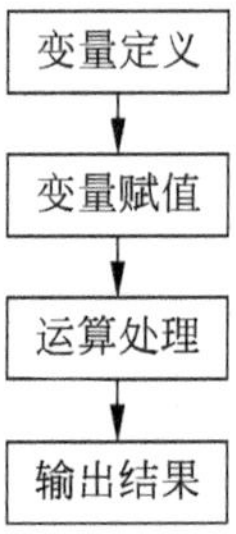

2. 分支结构

分支结构程序又称为选择结构程序,是结构化程序设计的基本结构之一。大多数程序中都包括分支结构,其作用是根据所指定的条件决定执行两组操作中的具体一组操作。在 C 语言中,if 语句和 switch 语句都可以实现不同层次的分支程序。

1) if 语句

if 语句也叫条件语句,该语句可实现多分支条件控制。if 语句首先判定所给定的条件,然后再根据判定的结果(真或假)以决定执行给出的两种操作之一。C 语言提供了以下三种形式的 if 语句。

```
if (条件表达式)          // 形式 1
    语句段

if(条件表达式)           // 形式 2
    语句段 1
else
    语句段 2

if(条件表达式 1)         // 形式 3
    语句段 1
else if(条件表达式 2)
    语句段 2
    …
else if(条件表达式 n)
    语句段 n-1
else
    语句 n
```

变量定义

变量赋值

运算处理

输出结果

图 3.3　顺序程序结构

这三种形式的 if 语句分别可以实现单分支结构、双分支结构和多分支结构,具体如图 3.4 所示。此外,if 语句还可以实现嵌套。但在嵌套时要格外注意 if 与 else 的对应关系,即 else 总是与它上面最近的未配对 if 形成配对关系。if 语句中的表达式一般是关系表达式或逻辑表达式。

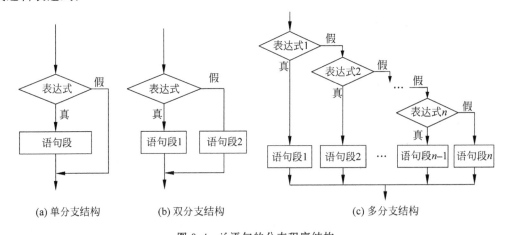

(a) 单分支结构　　　　(b) 双分支结构　　　　　　　(c) 多分支结构

图 3.4　if 语句的分支程序结构

　　另外,if 和 else 后面有多条语句时,一般会用"{}"括起来形成一个复合语句。当 if 语句中只执行一条赋值语句且给同一变量赋值时,可以采用更简单的条件运算符来处理。条件运算符是一个三目运算符,也是 C 语言中唯一的一个三目运算符,其使用形式一般为:

表达式 1?表达式 2: 表达式 3

　　条件运算符的执行顺序是,首先求解表达式 1,若为非零(真),则执行表达式 2,此时表达式 2 的值将作为整个表达式的值;反之将执行表达式 3,此时表达式 3 的值就是整个表达式的值,例如:

min = (a < b) ? a : b;

等价于

```
if(a < b)
min = a;
else
min = b;
```

2) switch 语句

　　由上述可知,if 语句可以实现多分支结构,如果分支过多时 if 语句嵌套层数太多,使得程序冗长、可读性降低,这时可使用 switch 语句。switch 语句可实现多方向条件分支语句。使用 switch 语句可使程序条理分明,可读性强。switch 语句的一般形式为:

```
switch(表达式)
{
case 常量表达式 1: 语句段 1;
                break;
case 常量表达式 2: 语句段 2;
                break;
       …
case 常量表达式 n-1: 语句段 n-1;
                break;
default: 语句段 n;
}
```

　　该语句的执行过程如图 3.5 所示。首先计算表达式的值,然后将该值与 case 后面的常量表达式逐个比较,当两者相等时,则执行该 case 后面的语句。若与 case 后面常量表达式的值均不相等,则执行 default 后面的语句。需要指出的是,这里 break 的作用是终止当前语句的执行,跳出 switch 语句。若没有 break 语句,则程序会接着执行下面的语句。

　　需要注意的是,case 后的常量表达式值必须不同;switch 语句中表达式的类型和常量表达式的类型只能是整型或字符型。case 和 default 的出现次序不影响执行;多个 case 可以共用一组执行语句。

3. 循环结构

　　在程序设计时有些语句往往需要重复执行数次,这时就需要使用循环结构。循环结构是结构化程序中三种基本结构之一。循环结构在给定条件成立时将反复执行某程序段,直到条件不成立为止。这里给定的条件称为循环条件,反复执行的程序段称为循环体。C语

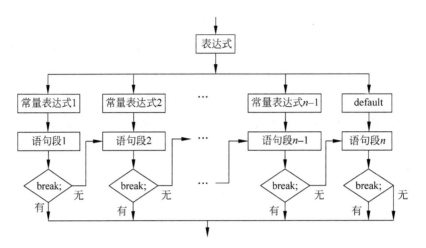

图 3.5 switch 语句执行示意图

言提供了多种循环语句,可以组成各种不同形式的循环结构。

1) while 语句

while 语句可实现当型循环结构,其一般形式为:

```
while (表达式)
{
    循环体语句;
}
```

该语句的执行过程如图 3.6 所示,先判断表达式的值,根据判断结果,若为非零(真),则继续执行循环体;否则跳出循环体执行下面的语句。

2) do while 语句

do while 语句可实现直到型循环,其一般形式为:

```
do {
    循环体语句;
} while (表达式)
```

该语句的执行过程如图 3.7 所示,首先执行一次循环体语句,然后再判断表达式的值,若为非零(真),则继续执行循环体语句;否则跳出循环执行下面的语句。

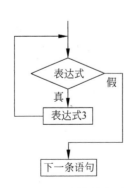

图 3.6 while 语句执行流程

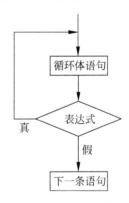

图 3.7 do while 语句执行流程

　　比较 while 语句和 do while 语句,可知 while 语句是先判别条件,再决定是否循环;而 do while 语句则是先至少循环一次,然后再根据循环的结果决定是否继续循环。所以在具体使用时要根据实际情况选择合适的循环语句。

　　3) for 语句

　　for 语句是 C 语言所提供的功能更强,使用更广泛的一种循环语句,其一般形式为:

for(表达式 1; 表达式 2; 表达式 3)

{循环体语句;}

　　这里表达式 1 通常用来给循环变量赋初值,一般是赋值表达式。也允许在 for 语句外给循环变量赋初值,此时可以省略该表达式。表达式 2 通常是循环条件,一般为关系表达式或逻辑表达式。表达式 3 通常可用来修改循环变量的值,一般是赋值语句。需要注意的是,表达式 1、表达式 2、表达式 3 都可以省略,但是它们之间的分号不可以省略。

　　for 语句的执行过程如图 3.8 所示,首先计算表达式 1 的值,再计算表达式 2 的值,若值为非零(真)则执行循环体一次;否则跳出循环。然后再计算表达式 3 的值,转回第 2 步重复执行。在整个 for 循环过程中,表达式 1 只计算一次,表达式 2 和表达式 3 则可能计算多次。循环体可能多次执行,也可能一次都不执行。具体执行过程如图 3.8 所示。

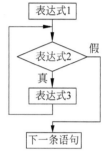

图 3.8　for 语句执行流程

　　4) 循环控制语句

　　(1) break 语句

　　break 语句的一般形式为:

break;

　　该语句在讲述 switch 语句时已经讲过,当时 break 的作用是跳出 switch 结构,继续执行 switch 语句下面的语句。实际上,break 语句还可以用在循环语句中,用于终止并跳出循环体。这里需要注意,当 break 语句所在的循环体是多层嵌套循环结构时,break 语句只能终止并跳出最近一层的循环结构。此外,break 只能用于 while 语句、do while 语句、for 语句和 switch 语句之中。

　　(2) continue 语句

　　与 break 语句类似,continue 语句的一般形式为:

continue;

　　continue 语句的功能是结束本次循环,跳过循环体中尚未执行的语句,进行下一次是否执行循环体的判断。该语句仅用于 while 语句、do while 语句和 for 语句中。

　　5) goto 语句

　　goto 语句为无条件跳转语句,它的一般形式为:

goto　语句标号;

　　语句标号用标识符来表示,即由字母、数字和下画线组成且第一个字符不能为数字。对结构化程序设计来讲,一般尽量规避使用该语句,因为大量使用 goto 语句可使程序流程无规律,可读性变差。但也不绝对禁止使用。例如,在以下两种情况下,就可以使用 goto 语句。

(1) 在多层嵌套的复杂循环体中,可以使用 goto 语句使程序的执行从内层循环体一下跳到整个循环体的外部。此时可以提高执行效率。

(2) 组成循环结构。由于 goto 语句本身是无条件跳转语句,所以自身无法实现可控的循环体。要想实现可控的循环,需要借助 if 语句,组成 goto-if 循环结构。感兴趣的读者可参考相关资料,这里不做过多讲解。

3.2.3　数组

数组是由同一数据类型组成的集合体。每个数据都有一个数组名。由于数组成员在内存中是连续存放的,该数组名表示整个数组的起始地址即首地址。数据既可以是一维的,也可以是多维的。在使用时,数据也必须遵循先定义后使用的原则。使用时只能逐个引用数组元素,不能一次引用整个数组。

1. 一维数组

一维数组的定义方式为:

数据类型　数组名[常量表达式];

数据类型说明了数组中的各个元素的类型。常量表达式确定了数组中元素的个数,即数组的长度。注意,数组的长度一旦定义好,就不可更改。也就是说,定义后的数组大小是固定的,不可变。

例如:

```
int a[6];                    // 定义一维数据 a,数据类型为整型,数组共有 6 个元素
```

一维数组的初始化是在定义时完成的,例如:

```
int temp[5] = {1,2,3,4,5};    // 定义一个数组 temp,每个元素分别为 1、2、3、4、5。
```

也可以在定义之后赋值,例如:

```
int temp[5];
temp[0] = 1; temp[1] = 2; temp[2] = 3; temp[3] = 4; temp[4] = 5;
```

使用数组元素时,下标可以是常量或整型表达式表示元素个数,下标从 0 开始。数组若不初始化则其元素值为随机数。上面 temp 数组的初始化使用是下标为常量时的情况,下面给出下标为整型表达式的情况。

```
int   i, temp[5];
for(i = 0; i < 5; i++)
{
    temp[i] = i + 1;
}
```

可见,在对多个元素进行赋值时,使用整型表达式下标并配合循环表达式,可以简化程序。

2. 二维数组

二维数组的定义方式为：

数据类型 数组名[常量表达式1][常量表达式2];

在二维数组中,常量表达式1表示行数;常量表达式2表示列数;若定义一个3行4列的二维整型数组,例如：int a[3][4];二维数组在内存中是按照行序优先的次序存放的,具体如图3.9所示。

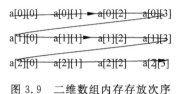

图 3.9 二维数组内存存放次序

二维数组元素的初始化是按行初始化的,具体方式可参见表3.4。

表 3.4 二维数组初始化实例

初始化表达式	int a[2][3]={1,2,3};			int a[2][3]={{1,2,3},{4,5,6}};			int a[ ][3]={1,2,3,4,5};		
数组元	1	2	3	1	2	3	1	2	3
素分布	0	0	0	4	5	6	4	5	0
初始化表达式	int a[2][3]={{1,2},{3}};			int a[2][3]={{1},{4,5}};			int a[ ][3]={1,2,3,4,5,6};		
数组元	1	2	0	1	0	0	1	2	3
素分布	3	0	0	4	5	0	4	5	6

由于单片机的计算能力相对较弱,为避免复杂的计算,提高单片机工作效率,经常使用查表方式代替复杂运算。在单片机 C 语言程序设计中,大量的数据表格经常存放在数组中,通过数组的访问以实现查表程序。

3.2.4 函数

函数是 C 语言源程序的基本模块,它相当于其他高级语言的子程序。C 程序全部由函数组成,并且必须有且只能有一个名为 main 的主函数。整个程序的执行从 main 函数开始,也在 main 函数中结束。C 语言程序的全部工作都是由各式各样的函数来完成的,所以也把 C 语言称为函数式语言。C 语言这种函数模块式的语言结构易于实现结构化编程,程序的层次更加清晰、便于编写、阅读、调试。

在 C 语言中,函数由函数头与函数体构成。函数定义的一般形式为

```
函数类型 函数名([形参表])
{
    变量定义;
    功能语句;
    返回语句;
}
```

函数头包括函数类型、函数名、形参类型说明表,其中函数类型指该函数返回值的类型。若函数不需要或没有返回值,则该函数类型应为 void;函数名是程序编写者为该函数定义的名字,符合标识符的命名规则。但为了程序的可读性,一般要求具有明确的意义,做到见名知意;形参表用于说明函数的输入参数情况。形参表中的每一个形参都由数据类型和变量名两部分组成,若有多个形参,需要用逗号隔开。若没有输入参数,则该部分可省略,即括号内什么都不写,此时该函数就是无参函数。

函数体部分是函数功能的实现主体,一般来说函数体包括变量定义、功能实现语句和返回语句。考虑到 C 语言中变量定义后才能使用的特点,通常把该函数所用的全部变量定义放在函数的开始。这样可以避免变量未定义的错误,也有利于提高程序的可读性。功能实现语句是函数体的核心,是函数功能实现的地方,这也是最能体现程序编写人员能力的地方。当函数功能实现后就需要考虑是否需要将一些结果作为返回值用在其他地方,此时返回语句就显得十分必要。

C 语言使用 return 语句完成函数值的返回,即函数的返回值由 return 语句决定。return 语句的一般形式为

return(表达式);

或

return 表达式;

或

return;

return 语句的功能是使程序从被调用函数返回到调用函数中,同时把返回值带给调用函数。在普通函数中可以含有多个 return 语句;一旦执行 return 语句,函数就会返回到调用函数处。若无 return 语句,遇"}"时,自动返回调用函数。函数一次只能直接返回一个值,若要实现多个返回值,需要借助地址传递或指针的方式。

在 C 语言中,在函数内部不能再定义一个新函数,即不能嵌套定义。

1. 自定义函数与库函数

在 C 语言程序设计中,从程序编写者角度来看,函数可分为自定义函数与标准函数两种。自定义函数是指用户根据具体应用所编写的函数。一般是根据实际情况编写特定函数以实现特定功能,自定义函数是程序设计的主体。

库函数是由系统或硬件提供商提供的标准化函数。在使用库函数时,只需要了解函数的功能、函数参数的数目和顺序,以及各参数意义和类型、函数返回值意义和类型以及需要使用的包含文件即可。库函数一般是经过优化过的,充分利用标准函数可以减少程序开发时间,便于移植,有利于提高程序执行效率。要使用库函数需要将包含相应库函数的头文件包含到用户自定义的源文件中。

2. 函数调用

在 C 语言程序设计中,一个函数从编写完成到使用一般需要经历函数定义、函数声明以及函数调用三个过程。其中函数定义是基础,函数声明是必要的,函数调用是目的。一个函数能否被成功调用取决于以下条件:该函数首先是存在的,即已经被定义好;其次若被

调函数是库函数,需要使用♯include命令将相关库函数包含在本源文件中。若调用某一数学函数,就需要♯include ＜math.h＞,否则就会出错。若被调函数是自定义函数,需要对被调函数进行声明。

自定义函数声明的方式一般形式为

函数类型 函数名(形参表);

函数声明的目的是告诉编译系统函数类型、参数个数及类型,在程序编译时以便对函数进行检查。这与函数定义的功能不同。由于函数声明的形式与自定义函数的函数头形式基本相同,因此在实际操作中只需要将函数头加上一个分号就完成了函数声明。但需格外注意,函数定义与函数声明的位置不同。函数声明可以在主调函数体内,也可位于主调函数体外。当函数定义出现在主调函数之前还可以不进行函数声明。当函数声明位于函数体外时,其他函数再调用该函数时就无须再作声明。具体可参见下面的例子。

完成函数声明后,就可以进行函数调用了。在函数调用时,习惯上把调用者称为主调函数,被调用者称为被调函数。下面首先介绍形参与实参的关系。形参为形式参数的简称,是指定义函数时函数名后面括号中的变量名;实参即实际参数是指调用函数时函数名后面括号中的表达式。在函数调用时要求实参与形参个数相等、类型一致,并按顺序一一对应。即实参必须有确定的值且与形参类型一致,若形参与实参类型不一致,将自动按形参类型转换。

函数调用的一般形式为

函数名(实参表);

被调函数在主调函数中有三种调用方式:①将函数调用作为一个语句,这种情况下被调函数一般是 void 类型,即没有返回值;②调用的函数出现在表达式中,此时函数的返回值参与表达式的运算;③将函数作为实参使用,函数的返回值即为实参的值。若函数直接或间接调用函数本身,即为函数递归调用。后两种调用方式都要求被调函数具有返回值。当被调函数的类型与 return 语句中表达式值的类型不一致时,将以函数类型为准进行类型自动转换。

函数调用时参数传递过程为:首先为形参分配单元,并将实参的值复制到形参中;当函数调用结束时形参单元被释放,实参单元仍保留并维持原值。可见,在形参与实参进行值传递过程中形参与实参占用不同的内存单元。也就是说,在被调函数执行期间,如果改变形参,实参的值也不会发生变化,这种方式又称为参数的单向传递。若要实现实参与形参的双向传递,即形参与实参同时改变,必然要使形参与实参占用同样的存储单元。在 C 语言中要做到这一点,实参和形参必须是地址常量或变量,即实参与形参传递的是地址而不是数值,如传递数组名或指针均可实现双向传递。每个函数只能有一个返回值或者没有返回值。若想实现返回多个值,需要借助地址传递的方式实现或使用全局变量。在同一个程序内main 函数可以调用其他函数,但不能被其他函数调用。

3. 局部变量与全局变量

凡是在函数内部定义的变量,其只在本函数内有效,也就是说,只能在本函数内才能使用它们,这些变量就称为局部变量。所以,包括形参在内的所有在函数内部定义的变量均是局部变量。在函数体内的复合语句中定义的变量也只在本复合体内有效。

在函数外部定义的变量即为外部变量,由于其有效范围从定义变量的位置开始到本源文件结束,所以又称为全局变量或全程变量。在有效范围内的函数均可以使用该变量。全局变量增加了函数间的数据联系途径,合理利用全局变量可以使程序效率提高、节约存储资源。为了区分全局变量与局部变量,一般约定全局变量名的第一个字母大写。

尽管全局变量具有一定优点,但建议尽量少用全局变量。原因是全局变量在程序的全部执行过程中一直占有存储资源,而不是需要时分配内存空间,它占用的存储资源不能得到统筹利用。全局变量的使用使得函数间的联系加强,独立性、可移植性和通用性降低,也与模块化程序设计的原则不符。过多的全局变量会使程序的清晰度降低、可读性变差。若全局变量与局部变量同名时,局部变量有效、全局变量无效。即全局变量被局部变量屏蔽掉了。

3.2.5 指针类型

指针是 C 语言程序设计中一种重要的数据类型,也是 C 语言的精髓。有人这么形容指针对于 C 语言的重要性——没有学会灵活使用指针,就没有学懂 C 语言。指针的重要性可见一斑。在 C 语言程序设计中使用指针,一方面可使程序简洁、紧凑、高效;另一方面还可以有效地表示复杂的数据结构,实现动态地分配内存。另外,利用指针可实现多个函数返回值。

存储器中是以字节为最小单位组织的。不同数据类型所占用的内存单元数也不相同,如整型量占两个单元,字符量占一个单元等。为了准确地访问这些内存单元,须给内存单元编上一个唯一的编号。根据一个内存单元的编号即可准确地找到该内存单元。在计算机学科中,一般将内存单元编号叫作地址。在汇编语言中,利用该地址可直接对地址单元的内容进行读写操作。在 C 语言中地址称被为指针。对于一个内存单元来说,单元的地址即为指针。定义指针的目的是为了通过指针去访问内存单元。此外,用于存储指针的变量称为指针变量。

1. 普通指针变量

指针变量的定义与一般变量的定义类似,定义的一般形式为:

数据类型说明符　＊指针变量名;

可见对指针变量的类型说明一般包括三部分内容:①数据类型说明符,说明了该指针变量所指向变量的类型,如整型、字符型等基本数据类型;②指针类型说明符"＊",说明该定义变量为一个指针变量;③指针变量名,该变量的命名应符合变量的命名要求,实际应用中最好取有明确意义的单词或词组等作为指针变量名。例如:

```
int * data;              // data 指向一个整型变量
static int * name;       // name 是指向静态整型变量的指针变量
float * average;         // average 是指向浮点变量的指针变量
```

注意,指针变量一旦被定义,就只能指向同类型的变量,如 average 只能指向浮点变量,不能指向非浮点变量,如整型、字符变量。

指针变量同普通变量一样,在使用之前不仅要定义,而且还需要赋予具体的值。未赋值或赋予非地址值的指针变量不能使用;否则将造成系统混乱,甚至死机。由于在 C 语言中变量的地址是由编译系统分配的,对用户完全透明,所以 C 语言中提供了地址运算符 & 来提取变量的地址。

指针变量的初始化方法有两种,一种是指针变量定义时赋值;另一种是先定义后赋值。将一个变量的地址赋值给一个指针变量,也称为使指针(变量)指向该变量,现在分别举例说明。

1) 指针变量定义时赋值

```
int x;                    // 定义变量 x
int * p = &x;             // 定义指针变量 p,并将变量 x 的地址赋给 p,即使 p 指向 x
```

2) 先定义后赋值

```
int x;                    // 定义变量 x
int * p;                  // 定义指针变量 p
p = &x;                   // 将变量 x 的地址赋给 p,即使 p 指向 x
```

在具体使用时应注意下面错误的赋值方法。

(1) 不允许把一个数赋予指针变量,如

```
int * p;                  // 定义指针变量 p
p = 1000;                 // 错误的赋值方法
```

(2) 被赋值的指针变量前不能带"*"符号,如

```
int x;                    // 定义变量 x
int * p                   // 定义指针变量 p
*p = &x;                  // 错误的赋值方法
```

以上说明了指针变量的定义与赋值方法,现在介绍如何根据指针变量访问指针的内容。若完成此操作需要借助指针中的单目运算符 *,利用该运算符可以访问指针变量所存指针的内容,具体用法如下。

```
int x = 0;                // 定义变量 x = 0
int * p = &x;             // 定义指针变量 p 并使其指向 x
*p = 15;                  // 修改 x = 15
```

2. 高级指针变量

在 C 语言中,数组、结构体、函数都是连续存放的。也就是说,只要找到它们的首地址,也就找到了它们。因此,指针变量不仅可以指向普通变量,还可以指向数组、函数等。指针变量中存放的实际上是数组、函数等的首地址。通过访问指针变量取得首地址,也就找到了该数组或函数。实际上,数组名、结构体变量名与函数名分别表示数组的首地址、结构体变量的首地址和函数的首地址,这样定义指针变量就比较方便。一般把利用变量名直接对其赋值的方式称为直接赋值,而把利用指针进行赋值的方式称为间接赋值。

(1) 指向数组的指针变量的定义。指向数组的指针变量即数组指针变量,其一般形式为

类型说明符 * 指针变量名

其中,"类型说明符"表示所指数组的类型。从一般形式可以看出,指向数组的指针变量和指

向普通变量的指针变量的说明是相同的。例如：

```
int a[8], * p;              // 定义整型数组 a 和整型指针变量 p
p = a;                      // 数组名表示数组的首地址,将其赋指针变量 p,即使 p 指向数组 a
```

也可写为：

```
p = &a[0];                  // 数组第一个元素的地址也是整个数组的首地址,也可赋予 p
```

当然,也可采取初始化赋值的方法：

```
int a[8], * p = a;
```

引入指针变量后,就可以用两种方法来访问数组元素了。第一种方法为下标法,即用 a[i]形式访问数组元素；第二种方法为指针法,即采用 * (p+i)形式,用间接访问的方法来访问数组元素。两种方法实现的最终效果是一致的,只是实现方式不同。

（2）指向字符串的指针变量的定义。例如：

```
char * str;
str = "c language";
```

也可以用初始化赋值的方法写为

```
char * str = "c language";
```

（3）当指针变量的指针指向结构体变量时,该指针就称为结构体指针。由于结构体变量名的地址即为该结构体的首地址,所以结构体指针的定义与赋值方式和指向数组的指针变量类似。例如,定义一个指向 stu1 的结构体指针 p,则为：

```
struct student stu1;
struct student * p = &stu1;
```

当利用该指针变量访问成员变量时,可采用以下两种方式。

```
( * p). score = 90;
```

或

```
p -> score = 90;
```

（4）指向函数的指针变量的定义。指向函数的指针变量又称为函数指针变量,一般的定义形式为

类型说明符 (* 指针变量名)( );

其中,"类型说明符"表示被指函数的返回值的类型。"(* 指针变量名)"表示" * "后面的变量是定义的指针变量；最后的空括号表示指针变量所指的是一个函数。例如：

```
int ( * pf)( );             // 定义指向函数的指针变量 pf
pf = fun;                   // 使 pf 指向 fun
```

3. 指针变量的高级应用

（1）指针数组。若数组的元素值为指针,则该数组即为指针数组。指针数组是一组有

序的指针的集合,其所有元素都必须是具有相同存储类型和指向相同数据类型的指针变量。
定义指针数组的一般形式为:

类型说明符 ∗ 数组名[数组长度]

其中,“类型说明符”为指针值所指向的变量的类型。例如:

```
int * p[3]        // 定义具有三个元素指针数组 p,每个元素值都是一个整型指针变量
```

(2) 指针型函数。函数的类型是指函数返回值的类型。当函数的返回值是一个指针
(即地址)时,就称该函数为指针型函数,定义指针型函数的一般形式为:

类型说明符 ∗ 函数名(形参表)
{
… / ∗ 函数体 ∗ /
}

其中,“函数名”之前加了“∗”号表明这是一个指针型函数,即返回值是一个指针;“类
型说明符”表示了返回指针值的数据类型,例如:

```
int * pf(int x, int y)
{
    … / * 函数体 * /
}
```

应该特别注意函数指针变量和指针型函数在写法和意义上的区别,例如,int (∗ p)( )
和 int ∗ p( )是两个完全不同的量。

int (∗ p)( )表示定义了一个函数指针变量,即 p 是一个指向函数入口的指针变量,该
函数的返回值是整型量,(∗ p)的两边的括号不能少。

int ∗ p( )则不是定义一个变量而是定义一个函数。该表达式的意思是指定义一个指
针型函数 p,其返回值是一个整型指针,∗ p 两边没有括号。作为函数说明,在括号内最好写
入形式参数,这样便于与变量说明区别。此外,int ∗ p( )只是函数头部分,一般还应该有函
数体部分。

3.2.6　预处理

预处理是 C 语言的一个重要功能,指在进行源程序编译之前所做的一些处理工作。
C 语言提供了多种预处理功能,常见的如宏定义、文件包含、条件编译等。合理地使用这些
预处理功能,有利于程序的阅读、修改、移植、调试以及模块化程序设计。预处理命令均以
“♯”开头,占单独书写行,语句尾不加分号。按照功能可分为宏、文件包含和条件编译,下面
将分别给予介绍。

1. 宏

在 C 语言源程序中允许用一个标识符来表示一个字符串,称为“宏”。被定义为“宏”的
标识符称为“宏名”。在编译预处理时,对程序中所有出现的“宏名”都用宏定义中的字符串
去替换,这一过程称为“宏代换”或“宏展开”,该过程会增加预编译时间。宏定义是由源程序
中的宏定义指令完成的。宏代换是由预处理程序自动完成的。宏的主要作用是提高程序的
可读性、可移植性,提高编程效率。

在 C 语言中,"宏"分为带参数的宏和无参数的宏两种,这里分别对其进行介绍。

(1) 无参数宏。无参数宏是指宏名后面不含有参数,其定义的一般形式为

♯define 宏名 字符串

其中,"字符串"可以是常数、表达式、格式串等。例如:

```
♯define PI 3.1415926        // 定义宏 PI 为圆周率
♯define S (PI * r * r)      // 定义宏 S 为圆的面积
```

使用宏时应注意,宏展开过程是一种简单的替换过程,预处理程序对它不做任何检查。如有错误,只能在编译宏展开后的源程序时发现。宏定义不是说明或语句,在行末不必加分号,如加上分号则连分号也一起置换。宏定义必须写在函数之外,其作用域为宏定义,命令起到源程序结束作用。如要终止其作用域,可使用 ♯undef 命令,如 ♯undef PI。若宏名在源程序中用引号括起来,则预处理程序不对其做宏代换。宏定义允许嵌套,在宏定义的字符串中可以使用已经定义的宏名。在宏展开时由预处理程序层层替换。习惯上,宏名用大写字母表示,以便于与变量区别。

(2) 带参数宏。带参数宏是指宏名后面含有参数,其定义的一般形式为

♯define 宏名(形参表) 字符串

其中,在字符串中含有各个形参。例如:

```
♯define MAX(a,b)   (a>b)?a: b       // 该宏的功能是返回 a、b 中的最大值
```

在程序中若使用上面定义的宏,具体用法如下。

```
{
    …
    int x = 4, y = 6, z = 0;
    …
    z = MAX(x,y);
    …
}
```

在程序编译时,"z = MAX(x,y);"将被展开,展开时首先用实参 x、y 分别替换形参 a、b。宏展开后该语句为"z =(x>y)? x : y;"并用此语句计算 x、y 中的大数。在宏定义中,字符串内的形参通常要用括号括起来,以避免出错。

2. 文件包含

在 C 语言程序设计中,文件包含是非常重要的预处理工作之一。一个较大的程序一般是由多个模块组成的,每个模块可由不同开发者完成。此时可将公用的符号常量或宏定义等单独组成一个公用文件,当需要在文件中使用这些公用的符号常量或宏定义时,可在文件的开头使用包含指令包含该公用文件即可使用。这样不但节省了时间还可以减少出错。

文件包含功能是由"♯include"指令来完成的,其作用是把指定的文件插入该指令行位置取代该指令行,从而把指定的文件和当前的源程序文件连成一个源文件。文件包含指令的一般形式为:

♯include   "文件名"或<文件名>

例如：

```
#include"msp430f2618.h"
```

或

```
#include <msp430f2618.h>
```

由上可知，文件包含指令有两种文件包含格式：一种是使用一对双引号(" ")将待包含文件括起来；另一种是用一对尖括号(< >)。使用双引号则表示首先在当前的源文件目录中查找，若未找到才到包含目录中去查找。使用尖括号表示在包含文件目录中查找(包含目录是由用户在设置环境时设置的)，而不在源文件目录中查找；用户在编程时可根据自己文件所在的目录来选择其中一种指令形式。

另外，一个#include 指令只能包含一个文件，若有多个文件要包含，则需用多个#include 指令。文件包含允许嵌套，即在一个被包含的文件中又可以包含另一个文件。

3. 条件编译

条件编译可按不同的条件来编译程序的不同部分，进而产生不同的目标代码文件。条件编译十分有利于程序的移植和调试。条件编译一般有三种形式，见表3.5。

表 3.5　条件编译的三种使用方式

项目	第一种形式	第二种形式	第三种形式
书写格式	#ifdef 宏标识符 　程序段 1 #else 　程序段 2 #endif	#ifndef 宏标识符 　程序段 1 #else 　程序段 2 #endif	#if 常量表达式 　程序段 1 #else 　程序段 2 #endif
功能	如果宏标识符已被定义，则对程序段 1 进行编译；否则对程序段 2 进行编译。 如果没有程序段 2 (它为空)，本格式中的#else 可以没有	如果宏标识符未被定义，则对程序段 1 进行编译，否则对程序段 2 进行编译。 这与第一种形式的功能正相反	如常量表达式的值为真(非0)，则对程序段 1 进行编译，否则对程序段 2 进行编译。因此可以使程序在不同条件下，完成不同的功能

条件编译当然也可以用条件语句来实现。但是用条件语句将会对整个源程序进行编译，生成的目标代码程序很长，而采用条件编译，则根据条件只编译其中的程序段 1 或程序段 2，生成的目标程序较短。如果条件选择的程序段很长，采用条件编译的方法是十分必要的。

3.2.7　typedef 定义类型

C 语言中允许用户为数据类型取"别名"，即可对现有数据类型的名字进行重新命名。该操作是通过关键词 typedef 来实现的，其语法格式为：

typedef　type　name;

其中，type 为已有数据类型名；name 为用户重新命名的类型名。注意，typedef 不但可以为基本数据类型重新命名，对于数组、结构体、共用体等构造类型也适用。

例如，若对整数型类型进行如下重命名：

```
typedef   int   DATA;
```

则"DATA Info；"表示定义一个整型变量 Info，其功能与"int Info；"是完全等价的。

typedef 的功能主要有两个：其一是给变量的数据类型一个易记且意义明确的新名字；其二是简化一些比较复杂的类型声明。如结构体类型定义一般比较复杂，若使用 typedef 重新命名，不但可以减少程序代码，而且可使程序的可读性增强。例如：

```
typedef struct student
    {
        int id_num;
        char name[20];
        char sex;
        int age;
        float score;
    } STUDENT;
```

在完成上面的重命名后，即可以使用 STUDENT 进行结构体变量的声明。例如：

```
STUDENT stu1.stu2;
STUDENT stu[6];
STUDENT * pstu;
```

在使用 typedef 时还需要注意：typedef 没有创造新数据类型，仅仅是对现有的数据类型重新命名而已；typedef 只能用于数据类型，不能用于变量的重命名。为了便于区分，一般将重新命名的名字大写。

typedef 与 #define 的不同之处：从概念上说，#define 是宏定义指令，但 typedef 则不是；从功能上说，#define 可以给类型起别名，也可以给常量、变量等起别名，而且还可以用作编译开关，而 typedef 只用作定义类型别名；从处理阶段来看，#define 是在预处理阶段处理的，即预编译时进行简单字符置换，没有类型检查；而 typedef 是在编译阶段处理，编译时为已有类型命名且具备类型检查。

3.2.8　规范化编程

俗话说"没有规矩，不成方圆"。对于程序编写者，编写程序时也需要遵循一定的公共规范，养成一个良好的编程习惯。初学者如果能在规范化编程、程序文件工程化管理等方面养成良好习惯，就能避免走很多弯路。规范化编程包括变量命名规则、函数命名规则、代码书写、注释编写等内容。

1. 变量命名规范

变量命名时尽量使用具有说明性的名字，做到见名知义。变量命名要清晰、明了、有明确含义。一般变量名应使用完整的单词或大家基本可以理解的缩写，避免使人产生误解。对变量的定义，尽量位于函数的开始位置。例如，较短的单词可通过去掉"元音"形成缩写；较长的单词可取单词的头几个字母形成缩写；除非必要，不使用数字或较奇怪的字符来作为变量名；除了编译开关/头文件等特殊应用，变量名应避免使用下画线作为开始和结尾。

例如，int liv_Length 作为变量名的定义方式就具有一定的代表性，看到 liv_Length 就可以得知，该变量是 int 型的局部变量，用来表示长度。具体含义是："l"表示局部变量

(Local)，若是全局变量可用"g"表示；"i"表示数据类型中的 int 型；"v"表示是变量 (Variable)，若是常量则可用"c"表示；最后的"Length"表示该变量的含义。这样可以防止局部变量与全局变量重名。

2. 函数命名规范

函数的命名应该尽量用英文表达出函数完成的功能。遵循"功能模块名_动宾结构"的命名法则，函数名中动词在前，并在命名前加入函数的前缀，例如 Key_GetKey()、Sys_Init()。为了提高程序的运行效率，减少参数占用的堆栈，在传递大结构的参数时，应采用指针或引用方式传递。另外，还应控制函数的调用层次以及递归调用以节约 RAM 空间。

3. 代码书写

代码书写说的是代码的排版风格，良好的代码书写方式有助于程序的理解，增加程序的可读性，并且在编写代码的过程中，有助于梳理思路。良好的代码书写方式有：每个程序块采用缩进风格编写，最好是缩进 4 个空格；相对独立的程序块之间、变量说明之后加空行；多个短句不允许放在同一行；if、for、do、while、case、switch、default 等语句自占一行，且 if、for、do、while 等语句的执行语句部分无论多少都要加括号{}；括号(程序块的分界符)也独占一行，不缩进，其内语句才开始缩进；较长的语句应该换行；尽量在低优先级的操作符处换行；换行要有必要缩进，并把操作符放在此行最前面；如果是函数的参数，则不允许将某一参数隔断，应该在两个参数之间换行，中间的逗号放在上一行的最后。

除此之外，单片机程序设计时需要注意以下几点。

(1) 计算精度。尽管浮点数的数值范围大、精度高，但对于单片机而言，处理定点计算的速度远比处理浮点计算效率高。这主要是因为浮点计算 RAM 开销大、运算速度慢。所以单片机程序设计时不要盲目追求高精度，应根据单片机性能、RAM 资源和实际应用情况确定是否采用浮点计算。

在实际应用中会经常用到含有小数的实数，为了避免浮点数计算，通常的做法是，根据计算精度，对实数进行适当的放大取整后参与计算，计算完后再对结果进行相应比例的缩小。例如，计算半径为 3 的圆的面积，结果保留一位小数。则可以进行如下计算：

$$S = (314 \times 9)/100 = 2826/100 = 28.26 \approx 28.3$$

这与 $3.141\ 592\ 7 \times 9 = 28.274\ 334\ 3 \approx 28.3$ 计算的结果是完全相同的。但程序的资源开销要小得多。即便是具有硬件乘法器，浮点数计算仍比定点数计算要耗时、耗资源。

(2) 防止数据溢出。初学者在进行单片机程序设计时，经常犯的错误之一是数据溢出。为了避免出现数据溢出，需要做到：①准确掌握不同数据类型对应的数据范围，如 unsigned char 变量的数值范围是[0，255]，若该变量的值超出此范围就会发生溢出错误；②避免马虎粗心致使数据溢出，这种数据溢出一般发生在循环语句中，即在编写循环条件时要控制好变量的边界，否则就容易发生数据溢出；③避免使用数据类型间的隐式转换，通常的做法是用强制类型转换替代隐式转换。例如：

```
unsigned int a;
unsigned char b;
a = b * 10;
```

尽管变量 a 的数据类型是 unsigned int，但由于 b 和常数 10 均为 unsigned char 型，所以结果 a 也是 unsigned char 型。当 b>25 时结果就会溢出。若将程序改为：a=（unsigned int)b * 10；,则可以避免类似的数据溢出。

(3) 工程化代码管理。目前,IAR 和 CCS 的集成开发环境都是按照工程化的思想对程序代码进行管理的。在进行较大的程序设计时,这种管理方式就显得尤为重要。这种管理方式也比较适合模块化程序设计。例如,将经常会用到的一些程序或具有相对独立功能的程序独立编写为一个文件。在使用这些程序时就可以将相应文件包含进源程序文件中,就可以直接调用有关函数了。因此,这种编程方法可以减少重复劳动,提高编程效率。

4. 注释编写

注释是对代码的解释或对意图的说明,因此注释的作用是帮助程序阅读者理解程序。编写注释应遵循简练、准确、易理解的原则,太多或太少都会影响程序的可读性。写注释时应尽量少使用缩写,尤其是不常用的缩写。注释的位置应该在被注释语句的上方或右方,位于上方时,应该与上方的语句用空行分开。注释应该与被注释语句缩进相同。注释一般位于文件头、函数、变量定义等处。

每个文件的头部都应该编写注释,用于说明本文件的重要信息,如版权、版本号、生成日期、作者、内容、功能、修改日志等。尤其是每次修改,都应该写入修改日志。对于函数的注释,一般应列出函数的目的、功能、输入输出参数、返回值以及调用关系等。对于变量、数据结构等的注释,应说明其作用、取值范围、在哪里使用、使用时的注意事项等。对于语句的注释不是必需的,但条件(分支)语句必须给出注释。其内容包括语句块的功能、输出,程序块结束行右方必须给出注释以表明程序块结束。编写代码的同时应该写出注释,修改代码时应该连同修改注释,保证注释与文件的同步。

3.3　集成开发环境快速入门

对于 MSP430 单片机程序设计来说,目前流行的集成开发环境主要有 TI 公司开发的 CCS 和 IAR 公司的 EW430。此外,进行 MSP430 单片机的程序开发还可以使用开源编译器 MSPGCC,目前 IAR EW430 和 TI CCS 均已发展到 5. x 版本。本节将主要介绍这两种集成开发环境的入门知识。

3.3.1　IAR EW430 快速入门

IAR System 是全球领先的嵌入式系统开发工具和服务的供应商。公司成立于 1983 年,提供的产品和服务涉及嵌入式系统的设计、开发和测试的每个阶段,包括带有 C/C++编译器和调试器的集成开发环境(IDE)、实时操作系统和中间件、开发套件、硬件仿真器以及状态机建模工具等。其中,该公司开发的 C 编译器(IAR Embedded Workbench)最为著名,目前已支持众多知名半导体公司的微处理器。

TI 公司的 MSP430 系列处理器便是它所支持的众多处理器之一。支持 MSP430 单片机程序开发的集成开发环境通常称为 IAR EW430。它提供了一个方便的窗口界面,用于迅速的开发和调试,且为每一种目标处理器提供工具选择,为开发和管理 MSP430 嵌入式应用程序提供了极大的方便。

IAR EW430 具有入门容易,使用方便等特点。它支持 ANSI C 并包含对 Embedded

C++的支持；内建 MSP430 特性扩展优化；代码长度和速度有多级优化；支持 32 位和 64 位浮点数；支持硬件乘法器；内部函数支持低功耗模式；支持 C 和汇编语言混合编程。在开发工具方面，IAR EW430 具有语法表现能力的文本编辑器、C/C++编译器、汇编器、连接器、函数库管理器、调试器 C-SPY 等。

关于 IAR EW430 集成开发环境的详细介绍，可查阅相关资料，这里仅介绍使用 IAR EW430 如何快速编写一个简单程序并下载调试的过程。

首先打开 IAR EW430 集成开发软件，打开后的界面如图 3.10 所示。整个界面比较简洁，与普通的集成开发环境类似。界面上部为菜单栏，接下来是工具栏。

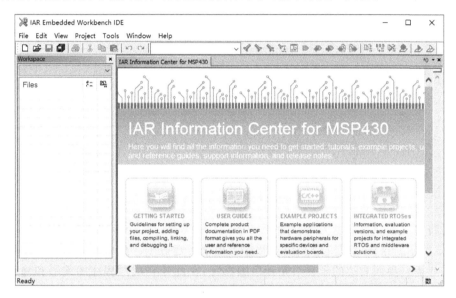

图 3.10　首次启动后的界面

然后，建立自己的工程项目。IAR EW430 采用工程项目方式管理程序文件，因此要为某个目标系统开发一个新应用程序，必须先新建一个工程项目。具体步骤为：在 Project 菜单中单击 Create New Project 命令，弹出 Create New Project 对话框，如图 3.11 所示。

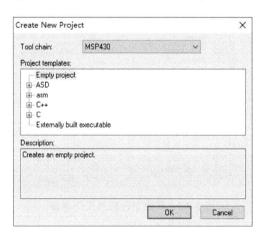

图 3.11　工程项目类型选择

在该对话框中，一共有 6 个项目模板，它们的含义如下：Empty project 表示创建一个空的工程；ASD 表示创建 ASD 工程；asm 表示创建汇编语言程序（asm）工程；C++ 表示创建 C++ 语言程序工程；C 表示创建 C 语言程序工程；Externally built executable 表示创建外部编译执行的工程。

这里选取创建 C 程序工程项目，选择 C 选项下面的 main，单击 OK 按钮后便会出现为该项目命名的对话框，如图 3.12 所示。

图 3.12　工程项目命名

此处将该工程项目命名为 test，然后单击"保存"按钮，就会出现新建的 test 工程项目，如图 3.13 所示。这样就把一个 C 语言程序工程项目建好了。此时看到的界面就是编写程序的工作界面。界面右边的子窗口是程序编辑区，在此处完成对程序的编写和修改。界面左边的子窗口是工作区窗口，主要用于对当前工程文件的管理。界面下方是信息窗口，用于显示程序编译时的相关信息。

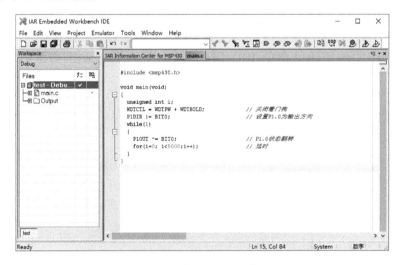

图 3.13　新建工程后的工作界面

通过上面的步骤已将工程项目建好，但并未指定处理器的型号。因此接下来介绍如何指定处理器的型号。首先在 Workspace 窗口中选中建好的项目名字并右击，弹出快捷菜单,选取 Options 命令后将出现"选项"对话框。在这里需要对处理器型号、调试方式以及连接方式进行设置。首先指定处理器型号,其方法是:在 Category 列表框中选择 General Options,如图 3.14 所示。在 Device 框中选择处理器的型号,这里选择 MSP430F2618。接下来选择调试器的类型,具体步骤是,在 Category 中选择 Debugger,在 Driver 下拉列表框中选择调试器的类型,这里选择 FET debugger,即使用硬件仿真,如图 3.15 所示。

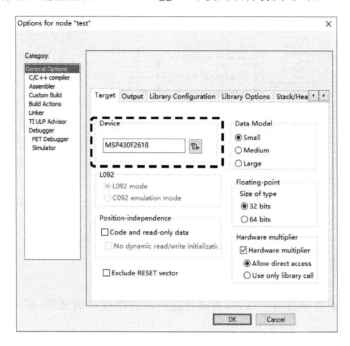

图 3.14　型号选择

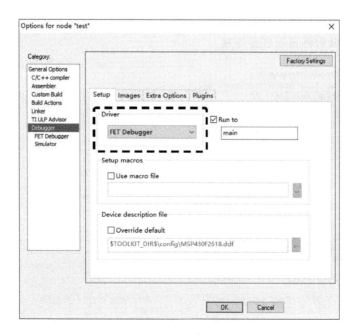

图 3.15　调试类型选择

最后需要选择硬件仿真器与主机连接接口的类型,具体步骤为:在 Category 中选择 FET Debugger,在 Connection 下拉列表框中选择调试器的类型,这里选择 Texas Instrument USB-IF,如图 3.16 所示。

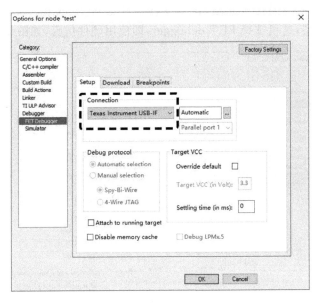

图 3.16 连接接口类型选择

至此,就完成了处理器型号指定、调试器选择及连接接口的选择,接下来就是程序的编写与调试了。

在程序编辑区中,编写使 P5.7 引脚处的电平周期性翻转的程序并编译连接。具体做法是:保证所有的源文件都编译通过以后,选择 Project→Make 菜单命令或单击工具栏中的相应图标按钮,对源文件进行创建连接,如图 3.17 所示。如果有错误请根据提示的出错信息,将错误修正以后再重新创建连接。

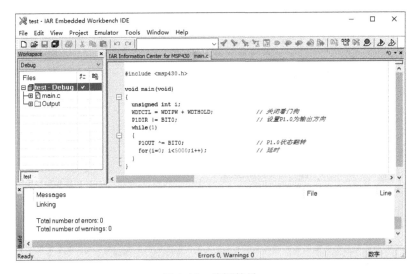

图 3.17 编译结果

　　在连接无误之后,就需要将程序下载到处理器中进行在线程序调试,如图 3.18 所示。在进行在线程序调试时,程序自动停在 Main 函数入口处。用户根据自己的情况选择是单步执行还是全速执行,当然也可以设置断点。相关操作大多集中在调试工具栏内。若硬件调试无误,即完成了程序设计工作。

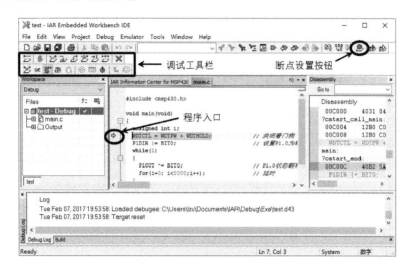

图 3.18　在线调试界面

3.3.2　TI CCS 快速入门

　　TI CCS(Code Composer Studio)是 TI 公司研发的一款具有环境配置、源文件编辑、程序调试、跟踪和分析等功能的集成开发环境,能够帮助用户在一个软件环境下完成编辑、编译、链接、调试和数据分析等工作。早期的 CCS 有白金版和微处理器版两个版本,白金版主要用于 TI 的 DSP 处理器和 ARM 架构的处理器等;微处理器版本主要用于 TMS320C28xx 和 MSP430 系列处理器。2011 年 11 月 11 日,TI 发布升级版 Code Composer Studio IDE v5。该版本基于 Eclipse 开源软件框架之上开发,适用于 TI 公司生产的众多嵌入式器件,包括单核与多核数字信号处理器(DSP)、微控制器、视频处理器以及微处理器等,可帮助开发人员顺利完成应用开发流程的每个步骤。该版本包含一系列可为嵌入式处理应用简化软件设计的工具,能够通过通用开发环境加速软件代码开发、分析与调试。

　　Code Composer Studio IDE v5 具有以下特点:①简化的用户界面可简化并加速开发;②集成型浏览器 Resource Explorer,有助于使用 TI controlSUITE、StellarisWare、Grace,并提供丰富范例代码;③优异的代码开发环境可加速设计与故障排除进程,此外,开发人员还可直接观看本机格式的影像与视频;④高级 GUI 框架帮助开发人员根据特定任务定义功能与视图;⑤高灵活项目环境使开发人员能够控制每个项目使用的编译器及 SYS/BIOS 软件内核基础版本,不但可确保维护模式下的项目继续使用已经部署的工具,同时还可帮助新项目充分利用技术的最新改进特性;⑥调试服务器脚本界面支持代码确认与配置文件等常见任务自动化等。

　　这里介绍如何利用 CCS IDE 新建一个 MSP430 工程项目,并实现下载调试的过程。其目的是使初学者能够快速地掌握使用 CCS IDE 进行 MSP430 单片机程序开发的基本方法。

　　首先打开 CCS 集成开发环境。从安装有 Code Composer Studio IDE v5 的主机上打开该软件,其界面如图3.19所示,这是在无工程项目的情况下的默认打开界面。由图3.19可知,整个界面与IAR EW430的相似,简洁、清晰、明了。窗口顶部是菜单栏,接下来是常用工具栏。左面是工程文件浏览窗口,右上部是TI资源浏览窗口。这也是代码编辑区。右下面是问题查看窗口,这里会出现编译信息,如编译错误、警告信息等。

图3.19　CCS打开后的界面

然后新建工程。建立新工程需要使用File菜单或Project菜单,具体操作是选择File→New→CCS Project或选择Project→New Project,弹出窗口如图3.20所示。

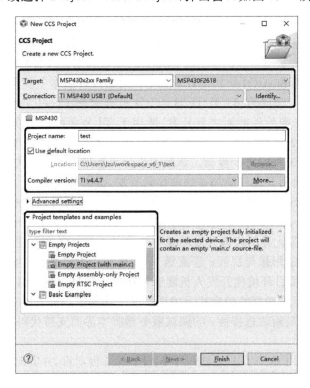

图3.20　新建工程

在 Project name 文本框中输入新建工程的名称,在此输入 test。在 Output type 下拉列表框中有两个选项:Executable 和 Static library。前者为构建一个完整的可执行程序,后者为静态库。默认为 Executable,在此保持默认选项。若使用默认存放路径,选中 Use default location 复选框。若使用自定义文件路径,可在 Use default location 处选择存放位置。

在 Device 一栏中主要用于设置器件型号信息。具体是在 Family 下拉列表框中选择 MSP430,此项为默认选项。在 Variant 下拉列表框中选择 MSP430 中的几大系列,这里选中 MSP430x2xx Family,后面是选择器件的详细型号,这里选择 MSP430F2618。在 Connection 下拉列表框中用于选择调试、下载程序时主机与调试板之间的连接方式。默认是 USB 连接,这里保持默认值。最后是选中工程项目的模板和例程。这里选择 Empty Project(with main c),然后单击 Finish 按钮即完成了新工程的创建。

接下来就是代码编写。在新建的工程中的 main.c 文件中添加如下代码。

```c
# include < msp430x26x. h >
void main(void)
{
  unsigned int i;
  WDTCTL = WDTPW + WDTHOLD;
  P5DIR |= BIT7;
  while(1)
  {
  P5OUT ^= BIT7;
  for(i = 0; i < 5000; i++);
  }
}
```

添加好后,如图 3.21 所示。

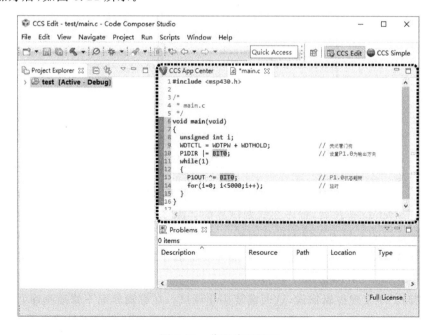

图 3.21　代码编写界面

编辑好 C 语言程序代码后,接下来就编译程序,排除所有的语法错误。这时需要使用 Build 选项。使用 Build 操作的方式有以下三种。

(1) 直接单击工具栏中的 ✎▾ 按钮,即可进行 Build 操作。

(2) 选择 Project→Build Project 菜单命令。

(3) 在 Project Explorer 窗口中选择 test 工程,然后右击弹出快捷菜单,选择 Build Project 命令。

编译时的信息,如语法错误、一般警告等信息将在 Problems 子窗口中显示,其中,编译、链接与输出结果在 Console 子窗口中显示。若无语法错误,如图 3.22 所示,则可以将编译的结果下载到单片机中以便进行在线调试。

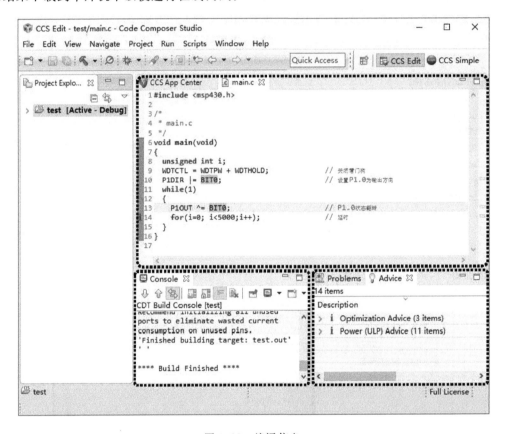

图 3.22 编译信息

在程序下载调试时,程序下载与在线调试操作是通过单击工具栏上的 Debug 按钮 🐞▾ 实现的。单击 Debug 按钮后,程序在线调试界面如图 3.23 所示,其中,左上部是 Debug 子窗口,在该子窗口的上部为在线调试工具栏。左下部为代码子窗口,用于查看程序语句的调试情况,在该窗口中可以添加断点。右下部为反汇编子窗口。右上部为变量查看信息,如 Variables、Expressions、Registers 等。

若在线调试中发现逻辑错误,这时需要中止调试。在编辑界面下修改程序并保存,然后选中工程文件夹右键单击,选中 Clear Project 以对工程的临时编译文件进行清理。然后再在快捷菜单中选择 Rebuild Project 命令对工程进行重新编译。若无错误,则单击 Debug 按

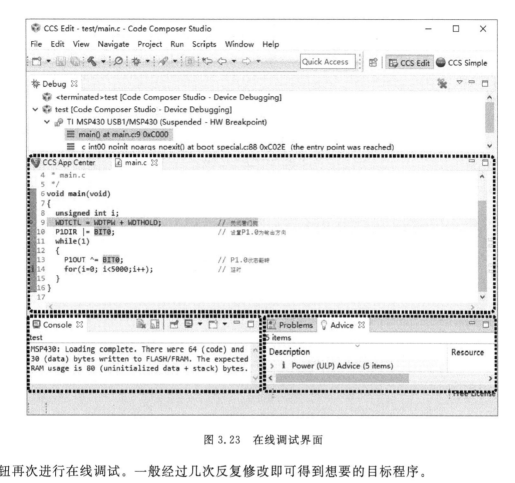

图 3.23 在线调试界面

钮再次进行在线调试。一般经过几次反复修改即可得到想要的目标程序。

习题

3-1 简述结构化程序设计与模块化程序设计的差异。

3-2 简述单片机程序设计的一般步骤。

3-3 分支结构中常见的几种控制语句及其特点是什么？

3-4 循环结构中常见的几种控制语句及其特点是什么？

3-5 函数的结构组成是什么？

3-6 数组的定义方式与作用是什么？

3-7 简述指针的特点以及应用。

3-8 宏定义的作用是什么？

3-9 文件包含的作用是什么？

3-10 规范化编程的好处是什么？

3-11 设 x 是一个 4 位正整数，请编写函数实现将 x 的个位、十位、百位、千位反序，并将反序而成的新 4 位数作为返回值返回，如函数输入"1234"时返回值应为"4321"。

3-12 给一个不多于 5 位的正整数，求出它是几位数。

3-13 输入一行字符,分别统计出其中英文字母、空格、数字和其他字符的个数。

3-14 编写函数实现对 15 个整数升序排序,已知数据存放在数组中。

3-15 假设有一个已排好序的数组,今输入一个数,要求按原来排序的规律将它插入数组中。

3-16 编写函数实现求解下列分段函数

$$y = \begin{cases} 4x, & 1 \leqslant x \leqslant 10 \\ 2x + 10, & 10 < x \leqslant 100 \\ 1.5x, & x > 100 \end{cases}$$

第 4 章	**MSP430 单片机中断系统与输入输出接口**
CHAPTER 4	

4.1 中断系统

中断系统是现代微处理器的一个重要组成部分。在 MSP430 单片机中其作用更加突出,它不但具有传统中断系统的作用,而且还被赋予了新的角色。充分而有效地利用 MSP430 单片机的中断可以简化程序和提高执行效率。

MSP430 单片机的每个片上外设几乎都能够触发中断,这为 MSP430 单片机针对事件(即片上外设触发中断)进行编程打下基础。MSP430 单片机在没有事件处理时进入低功耗模式,事件发生时,通过中断唤醒 CPU,事件处理完毕后,CPU 再次进入低功耗状态。由于 CPU 的运算速度和退出低功耗的速度很快,所以在应用中 CPU 大部分时间都处于低功耗状态。

4.1.1 中断系统基本概念

1. 中断与中断系统

为解决 CPU 与外设间的速度匹配和并行工作问题,人们引入中断的概念。即 CPU 暂时中止正在执行的程序,转去执行其他工作(中断服务程序),处理完毕后又回到被中止的程序处继续执行的过程叫作中断,如图 4.1 所示。

与此相关还有其他一些概念。例如,把触发中断的事件,或者能够发出中断请求信号的来源、电路称为中断源;将 CPU 执行的现行程序被中断时的下一条指令的地址称为断点或断点地址;将 CPU 转去执行中断服务子程序前的 CPU 的状态,主要包括 CPU 状态寄存器的值和断点地址称为中断现场。由于它是中断程序能够正确返回并能继续执行被中断的程序的先决条件,所以需要对中断现场进行保护。

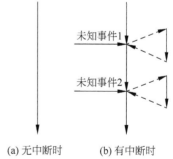

(a) 无中断时　　(b) 有中断时

图 4.1　有无中断时程序执行情况

早期的中断源主要来自外部硬件,即硬件中断。由于中断在提高 CPU 利用率方面效果十分明显,目前中断已不再局限于硬件中断,单片机内部模块也可以触发中断。

中断系统则是指实现中断功能的软硬件系统。中断系统能够在 CPU 转去执行中断程序前自动保护中断现场,并在中断程序执行完返回时能够自动恢复中断现场以准确返回到断点处继续执行被中断的程序。中断现场的保护与恢复通常由堆栈来完成。一般来说,对于一个中断系统应具备以下基本功能:①正确识别中断请求,实现中断响应,中断处理及中断返回;②实现中断优先级排队;③实现中断嵌套。

2. 中断向量与中断标志位

中断向量用于存放中断服务程序的入口地址。一旦中断源的中断请求被 CPU 响应,CPU 就会根据中断源的中断向量准确地找到中断服务程序的入口地址,进而执行相应的处理程序。为便于管理和使用,通常把中断向量按照一定规律集中存放在存储器的特定区域,该区域即被称为中断向量表。

在 MSP430 单片机中,中断向量表以表格的形式存放在最高地址为 0x0FFFE 的一个连续区域内,其组织形式如表 4.1 所示。表中每一行存放一个中断向量,表中的行号称为中断类型号或中断号。这样中断号(行号)与中断向量之间建立起一一对应的关系,即中断号为 n 的中断向量为 0xFFFE-2n。另外需要说明的是,中断向量的长度是一个字长即两个字节,并且是偶地址对齐的。MSP430 单片机的中断向量数根据片内模块数目及功能的不同,会有所不同。MSP430F261x 单片机共有 17 个中断向量,它们与中断源的对应关系如表 4.2 所示。

表 4.1 中断向量表组织形式

组织形式	说明
0xFFFE	中断向量 0
0xFFFC	中断向量 1
…	…
0xFFFE-2n	中断向量 n

表 4.2 MSP430F261x 中断向量表

中 断 源	中断标志	中断类型	入口地址	优先级
上电 外部复位 看门狗复位或安全键值出错 Flash 安全键值出错 PC 值超出范围	PORIFG RSTIFG WDTIFG KEYV	系统复位 (不可屏蔽中断)	0xFFFE	31 (最高级)
NMI 振荡器失效 Flash 访问出错	NMIIFG OFIFG ACCVIFG	非屏蔽中断	0xFFFC	30
定时器 B(Timer_B7)	TBCCR0 CCIFG	可屏蔽中断	0xFFFA	29
定时器 B(Timer_B7)	TBCCR1 CCIFG … TBCCR6 CCIFG TBIFG	可屏蔽中断	0xFFF8	28
比较器(Comparator_A+)	CAIFG	可屏蔽中断	0xFFF6	27

续表

中　断　源	中断标志	中断类型	入口地址	优先级
看门狗定时器 （Watchdog timer＋）	WDTIFG	可屏蔽中断	0xFFF4	26
定时器 A（Timer_A3）	TACCR0 CCIFG	可屏蔽中断	0xFFF2	25
定时器 A（Timer_A3）	TACCR1 CCIFG TACCR2 CCIFG TAIFG	可屏蔽中断	0xFFF0	24
串口 0 接收 USCI_A0/USCI_B0	UCA0RXIFG UCB0RXIFG	可屏蔽中断	0xFFEE	23
串口 0 发送 USCI_A0/USCI_B0	UCA0TXIFG UCB0TXIFG	可屏蔽中断	0xFFEC	22
ADC12	ADC12IFG	可屏蔽中断	0xFFEA	21
未定义	未定义		0xFFE8	20
P2 口中断	P2IFG.0 … P2IFG.7	可屏蔽中断	0xFFE6	19
P1 口中断	P1IFG.0 … P1IFG.7	可屏蔽中断	0xFFE4	18
串口 1 接收 USCI_A1/USCI_B1	UCA1RXIFG UCB1RXIFG	可屏蔽中断	0xFFE2	17
串口 1 发送 USCI_A1/USCI_B1	UCA1TXIFG UCB1TXIFG	可屏蔽中断	0xFFE0	16
DMA	DMA0IFG DMA1IFG DMA2IFG	可屏蔽中断	0xFFDE	15
DAC12	DAC12_0IFG DAC12_1IFG	可屏蔽中断	0xFFDC	14
保留（未定义）	保留（未定义）		0xFFDA-0xFFC0	13-0

　　由表 4.2 可知,有些中断向量对应一个中断源,有些则对应多个中断源。通常根据中断源是否共用中断向量将中断分为单源中断和多源中断。一个中断源占用一个中断向量的中断称为单源中断;多个中断源共用一个中断向量的中断称为多源中断。

　　例如,P1 端口有 8 个引脚 P1.0～P1.7。每个引脚都是一个中断源,但是它们却共用一个中断向量 0xFFE4。如果没有其他辅助措施,我们无法确定 CPU 响应的中断请求来自哪个引脚,也就无法进行相应的处理。中断标志位的出现可以很好地解决这个问题。

　　为了确定准确定位中断源,单片机通常为每一个中断源配置一个中断标志位。中断标志位通常用一个二进制位来标识中断源是否产生过中断请求。一般来说,该标志位为 1 时,表明该中断源已向 CPU 发出中断请求。标志位为 0 则表示中断源没有发出过中断申请。用于集中存放中断标志位的寄存器被称为中断标志寄存器。因此,对于共用中断向量的中断源的定位,需要在中断服务程序中通过检测中断标志来完成。

中断标志位清零的问题,当中断源的中断请求得到 CPU 响应后,该中断源的中断标志就应该及时清零。否则 CPU 会重复响应该中断源的中断请求。单源中断和多源中断的清零方式不同。单源中断的请求得到响应后,该中断的标志位会自动清零。但多源中断的请求得到响应后,该中断的标志位不会自动清零。因为需要通过检测中断标志来确认具体是哪一个中断源触发的多源中断。因此,需要在中断服务程序中对中断标志位进行人工清零。

3. 中断优先级与中断嵌套

为使系统能及时响应并处理发生的所有中断,MSP430 单片机系统根据触发中断事件的重要性和紧迫程度,将中断源划分为若干个级别,称为中断优先级。

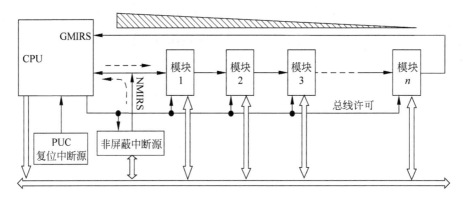

图 4.2　中断裁决示意图

由图 4.2 可看出,MSP430 单片机的中断优先级仲裁方式使用的是菊花链式。因此,MSP430 单片机的中断优先级是固定的,并且其优先级的级别取决于该模块在链中的位置。越靠近 CPU/NMIRS 端其优先级就越高;反之,距离 CPU 越远优先级就越低。当系统有多个优先级不同的中断同时向 CPU 提出中断请求时,中断裁决电路将根据已确定的优先级进行裁决。裁决的结果是优先级高的中断优先得到响应。对于同优先级的多个中断一般可以通过各自模块中的中断使能位进行同优先级中断的排队。

中断嵌套(Interrupt Nesting)是指正在执行中断服务程序时,被更高优先级的中断请求打断转而执行更高优先级的中断服务程序,待处理完毕后再返回到被中断了的中断服务程序后继续执行的过程。图 4.3 为多重中断嵌套示意图。

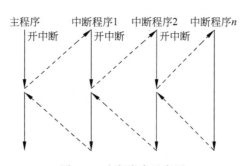

图 4.3　中断嵌套示意图

由中断的优先级可知,当多个中断同时向 CPU 提出中断请求时,中断系统会选择一个优先级较高的中断请求进行响应。在 CPU 响应中断请求的时候,会将状态寄存器清零,即关闭中断通道。在此情况下,不论优先级高低,都无法得到响应。因此,在默认情况下 MSP430 单片机是不可以中断嵌套的。若要在 MSP430 单片机上实现中断嵌套必须满足一定的条件才可以。

4.1.2 中断类型

对于中断的分类,根据不同的标准,会有不同的分法。常见的分类方法有根据中断源的位置和可控性对中断进行分类。

根据触发中断的信号是来自单片机内部还是来自外部引脚可分为外部中断与内部中断。由外部引脚触发的中断称为外部中断,如通过 $\overline{\text{RST}}$/NMI、P1.0~P1.7、P2.0~P2.7 等引脚触发的中断。由单片机内部模块触发的中断称为内部中断,如定时器中断、串行通信接收与发送中断等。

根据中断源的可控程度可将 MSP430 单片机中断分为系统复位中断、非屏蔽中断与可屏蔽中断,如图 4.4 所示。需要说明的是,前面讲过为了便于定位中断源的位置,为每一个中断源配置了一个中断标志位。事实上,为了更灵活地控制中断源的启用和禁用,也为除系统复位中源以外的其他中断源配置了一个启用或禁用的控制位,叫作中断使能位,若使能位为 1,则说明该中断源发出的中断请求,可以被传送到 CPU 的中断仲裁部件。反之,若使能位为 0,则说明该中断源与中断仲裁部件的通道被阻断,中断请求信号无法到达 CPU 的中断仲裁部件。换句话说,如果中断使能位为 0,中断源即使发出中断请求,即中断标志位为 1,CPU 也无法响应该请求。对于 MSP430 单片机而言,图中的总控制位实际是指总中断使能位(GIE),分控制位则是中断源自己的中断使能位。

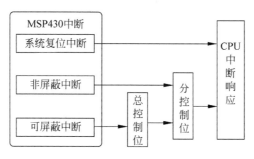

图 4.4 MSP430 单片机中断控制

1. 系统复位中断

系统复位中断由触发系统复位中断的中断源产生,它既不受控于总中断使能位,也不受控于自身的使能位。因此,它的中断优先级最高,只要有中断请求就会优先得到响应。系统复位中断称为不可屏蔽中断。

能够触发系统复位中断的中断源有:①系统加电;②复位模式下,当 $\overline{\text{RST}}$/NMI 引脚为低电平时;③看门狗模式下,看门狗定时溢出;④看门狗安全键值出错;⑤Flash 安全键值出错;⑥PC 值超出范围。观察这些中断源不难发现,以上 6 种情况均是引起系统复位的原因。所以说只要有系统复位信号(POR&PUC)产生,就会触发系统复位中断。

尽管这么多中断源均可触发系统复位中断,但是在 MSP430 单片机中系统复位中断的入口地址只有一个,即 0xFFFE。因此,系统复位中断是多源中断。

2. 非屏蔽中断

非屏蔽中断不能被总中断使能位控制,但可以被各自的中断使能位(分控制位)控制,如图 4.4 所示。与系统复位中断一样,非屏蔽中断也只有一个固定的中断入口地址(0xFFFC)。在 MSP430F261x 能够触发非屏蔽中断的中断源只有三种,分别是外部中断、振荡器失效和 Flash 访问出错。可见,非屏蔽中断也是多源中断。

(1) 振荡器失效中断。当遇到诸如振荡器未起振、振荡器突然停止工作、振荡器关闭等情况时,就会使 OFIFG=1 即产生了振荡器失效信号。当振荡器失效中断使能位 OFIE=1 时,便能触发非屏蔽中断。

(2) Flash 访问出错中断。当访问 Flash 出错时,就会使 ACCVIFG=1,即产生了 Flash 访问出错信号。当 Flash 访问出错中断使能位 ACCVIE=1 时,便能触发非屏蔽中断。

(3) 外部中断或非屏蔽中断。当 $\overline{RST}$/NMI 引脚处于 NMI 模式时,该引脚电平若发生跳变,就会使 NMIIFG=1,当 NMIIE=1 时,便会触发外部中断(边缘触发)。

当系统加电时,$\overline{RST}$/NMI 引脚被自动设置成复位模式。此引脚的工作模式可在看门狗控制寄存器(WDTCTL)中进行设置。看门狗控制寄存器中有两位是用来设置 $\overline{RST}$/NMI 引脚工作模式的,分别是 WDTNMIES 和 WDTNMI。WDTNMIES 用于定义边缘触发的方式。WDTNMIES=0 表示上升沿触发;WDTNMIES=1 表示下降沿触发。WDTNMI 用于定义 $\overline{RST}$/NMI 引脚的工作模式。WDTNMI=0 表示复位模式;WDTNMI=1 表示边缘触发的 NMI 模式。

需要指出的是,振荡器失效中断使能位(OFIE)、Flash 访问出错中断使能位(ACCVIE)和非屏蔽中断使能位(NMIIE)均位于 IE1 中。

$\overline{RST}$/NMI 引脚处于复位模式时低电平有效,即当该引脚为低电平时,CPU 将一直处于系统复位状态。当该引脚变成高电平时,CPU 将进入系统复位中断响应过程,同时 RSTIFG 标志位被置 1。

3. 可屏蔽中断

可屏蔽中断是由具备中断能力的片上外设(例如定时器、DAC 等)触发的中断。可屏蔽中断能否被响应同时受控于总中断使能和各自模块的中断使能位,如图 4.4 所示。大部分片上外设的中断使能位在片上外设模块的寄存器中。但是,也有一些片上外设(例如 Flash)的中断使能位在中断使能控制寄存器(IE1 和 IE2)中。例如,看门狗定时中断使能位(WDTIE)在 IE1 中,部分串口收发中断使能位(UCB0TXIE、UCB0RXIE、UCA0TXIE、UCA0RXIE)在 IE2 中,系统复位后寄存器 IE1 和 IE2 将清零。

4.1.3 中断响应过程

中断处理是 MSP430 单片机的特色,也是实现低功耗和提高 CPU 利用率的重要途径。理解整个中断响应过程将有助于灵活应用 MSP430 单片机的众多中断。MSP430 单片机中断响应的全过程如图 4.5 所示。

1. 中断通道设置

单片机要响应中断,其先决条件是中断源发出的中断请求信号能够顺利到达 CPU 的

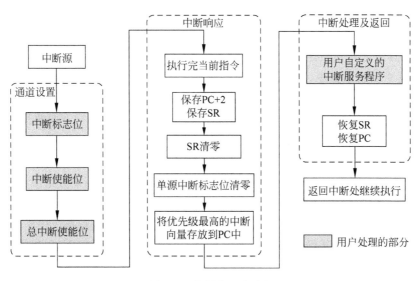

图 4.5　中断处理全过程

中断仲裁机构,即中断请求信号的传送通道要畅通。只要中断源发出请求,CPU 就能得到该信号,并对其采取相应的处理。由前述可知,MSP430 单片机的中断分为系统复位中断、非可屏蔽中断和可屏蔽中断,其中可屏蔽中断最为常用。可屏蔽中断的中断通道设置主要包括开启模块自身中断使能位、清除中断标志位、开启总中断使能位。只要将这三方面做好了,中断请求信号就可以被畅通无阻地传送到中断仲裁机构进行裁决,以最终确定是否立即响应相应中断源的中断请求。

2. 中断响应

中断响应是指 MSP430 单片机对中断请求做出响应的过程,也是从当前程序向中断服务程序过渡的过程。若有多个优先级不同的中断源同时向 CPU 发出中断请求,则 CPU 将根据优先级先响应优先级最高的中断请求。

当 CPU 接收中断源的中断请求后,便对该中断请求进行响应。CPU 在执行完当前指令后,MSP430 单片机硬件将自动执行以下中断响应过程。

(1) 保护 PC。将当前程序计数器 PC 中的内容保存到堆栈中,以便程序返回时能够正确找到原程序的断点。

(2) 保护 SR。将当前状态寄存器 SR 中的内容保存到堆栈中,以便程序返回到断点时恢复中断前的状态信息。

通常将(1)与(2)统称为保护现场。

(3) 优先级裁决。在执行响应中断前的最后一条指令时,若同时有多个中断请求,则CPU 将首先响应优先级最高的中断请求进行响应。

(4) 中断请求标志位清零。当确定响应中断请求后,MSP430 单片机内部会自动对标志位置 1(置位),中断得到响应后,应确保该标志的值已清零,否则将被当成又一次的中断申请。

(5) SR 清零。由于 SR 中具有控制单片机工作模式的控制位,所以将 SR 全部清零,意味着系统进入正常的活动模式。由于总中断使能位(GIE)也位于 SR 中,SR 清零也就意味着所有的可屏蔽中断将被屏蔽。

（6）确定中断向量。根据程序提供的中断地址偏移量，从中断向量表查找出对应的中断向量，并将其转送到程序计数器 PC 中。

（7）执行中断服务程序。转去执行中断服务程序。

3. 中断返回

当中断服务程序执行完后，就需要返回到主程序断点处继续执行下面的程序，这个过程就是中断返回。整个返回过程可分为下面三个步骤。

（1）恢复 SR。恢复中断前状态寄存器的内容。

（2）恢复 PC。恢复中断前程序计数器的内容，以便使程序从断点处继续往下执行。

通常将（1）与（2）统称为恢复或还原现场。

（3）从断点处继续运行被中断的程序。从堆栈中恢复 PC 值，若响应中断前 CPU 处于低功耗模式，则可屏蔽中断仍然恢复低功耗模式；若响应中断前 CPU 没有处于低功耗模式，则从此地址继续执行程序。

4. 中断时间

在中断处理的过程中有两个时间概念，即中断响应时间与中断返回时间。中断的响应时间就是中断的响应过程的时间，一般指从接受中断请求至执行中断服务程序前的时间。中断返回时间是指从执行返回指令至执行主程序前的时间。对于 MSP430 单片机来说，中断响应时间为 6 个时钟周期，中断返回时间为 5 个时钟周期；对于 MSP430X 单片机来说，中断响应时间为 5 个时钟周期，中断返回时间为 3 个时钟周期。另外，看门狗与外部复位中断引起的系统复位需要 4 个时钟周期。

4.1.4　中断函数

中断函数是单片机 C 语言中的一个重要概念，它与汇编语言中的中断服务程序相对应。与普通的自定义函数相比，中断函数是一个特殊的函数，它既没有任何输入参数，也没有函数返回值。在 MSP430 单片机 C 语言程序设计中，中断函数具有固定的定义格式，即

```
#pragma vector = 中断向量              // 指定中断入口地址(即中断向量)
__interrupt void 自定义函数名(void)    // 为中断向量定义一个中断函数
{
    …                                 // 中断服务程序的主体
}
```

由上述可以看出，中断函数的定义与普通函数的定义基本一致，其区别主要在函数头的前部增加了一个关键词__interrupt，该关键词标识该函数为中断函数或中断服务程序。由第 2 章中关于 MSP430 单片机的中断系统工作原理可知，CPU 响应中断请求后，将根据中断向量寻找中断服务程序的入口，进而完成相关处理工作。每一个中断函数必然对应有一个中断向量。没有指明中断向量的中断函数是无法被调用的。所以在定义中断函数之前应首先指定好中断向量。

在 MSP430 单片机 C 语言程序设计中，中断向量一般是以宏定义的形式出现的。不同的中断向量具有不同的宏定义名，且是大写的，并以 _VECTOR 结尾，如 PORT1_VECTOR、PORT2_VECTOR、ADC12_VECTOR、WDT_VECTOR 等。每个片上模块所具

有的中断向量数目不同,它们的名字可从相应型号的头文件中查到。表 4.3 中为头文件 MSP430F261x.h 中定义的中断向量。

表 4.3　MSP430F261x 系列单片机的中断向量

优先级	中 断 向 量	中断类型	说　　　明
31	RESET_VECTOR	共源中断	系统复位的中断向量
30	NMI_VECTOR	共源中断	非屏蔽中断的中断向量
29	TIMERB0_VECTOR	单源中断	Timer B CC0 的中断向量
28	TIMERB1_VECTOR	共源中断	Timer B CC1-6, TB 的中断向量
27	COMPARATORA_VECTOR	单源中断	COMPARATORA 的中断向量
26	WDT_VECTOR	单源中断	WDT 的中断向量
25	TIMERA0_VECTOR	单源中断	Timer A CC0 的中断向量
24	TIMERA1_VECTOR	共源中断	Timer A CC1-2, TA 的中断向量
23	USCIAB0RX_VECTOR	共源中断	USCI A0/B0 接收的中断向量
22	USCIAB0TX_VECTOR	共源中断	USCI A0/B0 发送的中断向量
21	ADC12_VECTOR	单源中断	ADC12 的中断向量
20	保留		
19	PORT2_VECTOR	共源中断	PORT2 的中断向量
18	PORT1_VECTOR	共源中断	PORT1 的中断向量
17	USCIAB1RX_VECTOR	共源中断	USCI A1/B1 接收的中断向量
16	USCIAB1TX_VECTOR	共源中断	USCI A1/B1 发送的中断向量
15	DMA_VECTOR	共源中断	DMA 的中断向量
14	DAC12_VECTOR	共源中断	DAC12 的中断向量
13~0	保留		

由表 4.3 可知,MSP430 单片机的中断较多,既有单源中断也有共源中断,其中,共源中断数量居多,这样做可以缩短中断向量表的长度。对于单源中断来说,一个中断向量对应一个中断源,因此不存在确定中断源的问题。编写时只要正确选择中断向量即可。

4.2　数字 I/O 端口

单片机的输入输出端口是单片机与外界进行信息交换的必经之路,对于 MSP430 单片机而言更是如此。由于目前 MSP430 所有系列单片机的总线都不对外开放,所以 I/O 端口就显得格外重要了。MSP430 单片机的端口不但可作为通用 I/O 直接用于输入/输出,还可作为片内模块的输入输出端口,同时也可为其他扩展设备提供必要的逻辑控制信号。

MSP430 单片机具有 P1~P8、S 和 COM 等端口。但由于单片机型号与封装不一样,其具体包含的端口也不尽相同。例如,对于 MSP430F261x 而言,PM 与 ZQW 封装含有 8 个端口,而 PN 封装含有 7 个端口。MSP430x4xx 系列单片机均具有 S 与 COM 端口以驱动液晶显示模块。

MSP430 单片机不但 I/O 端口众多,而且功能强大,如表 4.4 所示。根据是否具有中断功能可将其分为具有中断功能的端口(如 P1 和 P2)与不具备中断功能的端口(如 P3~P8 等)。由于 MSP430 中集成了大量片内外设,为了减少芯片的外部引脚,绝大多数 I/O 端口

均具有第一或第二功能。系统复位后，所有 I/O 端口都被设为输入状态，且均作为基本的
I/O 使用。若需要使用其他复用功能，根据需要通过程序对功能选择寄存器进行相应的设
置，本节将对 MSP430F261x 单片机的端口使用情况进行详细介绍。

表 4.4　各端口的功能

端　　口	功　　能
P1、P2	I/O、中断能力、其他片内外设功能
P3～P8	I/O、其他片内外设功能
S、COM	I/O、驱动液晶

4.2.1　控制寄存器

MSP430F261x 单片机的每个 I/O 端口都具有方向寄存器、输入寄存器、输出寄存器、
上拉/下拉电阻使能寄存器、功能选择寄存器。每个端口引脚的功能都可以通过操作相应寄
存器中的对应位进行独立设置，并且引脚之间允许任意组合以实现各种功能。对于具有中
断能力的端口，还有三个与中断有关的寄存器以实现灵活的中断操作，如表 4.5 所示。

表 4.5　MSP430F261x 系列单片机的 I/O 端口寄存器

端　口　号	端口寄存器	说　　明
P1～P7/P8	PxDIR	方向寄存器
	PxIN	输入寄存器
	PxOUT	输出寄存器
	PxREN	上拉/下拉电阻使能寄存器
	PxSEL	功能选择寄存器
	PxSEL2	功能选择寄存器 2
P1,P2	PnIE	中断使能寄存器
	PnIES	中断边沿选择寄存器
	PnIFG	中断标志寄存器

1. 方向寄存器

对于 MSP430 单片机而言，利用 I/O 端口与外界进行数据交换时必须首先设定引脚的
数据传输方向。方向寄存器（Direction Register，PxDIR）的每一位控制着对应引脚的数据
传输方向。控制位数值的含义是：0 表示设置为输入方向；1 表示设置为输出方向，默认是
输入方向。例如：

```
P1DIR = 0x25;        // P1.0、P1.2、P1.5 为输出,其他为输入方向
P3DIR = 0x80;        // P3.7 为输出方向,其他为输入方向
P5DIR = 0xFC;        // P5 低 2 位为输入方向,其他为输出方向
```

2. 输入寄存器

当管脚的数据传送方向设置为输入方向且没有使用其他复用功能时，输入寄存器
（Input Register，PxIN）用于存放该管脚当前的电平状态。只要读取寄存器的相应位，就可
以知道对应引脚上的信号状态。控制位数值的含义是：0 表示低电平；1 表示高电平。

当管脚的数据传送方向设置为输出方向时，输入寄存器的内容与引脚上的内容无关。

该寄存器为只读寄存器,因此不对它进行写入操作。若对其进行写入操作,则会在写操作有效期间增加电流损耗,并不会改变原来的内容。

3. 输出寄存器

输出寄存器(Output Register,PxOUT)又称输出缓冲寄存器。当端口被配置为I/O功能且为输出方向时,在内部上拉/下拉电阻被禁用的情况下,写入该寄存器中的值将自动输出到相应的引脚上。控制位数值的含义是:0表示输出低电平;1表示输出高电平。

该寄存器是可以进行读取操作,读取时读出的是上次写入的内容。此外,该寄存器的内容与引脚输入输出方向无关,即改变方向寄存器(PxDIR)的内容,不影响输出寄存器(PxOUT)的内容。

在使用内部上拉/下拉电阻的情况下,PxOUT中的值指示响应引脚使用的是上拉电阻还是下拉电阻。其中,0表示使用的是下拉电阻;1表示使用的是上拉电阻。

4. 上拉/下拉电阻使能寄存器

MSP430已将引脚上的上拉/下拉电阻集成在I/O端口电路中,通过设置上拉/下拉电阻使能寄存器(Pull-Up/Down Resistor Enable Register,PxREN)中的控制位就可以在对应引脚上使用上拉/下拉电阻。控制位数值的含义是:0表示禁用上拉/下拉电阻;1表示使用上拉/下拉电阻。

5. 功能选择寄存器

MSP430单片机的绝大多数I/O引脚均具有多种功能。为了便于管理和配置这些功能,MSP430单片机的每一个I/O引脚均设有专门功能控制位。每个端口的控制位组合在一起,就是功能选择寄存器(Function Select Register,PxSEL & PxSEL2)。用户可以设置功能选择寄存器中的对应控制位来选择具体的功能。由于早期MSP430单片机的功能相对较少,每个引脚的功能不超过两种,所以引脚的功能选择用一位就可以实现。但随着MSP430单片机的集成度越来越高,片内外设也越来越多,使得其功能十分强大。但是由于管脚资源有限,单个I/O引脚复用的功能增多。以MSP430F261x系列为例,每个引脚上的功能已达到三种,在这种情况下仅用一个控制位是无法实现全部功能选择的。在MSP430F261x单片机中每个引脚具有两个功能选择位,对应的寄存器分别为PxSEL.m与PxSEL2.m。它们的组合见表4.6。

表4.6　PxSEL2 与 PxSEL 的功能组合

PxSEL2.m	PxSEL.m	引 脚 功 能
0	0	通用I/O(默认为此情况)
1	0	保留
0	1	第一外设功能
1	1	第二外设功能

需要注意的是,①对于P1、P2来说,PxSEL.m=1时,相应引脚上的中断功能将被禁用,也就是说,在此情况下,若引脚处产生电位跳变,即使该引脚的中断使能位是打开的,也不会引起中断;② PxSEL.m=1时,PxREN.m=1可能会烧坏内部上拉/下拉电阻,一般不推荐使用这一组合;③ PxSEL.m=1时,引脚的数据传送方向并不会随之改变,所以在使用时仍需要根据实际需要配置引脚的数据传送方向;④当引脚被设置为外设的输入端时,

该引脚就被锁定为外设的引脚。当 $PxSEL.m=1$ 时,内部的输入信号就是引脚的信号。但当 $PxSEL.m=0$ 时,外设的输入为复位前的值。各引脚功能参见附录 B。

6. 中断使能寄存器

每个引脚的中断功能都可由相应的中断使能寄存器(Interrupt Enable Register,$PnIE$)中的断使能位控制。控制位数值的含义是,0 表示禁用中断;1 表示使用中断。

7. 中断边沿选择寄存器

通过中断边沿选择寄存器(Interrupt Edge Select Register,$PnIES$)可以设置触发中断的边沿类型。静态电平无法触发中断,只有边沿信号才可以触发中断。控制位数值的含义是,0 表示上升沿触发;1 表示下降沿触发。

8. 中断标志寄存器

在引脚的中断使能位打开,且配置好触发边沿的情况下,当引脚处出现触发边沿时,就会产生中断请求信号。由于每个端口的 8 个引脚只有一个相同的中断入口向量,为了能够正确识别中断源,就给每个引脚配置了一个中断标志位(Interrupt Flag Register,$PnIFG$)。当引脚信号触发中断请求时,中断标志位就被置 1。中断标志位必须及时清零,否则 CPU 将一直响应该中断请求,导致程序无法正常运行。控制位数值的含义是,0 表示无中断请求;1 表示有中断请求。

当中断源通过 $Pn.m$ 引脚触发中断时,中断系统就会自动设置 $PnIFG.m=1$。若中断使能位 $PnIE.m=1$、$GIE=1$ 且无更高级中断请求的情况下 CPU 就会响应该中断。

P1、P2 在中断模式下,改变 $PxOUT.m$ 或 $PxDIR.m$ 的值将会使 $PnIFG.m$ 置 1;改变 $PnIES.m$ 的值对 $PnIFG.m$ 的值也有一定影响,具体见表 4.7。

表 4.7 $PnIES.m$ 与 $PnIN.m$ 的值对 $PnIFG.m$ 的影响

$PnIES.m$	$PnIN.m$	$PxIFG.m$
0→1	0	可能会置 1
0→1	1	不变
1→0	0	不变
1→0	1	可能会置 1

4.2.2 内部结构

上面对端口的控制寄存器进行了详细介绍,为了让读者对寄存器的控制原理有一个更为清晰的认识,这里对 I/O 端口的内部结构做一简单介绍。端口内部电路十分复杂,但从结构上看,大致可分成三大部分:基本输入输出电路、中断电路和其他复用功能电路。基本输入输出电路完成数据的输入输出工作。MSP430 端口的功能强大还表现在除了基本的输入输出功能外,端口还具有第二功能,部分端口还具有中断功能。

1. 基本输入输出电路

普通 I/O 端口的传输曲线是单调的,如图 4.6(a)所示,而带施密特(Schmitt)触发器的 I/O 端口的传输曲线则是滞回的,如图 4.6(b)所示。施密特触发器最重要的特点是能够把变化缓慢的输入信号整形成边沿陡峭的矩形脉冲。同时,施密特触发器还可利用其回差电压(V_{IT+} 和 V_{IT-})来提高电路的抗干扰能力,如图 4.7 所示。MSP430 单片机的端口便使用了施密特触发器,因此它具有普通单片机端口所不具有的优点。

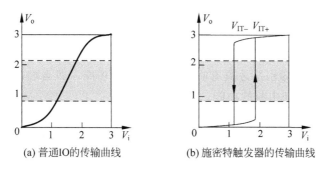

图 4.6　传输曲线

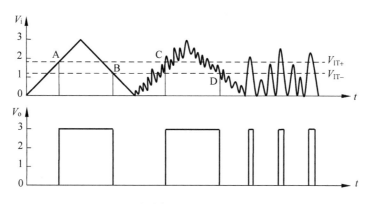

图 4.7　施密特触发器的输入输出示意图

　　MSP430 单片机的典型输入输出电路的逻辑框图,如图 4.8 所示。由图可以容易地看到,各个寄存器是如何控制端口输入输出的。这里特别指出的是,当电路处于输入状态时便使用了施密特触发器,因为施密特触发器的存在使得端口的抗噪声能力更为强大。另外,该电路只能用于数字信号的输入输出,不能用于对模拟信号的输入输出。若要实现模拟信号的输入输出,需要使用额外的辅助电路,即由复用功能部分的电路来实现。

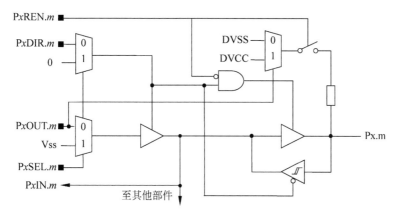

图 4.8　具有施密特触发器功能的输入输出框图

2. 中断处理电路

在 MSP430 单片机的众多端口中,有些端口具有中断能力,如 MSP430F261x 的 P1 与 P2 端口就具有接收外部中断的能力。具有中断能力的端口电路中,除了上述的输入输出电路以外,还具有中断响应电路,如图 4.9 所示。中断电路的输入信号来自施密特触发器的输出。当 PnSEL.m＝0 时该引脚才具有响应外部中断的功能。即当端口用作输入输出功能时该引脚才具有响应外部中断的功能。

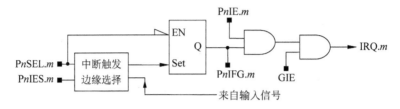

图 4.9　中断控制逻辑框图

由图 4.9 可以看出,中断标志位的设置与中断使能位的值无任何关系,只要引脚处有中断请求信号,相应的中断标志位就会置 1。但中断请求信号能否传送到中断裁决部分是由相应的中断使能位决定的。需要注意,端口的中断属于可屏蔽中断,因此要响应端口的中断还必须设置 GIE 位。

3. 其他复用电路

由前述可知,MSP430 单片机的大部分引脚除基本输入输出功能外,还具有其他复用功能,复用功能其实就是片上外设的输入或输出。因此,凡具有复用功能的引脚,其电路构成与基本输入输出电路相比要复杂一些。

数字信号的输入输出是基于基本输入输出功能电路实现的,如图 4.10 所示。而模拟信号的输入输出则不经过基本输入输出电路,而是直接与引脚相连,如图 4.11 所示。之所以这样设计是因为基本输入输出电路是一个数字逻辑电路,它只适用数字信号的输入输出,对于模拟信号则无能为力。总之,各个端口的基本输入输出电路部分是一致的。由于片内外设的功能各异,为便于实现,有些引脚的内部电路也做了一定的调整,以便实现各个复用功能。

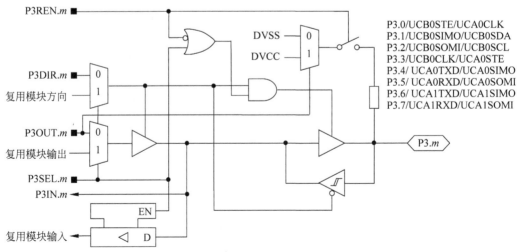

图 4.10　P3 端口的逻辑框图

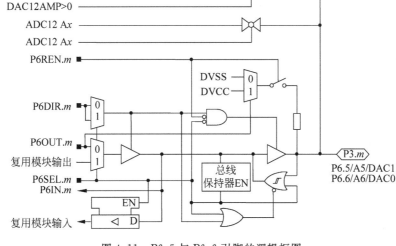

图 4.11　P6.5 与 P6.6 引脚的逻辑框图

4.2.3　电气特性

1. 拉电流与灌电流

MSP430 单片机的 I/O 端口是 CMOS 型的,其特点是当处于输入状态时呈高阻状态;当处于输出状态时,高、低电平都具有较强的输出能力。

当 I/O 端口输出低电平时,外接器件将把电流灌入到输出端,此时称为灌电流。可见,灌电流是电流从外部器件流向端口内部。当输出高电平时,电流从端口内部输出到外接器件,就好像外接器件从端口"拉出"的电流,因此称为拉电流。拉电流就是电流从 IC 元件流出到外部负载。

不管是灌电流还是拉电流,MSP430 单片机每个 I/O 端口的输出晶体管都能够限制输出的电流最大为 6mA,以保证系统安全。

2. 驱动大功率负载

单片机驱动负载时通常是通过脉宽调制(PWM)方式进行直接或间接控制负载的功率变化,即通过调整 PWM 的频率与占空比实现功率控制。当负载功率较小时,负载直接与单片机引脚相连便能使负载正常工作,如驱动一个普通 LED。当驱动功率较大的负载(如电机)时,由于负载需要的电流(或电压)超出了单片机引脚所能提供的电流(或电压),所以就需要提高单片机的驱动能力。

常见的驱动电路主要有双极性三极管电路和场效应管电路两大类。基于双极性三极管的驱动电路如图 4.12 所示。这里以 NPN 型三极管为例说明,PNP 型具有类似的特点。如图 4.12(a)所示为常见提升驱动电流的电路,常用于驱动功率不太大的负载,如继电器、蜂鸣器等。在此类型电路中 VSS 指负载的供电电压,VCC 指单片机的工作电压,并且负载和单片机是共地的。由于双极性三极管是流控器件,所以在使用该电路时必须要做以下两件事情。

第一件是选择适合要求的三极管。选择三极管的主要依据是:①能否用于 3.3V 数字逻辑场合;②集电极与发射极之间的击穿电压要足够大,至少应该大于 VSS;③集电极电

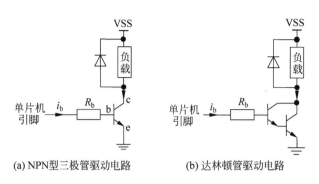

(a) NPN型三极管驱动电路　　　　(b) 达林顿管驱动电路

图 4.12　三极管驱动电路

流应能满足负载的需要；④检查正常工作时的基极电流是否超出了单片机所能提供的范围。

第二件是计算基极电阻的阻值。基极电阻的大小可由公式 $R_b = (VCC - V_{be})/i_b$ 计算得到。

为了增强驱动电路的安全性，一般会在负载两端加上一个二极管，如图 4.12（a）所示。其作用是防止有感负载产生的感应电压击穿三极管。

若负载是继电器，其驱动电流为 400mA。假设三极管的放大系数 $\beta = 100$、$V_{be} = 0.7$，则基极电流 $i_b = 4.0$mA。基极电阻 $R_b = (3.3 - 0.7)$V/4.0mA = 650Ω。

由于基极电流的大小在引脚所能提供的范围之内，所以该电路是能工作的。

由上例可以看出，当放大系数一定时，流经负载的电流越大，基极的驱动电流也越大。由于单片机所能提供的电流有限，所以一般要求三极管的放大系数足够大。这时达林顿管（Darlington Pairs）的优势就比较明显了，如图 4.12(b)所示。达林顿管又称复合管，它将两个三极管串联，实际上是一个共基组合放大器。达林顿管的放大系数是两个三极管放大系数的乘积，因此它的特点是放大系数非常高，一般用于放大非常微小的信号或大功率开关电路、驱动小型继电器等。所以，利用达林顿管是有效解决单片机驱动电流不足的一种方法。

还有一个办法就是使用金属氧化物半导体场效应管（MOSFET）代替三极管。因为 MOSFET 属于压控型器件，它对驱动电流的要求很低，几乎为零。这样单片机引脚就不存在电流驱动力不足的问题，当然引脚与 MOSFET 之间的电阻也就可以不要了，如图 4.13(a) 所示。在使用此类驱动电路时，选择 MOSFET 的注意事项与三极管类似。MOSFET 的开启电压要低于 3.3V。

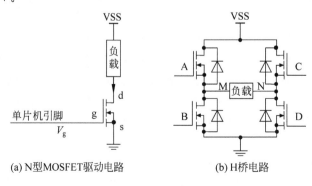

(a) N型MOSFET驱动电路　　　　(b) H桥电路

图 4.13　MOS管驱动电路

上面介绍的驱动电路,只能改变电流的大小,但不能改变电流的方向。下面介绍一种既可以控制电流大小还可以控制电流方向的电路,即 H 桥电路,其构造如图 4.13(b)所示。当 A、D 端为低电平,B、C 端为高电平时,电流由 N 至 M 流经负载。相反,当 A、D 端为高电平,B、C 端为低电平时,电流由 M 至 N 流经负载。H 桥电路经常用于驱动电机。

功率不太大的情况尚可以采用上述分立元件提升驱动电路。当负载功率大且要求较高时,驱动电路一般采用现有 IC 芯片。此类芯片的选型应根据不同的应用场合而定,一般要求所采用 IC 的功率要大于实际负载的功率。

3. 电平逻辑的兼容性

目前常见的电平逻辑有 5V 逻辑、3.3V 逻辑和 2.5V 逻辑。同样的电平逻辑下,TTL 型器件和 CMOS 型器件也存在区别,见表 4.8。它们的主要区别是两者在电平的上限和下限定义不一样,电流驱动能力也不一样。TTL 电路是电流控制器件,速度快、传输延迟时间短(5~10ns),但是功耗大。CMOS 电路是电压控制器件,速度慢、传输延迟时间长(25~50ns),但功耗低。

表 4.8　不同电平逻辑间电平区间的定义

TTL 型器件		CMOS 型器件	
VCC=5V		VCC=5V	
$V_{OH} > 2.4V$	$V_{OL} < 0.8V$	$V_{OH} > 0.9VCC$	$V_{OL} < 0.1VCC$
$V_{IH} > 2.0V$	$V_{IL} < 1.2V$	$V_{IH} > 0.7VCC$	$V_{IL} < 0.3VCC$
VCC=3.3V		VCC=3.3V	
$V_{OH} \geqslant 2.4V$	$V_{OL} \leqslant 0.4V$	$V_{OH} \geqslant 3.2V$	$V_{OL} \leqslant 0.1V$
$V_{IH} \geqslant 2.0V$	$V_{IL} \leqslant 0.8V$	$V_{IH} \geqslant 2.0V$	$V_{IL} \leqslant 0.7V$
VCC=2.5V		VCC=2.5V	
$V_{OH} \geqslant 2.0V$	$V_{OL} \leqslant 0.2V$	$V_{OH} \geqslant 2.0V$	$V_{OL} \leqslant 0.1V$
$V_{IH} \geqslant 1.7V$	$V_{IL} \leqslant 0.7V$	$V_{IH} \geqslant 1.7V$	$V_{IL} \leqslant 0.7V$

为了电池供电应用,MSP430 单片机工作电压较低(1.8~3.6V)。大部分应用取 3.3V 左右,因此单片机的 I/O 口属于 3.3V 逻辑。且 MSP430 单片机的任何一个管脚的输入电压不能超过 VCC+0.3V,不能低于 VSS−0.3V。通常在系统设计时不推荐不同电平逻辑的器件混合使用,因为这样不仅破坏了 MSP430 单片机系统的简洁设计原则,还额外增加了功耗,增加了电源管理难度。所以在设计 MSP430 单片机系统时应尽量都使用 3.3V 逻辑的器件。

在一些特殊场合,MSP430 单片机不可避免地与 5V 或 2.5V 逻辑器件连接时,必须考虑电平转换问题。若是单向数据传输,可以使用电阻分压或上拉电压的方法实现不同电平逻辑间的电平匹配。若是双向数据传输,不仅要转换电平还需要切换方向,这时一般选用专用的电平转换芯片。

最后解释一下"线与"逻辑,由于 I/O 端口的输出能力较强,若输出高电平的 I/O 口和输出低电平的 I/O 口直接相连则会因短路造成损坏。所以它不像 51 单片机的 I/O 端口那样可以实现"线与"功能,但可以通过 I/O 方向的切换来模拟。

4. 对于未使用引脚的配置

前面讲到,作为 CMOS 型器件,MSP430 单片机的 I/O 引脚输入状态也呈高阻态。若悬空则等效于天线,它会因附近电场的影响而随机感应出中间电平。由于 MSP430 单片机内部带有施密特触发器和总线保持器,悬空或输入中间电平不会造成错误或损坏,但会额外增加系统耗电,所以在超低功耗应用中每个 I/O 引脚都应具有确定电平,对于未用的 I/O 引脚,可接地或设置为输出状态,以保证电平确定。此外,使用内部上拉/下拉电阻也可以避免输入管脚处于悬浮状态。

4.3 端口应用

尽管 MSP430 单片机的 I/O 端口大多具有多种功能,但大家使用最多的还是基本输入输出功能。为此这里将着重介绍作为基本 I/O 端口时的两种使用方法。

在 MSP430 单片机 C 语言程序设计时为了尽可能减轻程序员的负担,MSP430 单片机中的寄存器均在相应头文件中做了宏定义,同时还对于一些常量和函数做了一些宏定义。

(1) 寄存器的定义。在单片机程序设计时对于单片机各模块的使用是通过配置操作相应的寄存器来实现的。单片机内部有很多寄存器。由第 2 章可知,寄存器实际上是位于 RAM 内的一些存储单元。为了便于学习和记忆,MSP430 单片机在其相应型号的头文件中都进行了宏定义,例如 $PxIN$、$PxOUT$、$PxDIR$、$PxSEL$。其中,x 为端口号,IN 为端口输入寄存器,OUT 为端口输出寄存器,DIR 为端口方向控制寄存器,SEL 为端口第二功能选择寄存器。

在程序中这些寄存器作为全局变量使用。寄存器的存取是通过赋值运算符实现的。若寄存器变量位于赋值运算符左边,则是往寄存器中存值。例如,P2DIR=0xF0 表示 P2 端口的高 4 位为输出,低 4 位为输入;反之,为从寄存器中读取数值,如 tmp=P1IN 表示读取端口 P1 的值复制给变量 tmp。

(2) 寄存器中的控制位。单纯地记忆控制位在寄存器中的位置十分困难。为了便于记忆,像定义寄存器一样,C430 也为寄存器中控制位进行了方便、快捷的宏定义。具体的控制位名字与用户手册中列出的名字一致。这里需要注意的是,寄存器的名字可作为全局变量使用,而控制位只能作为常量使用。因此,不能给控制位重新赋值;否则将会提示出错。

(3) 位操作与屏蔽位。MSP430 RISC CPU 不支持像 51 单片机那样的位操作,C430 中也不支持位变量。在 C430 中位操作是通过变量与掩膜位之间的逻辑操作来实现的。常用的逻辑运算有与(&)、或(|)、取反(~)、异或(^)、左移(<<)和右移(>>)。在实际应用中还经常使用复合运算符"|="、"&="和"^="。

掩膜数在这里实际上就是一个 16 位无符号数,通常以十六进制形式表示。一般将感兴趣的位设为1(即掩膜位),其他为 0。例如,若要 R5 的 0、1 位设为 1,则可以使用表达式 R5|=0x03实现。这里 0x03 即为掩膜数,0、1 的位置即为掩膜位。

在 MSP430 单片机 C 语言程序设计时,经常要对寄存器的某一位或多位进行设置。为了方便,在头文件中对常见的掩膜数进行了宏定义,并记为 $BITx$,其中,x 的取值范围为 0~F,如表 4.9 所示。例如,BIT0 代表寄存器中第 0 位(最低位)为 1,其他位为 0;BITF 为第 15 位(最高位)为 1,其他位为 0。

表 4.9　BITx 的含义

常量	数值	常量	数值	常量	数值	常量	数值
BIT0	0x0001	BIT4	0x0010	BIT8	0x0100	BITC	0x1000
BIT1	0x0002	BIT5	0x0020	BIT9	0x0200	BITD	0x2000
BIT2	0x0004	BIT6	0x0040	BITA	0x0400	BITE	0x4000
BIT3	0x0008	BIT7	0x0080	BITB	0x0800	BITF	0x8000

灵活地使用逻辑运算符和 BITx 可以准确地对一位或多位进行位操作。一般情况下，若对某些位进行置 1 操作，则使用"|="运算符；若对某些位进行置 0 操作，则使用"&=~"运算符；若对某些位进行取反操作，则使用"^="运算符。例如：

```
R9 |= BIT0 + BIT7;              // 将 R9 的最低位和最高位置 1
R8 &= ~ BIT7;                   // 将 R8 的最高位清 0
R10 ^= BIT7 + BIT5;            // 将 R10 的第 7 位和第 5 位取反
```

另外，使用移位运算也可以实现位操作，例如

```
R9 |= (1 << 0) + (1 << 7);     // 将 R9 的最低位和最高位置 1
R8 &= ~ (1 << 7);              // 将 R8 的最高位清 0
R10 ^= (1 << 7) + (1 << 5);   // 将 R10 的第 7 位和第 5 位取反
```

这种方式利用 $(1 << x)$ 代替了 BITx 宏定义，使其不依赖头文件中的宏定义，更符合 C 语言表达习惯。该方式移植性好，但可读性较差。对于初学者不建议使用这种方式。

4.3.1　普通 I/O 端口

由前述可知，每个 I/O 端口都具有 6 个控制寄存器，分别是 PxDIR、PxIN、PxOUT、PxREN、PxSEL 和 PxSEL2。在使用 MSP430 单片机的 I/O 时，首先要明确使用 I/O 端口的哪一个功能，即首先要设置功能选择寄存器(PxSEL & PxSEL2)，其次是确定数据的传输方向，即设置方向寄存器以决定是数据输入还是数据输出。若为数据输出方向，只需将待输出的数据写入 PxOUT 寄存器中即可实现将数据输出至相应引脚上。若为输入方向，引脚处的电平信息会自动反映到 PxIN 寄存器中。另外，为了保证读到数据的可靠性，还需根据具体的硬件电路设计确定是否需要上拉/下拉电阻功能，即设置 PxREN 寄存器。假使需要这种功能，就需要明确是上拉还是下拉。为了充分利用片上寄存器，MSP430 单片机通过设置此时的 PxOUT 来确定是上拉还是下拉。

例 4.1　利用软件定时方式，使 P1.6 处的发光二极管不停地闪烁。其完整的程序如下。

```
# include < msp430x26x.h >
void main(void)
{
 unsigned int i;
 WDTCTL = WDTPW + WDTHOLD;     // 关看门狗
 P1DIR |= BIT6;                // 设 P1.6 为输出方向
 while(1)
```

```
    {
      P1OUT ^ = BIT6;                    // 电平取反
      for(i = 0; i < 5000; i++);         // 软件延时
    }
  }
```

考虑到单片机复位时系统默认所有的端口都是基本输入输出功能且均为输入方向,所以在实际程序编写中经常会利用这一默认特征省去对一些寄存器的配置。

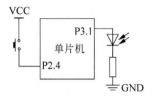

例 4.2　试利用程序查询方法检测 P2.4 引脚处的按键是否被按下。若按下则使 P3.1 处的发光二极管点亮;否则发光二极管不亮。连接方式如图 4.14 所示。

图 4.14　连接方式

```
  # include < msp430x26x. h>
  void main(void)
  {
    WDTCTL = WDTPW + WDTHOLD;           // 关看门狗
    P2REN | = BIT4;                     // 设 P2.4 上、下拉电阻允许
    P2OUT & = ~ BIT4;                   // 为 P2.4 设置下拉电阻
    P3DIR | = BIT1;                     // 设 P3.1 为输出方向
    P3OUT & = ~ BIT1;                   // P3.1 输出低电平,发光二极管不亮
    while(1)
    {
      if(P2IN&BIT4)                     // 当按键按下时
        P3OUT | = BIT1;                 // 发光二极管变亮
      else
        P3OUT & = ~ BIT1;               // 发光二极管变暗
    }
  }
```

4.3.2　外部中断

在 MSP430 单片机众多的端口中,P1 和 P2 具有中断功能。每个端口可响应 8 个独立中断源的中断请求。也就是说,P1 和 P2 端口的每一个引脚都对应一个外部中断源。P1 和 P2 端口的中断属于可屏蔽中断,并且每个端口都对应一个中断向量。P1 端口的中断向量记为 PORT1_VECTOR;P2 端口的中断向量记为 PORT2_VECTOR;由于每个端口具有 8 个引脚且每个引脚可独立响应一个独立的中断源,所以端口 P1 和 P2 的中断属于共源中断。共源中断程序设计要特别注意中断源的确定。现以 P2 端口为例给出一种共源中断程序设计的通用模式。

```
  void main(void)
  {
    …
    P2IES | = BIT0 + BIT1 + … + BIT7;   // 选择下降沿触发中断
    P2IE | = BIT0 + BIT1 + … + BIT7;    // 中断使能
    P2IFG = 0;                          // 清标志位
    _EINT();                            // 开总中断
    …
```

```
}

# pragma vector = PORT2_VECTOR
__interrupt void PORT2_ISR(void)
{
 if(P2IFG & BIT0)
 {
  功能代码 0;                     // 处理中断源来自 P2.0 处的代码
 }
 if(P2IFG & BIT1)
 {
  功能代码 1;                     // 处理中断源来自 P2.1 处的代码
 }
 ...
 if(P2IFG & BIT7)
 {
  功能代码 7;                     // 处理中断源来自 P2.7 处的代码
 }
 P2IFG = 0;                       // 必须清除中断标志位
}
```

由于 P1 和 P2 端口的中断是可屏蔽中断,所以在中断配置中一定要打开各个引脚的中断使能位 PxIE.m 和总中断控制位(GIE)。GIE 位于 SR 中,程序无法对 SR 直接操作,因此,需要通过特殊函数实现总中断的开关,具体如下。

(1) void __disable_interrupt(void):该函数的功能是关闭总中断(使 GIE=0)。该函数的简写形式为_DINT()。

(2) void __enable_interrupt(void):该函数的功能是打开总中断(使 GIE=1)。该函数的简写形式为_EINT()。

例 4.3　试利用中断方法检测 P2.4 引脚处的按键是否被按下。每按一下按键 P3.1 处的 LED 亮暗状态就变换一次。

```
# include < msp430x26x. h >
void main(void)
{
 WDTCTL = WDTPW + WDTHOLD;        // 关看门狗
 P3DIR | = BIT1;                  // 设置输出方向
 P2REN | = BIT4;                  // P2.4 上、下拉电阻使能
 P2OUT & = ~ BIT4;                // 为 P2.4 设置下拉电阻
 P2IES & = ~ BIT4;                // 设置上升沿触发
 P2IFG = 0;                       // 清除中断标志位
 P2IE | = BIT4;                   // 打开中断允许
 _EINT();                         // 开总中断
 while(1);                        // 等待中断
}

# pragma vector = PORT2_VECTOR    // P2 端口中断
__interrupt void PORT2_ISR(void)  // 中断服务函数
{
 if(P2IFG & BIT4)                 // 判断中断源是否位于 P2.4 处
```

```
  {
    P3OUT ^ = BIT1;                    // 发光二极管亮暗转换
  }
  P2IFG = 0;                           // 清除中断标志位
}
```

中断函数既没有输入参数也没有输出参数且不能被其他函数调用。通常中断函数体内定义的变量均是局部变量,其只在中断函数体有效。中断函数执行完后所有局部变量的值将丢失以致无法保留。但在设计诸如中断计数的程序时,通常需要将中断函数中某些变量的值保留下来,即中断函数返回后变量值不丢失。若要保留这些变量值,可使用两种方法。一种通常使用的方法是定义全局变量。由于全局变量在整个程序里都是有效的,所以在中断函数中也可以使用。当中断函数结束后,当前值将被保留,以供下次或其他函数使用。但要控制程序中全局变量的个数以防 RAM 不够用。还有一种方法是在中断函数体内声明变量时,前面加上关键词 static,是说明该变量为本地全局变量,也可将当前值保留下来。

例 4.4 试利用中断方法检测 P2.4 引脚处的按键是否被按下。每按两下按键 P3.1 处的 LED 亮暗状态就变换一次。

解 该题目与例 4.3 几乎相同,唯一差别是按键次数。由于是每按两次状态才改变一次,所以必须对按键按下的次数做统计。

```
# include < msp430x26x. h>
unsigned int Key_flg = 0;
void main(void)
{
    WDTCTL = WDTPW + WDTHOLD;          // 关看门狗
    P3DIR |= BIT1;                     // 设置输出方向
    P2REN |= BIT4;                     // 设 P2.4 上、下拉电阻允许
    P2OUT &= ~ BIT4;                   // 为 P2.4 设置下拉电阻
    P2IES &= ~ BIT4;                   // 设置上升沿触发
    P2IFG = 0;                         // 清除中断标志位
    P2IE |= BIT4;                      // 打开中断允许
    _EINT();                           // 开总中断
    while(1);                          // 等待中断
}


# pragma vector = PORT2_VECTOR        // P2 端口中断
__interrupt void PORT2_ISR(void)      // 中断服务函数
{
    if(P2IFG & BIT4)                   // 判断中断源是否来自 P2.4 引脚
    {
        if(Key_flg > 0)
        {
        Key_flg = 0;
        P3OUT ^ = BIT1;                // 发光二极管亮暗转换
        }
        else
        Key_flg = Key_flg + 1;
    }
    P2IFG = 0;                         // 清除中断标志位
}
```

4.3.3　总线模拟

在单片机应用系统中,单片机需要与外部各种设备进行数据交换,也就是后面讲到的数据通信。既然是通信就需要有一定的数据协议,而这种通信协议往往是单片机硬件不支持的。这时就需要借助单片机的I/O端口和程序模拟出各种通信协议,进而实现单片机与外部设备的数据通信。I/O端口的这种应用,称为总线模拟。总线模拟是否成功最重要的是看I/O端口能否准确输出各种时序。

为了更好地说明模拟总线的过程,这里以数字温湿度传感器DHT11为例进行讲解。DHT11与单片机的连接方式如图4.15所示。可以看出为单片机与DHT11通信仅通过一条线路实现,一次是单总线双向通信方式。

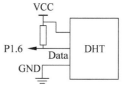

图 4.15　连接示意图

DHT11的单总线通信时序如图4.16所示。不难看出,数据的传输总是由主机(即单片机)发起,然后DHT11返回相应的温湿度数据。如果DHT11没有接到主机的开始信号,DHT11不会主动采集并返回温湿度数据。总线空闲时为高电平,此时DHT11处于低速(低功耗)模式。当主机需要读取DHT11的温湿度数据时,主机必须发起一次数据通信过程。

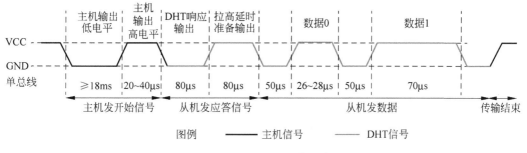

图 4.16　DHT11通信时序

具体的数据通信过程如下。

(1)主机首先向P1.6引脚持续输出低电平以拉低总线,持续时间不小于18ms,以保证DHT11有足够的时间检测到开始信号。接着主机输出 $20\sim40\mu s$ 高电平(拉高总线)以结束开始信号。

(2)DHT11待主机开始信号结束后向总线发送 $80\mu s$ 低电平响应信号,然后再发送 $80\mu s$ 高电平以表示将要输出数据。

(3)主机检测到应答信号后便准备接收DHT11发送的数据。由于数据是逐位传输的,这里需要说一下,如何确定DHT11发送的数据位是0还是1。

由图4.16可以看出,每一个数据位都以 $50\mu s$ 低电平时隙开始,然后根据高电平的长短确定当前数据位是0还是1。若高电平持续 $26\sim28\mu s$,则是0;若高电平持续 $70\mu s$,则为1。

现在介绍一下DHT11数据格式。一次完整的数据通信,DHT11需要发送5个字节数据,高位先出。具体的数据格式为:

湿度整数部分	湿度小数部分	温度整数部分	温度小数部分	校验字节

如果数据传输正确,校验字节应该等于前面4个字节之和的低8位数据。若不相等,则说明数据读取有误。

通过上面的介绍,对DHT11的数据通信协议有了一定了解,现在以例题的形式介绍如何使用 MSP430 的 I/O 端口实现数据的通信。

例 4.5 已知 DHT11 与单片机引脚的连接方式如图 4.15 所示。请读取 DHT11 的温湿度值并将其放在一个数据中。

解 由于 DHT11 传感器与单片机的 P1.6 相连,所以要注意正确配置 P1.6 的数据传输方向。根据图 4.11 的时序,主机发开始信号时,P1.6 的数据传输方向应配置为 P1DIR |= BIT6;在准备接收数据时,数据传输方向应设置为:P1DIR &= ～BIT6。完整的程序代码如下。

```
# include "msp430.h"

# define uchar        unsigned char
# define uint         unsigned int
# define ulong        unsigned long

# define CPU          (1000000)                    // 定义整个系统的时钟
# define delay_us(x)  (__delay_cycles((double)x * CPU/1000000.0))
# define delay_ms(x)  (__delay_cycles((double)x * CPU/1000.0))

# define DHT11_OUTPUT      P1DIR| = BIT6
# define DHT11_INPUT       P1DIR& = ～BIT6
# define DHT11_H           P1OUT| = BIT6
# define DHT11_L           P1OUT& = ～BIT6
# define DHT11_IN          (P1IN&BIT6)


uchar DHT11_ReadChar(void)                         // 读取一个字节数据
{
  uchar dat;                                       // 存放读取的一个字节数据
  uint count;                                      // 计数防止死等
  uchar i;
  for(i = 0; i < 8; i++)
  {
    count = 2;
    while((!DHT11_IN)&&count++);                    // 等待50μs低电平结束
    delay_us(40);                                   // 40μs
    dat <<= 1;                                       // 50μs低电平 + 28μs高电平表示'0'
    if(DHT11_IN)                                     // 50μs低电平 + 70μs高电平表示'1'
      dat |= 1;
    count = 2;
    while((DHT11_IN)&&count++);
    if(count == 1)                                   // 超时则跳出 for 循环
      break;
  }
```

```
    return dat;
}


void main(void)
{
    uchar Data[4];                              // 存放读取的数据
    uchar TData_H_temp,TData_L_temp,RHData_H_temp,RHData_L_temp,checktemp;
    uchar presence;                             // 存放 DHT11 的应答信号
    uint count;
    WDTCTL = WDTPW + WDTHOLD;                    // 关闭看门狗
    while(1)
    {
        DHT11_OUTPUT;
        DHT11_L;                                // 拉低 18ms 以上
        delay_ms(20);
        DHT11_H;
        DHT11_INPUT;
        delay_us(60);
        presence = DHT11_IN;
        if(!presence)
        {
            count = 2;
            while((!DHT11_IN)&&count++);         // 等待低电平(应答信号)结束
            count = 2;
            while((DHT11_IN)&&count++);          // 等待高电平(数据准备信号)结束
            RHData_H_temp = DHT11_ReadChar();    // 读取湿度数据整数部分
            RHData_L_temp = DHT11_ReadChar();    // 读取湿度数据小数部分
            TData_H_temp = DHT11_ReadChar();     // 读取温度数据整数部分
            TData_L_temp = DHT11_ReadChar();     // 读取温度数据小数部分
            CheckData_temp = DHT11_ReadChar();   // 读取校验数据
            DHT11_OUTPUT;                        // 设置 P1.6 为输出方向
            DHT11_H;                             // 输出高电平,拉高总线,结束数据传输
            // 计算温湿度数据之和,并取低 8 位数据
            checktemp = (RHData_H_temp + RHData_L_temp + TData_H_temp + TData_L_temp);
            if (checktemp == CheckData_temp)     // 校验数据
            {
                Data[0] = RHData_H_temp;
                Data[1] = RHData_L_temp;
                Data[2] = TData_H_temp;
                Data[3] = TData_L_temp;
            }
        }
    }
}
```

习题

4-1　什么是中断系统？中断系统的功能是什么？

4-2　什么是中断源？MSP430 单片机有哪些中断源？各有什么特点？

4-3　中断功能在 MSP430 单片机的低功耗实现中起到什么作用？

4-4　MSP430 单片机具有怎样的中断处理能力？

4-5　简述中断标志位的作用。

4-6　对于多源中断，如何正确识别触发中断的中断源？

4-7　MSP430 单片机是如何对中断进行优先权分级的？

4-8　什么是中断嵌套？分别阐述复位中断、非屏蔽中断和可屏蔽中断是否可以实现中断嵌套？如果可以，如何实现？

4-9　MSP430 单片机是如何进行中断分类的？分为几类？它们之间的联系和区别是什么？

4-10　简述 MSP430 单片机的中断处理过程。

4-11　MSP430F261x 系列单片机中每个端口配有几个寄存器？分别是哪些并指出各自的功能。

4-12　MSP430F261x 系列单片机哪些端口具有中断功能？

4-13　带有施密特触发器的 I/O 引脚具有哪些特点？

4-14　简述 I/O 引脚的驱动能力，列举常见的提高单片机驱动能力的措施。

4-15　寄存器名与控制位名的功能及使用上的差异是什么？

4-16　简述位操作的实现方式。

4-17　简述模拟总线通信的过程，并指出影响模拟通信成败的关键性因素。

## 第 5 章

MSP430 单片机时钟系统与休眠模式

5.1 时钟系统

单片机之所以能够有序地工作,是因为整个单片机在统一时钟信号的作用下,由 CPU 协调各个功能模块进行各种操作。时钟信号是单片机运行的基准信号,各个功能模块所需的时钟信号也是以此为基准进行分频得到的。产生时钟信号的模块一般称为时钟模块,它是单片机的动力之源。因此,对于单片机来说,若没有时钟则无法工作。若没有高质量的时钟单片机将不能稳定地工作。单片机时钟模块的性能是衡量单片机性能的一个重要指标。

在 MSP430 单片机中时钟模块称为时钟系统。MSP430 时钟模块的内部结构复杂,功能强大。配合软件设计可实现多模式的频率输出,以实现多种低功耗运行模式以达到降低功耗的目的。MSP430 的时钟系统就像人体的心脏,它控制着整个 MCU 工作的节奏,即数据处理的速度。MSP430 片内集成了多种功能模块,而各个模块均需要相应的时钟才能工作。

5.1.1 时钟系统结构

MSP430 种类繁多,各个系列之间时钟系统的内部构成大同小异,都可划分为时钟源和时钟输出两部分。时钟源一般由高速晶体振荡器、低速晶体振荡器、数控振荡器、锁相环或增强型锁相环等部件组成。该部分会因具体的型号与系列不同呈现一定的差异性,如有些单片机的时钟系统集成有锁相环。但是 MSP430 单片机时钟系统的时钟输出都是一样的,即均能输出主时钟(MCLK)、子时钟(SMCLK)和辅助时钟(ACLK)。MSP430 单片机时钟系统输出的多种时钟信号有利于满足系统对可靠性、低功耗及快速响应外部事件的要求。现以 MSP430F261x 系列单片机的时钟系统为例说明时钟系统的结构组成。

1. 时钟源

MSP430F261x 系列单片机的时钟系统具有 4 个时钟源,其中两个为内部振荡器:内部低速振荡器(VLO)和内部数控振荡器(DCO);另外两个是外部时钟源:LFXT1 和 XT2,它们既可以直接外接时钟源,也可以通过外接晶振与内部电路组成振荡器。

(1) 内部低速时钟振荡器(VLO)。MSP430F261x 单片机内部提供了一个超低功耗的低速时钟振荡器(VLO),如图 5.1 所示。该时钟源输出的时钟信号记为 VLOCLK。该时钟源只能产生频率为 12kHz 的时钟。使用该时钟源时需要注意,只有当 XTS＝0 且 LFXT1Sx＝10 时 VLO 才被启用,在其他情况下 VLO 将处于关闭状态以降低单片机自身功耗。

(2) 外部低速时钟振荡器(LFXT1)。MSP430F261x 单片机中具有一个外部低速时钟源,其结构如图 5.1 所示。它有两种工作方式,一种是直接接外部时钟信号,并以此信号作为时钟源的输出信号(LFXT1CLK);若使用该方式需要使 OSCOFF＝0、LFXT1Sx＝11、XCAPx＝00。这时外部时钟信号的频率应与 LFXT1CLK 的频率一致。当外部时钟信号频率低于 LFXT1 的最低工作频率时,LFXT1OF 将被置 1,进而阻止 CPU 使用该时钟源的时钟信号。另一种方式是与外接晶振组成时钟振荡器(LFXT1),该振荡器的输出即为 LFXT1CLK。LFXT1 既可以产生高频时钟信号,也可以产生低频时钟信号。具体工作方式由控制位 XTS 和 LFXT1Sx 共同确定,见表 5.1。

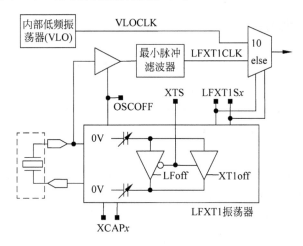

图 5.1　VLOCLK 与 LFXT1CLK 结构示意图

表 5.1　LFXT1 的工作方式

XTS	LFXT1Sx	功 能 说 明
0	00	表示 32.768kHz 晶振接在 LFXT1 上
0	01	保留
0	10	选择 VLOCLK
0	11	使用外部时钟源
1	00	使用 0.4～1MHz 的晶振
1	01	使用 1～3MHz 的晶振
1	10	使用 3～16MHz 的晶振
1	11	使用外部时钟源(0.4～16MHz)

当 XTS=0 时 LFXT1 工作在低频模式。在低频模式下,通常将 32.768kHz 外部晶振(通常是手表晶振)与单片机的 XIN 和 XOUT 两个引脚相连。此时 LFXT1CLK 的工作频率即为 32.768kHz,这也是 LFXT1 的默认工作频率。

外部晶振能否正常工作与匹配电容有很大关系。为了降低系统成本和系统功耗,提高时钟的稳定性与可靠性,MSP430 单片机已将匹配电容等保证振荡器工作稳定的元件集成到芯片中。可通过设置控制位 XCAPx 配置低频模式下匹配电容的值。例如,XCAPx＝00 表示使用 1pF 匹配电容;XCAPx＝01 表示使用 6pF 匹配电容;XCAPx＝10 表示使用 10pF 匹配电容;XCAPx＝11 表示使用 12.5pF 匹配电容。

对于低频晶振通常不需要外加电容,使用内部匹配电容即可以正常工作。若外接的晶振是 32.768kHz 手表晶振,则匹配电容值采用默认值即可以正常工作。一般来说,低频晶振从开始加电工作到稳定状态需要几百微秒的时间,确切的数值需视具体的晶振而定。另外,将石英晶振尽量靠近单片机引脚放置并做好接地处理,可以在最大程度上避免其他频率的噪声(如高频噪声)引入到低频振荡器中。

LFXT1 除了可外接 32.768kHz 的晶振以外,还可以外接 450kHz～16MHz 的高速晶振或陶瓷谐振器。当 XTS＝1 时 LFXT1 工作在高频模式下,此时内部集成的匹配电容已经不能满足需要,若使外部晶振正常工作需要外加匹配电容并使 XCAP＝00,电容大小应根据晶体或振荡器特性来选择。

由 LFXT1 的结构图 5.1 可知,在 LFXT1 内部有两个控制信号,即 LFoff 和 XT1off。LFoff 的作用是关闭低频振荡器,XT1off 的作用是关闭高频振荡器。这两个信号不完全受控制寄存器控制。实际上,LFoff 和 XT1off 除了直接受控于 XTS 之外,还受其他控制因素的影响,如图 5.2 所示。当不使用 LFXT1CLK 时,可设置 OSCOFF＝1 关闭 LFXT1 时钟源。

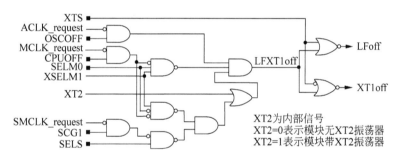

图 5.2 LFoff 和 XT1off 产生逻辑

(3) 外部高速时钟振荡器(XT2)。除了 LFXT1 外,MSP430F261x 系列单片机还具有另一个外部时钟源 XT2,其输出的时钟信号为 XT2CLK,其逻辑结构如图 5.3 所示。XT2 也有两种工作方式,一种是通过 XT2IN 引脚接入外部时钟信号,此时外部时钟信号的频率即是 XT2CLK 的频率。若使用该方式需使 XT2OFF＝0、XT2Sx＝11。当外部时钟信号频率低于 XT2 的最低工作频率时,XT2OF 将被置 1,进而阻止 CPU 使用该时钟源的时钟信

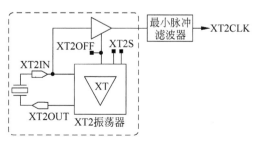

图 5.3 XT2 逻辑结构图

号。另外一种工作方式是与外接高频晶振构成振荡器,其工作方式与处于高频模式的LFXT1一样。晶振若要正常工作,同样需要外接匹配电容。时钟源的输出频率控制由控制位 XT2Sx 配置。XT2Sx＝00 表示使用 0.4～1MHz 的晶振;XT2Sx＝01 表示使用 1～3MHz 的晶振;XT2Sx＝10 表示使用 3～16MHz 的晶振;XT2Sx＝11 表示使用外部时钟源(0.4～16MHz)。

在同时具有 XT2 和 LFXT1 的单片机中,XT2 一般用于产生高频时钟信号,LFXT1 通常用于产生低频时钟信号。当不使用该时钟源时可使 XT2OFF＝1 关闭 XT2 以降低功耗。

尽管 XT2OFF 可以关闭 XT2,但实际上 XT2 是由内部信号 XT2off 直接关闭的。XT2off 受控于多种因素,如图 5.4 所示。可见,当时钟源 XT2 在被 MCLK 或 SMCLK 使用时,XT2OFF 是不能关闭 XT2 的。

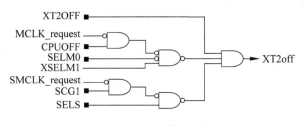

图 5.4　XT2off 产生逻辑

(4) 数控时钟振荡器(DCO)。与上面三种时钟源不同,MSP430F261x 系列单片机不但集成了内部低频时钟源,还集成了一个高频时钟源——数控时钟振荡器(Digitally Controlled Oscillator,DCO)。DCO 的结构如图 5.5 所示,主要包括直流发生器、数控振荡器、调整器和最小脉冲滤波器等部分。由于该 DCO 属于流控振荡器,所以直流发生器的作用是为 DCO 提供工作所需的电流。电流的强弱将影响其输出频率的大小。数控振荡器实质上是一个数字可控的 RC 振荡器。因此,它较易受到流经电流、环境温度等因素的影响。调整器的作用主要是对 DCO 输出的时钟进行更为精细的调整,使时钟更加精准。最小脉冲滤波器(Minimum Pulse Clock Filter)的作用是防止输出的时钟中混有其他频率成分。因此,该滤波器可以提高时钟的可靠性和准确性。

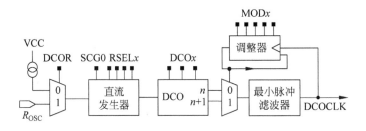

图 5.5　DCO 逻辑结构图

由图 5.5 可知,通过配置控制位可以很方便地对 DCO 的时钟输出频率进行设置。当不使用 DCO 时,也可以设置 SCG0 关闭 DCO。这里需要区分两个概念:关闭 DCOCLK 和关闭直流发生器。关闭直流发生器也就是不给 DCO 提供工作所需要的电流,即 DCO 彻底关闭。设置 SCG0＝1 的作用就是关闭直流发生器。关闭 DCOCLK 意味着 DCO 输出的时钟 DCOCLK 不可用,但不意味着 DCO 不工作,它们之间的逻辑关系可参见图 5.6。

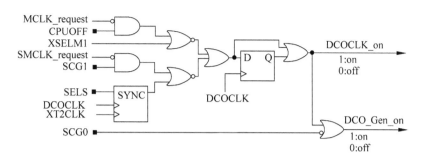

图 5.6　DCO 关闭逻辑

DCOCLK_on 为关闭 DCOCLK 的内部信号,DCOCLK_on＝0 意味着关闭 DCOCLK,即 DCOCLK 不可用;反之 DCOCLK_on＝1,则表示 DCOCLK 可用。DCO_Gen_on 为关闭直流发生器的内部信号。DCO_Gen_on＝0 意味着关闭直流发生器,即 DCO 被关闭;反之,DCO_Gen_on＝1,则表示 DCO 处于工作状态。

下面着重讨论 DCOCLK 的配置问题。通过配置 RSELx、DCOx 和 MODx 等控制位可以方便地对 DCO 进行时钟频率的配置。频率设置分为以下三步:①选择设置 RSELx 确定时钟的标称频率;②选择 DCOx,在标称频率基础上分段粗调;③选择 MODx 的值,在粗调的基础上再进行细调。

在此之前,先明确 DCOx、MODx 和 RSELx 在寄存器中的位置。标称频率选择位 RSEL 位于控制寄存器 BCSCTL1 中,具体位置如下所示,系统复位后 RSEL 默认为 7。

	7	6	5	4	3	2	1	0
BCSCTL1					RSELx			
					rw-0	rw-1	rw-1	rw-1

由此可见,DCO 具有 16 个标称频率段,由 RSELx＝0 至 RSELx＝15,DCO 频率逐步增加,并且相邻频率段部分频率相互重叠。例如,RSELx＝3 的频率段与 RSELx＝2、RSELx＝4 的频率段在频率上均有一定重叠,具体可参见表 5.2。

在标称频率的基础上对频率进行调整的控制位 DCOx 和 MODx 位于专门的 DCO 控制寄存器 DCOCTL 中,具体位置如下所示。系统复位后 DCOx 默认为 3,MODx 默认为 0。

	7	6	5	4	3	2	1	0
DCOCTL	DCOx			MODx				
	rw-0	rw-1	rw-1	rw-0	rw-0	rw-0	rw-0	rw-0

其中,DCOx 将一个标称频率段粗略分成 8 个区域,值越大频率越高。MODx 又将每个区域再次划分为 32 个微调区间。通过这种方式可以很好地控制输出频率的精度。可见,影响输出频率的主要因素是 RSELx 和 DCOx,如图 5.7 所示。因此,DCO 的输出常表示为 $f_{DCO}(RSELx, DCOx)$,控制位 MODx 仅起微调作用。

这里定义两个系数 S_{RSEL} 和 S_{DCO},其中,$S_{RSEL}＝f_{DCO}(RSELx+1, DCOx)/f_{DCO}(RSELx, DCOx)$;$S_{DCO}＝f_{DCO}(RSELx, DCOx+1)/f_{DCO}(RSELx, DCOx)$。通常 $S_{RSEL}≤1.55$、$1.05≤S_{DCO}≤1.12$,S_{DCO} 的典型值为 1.08。有了上述知识,就可以根据表 5.2 中的数据估算出

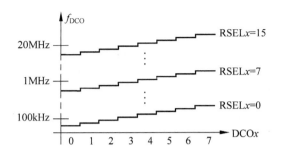

图 5.7　RSELx、DCOx 与 f_{DCO} 的关系

f_{DCO} 的值。

表 5.2　DCO 频率对照表（MODx＝0，25℃，2.2/3V，MHz）

f_{DCO} (RSELx,DCOx)	频率范围	f_{DCO} (RSELx,DCOx)	频率范围	f_{DCO} (RSELx,DCOx)	频率范围
$f_{DCO}(0,0)$	[0.06 0.14]	$f_{DCO}(5,3)$	[0.39 0.77]	$f_{DCO}(11,3)$	[3.00 5.50]
$f_{DCO}(0,3)$	[0.07 0.17]	$f_{DCO}(6,3)$	[0.54 1.06]	$f_{DCO}(12,3)$	[4.30 7.30]
$f_{DCO}(1,3)$	[0.10 0.20]	$f_{DCO}(7,3)$	[0.80 1.50]	$f_{DCO}(13,3)$	[6.00 9.60]
$f_{DCO}(2,3)$	[0.14 0.28]	$f_{DCO}(8,3)$	[1.10 2.10]	$f_{DCO}(14,3)$	[8.60 13.9]
$f_{DCO}(3,3)$	[0.20 0.40]	$f_{DCO}(9,3)$	[1.60 3.00]	$f_{DCO}(15,3)$	[12.0 18.5]
$f_{DCO}(4,3)$	[0.28 0.54]	$f_{DCO}(10,3)$	[2.50 4.30]	$f_{DCO}(15,7)$	[16.0 26.0]

如果觉得 RSELx，DCOx 控制不够精确，可以使用 DCO 的调整器对频率进行微调。调整器实际是一个频率混合器，它可以将 f_{DCO}(RSELx,DCOx) 和 f_{DCO}(RSELx,DCOx+1) 进行混合以产生介于 f_{DCO}(RSELx,DCOx) 和 f_{DCO}(RSELx,DCOx+1) 之间的频率，该频率混合器由 MODx 控制。若使用 MODx，则输出频率可由下式给出，即

$$f_{DCO} = \frac{32 \times f_{DCO}(RSELx,DCOx) \times f_{DCO}(RSELx,DCOx+1)}{MODx \times f_{DCO}(RSELx,DCOx) + (32-MODx) \times f_{DCO}(RSELx,DCOx+1)}$$

当 MODx＝0 时 $f_{DCO}=f_{DCO}$(RSELx,DCOx)，也就是说，没有进行频率混合，即频率混合器处于关闭状态，f_{DCO} 与 MODx 的对应关系如图 5.8 所示。由图可见，随着 MODx 的值由 0 至 31 逐步增加，f_{DCO} 相应地从 f_{DCO}(RSELx,DCOx) 逐步逼近 f_{DCO}(RSELx,DCOx+1)。若 MODx ＝32 则 $f_{DCO}=f_{DCO}$(RSELx，DCOx+1)。

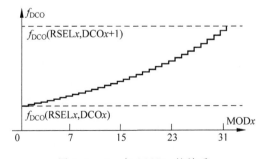

图 5.8　f_{DCO} 与 MODx 的关系

综上可知,尽管 DCO 的输出频率只由 $RSELx$、$DCOx$ 和 $MODx$ 控制,但是设置一个准确的频率值却并非一件简单的事。正因为如此,MSP430 单片机在出厂时就标定好了常用的输出频率。这些频率值为 1MHz、8MHz、12MHz 和 16MHz,这些校准数据存放在信息 Flash 区(Info Flash)中。由于 $RSELx$、$DCOx$ 和 $MODx$ 分别属于 BCSCTL1 和 DCOCTL 中,所以配置每一个校准频率都需要同时对这两个寄存器进行配置,校准频率以及寄存器配置详见表 5.3。由表 5.3 可知,标定好的时钟频率误差控制在 0.2% 以内,最大误差不超过 1%。若不对 $RSELx$、$DCOx$ 和 $MODx$ 进行设置,默认情况下 $RSELx = 7$、$DCOx = 3$、$MODx = 0$,此时 DCO 的输出频率在 1MHz 左右。

表 5.3 已标定好的典型频率值(25℃,3V)

标定值	寄存器配置	最小值	典型值	最大值
1MHz	BCSCTL1 = CALBC1_1MHZ,DCOCTL = CALDCO_1MHZ	0.990	1	1.010
8MHz	BCSCTL1 = CALBC1_8MHZ,DCOCTL = CALDCO_8MHZ	7.920	8	8.080
12MHz	BCSCTL1 = CALBC1_12MHZ,DCOCTL = CALDCO_12MHZ	11.88	12	12.12
16MHz	BCSCTL1 = CALBC1_16MHZ,DCOCTL = CALDCO_16MHZ	15.84	16	16.16

2. 输出时钟信号

输出时钟是指 MSP430 时钟系统模块为 CPU 以及片上外设正常工作所提供的时钟信号。尽管不同型号的 MSP430 单片机的时钟系统内部结构不尽相同,但它们所能提供的时钟信号是相同的,即每个时钟系统均提供三种不同的时钟输出,分别是主系统时钟(MCLK)、子系统时钟(SMCLK)和辅助时钟(ACLK)。

主系统时钟为 CPU 提供运行时钟,但也可用于其他高速模块(如定时器和数模转换模块)。一般地,MCLK 越高,运行速度就越快。为了使 CPU 的性能能够充分发挥,一般使 CPU 的工作频率不低于 1MHz。当 MCLK 关闭时 CPU 也将随之关闭,由于 CPU 是单片机中耗电量较大的部件,所以该特点在低功耗应用设计中广泛使用。例如,由于大多数应用中 CPU 并不需要一直工作,因此,可以仅在需要的时候打开 MCLK,让 CPU 工作,而其他时间不让 CPU 工作,从而达到降低功耗的目的。子系统时钟 SMCLK 为高速时钟,主要为片内一些高速设备提供高速时钟;辅助时钟则是低速时钟,主要为片内一些低速设备提供低速时钟。在单片机运行期间该时钟一般不关闭,其可用作唤醒 CPU 的基本信号。

由前述可知,MSP430F261x 的时钟系统具有 4 个时钟源。时钟源与时钟输出之间的对应关系不是固定的,通过设置控制位可以改变它们之间的对应关系,如图 5.9 所示。图中 VLOCLK 为超低功耗低频振荡器(VLO)的输出时钟;LFXT1CLK 为外部低速时钟源产生的时钟信号;XT2CLK 是高速外部时钟源产生的时钟信号;DCOCLK 为内部数控振荡器产生的时钟信号。MCLK、SMCLK、ACLK 为时钟系统的三种输出时钟。它们在使用、配置方面都是相互独立的,即关闭其中的一些时钟信号单片机仍可以运行。图 5.9 中的实线表示时钟信号可能的通道,粗实线为系统复位后默认的配置。由此可见,系统复位后,MCLK 和 SMCLK 的时钟源均是 DCO,ACLK 的时钟源为 LFXT1。下面介绍这三种时钟的配置方法。

在此之前首先了解一下与时钟设置有关的控制寄存器。时钟系统具有 4 个 8 位的控制寄存器,其中,DCO 控制寄存器 DCOCTL 已在上面做过介绍,这里不再重复。其余三个基

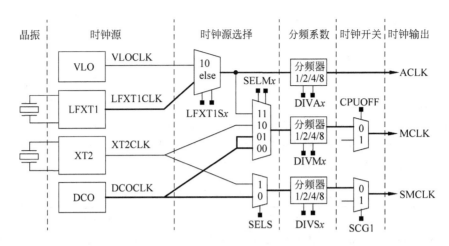

图 5.9 时钟源与输出时钟的对应关系

本时钟控制寄存器分别是 BCSCTL1、BCSCTL2 和 BCSCTL3,各个控制寄存器所包含的控制位信息如下所示。

	7	6	5	4	3	2	1	0
BCSCTL1	XT2OFF	XTS	DIVAx		RSELx			
	rw-(1)	rw-(0)	rw-(0)	rw-(0)	rw-0	rw-1	rw-1	rw-1

	7	6	5	4	3	2	1	0
BCSCTL2	SELMx		DIVMx		SELS	DIVSx		DCOR
	rw-0	rw-0	rw-0	rw-0	rw-0	rw-0	rw-0	rw-0

	7	6	5	4	3	2	1	0
BCSCTL3	XT2Sx		LFXT1Sx		XCAPx		XT2OF	LFXT1OF
	rw-0	rw-0	rw-0	rw-0	rw-0	rw-1	r0	r-(1)

这些控制位用于各个时钟源的配置以及输出时钟的频率设定,与时钟源相关的控制位已在前面做了相应介绍,这里不再赘述。与时钟源选择、分频系数设置有关的控制位将在下面内容中做相应介绍。

系统时钟的设置主要分为两大步:首先确定使用的时钟源及时钟源的设置;其次是确定合适的分频系数以输出合适的时钟频率。

(1) 辅助时钟(ACLK)。辅助时钟的时钟源只有两种选择,分别是 VLO 和 LFXT1。具体选用哪个时钟源由 BCSCTL1 中的 XTS 和 BCSCTL3 中的 LFXT1Sx 共同确定,具体配置可参见表 5.1。确定好时钟源之后就是决定分频系数,ACLK 的分频系数由 BCSCTL1 中的 DIVAx 决定,可进行 1 分频、2 分频、4 分频和 8 分频。系统复位后,ACLK 的时钟源默认为 LFXT1,其频率值为外接晶振的标称值,也就是不对 LFXT1CLK 进行分频。

例 5.1 使用 VLO 时钟源使 ACLK 输出 3kHz 的时钟频率。

解 由于 VLO 为固定频率的时钟源,且 VLOCLK 的频率为 12kHz。为使 ACLK 的输出频率为 3kHz,只能通过对 VLOCLK 进行 4 分频实现。具体配置语句如下。

```
BCSCTL3 |= LFXT1S_2;                    // 选中 VLO 作为时钟源,即 LFXT1CLK = VLOCLK
```

```
BCSCTL1 | = DIVA_2;                          // 对 VLOCLK 4 分频
```

在上面的语句中出现了 LFXT1S_2 和 DIVA_2 这两个宏定义常数,这里就顺便介绍一下 MSP430 单片机 C 语言程序设计中寄存器控制位的操作方法。这里以 BCSCTL1 寄存器为例进行讲解。

	7	6	5	4	3	2	1	0	
BCSCTL1	XT2OFF	XT2OFF	XTS	DIVAx	DIVAx	RSELx	RSELx	RSELx	

	7	6	5	4	3	2	1	0	
XT2OFF	1	0	0	0	0	0	0	0	0x80
XTS	0	1	0	0	0	0	0	0	0x40
DIVA1	0	0	1	0	0	0	0	0	0x20
DIVA0	0	0	0	1	0	0	0	0	0x10
RSEL0	0	0	0	0	1	0	0	0	0x08
RSEL1	0	0	0	0	0	1	0	0	0x04
RSEL2	0	0	0	0	0	0	1	0	0x02
RSEL3	0	0	0	0	0	0	0	1	0x01

由上可知,BCSCTL1 由控制位 XT2OFF、XTS、DIVAx 和 RSELx 组成。为了记忆和使用方便,将每一个控制位的名字宏定义一个常量,该常量的大小由该控制位的位置决定。例如,由于 XT2OFF 处在 8 位 BCSCTL1 寄存器的最高位,所以 XT2OFF 的值宏定义为常数 0x80。同理,DIVA1 为 0x20,DIVA0 为 0x10。这样做的好处是在对相应控制位赋值和清零时比较方便。例如:

```
BCSCTL1 | = XT2OFF;                          // 对控制位 XT2OFF 置位或置 1
BCSCTL1 & = ~ XT2OFF;                        // 对控制位 XT2OFF 复位或置 0
```

要实现这两句的功能,还可以有以下实现方式。

```
BCSCTL1 | = BIT7;                            // 对控制位 XT2OFF 置位或置 1
BCSCTL1 & = ~ BIT7;                          // 对控制位 XT2OFF 复位或置 0
```

或者

```
BCSCTL1 | = 0x80;                            // 对控制位 XT2OFF 置位或置 1
BCSCTL1 & = ~ 0x80;                          // 对控制位 XT2OFF 复位或置 0
```

或者

```
BCSCTL1 | = (1 ≪ 7);                         // 对控制位 XT2OFF 置位或置 1
BCSCTL1 & = ~ (1 ≪ 7);                       // 对控制位 XT2OFF 复位或置 0
```

对比上述几种实现方式,不难发现,只有第一种方式使用起来最为方便。因为只用第一种方法不需要知道该控制位位置,其他的三种方法都需要知道位置信息。

在上面的定义中,会发现只有 DIVA0 和 DIVA1 并没有 DIVA_2 的影子。现在就解释一下 DIVAx 和 DIVA_x 的关系,如表 5.4 所示。

表 5.4 DIVA*x* 和 DIVA_*x* 的关系

DIVA*x*	DIVA0	0	0	0	1	0	0	0	0	0x10
	DIVA1	0	0	1	0	0	0	0	0	0x20
DIVA_*x*	DIVA_0	0	0	0	0	0	0	0	0	0x00
	DIVA_1	0	0	0	0	1	0	0	0	0x10
	DIVA_2	0	0	0	1	0	0	0	0	0x20
	DIVA_3	0	0	0	1	1	0	0	0	0x30

这两种写法各有优缺点,可根据实际情况使用。例如,如果设置 ACLK 进行 8 分频,可以进行如下设置。

```
BCSCTL1 | = DIVA_3;
```

或者

```
BCSCTL1 | = DIVA1 + DIVA0;
```

这两种都是正确的,比较而言前者更为简单一些。需要注意的是,MSP430 单片机开机或复位后,大多数的控制位都会自动清零,因此,对寄存器首次配置时也都以此作为默认状态。例如,目前使用的频率是 ACLK 的 2 分频,现在要求将频率变成 ACLK 的 4 分频,如何实现呢? 如果不假思索直接使用下面的语句,得到的不是 4 分频而是 8 分频。

```
BCSCTL1 | = DIVA_2;
```

或者

```
BCSCTL1 | = DIVA1;
```

只有在该语句之前使用下述语句后,方可得到正确的分频结果。

```
BCSCTL1 & = ~ DIVA_1;
```

或者

```
BCSCTL1 & = ~ DIVA0;
```

通常占有两位控制位 CON*x* 都有 CON_*x* 的形式,但是占有两位以上的控制位 CON*x* 不一定有 CON_*x* 的形式,具体有没有 CON_*x* 的形式可以从其头文件中查阅确定。

例 5.2 若 XT1IN 和 XT2OUT 外接一 32.768kHz 的手表晶振,试配置 ACLK 使其输出 4kHz 的时钟信号。

解 由于 32.768kHz 属于低频时钟,所以 XTS=0;又因为要输出 4kHz 的时钟,所以必须对其进行分频。具体配置语句如下。

```
BCSCTL3 | = LFXT1S_0;          // 选中 32.768kHz 时钟源
BCSCTL1| = DIVA_3;             // 对 LFXT1CLK 进行 8 分频
```

例 5.3 若 XT1IN 处有一稳定的 1MHz 时钟信号,试使用该信号作为 ACLK 的时钟源,并使之输出 250kHz 的时钟。

解 由于 1MHz 属于高频时钟,所以 XTS=1;又因为要输出 250kHz 的时钟,所以必须对其进行分频。具体配置语句如下。

```
BCSCTL3 |= LFXT1S_3;                    // 使用外部高频时钟源
BCSCTL1|= DIVA_2 + XTS;                 // 对 LFXT1CLK 进行 4 分频
```

（2）子系统时钟（SMCLK）。子系统时钟与辅助时钟类似，它的时钟源也只有两个可能选择的时钟源 DCO 和 XT2。它们的工作频率均高于 ACLK，属于高频时钟信号，主要为片上中高速外设提供工作时钟。子系统时钟的时钟源由 BCSCTL2 中的 SELS 位确定。若 SELS＝0 表示采用 DCO 作为时钟源；若 SELS＝1 则表示使用 XT2 作为时钟源。经分频器分频后即为 SMCLK。SMCLK 的分频系数由 BCSCTL2 中的 DIVSx 决定。系统复位后 DCO 默认为 SMCLK 的时钟源，且复位后的 DCOCLK 的频率就是 SMCLK 默认的频率。

例 5.4　假设 XT2 高频晶振已经配置好，将 8 分频选作 SMCLK 时钟，具体操作如下。

解　由于要使用 XT2CLK，所以 SELS＝1；又因为要对输入时进行 8 分频，所以必须使用 DIVS_3。具体配置语句如下。

```
BCSCTL2 |= SELS + DIVS_3;               // SMCLK = XT2 / 8
```

例 5.5　若 DCO 为 4MHz 左右时钟，试使 SMCLK＝DCOCLK，并使 SMCLK 输出 500kHz 的时钟。

解　由于 DCOCLK ＝ 4MHz，所以 SELS ＝ 0；又因为输出 500kHz，所以要对输入时进行 8 分频，故必须使 DIVS_3。具体配置语句如下。

```
BCSCTL2 |= DIVS_3;                      // SMCLK = DCO /8
```

（3）主系统时钟（MCLK）。主系统时钟 MCLK 与 SMCLK、ACLK 不同，它具有最为灵活的时钟源配置。MCLK 可以将 VLO、LFXT1、XT2 和 DCO 中任意一个作为 MCLK 的时钟源，具体是由控制位 SELMx 确定的。当 SELMx ＝ 00 或 01 时，DCO 为时钟源；当 SELMx＝10 时，XT2 为时钟源；当 SELMx＝11 时，MCLK 的时钟源与 ACLK 的时钟源相同。MCLK 的分频系数由 BCSCTL2 中的 DIVMx 决定。系统复位后 DCO 默认为 MCLK 的时钟源且复位后的 DCOCLK 的频率就是 MCLK 的默认频率。

例 5.6　若 XT2 处有一个 20MHz 的高频晶振，且能正常工作。试将 MCLK 配置为 XT2CLK＝10MHz，将 SMCLK 配置为 2.5MHz。

解　由于时钟源已经确定为 XT2CLK，所以 MCLK 与 SMCLK 只能通过分频得到，具体配置语句如下。

```
BCSCTL2 |= SELM_2 + DIVM_1 + SELS + DIVS_3;     // MCLK = XT2 /2,SMCLK = XT2 /8
```

例 5.7　试将 MCLK 和 SMCLK 分别配置为 6MHz、3MHz，其中，DCO 为默认 12MHz 左右时钟。

解　由题意可知，具体配置语句如下。

```
BCSCTL2 |= DIVM_1 + DIVS_2;             // MCLK = DCO /2、SMCLK = DCO /4
```

5.1.2　时钟失效处理

由于时钟系统的输出时钟是单片机的动力之源，系统时钟的失效对于单片机系统来说无疑是灾难性的,但如果能及时地发现故障源并采用有效的补救措施,仍可以最大程度地减小因时钟失效带来的危害。时钟系统常见的故障有振荡器未起振、振荡器突然停止工作、振荡器关闭等情况,当遇到这些故障时都会引起振荡器无信号输出致使相应时钟失效。MSP430 单片机的时钟系统为能及时检测到振荡器失效,采用了多种措施。

(1) 为时钟系统配备振荡器失效监测电路以便及时发现振荡源失效情况。MSP430 单片机的时钟系统可以检测多种时钟失效情况,具体如图 5.10 所示。例如,若 XT2CLK 时钟失效 $50\mu s$,监测电路就能检测出振荡器失效并使 XT_OscFault 信号复位。

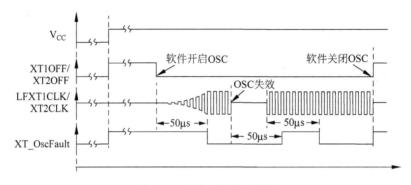

图 5.10   部分时钟失效情况

由图 5.10 容易发现,时钟系统的检测对象主要是两个外部时钟源的输出 LFXT1CLK 和 XT2CLK,并未对内部振荡源 VLOCLK 和 DCOCLK 进行检测。这么设计主要基于可靠性和可维护性的考虑。从可靠性来说,内部振荡器集成在内部受外界干扰较少、可靠性高、不易出现故障。外部振荡源则不然,影响外部振荡源的因素很多,如晶振、匹配电容的自身质量、电路焊接的可靠性、外接电磁干扰等,它们很有可能造成时钟长时间失效。从可维护性来说,内部振荡源不具有维护性,一旦受损将无法修复。外部振荡源即便出现故障也可以通过更换元器件或改进 PCB 设计的方式进行维护。

(2) 为故障信息设立专门的状态标志位并做好应急预案。例如,当监测到 LFXT1(工作在高频模式或低频模式)和 XT2 输出的时钟信号失效时,自动使 LFXT1OF 和 XT2OF 置位。若此时 MCLK 来源于 LFXT1(在 HF 模式)或 XT2,DCO 会自动被选作 MCLK 时钟源。这样即便是在振荡器失效的情况下,也能保证程序继续执行。

状态标志位 LFXT1OF 和 XT2OF 位于控制寄存器 BCSCTL3 中,具体分布如下。

	7	6	5	4	3	2	1	0
BCSCTL3							XT2OF	LFXT1OF
							r0	r-(1)

XT2OF 为状态标志位,用于反映 XT2 振荡器的工作状态。若 XT2OF＝0 表示 XT2 振荡器工作正常;若 XT2OF＝1 则表示 XT2 振荡器出现故障致使输出时钟 XT2CLK 失效。LFXT1OF 用于反映 LFXT1 振荡器的工作状态。若 LFXT1OF＝0 表示 LFXT1 振荡器工作正常;若 LFXT1OF＝1 则表示 LFXT1 振荡器出现故障致使输出时钟 LFXT1CLK 失效。但需要注意的是,尽管这两个状态标志位都是只读的,但是它们在系统复位后的初始值不同。

（3）把振荡器失效事件作为系统的一个重要中断源。例如,将振荡器失效事件引起的中断规定为优先级很高的非屏蔽中断(NMI)。这样,当有中断请求时可以及时得到响应。同时为该中断源设立专门的中断标志位 OFIFG。状态标志位(LFXT1OF 和 XT2OF)与中断标志位(OFIFG)的关系如图 5.11 所示。

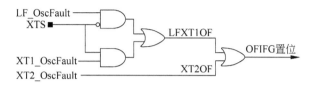

图 5.11　中断标志位与中断源失效的逻辑关系

时钟失效中断的中断标志位 OFIFG 位于特殊功能寄存器中的 IFG1 中,该控制位在 IFG1 的具体位置如下所示。

	7	6	5	4	3	2	1	0
IFG1							OFIFG	
							rw-1	

OFIFG=0 表示时钟系统没有触发时钟失效中断,OFIFG=1 表示已触发时钟失效中断。系统复位后 OFIFG 默认是 1。当 OFIFG=1 时仅表示时钟系统有时钟信号失效的情况,是否产生中断请求,还需要看中断使能位 OFIE 是否打开。时钟失效中断的中断使能位 OFIE 位于特殊功能寄存器 IE1 中,其具体位置信息如下。

	7	6	5	4	3	2	1	0
IE1							OFIE	
							rw-0	

OFIE=1 表示允许时钟失效中断向 CPU 提出中断请求；OFIE=0 表示禁止时钟失效中断向 CPU 提出中断请求,在该情况下即便是 OFIFG=1,CPU 也不会响应相应中断,执行中断服务程序。

时钟失效中断响应过程大致为：当监测电路监测到时钟源发生故障时,中断标志位 OFIFG 置位以表示时钟源发生故障。若 OFIE=1,则将会向 CPU 发出非屏蔽中断申请。若无其他更高优先级的中断请求,CPU 在执行完当前指令后就去响应该中断,转去执行相应中断程序。

例 5.8　单片机在正常运行时外部时钟可能会突发故障,一旦发生故障单片机应有相应的处理措施。若已知 ACLK=32 768Hz,MCLK=SMCLK=XT2CLK。试编写一简单的故障报警程序,具体要求是 LFXT1 出现故障时使 P1.0 输出高电平,驱动 LED1 发光。XT2 出现故障时使 P1.1 输出高电平,驱动 LED2 发光。

解　在编写相应振荡器失效中断服务程序时需要注意,由于 NMI 是多源中断,因此在中断服务程序中,首先需要检测中断标志寄存器中的 OFIFG 位,以确认当前 NMI 是否是由振荡器失效引起的。其次要查询状态标志位 LFXT1OF 和 XT2OF 以确认具体是 XT2 时钟源故障还是 LFXT1 时钟源故障,如图 5.12 所示。中断得到响应后,中断使能位 OFIE 自动复位。但中断标志位 OFIFG 必须软件清零。具体程序如下。

```
# include "msp430x26x.h"
# define uint unsigned int
void main(void)
{
  WDTCTL = WDTPW + WDTHOLD;                      // 关闭看门狗
  BCSCTL3 | = XT2S_2;                            // XT2 频率范围设置
  BCSCTL1 & = ~XT2OFF;                           // 打开 XT2 振荡器
  do
  {
    IFG1 & = ~OFIFG;                             // 清振荡器失效标志
    BCSCTL3 & = ~XT2OF;                          // 清 XT2 失效标志
    for( uint i = 0x47FF; i > 0; i-- );          // 等待 XT2 频率稳定
  }while (IFG1 & OFIFG);                          // 外部时钟源正常起动了吗
  BCSCTL2 | = SELM_2 + SELS ;                    // 设置 MCLK、SMCLK 为 XT2
  P5DIR | = BIT7;
  P1DIR | = BIT0 + BIT1;
  P1OUT & = ~(BIT0 + BIT1);
  IE1 | = OFIE;                                  // 开启时钟失效中断
  while(1)
  {
    P1OUT | = BIT0 + BIT1;
    for(i = 0; i < 20000; i++);
    P5OUT ^ = BIT7;                              // P5.7 处 LED 闪烁模拟程序在运行
  }
}

# pragma vector = NMI_VECTOR
__interrupt void NMI_ISR (void)                  // NMI 中断
{
  if(IFG1 & OFIFG)                               // 时钟故障中断
  {
    if(LFXT1OF& BCSCTL3)
      P1OUT | = BIT0;
    if(XT2OF& BCSCTL3)
      P1OUT | = BIT1;
  }
  IFG1 & = ~ OFIFG;
  IE1 | = OFIE;
}
```

　　尽管 MSP430 提供了多种选择的时钟源，但是对于那些对时钟要求比较苛刻的应用场合，一般采用外部时钟源。这主要是因为内部时钟的稳定性稍差一些，容易受到环境因素（如温度、电压等）的影响。例如，数控时钟振荡器的输出频率随工作电压、环境温度变化而具有一定的不稳定性。

　　系统时钟的频率与单片机工作电压有着密切联系，如图 5.13 所示。以 MSP430F261x 单片机为例，它正常工作电压范围为 1.8～3.6V。但只有当工作电压在 3.3～3.6V 区间内时，系统的频率才能达到最高的 16MHz。当电压降至 1.8V，系统的工作频率也将随之降低至 4.15MHz。此外，由图 5.13 还可以看出，在单片机正常工作的电压范围内有一段灰色区域，当电压工作落在该区域内，系统将无法进行与 Flash 的写入有关的所有操作，但 CPU 仍可以正常执行。

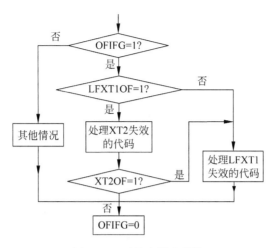

图 5.12　时钟失效中断处

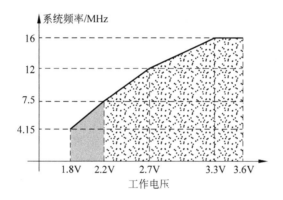

图 5.13　电源电压与系统频率

5.2　休眠模式

5.2.1　休眠模式与低功耗

MSP430 单片机以其最显著的超低功耗特点而闻名世界。MSP430 之所以能够做到极低的功耗,一方面是其采用了较为先进的集成电路设计工艺与设计理念;另一方面与其独特的时钟系统设计是分不开的。在 5.1.1 节中虽然对图 5.1 中的控制位 OSCOFF、图 5.5 中的控制位 SCG0、图 5.6 中的控制位 SCG1 和 CPUOFF 进行了功能介绍,但在时钟系统的 4 个控制寄存器中却找不到它们的位置。其原因是这 4 个控制位已被放置在状态寄存器 SR 中,具体位置分布如下所示。

	15		9	8	7	6	5	4	3	2	1	0
SR		保留			SCG1	SCG0	OSCOFF	CPUOFF				
					rw-0	rw-0	rw-0	rw-0				

这 4 个控制位的组合与 MSP430 单片机的运行方式密切相关。MSP430F261x 系列单

片机共有 6 种运行方式,其中一个是正常工作模式即活动模式,其余 5 种单片机运行方式通常称为休眠模式,也称为低功耗模式(LPM)。在本书中休眠模式和低功耗模式不做区分,视为同一概念。不同休眠模式对应不同的控制位(SCG1、SCG0、OSCOFF、CPUOFF)组合相对应,具体对应关系见表 5.5。

表 5.5 控制位与工作模式

工 作 模 式	SMCLK (SCG1)	直流发生器 (SCG0)	低频振荡器 (OSCOFF)	MCLK (CPUOFF)	功耗(VCC=3.0V, 25℃ LFXT1=32.768kHz)
活动模式(ACTIVE)	0(开)	0(开)	0(开)	0(开)	515μA/MHz
低功耗模式 0(LPM0)	0(开)	0(开)	0(开)	1(关)	87 μA
低功耗模式 1(LPM1)	0(开)	1(关)	0(开)	1(关)	40 μA
低功耗模式 2(LPM2)	1(关)	0(开)	0(开)	1(关)	25 μA
低功耗模式 3(LPM3)	1(关)	1(关)	0(开)	1(关)	1.1 μA
低功耗模式 4(LPM4)	1(关)	1(关)	1(关)	1(关)	0.2 μA

由表 5.5 可知,从活动模式到低功耗模式 4,系统时钟内部被关闭的部件依次增加,单片机的功耗逐次降低。因此,可以关闭不用的功能模块以有效地降低单片机的功耗。MSP430 单片机就是通过关闭时钟源或切断时钟传输通道的方法来实现低功耗功能的。现简单介绍这 6 种单片机运行方式的特点。

(1)活动模式。单片机的正常工作状态,即所有时钟全部启动。该模式下单片机功耗最大。

(2)低功耗模式 0。该模式下时钟系统仍处于正常工作状态,与活动模式的区别是 MCLK 的输出通道被关闭,CPU 无法工作,其他时钟均是可用的。

(3)低功耗模式 1。该模式下 MCLK 与直流发生器被关闭。直流发生器一旦关闭,意味着 DCO 就不能正常工作,即 SMCLK 无法使用 DCOCLK。但 SMCLK 仍可以作为时钟使用。

(4)低功耗模式 2。该模式下 MCLK 与 SMCLK 被关闭,但直流发生器是处于工作状态的,即 DCOCLK 可用。但由于 DCOCLK 到 SMCLK 和 MCLK 输出通道均被关闭,所以 DCOCLK 无法使用。若从该模式转换到活动模式或低功耗模式 0,MCLK 和 SMCLK 可以立即使用 DCOCLK,不需要等待。但从降低功耗的角度来看,此时让直流发生器工作不利于减少系统功耗。因此该模式不经常使用,一般由低功耗模式 3 代替。

(5)低功耗模式 3。该模式下 MCLK、SMCLK 与直流发生器均被关闭,只有低频振荡器处于工作状态。也就是说,在该模式下只有将 ACLK 作为时钟源的模块能够正常。另外,由于该模式下功耗较小且 ACLK 时钟可用于唤醒 CPU,故该模式最为常用。

(6)低功耗模式 4。该模式下整个时钟系统被全部关闭,单片机内的所有部件均停止工作。此时的功耗也就降到了最小。处于该模式下的单片机无法由内部模块唤醒,只能通过外部中断或复位操作将系统唤醒。复位操作唤醒系统意味着整个程序将重新开始执行。故该模式下的复位操作常用来实现"软关机"。

由此可见,单片机的工作模式均与时钟系统有关,对存储系统不产生任何影响,因此,即使在低功耗模式 4 下,RAM 中的数据依然是有效的。

现在介绍一下,如何让单片机进入休眠模式。由上述可知,不同的休眠模式由这 4 个控制位(SCG1、SCG0、OSCOFF、CPUOFF)组合来决定,而这些控制位则都位于状态寄存器SR中。所以要想进入休眠模式,只需将 SR 中的相应位置置位就可以了。但考虑到 CPU 中专用寄存器的重要地位,在单片机 C 语言程序中是不允许像其他寄存器一样直接对其操作的。若要对专用寄存器进行操作需要借助专门函数才可以,这里仅介绍与状态寄存器相关的几种操作函数,与控制位有关的常见宏定义常数,如表 5.6 所示。

表 5.6　与控制位有关的常见宏定义常数表

宏定义常数	值	宏定义常数	值
♯ define GIE	(0x0008)	♯ define LPM0_bits	(CPUOFF)
♯ define CPUOFF	(0x0010)	♯ define LPM1_bits	(CPUOFF+SCG0)
♯ define OSCOFF	(0x0020)	♯ define LPM2_bits	(CPUOFF+SCG1)
♯ define SCG0	(0x0040)	♯ define LPM3_bits	(CPUOFF+SCG1+SCG0)
♯ define SCG1	(0x0080)	♯ define LPM4_bits	(CPUOFF+SCG1+SCG0+OSCOFF)

(1) unsigned short __get_SR_register(void):该函数的功能是返回当前状态寄存器 SR 的值,返回值类型为 unsigned short 型。该函数不适用于中断函数。通过分析该函数的返回值可以指导 CPU 的状态信息。

(2) void __bic_SR_register(unsigned short):该函数的功能是将状态寄存器 SR 中的某些位清零。其输入参数为掩膜位,即需要清零的位为 1,其他位为 0。该函数无返回值,且不能用于中断函数中。该函数的简写形式为_BIC_SR(unsigned short)。例如:

```
__bic_SR_register(GIE);                      // 关中断 GIE = 0
```

或

```
_BIC_SR(GIE);                                // 该语句相当于_DINT()
```

(3) void __bis_SR_register(unsigned short):该函数的功能是将状态寄存器 SR 中的某些位置 1。其输入参数为掩膜位,即需要置 1 的位为 1,其他位为 0。该函数无返回值,且不能用于中断函数中。该函数的简写形式为_BIS_SR(unsigned short)。例如:

```
__bis_SR_register (LPM0_bits + GIE);         // 进入低功耗模式 0 并打开总中断
```

或

```
_BIS_SR(LPM0_bits + GIE);                    // 该语句相当于先后执行了_EINT()和 LPM0 两条语句
```

如果觉得使用上面的函数不方便,还可以使用下面的宏指令,其功能和上面的相关函数是等价的。

```
__low_power_mode_0()或 LPM0;                 // 进入 LPM0
__low_power_mode_1()或 LPM1;                 // 进入 LPM1
__low_power_mode_2()或 LPM2;                 // 进入 LPM2
__low_power_mode_3()或 LPM3;                 // 进入 LPM3
__low_power_mode_4()或 LPM4;                 // 进入 LPM4
```

注意,这些函数本质上是由__bis_SR_register()实现的,因此,这些函数是不能用在中断函数中的。综上可知,__bis_SR_register ()或_BIS_SR()功能灵活、使用方便,后面程序中使用较多。

5.2.2　休眠唤醒与退出

处于休眠模式中的 CPU 是无法处理程序的,只有活动模式下的 CPU 才能处理程序。单片机从休眠模式到活动模式的转换称为唤醒。就 MSP430 单片机来说,处于 LPM0~LPM3 休眠模式下的单片机可以通过内部或外部中断将其唤醒,唤醒后自动进入正常活动状态并执行中断服务程序。这一过程是由硬件自动实现的。但对处于 LPM4 模式的单片机来说,由于单片机时钟系统的时钟都已停摆,在此情况下,硬件唤醒机制因没有时钟驱动,也不能正常工作。所以在此情况下,单片机已无能力自己唤醒。在这种情况下,只能通过复位来唤醒单片机。

根据中断响应原理,当中断请求得到响应后,系统会自动将状态寄存器的内容压入堆栈中,然后将其状态寄存器清零。单片机随即退出休眠模式进入正常的活动模式。接着转而处理中断服务程序。当执行完中断服务程序以后,CPU 将自动地从堆栈中恢复状态寄存器原来的值。由于状态寄存器中保存着原先的休眠模式,故系统又将进入原先的休眠模式。

因此,处于休眠状态的单片机在处理完中断程序后,还将返回到中断前的休眠状态。如此一来,单片机的工作状态就变成了“休眠—唤醒—处理中断程序—休眠”这样无休止的循环中。当然,如果想在 CPU 执行完中断服务程序后不再使 CPU 进入休眠模式而是直接进入活动模式,则需要在中断服务程序结束前修改堆栈内状态寄存器的值。由于该值并不在状态寄存器中,所以就不能使用前面所讲述的直接设置 SR 的函数。这里给出能够在中断程序里使用的函数,具体如下。

(1) unsigned short __get_SR_register_on_exit(void):该函数用于中断函数返回时,返回状态寄存器 SR 的值,返回值类型为 unsigned short 型。该函数只在中断函数中有效。

(2) void __bic_SR_register_on_exit(unsigned short):该函数用于中断函数返回时将状态寄存器 SR 中的某些位清 0。其输入参数为掩膜位,即需要清零的位为 1,其他位为 0。该函数无返回值,仅能用于中断函数中。该函数的简写形式为_BIC_SR_IRQ(unsigned short)。例如:

```
__bic_SR_register_on_exit(LPM3_bits);        // 退出低功耗模式 3,进入正常工作模式
```

或

```
_BIC_SR_IRQ(LPM3_bits);                      // 该语句相当于执行 LPM3_EXIT
```

(3) void __bis_SR_register_on_exit(unsigned short):该函数用于中断函数返回时,将状态寄存器 SR 中的某些位置 1。其输入参数为掩膜位,即需要置 1 的位为 1,其他位为 0。该函数无返回值,仅能用于中断函数中。该函数的简写形式为_BIS_SR_IRQ(unsigned short)。例如:

```
__bis_SR_register_on_exit(LPM4_bits);        // 退出中断程序后, CPU 进入低功耗模式 4
```

或

```
_BIS_SR_IRQ(LPM4_bits);
```

同样,如果觉得使用上面的函数不方便,还可以使用下面的宏指令,其功能和上面的相关函数是等价的。

```
LPM0_EXIT;                              // 退出 LPM0,同时清除相关控制位
LPM1_EXIT;                              // 退出 LPM1,同时清除相关控制位
LPM2_EXIT;                              // 退出 LPM2,同时清除相关控制位
LPM3_EXIT;                              // 退出 LPM3,同时清除相关控制位
LPM4_EXIT;                              // 退出 LPM4,同时清除相关控制位
__low_power_mode_off_on_exit();         // 退出从任意休眠模式退出
```

注意,上述函数是通过修改堆栈中的值间接修改状态寄存器的值,因此,只能在中断函数中使用。

5.2.3　休眠模式的应用

通过前面的讲述,不难发现处于休眠状态的 MSP430 单片机通常工作在"休眠—唤醒—休眠"的循环中。这种工作方式十分适合那些在中断内处理全部任务的应用,即一旦执行完中断服务程序后便立即进入休眠模式等待下一个任务。该方式可以让休眠代替 CPU 的等待,进而一方面减轻了 CPU 的负担,另一方面也极大地降低了系统功耗。因此,该工作方式是一种极其节约功耗的工作方式。从某种意义上说,不能灵活使用 MSP430 单片机的休眠模式就没有将其低功耗特性彻底发挥出来。

"休眠—唤醒—休眠"的工作方式给程序设计带来了一些变化。下面以一个具体实例介绍其中的区别。

例 5.9　使 P1.0 处的 LED 按照一定周期不停地闪烁,LED 的连接方式如图 5.14 所示。

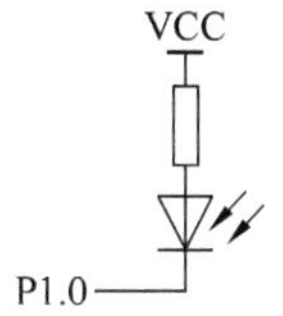

图 5.14　例 5.9 图

解　根据题意,这里给出两种程序实现方式。第一种是最常使用的软件延时方式,第二种是使用"休眠—唤醒—休眠"的工作方式。

程序 1:软件延时方式

```
# include "msp430.h"
void main(void)
{
 WDTCTL = WDTPW + WDTHOLD;              // 关掉看门狗
 P1DIR | = BIT0;                        // 设置 P1.0 为输出
 while(1)
 {
  P1OUT ^ = BIT0;                       // 状态转换
  for(unsigned int i = 0; i < 20000; i++);  // 延时
 }
}
```

程序 2:中断方式

```
# include "msp430.h"
void main(void)
{
 WDTCTL = WDT_MDLY_32;                  // 设置定时长度及时钟源
```

```
  IE1 | = WDTIE;                              // 打开 WDT 中断
  P1DIR | = BIT0;                             // P1.0 设为输出方向
  __bis_SR_register(LPM0_bits + GIE);         // GIE 置位,进入 LPM0
}


#pragma vector = WDT_VECTOR                    // WDT 中断服务程序
__interrupt void WDT_ISR(void)
{
  P1OUT ^ = BIT0;                              // P1.0 处电平取反
}
```

控制 LED 不停地闪烁是一个十分常见的例子。看到这个题目读者最先想到的方案估计就是程序 1 的方法,利用软件延时来实现。但该方式是以 CPU 空转来实现的等待延时,此时单片机的功耗很大。同样是实现 LED 以某一固定频率不停地闪烁,定时中断的实现方法则是功耗十分低。现在分析一下程序 2 中 CPU 的运行时序,如图 5.15 所示以说明功耗低的原因。

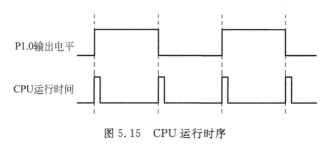

图 5.15 CPU 运行时序

如图 5.15 所示,CPU 的运行时序是周期的脉冲序列,脉冲的宽度也就是 CPU 运行的时间,在相同条件下脉冲持续时间越短,平均功率就越小,进而功耗也就越低。由此可知,尽可能使 CPU 处于休眠模式,就可以最大程度地降低 CPU 功耗。这在超低功耗设计中十分重要。

仔细分析程序 2 的框架不难发现,该程序框架并非完美无缺。如果中断服务程序处理时间过长,将会严重影响整个系统的中断响应。因此,在复杂程序设计中,应尽可能地减少中断服务程序的处理时间。通常的做法是,将原本放在中断服务程序的任务放在主程序中执行,而中断服务函数只负责给主程序传递一个启动主程序的信号。根据这个思路,将程序 2 改写为下面的程序。

程序 3:改进的中断方式

```
#include "msp430.h"
void main(void)
{
  WDTCTL = WDT_MDLY_32;                        // 设置定时长度及时钟源
  IE1 | = WDTIE;                               // 打开 WDT 中断
  P1DIR | = BIT0;                              // P1.0 设为输出方向
  while(1)
  {
    __bis_SR_register(LPM0_bits + GIE);        // GIE 置位,进入 LPM0
    P1OUT ^ = BIT0;                            // P1.0 处电平取反
  }
```

```
}

# pragma vector = WDT_VECTOR                          // WDT 中断服务程序
__interrupt void WDT_ISR(void)
{
    __low_power_mode_off_on_exit();
}
```

习题

5-1　MSP430F261x 系列单片机的时钟系统具有哪几种时钟源？

5-2　时钟系统有几种时钟输出信号？说明它们与时钟源的对应关系。

5-3　根据以下要求配置时钟系统模块。

（1）MCLK = SMCLK = XT2CLK，ACLK＝VLOCLK；

（2）MCLK = SMCLK = DCOCLK，ACLK＝LFXT1CLK/2；

（3）MCLK = XT2CLK，SMCLK = DCOCLK = 1MHz，ACLK＝LFXT1CLK；

（4）MCLK = SMCLK = DCOCLK = 4MHz，ACLK＝VLOCLK/4；

（5）MCLK = SMCLK = XT2CLK，ACLK＝VLOCLK；

（6）MCLK = DCOCLK = 3MHz，SMCLK = DCOCLK = 1MHz，ACLK = LFXT1CLK。

5-4　简述时钟失效时 MSP430F261x 系列单片机的时钟系统是如何处置的。

5-5　阐述工作频率与工作电压的关系。

5-6　列出程序状态寄存器中用于低功耗的 4 个控制位，并说出它们的具体作用。

5-7　阐述时钟系统与系统低功耗的关系。

5-8　MSP430F261x 系列单片机支持几种休眠模式？各种休眠模式是如何实现的？

5-9　处于休眠模式的单片机是如何被唤醒的？

5-10　如何从一种休眠模式进入另外一种休眠模式？

5-11　解释在中断函数中是如何修改状态寄存器 SR 的。

5-12　阐述"休眠—中断—休眠"程序设计的优点。

## 第 6 章

MSP430 单片机定时器

6.1 定时器 A

定时器在工程实践中有着广泛的应用,MSP430F261x 的单片机中集成了三种定时器,分别是定时器 A(Timer_A3)、定时器 B(Timer_B7)与看门狗定时器(Watchdog Timer)。这三种定时器都具有基本的定时功能,但无论是结构组成还是其他功能都不尽相同。定时器 A 不仅可以作为基本定时器使用,而且结合捕获/比较功能模块还可以实现时序控制、可编程波形信号发生输出等功能;定时器 B 与定时器 A 基本相同,但定时器 B 的某些功能比定时器 A 更为强大;看门狗定时器(WDT)的主要作用是在程序发生"超时"问题时能够使单片机自动复位。另外,也可作为一个基本定时器使用。本节开始依次讲述定时器 A、定时器 B 和看门狗定时器的结构及原理。

MSP430 系列单片机集成的定时器 A(Timer_A3)功能强大,可以用来实现计时、延时、信号频率测量、信号触发检测、脉冲脉宽信号测量、PWM 信号发生等功能。定时器 A 是一个 16 位的定时/计数器,它有三个捕获/比较寄存器;能支持多个时序控制、多个捕获/比较功能和多个 PWM 输出;有广泛的中断功能,中断可由计数器溢出产生,也可以由捕获/比较寄存器产生。定时器 A 在本书中简记为 TA。

Timer_A3 包括一个定时计数部件和三个捕获/比较部件,如图 6.1 所示。定时计数部件是整个 TA 的核心部件。该部件由时钟源选择、分频器、16 位计数器以及工作模式控制组成。该部件的功能主要是对外部时钟进行计数。

捕获/比较部件具有比较和捕获外部信号的功能。捕获功能通常用于对外部信号的测量,如测量时钟频率、脉冲脉宽等。比较功能主要用于定时,配合输出单元可以产生多种PWM 波形。

6.1.1 定时计数部件

1. 工作原理

定时计数部件实质上是一个多功能加法器,它可以实现对输入时钟脉冲的计数。要使定时器正常工作,首先要有合适的计数时钟。TA 的计数时钟源有多种选择,可以通过TASSELx 选择合适的时钟源。TASSELx=00 表示时钟源为 TACLK,该信号为外部输入

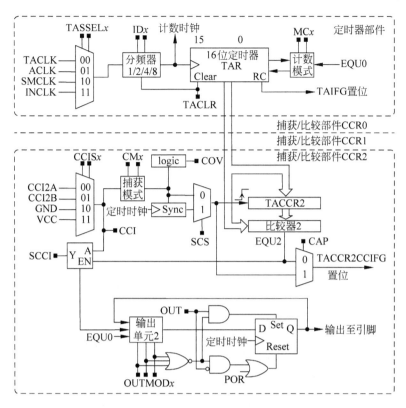

图 6.1　定时器 Timer_A3 结构示意图

时钟信号；TASSELx＝01 表示时钟源为 ACLK；TASSELx＝10 表示时钟源为 SMCLK；TASSELx＝11 表示时钟源为 INCLK。对于 MSP430F261x 系列单片机来说，P1.0 引脚的第二功能就是外部输入的 TACLK 信号，P2.1 的第二功能即为外部输入的 INCLK 信号。

在选好时钟源之后，还可以通过分频器选择相应的分频系数 IDx 对时钟源的频率进行一定的调整。IDx＝00 表示不分频；IDx＝01 表示 2 分频；IDx＝10 表示 4 分频；IDx＝11 表示 8 分频；调整后的时钟信号被送入定时/计数器中。这样计数器就可以正常计数了。

TA 的定时/计数器(TAR)是一个 16 位计数器，用于存放 TA 的当前计数值 TARx。在时钟上升沿时进行计数。用户可以对 TAR 进行读、写操作。当计数时钟与 CPU 时钟不同步时，读取 TAR 的值可使定时器停止工作或读出的值可能不可预测。解决该问题的方法之一是多次读取，写入 TAR 的值会立即生效。

定时/计数器具有连续计数、增计数、增减计数等方式，具体使用哪种方式需通过 MCx 进行选择确定。MCx＝00 表示为暂停计数方式；MCx＝01 表示为增计数；MCx＝10 表示为连续计数；MCx＝11 表示为增减计数。若不使用定时器可令 MCx＝00 以降低功耗。

若使 TACLR＝1 可同时将定时计数寄存器 TAR、分频系数 IDx 和工作模式 MCx 进行清零。当 TAR、IDx 和 MCx 清零完毕后，TACLR 将自动复位，因此在读该位时总是零。鉴于 TACLR 的这种清零方式，清零后还需要对这三部分内容重新配置；否则定时器将停止计数。定时/计数器计满时，将产生定时器溢出中断请求并使 TAIFG＝1。若此时 TAIE＝1、GIE＝1 则会向 CPU 发送中断请求。

与定时/计数器相关的控制位,集中存放在控制寄存器(TACTL)中。TACTL 是一个 16 位寄存器,其中 9 位被用于控制位,具体如下。

15	14	13	12	11	10	9	8
未使用						TASSELx	
rw-(0)	rw-(0)	rw-(0)	rw-(0)	rw-(0)	rw-(0)	rw-(0)	rw-(0)

7	6	5	4	3	2	1	0
IDx		MCx		未使用	TACLR	TAIE	TAIFG
rw-(0)	rw-(0)	rw-(0)	rw-(0)	rw-(0)	rw-(0)	rw-(0)	rw-(0)

在对定时器的寄存器(中断允许寄存器与中断标志寄存器除外)进行修改之前,建议用户先使定时器停止计数,这样可以避免出现错误或不可预测的操作结果。

2. 定时计数器中断

定时器 TA 中,针对定时计数器的中断有两个,分别是定时器溢出中断和比较/捕获 0 中断。它们的中断标志位分别为 TAIFG 和 TACCR0 CCIFG。在这两个中断中,比较/捕获 0 中断比较特殊,它独自拥有一个中断向量(TIMERA0_VECTOR),是单源中断。而定时器溢出中断和其他两个比较/捕获中断共享一个中断向量(TIMERA1_VECTOR),属于共源中断。为了有效区分共源中断的中断源,专门设置了一个中断向量寄存器(TAIV)。该寄存器为 16 位长度,实际上只使用了其中 3 位,具体如下。

	15			4	3	2	1	0
TAIV	0	···	0		TAIVx			0
	r0		r0	r-(0)	r-(0)	r-(0)		r0

TAIV 的值与三个中断源的对应关系如表 6.1 所示。

表 6.1 TAIV 的值与各个中断源的对应表

TAIV	中 断 源	中 断 标 志	中断优先级
0x00	无中断请求		最高
0x02	捕获/比较 1	TACCR1 CCIFG	
0x04	捕获/比较 2	TACCR2 CCIFG	
0x06	保留		
0x08	保留		
0x0A	定时器溢出	TAIFG	
0x0C	保留		
0x0E	保留		最低

由表 6.1 可以看出,TAIV 为 2、4、10 时分别表示 TACCR1 中断、TACCR2 中断和定时计数溢出中断。所以,在程序设计中经常使用以下判断语句以确定中断源。

```
#pragma vector = TIMERA1_VECTOR
__interrupt void Timer_A(void)
{
```

```
switch( TAIV)
{
 case 2: CCR1_ISR(); break;              // CCR1 中断
 case 4: CCR2_ISR(); break;              // CCR2 中断
 case 10: OverFlow_ISR(); break;         // 定时器溢出
}
}
```

其中,CCR1_ISR()、CCR2_ISR()、OverFlow_ISR()为自定义中断处理函数或语句,不需要时相应部分可以省略,但 break 语句需要保留。若只使用上述三个中断源中的一个,则在程序中可以不进行中断源的判断。

3. 定时计数方式

由前述可知,定时/计数器工作原理很简单,就是对输入脉冲进行计数。对于 TA 来说,它具有 4 种计数方式,分别是停止计数方式、增计数方式、连续计数方式和增减计数方式。灵活运用这些计数方式,配合不同的输出模式,可满足多种应用要求。

(1) 停止计数方式。计数器工作在该计数方式下,计数器将暂停计数且 TAR 保持计数停止前的内容。当定时器启动计数时,计数器将从暂停时的值开始按照事先设置好的计数方式进行计数。

若需要 TAR 从零开始可使用两种方法:一种方法是需要通过对 TACLR 置位的方式使其清零,该方法在使 TAR 复位的同时也使 IDx 与 MCx 复位;另一种就是直接对 TAR 赋初值,即 TAR=0x0000。

(2) 增计数方式。定时计数开始后,TAR 以连续加 1 的方式增计数到 TACCR0 的值,增计数方式的计数过程如图 6.2 所示。当 TAR 与 TACCR0 相等(或 TAR>TACCR0)时,定时器复位并从 0 开始重新计数。

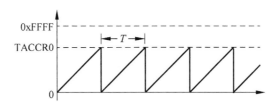

图 6.2　增计数方式计数过程示意图

① 定时计数周期。该计数方式下,每个周期的计数值是 TACCR0＋1。寄存器 TACCR0 用于设置定时周期,有时也称为定时/计数器的周期寄存器。

通过改变 TACCR0 值,可重置计数周期。但在计数过程中修改 TACCR0 的值,会有以下两种情况:如果新的周期值不小于旧的周期值,或大于当前的定时器计数值,那么定时器立刻开始执行新的周期计数;如果新周期小于当前的计数值,那么定时器回到 0,但在回到 0 之前会多一个额外的计数。

② 中断标志。在增计数方式中,定时计数可引起两个中断标志位置位,分别是 TAIFG 和 TACCR0 CCIFG。TAIFG 为定时器溢出中断标志位,当定时计数器 TAR 计满溢出时该标志位置位;TACCR0 CCIFG 为比较/捕获中断标志位,当 TAR＝TACCR0 时该标志位置位。由此可见,两者置位的时刻是不同的,如图 6.3 所示。可见,TACCR0 CCIFG 置位的

时刻要比 TAIFG 提前一个时钟周期。当然含义也不同。TAIFG 置位表示定时/计数器 TAR 再也无法容纳新的计数值,于是发生了溢出。TACCR0 CCIFG 置位表示 TAR 与 TACCR0 中的值相等。

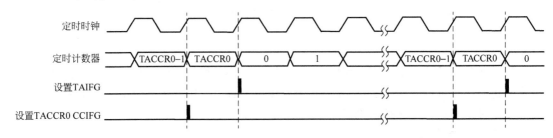

图 6.3　增计数方式下中断标志位置位时序示意图

增计数方式是使用较多的一种定时计数方式,下面给出几个示例以说明其具体的使用方法。

例 6.1　使用 SMCLK 作为定时计数时钟,采用增计数方式,使 P1.0 引脚的电平定时翻转。

解　由题意知,只需要在中断中改变引脚电平就可以。对于增计数方式,如无特殊要求,一般使用单源中断 TIMERA0_VECTOR,具体程序如下。

```
# include "msp430x26x.h"
void main(void)
{
  WDTCTL = WDTPW + WDTHOLD;
  P1DIR | = BIT0;                     // P1.0 设为输出方向
  TACCTL0 = CCIE;                     // TACCR0 中断使能
  TACCR0 = 40000;
  TACTL = TASSEL_2 + MC_1;            // SMCLK, 增计数方式
  _BIS_SR(LPM0_bits + GIE);          // GIE 置位,并进入 LPM0
}

# pragma vector = TIMERA0_VECTOR
__interrupt void Timer_A (void)
{
  P1OUT ^ = BIT0;                     // 使 P1.0 引脚电平翻转
}
```

例 6.2　使用 32 768Hz 的 ACLK 作为定时计数时钟,采用增计数方式,使 P2.0 引脚处输出周期为 1s 的方波。

解　本例与例 6.1 基本相同,但需要注意计数的准确。由于要输出 1s 的方波,那么定时计数中断需要 0.5s 触发一次。对于本题的 ACLK 而言,计满 16 384 个计数时钟周期即为 0.5s。所以,本题程序如下。

```
# include "msp430x26x.h"
void main(void)
{
  WDTCTL = WDTPW + WDTHOLD;
```

```
    P2DIR | = BIT0;                    // P2.0 设为输出方向
    TACCTL0 = CCIE;                    // TACCR0 中断使能
    TACCR0 = 16384 - 1;
    TACTL = TASSEL_1 + MC_1;           // TACLK = ACLK, 增计数方式
    _BIS_SR(LPM3_bits + GIE);          // GIE 置位,并进入 LPM3
}

# pragma vector = TIMERA0_VECTOR
__interrupt void Timer_A (void)
{
    P2OUT ^ = BIT0;                    // 使 P2.0 引脚电平翻转
}
```

对比上述两个例子不难发现,定时时钟的选择、定时长度的控制和中断服务程序的编写是定时器程序设计的重要内容之一。而 CPU 使用的休眠模式通常与所使用的时钟源有直接关系,即不同的时钟源所进入的休眠模式也不相同。具体原因已在 6.1.2 节做过介绍,这里不再重复。

(3) 连续计数方式。连续计数方式就是定时/计数器重复从 0x0000 增计数至 0xFFFF。所以该方式可以看作是增计数方式的一种特殊情况,如图 6.4 所示。

① 定时计数周期。在该计数方式下,定时计数周期为 0x10000,即 65 536。由于处于该计数方式下周期是固定的,所以就不需要周期寄存器了。因此,在该方式下 TACCR0 作为一般的捕获/比较寄存器使用。

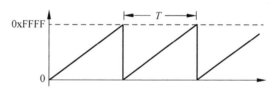

图 6.4　连续计数方式的计数过程示意图

② 中断标志。由于 TACCR0 作为普通寄存器使用了,所以在该计数方式下定时/计数器只会触发定时计数溢出中断。当定时/计数器从 0xFFFF 变化到 0x0000 时,将引起TAIFG 置位,如图 6.5 所示。

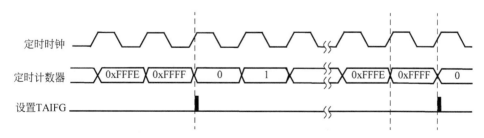

图 6.5　连续计数方式下中断标志位置位时序示意图

例 6.3　使 SMCLK 作为定时计数时钟,采用连续计数方式,使 P1.1 引脚的电平定时翻转。

解　由题意知,该程序的特点是采用连续计数方式,也就是说,每隔 65 536 个定时计数

时钟周期,P1.1引脚的电平就翻转一次。由于在该计数方式下只能触发定时器溢出中断,所以中断程序的入口向量必须选为 TIMERA1_VECTOR,具体程序如下。

```
# include "msp430x26x.h"
void main(void)
{
    WDTCTL = WDTPW + WDTHOLD;
    P1DIR |= BIT1;                      // P1.1 为输出方向
    TACTL |= TASSEL_2 + MC_2 + TAIE;    // SMCLK、连续计数方式、中断使能
    _BIS_SR(LPM0_bits + GIE);           // GIE 置位,进入 LPM0
}

# pragma vector = TIMERA1_VECTOR
__interrupt void Timer_A(void)
{
    switch( TAIV)
    {
        case 2: break;                  // TACCR1 未使用
        case 4: break;                  // TACCR2 未使用
        case 10: P1OUT ^ = BIT1;        // 定时溢出中断
        break;
    }
}
```

连续计数方式虽然没有专门的周期寄存器,但是其定时周期也还是可以修改的。具体修改方法是在每次计数溢出时修改计数器的计数初值。

(4) 增减计数方式。该计数方式与增计数方式类似,但又不完全相同。例如,增减计数方式中引入了减计数过程。定时/计数器首先从零增计数到 TACCR0,然后再减计数到零,至此完成一次循环,如图 6.6 所示。

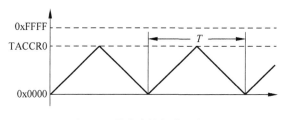

图 6.6　增减计数方式示意图

① 计数周期。在该模式下 TACCR0 同样作为周期寄存器使用,但计数周期为 $2\times$ TACCR0。这一点在使用时要特别注意。该定时计数方式的特点是利用它并配合比较功能可以产生对称波形。这一特点将在输出单元部分介绍。

通过改变 TACCR0 值,可重置计数周期。但在计数过程修改 TACCR0 的值,会有以下两种情况:如果正处于减计数的情况,定时器会继续减到 0,新的周期在减到 0 后开始;如果正处于增计数状态,新周期不小于原来的周期,或比当前计数值要大,定时器会增计数到新的周期;如果正处于增计数状态,新周期小于原来的周期,定时器立刻开始减计数,但是,在定时器开始减计数之前会多计一个数。

② 中断标志。与增计数方式类似,增减计数过程中可分别使中断标志位 TAIFG 与

TACCR0 CCIFG 置位。但它们置位的时刻不同。TACCR0 CCIFG 置位发生在 TAR 从 TACCR0－1 变化到 TACCR0 时,即 TAR ＝ TACCR0 时;TAIFG 置位则发生在减计数过程中即 TAR 从 0x0001 变化到 0x0000 的时刻,如图 6.7 所示。在每个周期内,TAIFG 与 TACCR0 CCIFG 均会置位一次。若相应中断使能位置位,就可以向 CPU 提出中断请求。

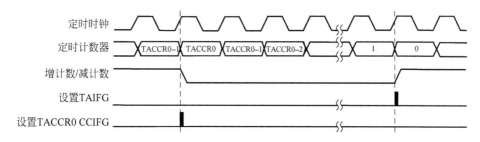

图 6.7 增减计数方式下中断标志位置位时序示意图

与增计数方式和连续计数方式相比,增减计数方式最明显的特点是定时计数周期长,因此它可以实现更长的定时长度。例如,增计数方式和连续计数方式的计数周期最大只能是 65 536 个计数时钟周期,而增减计数方式的计数周期为 131 070。

例 6.4 若 SMCLK ＝ MCLK ＝ 2MHz 作为定时计数时钟,采用增减计数方式,使 P3.0 引脚输出周期为 1s 的方波。

解 根据题意可知,直接对定时计数时钟进行计数无法实现输出 1s 方波的目的,原因是定时计数时钟的周期太小。为此必须对其进行 8 分频处理。如此一来,用于计数的时钟频率变为 0.25MHz。此时定时 0.5s 只需要 0.125M ＝ 125 000 个计数时钟周期。所以 TACCR0 ＝ 62 500。具体程序如下。

```
# include "msp430x26x.h"
void main(void)
{
  WDTCTL = WDTPW + WDTHOLD;
  P3DIR | = BIT0;
  TACCTL0 | = CCIE;                    // 开 TACCR0 中断
  TACCR0 = 62500;
  TACTL | = TASSEL_2 + ID_3 + MC_3;    // SMCLK、8 分频、增减计数
  _BIS_SR(LPM0_bits + GIE);            // 开总中断、进入 LPM0
}

# pragma vector = TIMERA0_VECTOR
__interrupt void Timer_A (void)
{
  P3OUT ^ = BIT0;                      // P3.0 翻转
}
```

实际上,增减计数方式更多的应用场合是结合比较与输出单元,输出对称波形。这一应用将在输出单元给出具体示例。

至此,已将 4 种计数方式介绍完毕。由上可知,不同的计数方式,其定时长度的设置、

应用场合也不尽相同。增计数方式和增减计数方式适合用在需要改变定时长度的场合；通过更改 TACCR0 的值，即可以方便地改变定时器的定时长度。连续计数方式由于定时周期固定，通常与比较单元配合使用。对于连续计数方式，其定时长度可通过修改计数初值实现。在该计数方式下，可以同时适用于三个比较单元，这是其他两种计数方式所不具有的特点。

6.1.2　捕获/比较部件

捕获/比较部件是定时计数部件的功能扩展，它的存在使定时器的功能变得十分强大。定时器 A 中捕获/比较部件共有三个，每个捕获/比较部件按照功能可进一步划分为捕获单元、比较单元和输出单元三部分，其中，捕获单元结构相对复杂一些；比较单元结构简单，在实际应用中通常配合输出单元实现强大功能。下面将以第 n 个捕获/比较部件 TACCRn 为例进行介绍，其中 $n = 0、1、2$。注意，在增计数方式与增减计数方式下，由于 TACCR0 被用作周期计数器，此时 TACCR0 部件不能使用捕获/比较功能。

1. 比较单元

比较功能是定时器的默认工作模式。比较功能由比较单元实现，比较单元结构简单，它由定时计数寄存器(TAR)、捕获/比较寄存器(TACCRn)和比较器(Comparator n)构成，如图 6.8 所示。比较单元的工作原理是，当控制位 CAP＝0 时表示捕获/比较部件工作在比较功能；CAP＝1 时表示捕获/比较部件工作在捕获功能。当处于比较功能时比较器(Comparator n)不断地比较 TAR 与 TACCRn 的值，当 TAR＝TACCRn 时将使 CCIFG 置位。若此时 CCIE＝1，GIE＝1 则会向 CPU 发送中断请求。

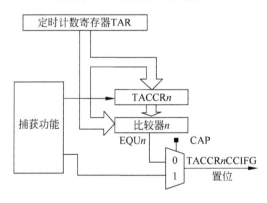

图 6.8　TACCRn 比较单元

捕获/比较寄存器(TACCRn)为 16 位寄存器，用于存放比较值或捕获值 TACCRx。在比较功能下，TACCRx 与定时器中当前计数器 TARx 进行比较。在捕获模式下，当捕获事件发生时，TAR 的当前值 TARx 就被复制到 TACCRn 中。

比较功能常用在软件设置定时中断间隔以处理与定时有关的事件，例如键盘扫描、定时查询等。也可以结合输出单元输出各种脉冲时序信号和 PWM 信号。比较功能一方面可与输出单元配合产生独立于 CPU 的多种脉冲信号；另一方面也可利用比较中断和 I/O 引脚输出各种复杂的时序或处理定时及延时事件，且不受引脚位置的限制。总之，这两种应用各有优、缺点。比较输出应用除了初始化以外，不需要 CPU 干预，实时性高。利用中断产生时序的应用中需要 CPU 参与(虽然很少),但应用灵活,可处理复杂的事务。由于中断具有优先级,当有更高中断优先级中断或不允许中断时,比较中断处理事件的时效性将被削弱。

例 6.5　利用定时器的比较功能实现 P1.0 引脚输出特定频率的方波。

解　定时器的比较功能使用最为频繁,使用方法也比较简单。通过调整比较寄存器中的值可以得到不同的定时长度。使用比较功能时需要注意所使用的通道以及与之对应的中断向量,程序如下。

```
# include "msp430x26x.h"
void main(void)
{
  WDTCTL = WDTPW + WDTHOLD;
  P1DIR | = BIT0;                    // 设 P1.0 为输出方向
  TACCTL0 | = CCIE;                  // 开 CCR0 中断
  TACCR0 = 1000 - 1;                 // 设置定时长度
  TACTL | = TASSEL_1 + MC_2;         // 设置时钟源(ACLK),以及计数方式(连续计数)
  _BIS_SR(LPM3_bits + GIE);          // 开总中断,进入 LPM3
}

# pragma vector = TIMERA0_VECTOR
__interrupt void Timer_A (void)
{
  P1OUT ^ = BIT0;                    // P1.0 引脚电平翻转
}
```

2. 捕获单元

捕获功能单元由捕获信号选取(CCISx)、捕获方式选择(CMx)、同步/异步方式选择(SCS)、捕获/比较寄存器(TACCRn)及其他辅助部件组成,如图 6.9 所示。这里的捕获功能是指当捕获条件满足时,自动将 TAR 的当前值保存到 TACCRn 中。也就是说,TACCRn 中的值是捕获事件发生时定时/计数器的值。该功能通常用于对外部信号进行测量,如测量时钟频率、脉冲宽度等。

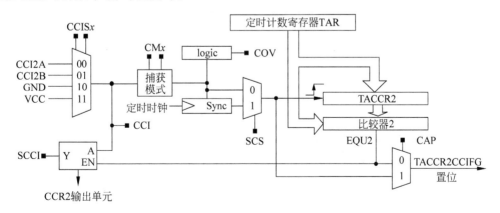

图 6.9　TACCR2 捕获/比较单元

每一个捕获功能部件可以接收两路外部输入信号（CCIxA 与 CCIxB）和两路内部信号（VCC 与 GND），控制位 CCISx 决定捕获功能部件的输入信号。CCISx＝00 表示输入信号为 CCIxA；CCISx＝01 表示输入信号为 CCIxB；CCISx＝10 表示输入信号为 GND；CCISx＝11 表示输入信号为 VCC。外部待捕获信号需要经过引脚输入到捕获功能部件中。对于 MSP430F261x 而言，CCIxA 与 CCIxB 与单片机引脚对照关系如表 6.2 所示。

表 6.2　引脚功能对照表

引　　脚	第二功能说明	引　　脚	第二功能说明
P1.1	CCI0A	P2.2	CCI0B
P1.2	CCI1A	P1.2	CCI1B
P1.3	CCI2A	P1.3	CCI2B

当有输入捕获信号时，捕获部件可以选择不捕获，也可以选择边沿捕获，具体由捕获方式控制位 CMx 决定。CMx＝00 表示不捕获；CMx＝01 表示上升沿捕获；CMx＝10 表示下降沿捕获；CMx＝11 表示双边沿捕获。不同捕获方式的用途也不同，需要根据具体情况确定。例如，单边沿（上升沿或下降沿）可用于测量数字信号频率；双边沿捕获方式可用于测量脉冲的宽度。

处于捕获功能状态时，可以设定捕获时刻与定时器时钟的同步、异步关系，具体由控制位 SCS 决定。SCS＝0 表示异步捕获；SCS＝1 表示同步捕获。异步捕获可以很快地对捕获信号做出反应。例如，当捕获到信号时会立即使 CCIFG 置位，并将定时器中的值存入捕获寄存器（TACCRx）中。使用异步模式时通常要求输入的信号周期远大于定时计数的时钟周期；否则易导致捕获出错。因此，通常使用同步捕获模式，如图 6.10 所示，该模式下捕获结果总是有效的。

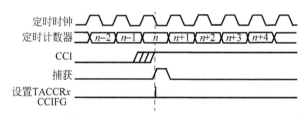

图 6.10　同步捕获信号时序

至此，整个捕获单元的工作过程已基本清晰。待捕获信号经 CCISx 选择后，根据 CMx 确定的捕获模式对其进行捕获。若发生捕获，则将此时的 TAR 值存入 TACCRx 中，并使 CCIFG 置位。若此时 CCIE＝1、GIE＝1 则会向 CPU 发送中断请求。

由此，可见捕获/比较部件共用中断标志位 CCIFG 和中断使能位 CCIE。处于比较功能时，CCIFG 和 CCIE 分别代表比较中断标志位和比较中断使能位。处于捕获功能状态时，CCIFG 和 CCIE 分别代表捕获中断标志位和捕获中断使能位；由于同一个捕获/比较部件只能在捕获功能与比较功能中选择一个，所以不会发生混淆。

在捕获功能下，一般发生捕获事件即 CCIFG＝1，应该及时读取相应 TACCRx 中的值，以免发生前一次捕获的数据被下一次捕获的数据覆盖的情况。通过查询溢出状态位 COV 的值,就可以判断捕获数据读出前是否发生过捕获数据被覆盖的事件。COV＝0 表示未发生捕获溢出;COV＝1 表示已发生捕获溢出。注意,读捕获寄存器时不会使溢出标志复位,须用软件复位,在比较功能下该位复位。

在一些应用场合不但需要知道捕获信号的时刻信息,还需要知道捕获信号自身,这时就需要显示状态的控制位 SCCI 和 CCI,这两位都是只读属性。CCI 表示捕获通道的输入信号。在捕获功能下由 CCISx 选择的输入信号可通过该位读出,在比较功能下该位复位。SCCI 表示同步的捕获通道输入。由于 CCI 输入信号被 EQUx 锁存,所以通过该位可以读出同步输入信号。

捕获/比较部件的控制位全部位于捕获/比控制较寄存器(TACCTLn)中,具体如下。

15	14	13	12	11	10	9	8
CMx		CCISx		SCS	SCCI	未使用	CAP
rw-(0)	rw-(0)	rw-(0)	rw-(0)	rw-(0)	r	r0	rw-(0)

7	6	5	4	3	2	1	0
OUTMODx			CCIE	CCI	OUT	COV	CCIFG
rw-(0)	rw-(0)	rw-(0)	rw-(0)	r	rw-(0)	rw-(0)	rw-(0)

捕获模式主要利用信号的单边沿(上升沿或下降沿)和双边沿进行外部或内部事件的测量,如可以测量脉冲宽度、信号频率等。

例 6.6　利用 TA 的捕获模式编写程序实现测量信号的频率。

解　测量数字信号的频率最简单的方法就是测量信号的周期。测量信号周期的方法是测量相邻两个上升沿(或下降沿)之间的时间。根据这一原理,可编写如下程序实现周期测量。

```
# include < msp430x26x. h>
unsigned int Overflow_Cnt = 0;                    // 定时器溢出次数
unsigned long Period = 0 ;                        // 周期数
void main( void)
{
  WDTCTL = WDTPW + WDTHOLD;
  P1SEL | = BIT2;                                 // 选择 P1.2 作为捕获的输入端子
  TACCTL1| = CM_1 + SCS + CCIS_0 + CAP + CCIE;    // 上升沿触发,同步模式,使能中断
  TACTL | = TASSEL_2 + MC_2 + TACLR + TAIE;       // 连续计数、SMCLK、清零、开溢出中断
  _EINT();
  LPM0;
}


# pragma vector = TIMERA1_VECTOR
__interrupt void Timer_A(void)
{
  switch(TAIV)
  {
```

```
  case 2:
  {
    Period = TACCR1 + 65536 * Overflow_Cnt;    // 计算周期值
    TACTL | = TACLR;                            // TAR 清零
    Overflow_Cnt = 0;                           // 溢出次数清零
    break;
  };
  case 4:
    break;
  case 10:
    {
      Overflow_Cnt++;                           // 溢出次数计数
      break;
    }
  }
}
```

基于单片机的频率测量有多种方法,本例所用方法就是常用的测量方法之一。对于低频信号测量来说,该方法具有测量误差小、分辨率高的特点;但对于高频信号来说,该方法不适用。由于每秒内脉冲的个数即为信号的频率,所以测量高频信号一般采用定时计数的方法。使用该方法需要两个定时器:一个用于产生 1s 定时;另一个对脉冲进行计数。例如,对于 MSP430F261x 来说,可以用定时器产生 1s 定时,TA 用于对脉冲计数。

例 6.7 现有一正脉冲序列,试采用脉冲计数方式测量其频率。

解 采用脉冲计数方法时,将外部脉冲序列信号作为定时器的输入计数时钟,然后每隔 1s 读取一次 TAR,读取后立即清零 TAR。若计数器计满溢出后,还需要对其进行补偿,程序如下。

```
# include < msp430x26x.h >
unsigned int Overflow_Cnt = 0;
unsigned long Frq = 0;
void main(void)
{
  WDTCTL = WDTPW + WDTHOLD;
  P2SEL | = BIT1;                               // 选择 P2.1 第二功能
  TACTL | = TASSEL_3 + MC_1;                    // 选择外部输入时钟 增计数模式
  TACCR0 = 60000 - 1;
  TACCTL0 | = CCIE;                             // 使能 TACCR0 中断
  WDTCTL = WDT_ADLY_1000;                       // WDT 定时 1s
  IE1 | = WDTIE;                                // 开 WDT 定时中断
  _EINT();
  LPM3;
}

# pragma vector = TIMERA0_VECTOR
__interrupt void Timer_A (void)
{
  Overflow_Cnt++;                               // 溢出次数计数
```

```
}

#pragma vector = WDT_VECTOR
__interrupt void watchdog_timer(void)
{
    Frq = TAR + 60000 * Overflow_Cnt;          // 计算频率值
    TACTL | = TACLR;                           // TAR 清零
    Overflow_Cnt = 0;                          // 溢出次数清零
}
```

利用上述程序,得到的结果计数值就是频率值,单位是 Hz,无须转换。利用该方法得到的频率值误差是 1Hz,所以非常适合测量频率较高的信号。

3. 输出单元

每个捕获/比较部件都有一个输出单元,负责捕获/比较结果的输出。因此,输出单元不是单独存在的,其输入信号是捕获/比较单元的输出。输出单元的逻辑结构如图 6.11 所示,它由输出方式控制和 D 触发器组成。输出方式控制是输出单元的核心,它直接决定了输出单元的输出结果。输出方式控制共有 8 种,具体由控制位 OUTMODx 决定,如表 6.3 所示。现在逐一介绍输出单元的这 8 种输出方式。

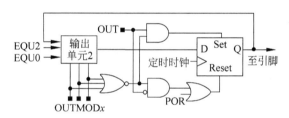

图 6.11 TACCR2 输出单元

表 6.3 OUTMODx 对应的 8 种输出方式

输 出 方 式	效 果 说 明	输 出 方 式	效 果 说 明
000	OUT 位的值	001	置位
010	翻转/复位	011	置位/复位
100	翻转	101	复位
110	翻转/置位	111	复位/置位

(1) 当 OUTMODx=0 时,输出单元的输出与捕获/比较单元的结果无关,这时控制位 OUT 的值被直接输出至引脚。当改变 TACCTLn 中的 OUT 值时,该值会立即输出至引脚。

(2) 当 OUTMODx=1 时,称为置位方式。在该方式下,输出信号在 TARx 等于 TACCRx 时置位,并保持置位到定时器复位或选择另一种输出方式为止。

(3) 当 OUTMODx=2 时,称为翻转/复位方式。在该方式下,输出信号在 TARx 的值等于 TACCRx 时翻转;其中,当 TARx 的值等于 TACCR0 时输出信号复位。

(4) 当 OUTMODx=3 时,称为置位/复位方式。在该方式下,输出信号在 TARx 的值等于 TACCRx 时置位;其中,TAR 的值等于 TACCR0 时复位。

　　(5) 当 OUTMODx＝4 时,称为翻转方式。在该方式下,输出信号在 TARx 的值等于 TACCRx 时翻转,此时输出信号的周期是定时器周期的二倍。

　　(6) 当 OUTMODx＝5 时,称为复位方式。在该方式下,输出信号在 TARx 的值等于 TACCRx 时复位,并保持低电平直到选择另一种输出模式。

　　(7) 当 OUTMODx＝6 时,称为翻转/置位方式。在该方式下,输出信号在 TARx 的值等于 TACCRx 时翻转;其中,当 TARx 值等于 TACCR0 时置位。

　　(8) 当 OUTMODx＝7 时,称为复位/置位方式。在该方式下,输出信号在 TARx 的值等于 TACCRx 时复位;其中,当 TARx 的值等于 TACCR0 时置位。

　　由上述可知,在方式 2、3、6、7 中把 TACCR0 的值当作特殊值来使用。所以,这 4 种输出方式不适用于捕获/比较部件 0(TACCR0)。此外,在不同的计数方式下,其对应的输出波形也不相同,如图 6.12～图 6.14 所示。由图可知,方式 1 与方式 5、方式 2 与方式 6、方式 3 与方式 7 的输出波形相反。使用时需要注意这些区别。

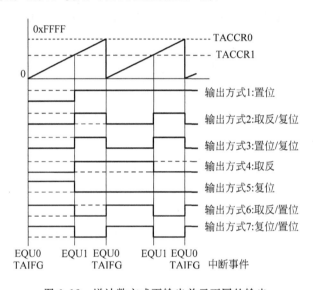

图 6.12　增计数方式下输出单元不同的输出

　　每个输出单元直接输出至引脚处。每个捕获/比较部件的输出通常对应多个引脚,对于 MSP430F261x 来说,TA 的同一输出单元的输出引脚有三个,具体为 TACCR0 部件的输出 OUT0 对应 P1.1、P1.5 与 P2.7 的第二功能;TACCR1 部件的输出 OUT1 对应 P1.2、P1.6 与 P2.3 的第二功能;TACCR2 部件的输出 OUT2 对应 P1.3、P1.7 与 P2.4 的第二功能,具体有哪些输出引脚由程序设定。使用时既可以由一个引脚输出,也可以是 3 个引脚同时输出。在程序设计时若使用 OUT 功能,相应引脚必须设为输出方向且设为第二功能;否则将无输出信号。

　　尽管上面介绍了 8 种输出方式,实际上是 5 种方式,分别是方式 0、方式 1 与方式 5、方式 2 与方式 6、方式 3 与方式 7、方式 4,现分别介绍这 5 种输出方式的应用场合及使用方法。

　　(1) 方式 0。在此方式下,引脚的输出完全由软件程序控制,可以输出各种需要的波形。此时使用方法与通用 I/O 的用法基本一致。

　　例 6.8　试利用 TA 的 OUT 控制位直接控制输出方波。

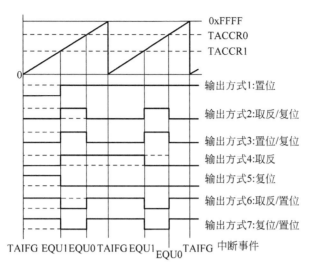

图 6.13 连续计数方式下输出单元不同的输出

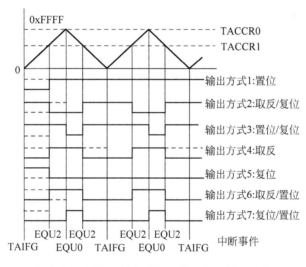

图 6.14 增减计数方式下输出单元不同的输出

解 由于是使用 OUT 控制位,所以首先将相应输出单元引脚的方向设为输出方向,同时开启对应引脚的第二功能,然后对相同通道的控制寄存器赋值即可,程序如下。

```
# include "msp430x26x.h"
void main(void)
{
  unsigned int i;
  WDTCTL = WDTPW + WDTHOLD;
  P1DIR |= BIT3;                           // P1.3 输出
  P1SEL |= BIT3;                           // P1.3 TA1 模式
  TACCTL2 |= OUT;                          // 设置输出
  while (1)
  {
    for(i = 0; i < 60000; i++);
```

```
        TACCTL2 ^ = OUT;                              // 输出翻转
    }
}
```

（2）方式 1 与方式 5。由图 6.12～图 6.14 可知，方式 1 或方式 5 可以产生单个上升沿或下降沿，通过更改 $TACCRx$ 可以改变边沿出现的时间。

例 6.9 利用方式 1 在单片机启动后延时一段时间使 P1.2 产生高电平。

解 为了产生上升沿，单片机初始化时首先使 P1.2 置零，然后延时一段时间上升沿，具体程序如下。

```
# include "msp430x26x.h"
void main(void)
{
    WDTCTL = WDTPW + WDTHOLD;
    P1DIR | = BIT2;                              // P1.2 输出
    P1OUT & = ~ BIT2;
    P1SEL | = BIT2;                              // 选择第二功能，即 OUT1 输出 PWM
    TACCR1 = 10000;                              // PWM 周期
    TACCTL1 | = OUTMOD_1;
    TACTL | = TASSEL0 + MC_2 + ID_3 + TACLR;     // ACLK、连续计数、8 分频、TAR 清零
    LPM3;                                        // 进入 LPM3
}
```

（3）方式 2 与方式 6。在增计数和连续计数方式下可以产生普通的脉宽调制（PWM）信号，通常用于调整设备的输入功率。在增减计数方式下可以产生带死区的 PWM 信号，其广泛用于半桥、推挽驱动、H 桥等电路中。

例 6.10 利用增计数方式，使 P1.2 和 P1.3 分别输出占空比为 75％ 和 25％ 的 PWM 波形。

解 结合增计数方式与输出方式 6 可以很方便地实现占空比调整，其中，TACCR0 负责 PWM 的频率，TACCR1 和 TACCR2 负责调整 PWM 的占空比，具体程序如下。

```
# include "msp430x26x.h"
void main(void)
{
    WDTCTL = WDTPW + WDTHOLD;
    P1DIR | = BIT2 + BIT3;                       // P1.2 & P1.3 设为输出方向
    P1SEL | = BIT2 + BIT3;                       // P1.2 & P1.3 使用第二功能，即 OUT1、OUT2 输出 PWM
    TACCR0 = 660 - 1;                            // PWM 周期
    TACCTL1 = OUTMOD_6;                          // 设置输出方式 6
    TACCR1 = 495;                                // 输出 75 % PWM
    TACCTL2 = OUTMOD_6;                          // 设置输出方式 6
    TACCR2 = 165;                                // 输出 25 % PWM
    TACTL| = TASSEL0 + MC_1 + TACLR;             // ACLK、增计数、TAR 清零
    LPM3;                                        // 进入 LPM3
}
```

例 6.11 使 P1.2 和 P1.3 分别输出驱动 H 桥的 PWM 波形。

解 H 桥驱动方式是驱动直流电机的常用方式，但 H 桥需要对称的 PWM 波形方可

驱动。另外,为了保护开关电路的安全,在电压方向改变时常常需要一定的"死区时间",即该段时间内没有电压,如图 6.15 所示。利用 TA 可以很方便地产生这类波形,具体程序如下。

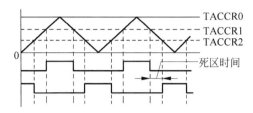

图 6.15 带死区的 PWM 信号

```
# include "msp430x26x. h"
void main(void)
{
  unsigned char Val = 50;
  WDTCTL = WDTPW + WDTHOLD;
  P1DIR | = BIT2 + BIT3;          // P1.2 & P1.3 设为输出方向
  P1SEL | = BIT2 + BIT3;          // P1.2 & P1.3 设为第二功能
  TACCR0 = 1400;                  // 设置 PWM 周期
  TACCTL1 | = OUTMOD_6;           // 设置输出方式 6
  TACCR1 = 700 + Val;             // 设置 TACCR1 PWM 占空比
  TACCTL2 | = OUTMOD_2;           // 设置输出方式 2
  TACCR2 = 700 - Val;             // 设置 TACCR2 PWM 占空比
  TACTL | = TASSEL_2 + MC_3;      // SMCLK, 增减计数方式
  _BIS_SR(CPUOFF);                // 进入 LPM0
}
```

由例 6.11 可知,在此情形下 TACCR1 与 TACCR2 只负责调整 PWM 的占空比,TACCR0 负责调整 PWM 信号的频率。

(4) 方式 3 与方式 7。只能产生普通 PWM 信号,此时通过改变计数周期可以调整 PWM 信号的频率,通过更改 TACCRx 的值可以调整 PWM 的占空比。

例 6.12 使 P1.6 和 P1.7 同时输出频率相同但占空比不同的 PWM 波,要求使用 TACLK＝ACLK,定时/计数器采用增计数方式,输出单元使用复位/置位方式。

解 这是一种典型的定时器应用。它最多可以有三个独立的输出信号。但对于增计数方式而言,最多只能有两个比较单元的独立输出。该题的程序与例 6.11 的相似,由于要向外界输出波形,所以需要设置相应的 I/O 引脚。并且设置好相应的频率和占空比,具体程序如下。

```
# include "msp430x26x. h"
void main(void)
{
  WDTCTL = WDTPW + WDTHOLD;
  P1DIR | = BIT6 + BIT7;          // P1.6& P1.7 设为输出方向
  P1SEL | = BIT6 + BIT7;          // P1.6& P1.7 设为第二功能
  TACCR0 = 512 - 1;               // PWM 周期
```

```
    TACCTL1 | = OUTMOD_7;              // TACCR1 复位/置位方式输出
    TACCR1 = 384;                      // TACCR1 PWM 占空比
    TACCTL2 | = OUTMOD_7;              // TACCR2 复位/置位方式输出
    TACCR2 = 128;                      // TACCR2 PWM 占空比
    TACTL | = TASSEL_1 + MC_1;         // ACLK, 增计数方式
    _BIS_SR(LPM3_bits);                // 进入 LPM3
}
```

从例 6.12 程序可以看到,在完成了定时器 A 的初始化以后,CPU 便进入了休眠模式。但此时由于 ACLK 并未关闭,所以定时器依然正常工作。这是 MSP430 系列单片机的一大特点,即单片机片上外设与 CPU 之间相互独立。使用时 CPU 负责初始化工作,功能模块负责具体操作工作。在工作期间若需要 CPU 干预,则可以通过中断响应的方式通知 CPU 处理。

(5) 方式 4。在该方式下有两种使用方式。

① 当 $TACCRx$ 作为固定值使用时输出波形为方波且无法修改占空比,此时方波周期为计数周期的二倍。修改 $TACCRx$ 只能更改方波的相位值,相位只能滞后 $0° \sim 180°$。如果使相位滞后超过 $180°$,可通过改变引脚初始电平实现。

② 当 $TACCRx$ 在程序中实时调整时可以更改输出方波的频率,此时无法调整方波的相位值。

例 6.13 使用方式 4 和增计数方式,输出两路频率相同、相位相差 $90°$ 的方波。

解 在输出方式 4 和增计数方式下,更改 $TACCRn$ 的值可以改变输出方波的相位,如图 6.16 所示。由题意知,程序如下。

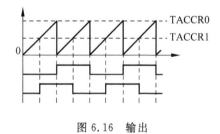

图 6.16 输出

```
# include "msp430x26x.h"
void main (void)
{
    WDTCTL = WDTPW + WDTHOLD;
    P1SEL | = BIT1 + BIT2;            // P1.1 & P1.2 设为第二功能
    P1DIR | = BIT1 + BIT2;            // P1.1 & P1.2 设为输出方向
    TACCR0 = 3000;
    TACCTL0 = OUTMOD_4;               // 输出方式 4
    TACCR1 = 1500;
    TACCTL1 = OUTMOD_4;               // 输出方式 4
    TACTL = TASSEL_1 + MC_1;          // ACLK, 增计数方式
    _BIS_SR(LPM3_bits);               // 进入 LPM3
}
```

例6.14 利用输出方式4和连续计数方式,输出4个频率不同的方波。要求
TACLK=ACLK。

解 在输出方式4和连续数方式下,更改 TACCRn 的偏移量可以改变输出方波的频
率,程序如下。

```
#include "msp430x26x.h"
void main (void)
{
  WDTCTL = WDTPW + WDTHOLD;
  P1SEL |= 0x0E;                    // P1.1 ~ P1.3 设为第二功能
  P1DIR |= 0x0F;                    // P1.0 ~ P1.3 设为输出方向
  TACCTL0 = OUTMOD_4 + CCIE;        // 输出方式 4、开中断
  TACCTL1 = OUTMOD_4 + CCIE;        // 输出方式 4、开中断
  TACCTL2 = OUTMOD_4 + CCIE;        // 输出方式 4、开中断
  TACTL = TASSEL_1 + MC_2 + TAIE;  // ACLK, 连续计数方式, 开溢出中断
  _BIS_SR(LPM3_bits + GIE);        // 开 GIE、进入 LPM3
}

#pragma vector = TIMERA0_VECTOR
__interrupt void Timer_A0 (void)
{
  TACCR0 += 4;                     // TACCR0 中断
}

#pragma vector = TIMERA1_VECTOR
__interrupt void Timer_A1(void)
{
  switch( TAIV)
  {
  case 2: TACCR1 += 16;           // TACCR1 中断
       break;
  case 4: TACCR2 += 100;          // TACCR2 中断
       break;
  case 10: P1OUT ^= 0x01;         // 溢出中断
       break;
  }
}
```

6.2 定时器 B

与定时器 A 相似,定时器 B 也是一个具备多个捕获/比较部件的 16 位定时/计数器。
定时器 B 无论是从结构、工作原理,还是使用方法均与定时器 A 高度相似。这里介绍的定
时器 B 实际上为 Timer_B7,其中具有 7 个比较/捕获部件。为便于叙述,定时器 A 与定时
器 B 分别简记为 TA 与 TB。

6.2.1 逻辑结构

TB 的结构框图如图 6.17 所示,它由一个定时计数部件和 7 个结构相同的捕获/比较部

件组成。这与 TA 的结构组成是一致的。尽管 TB 与 TA 结构构成几乎完全相同,但是 TB 在内部结构上还做了一些增强设计,使得性能进一步提升。

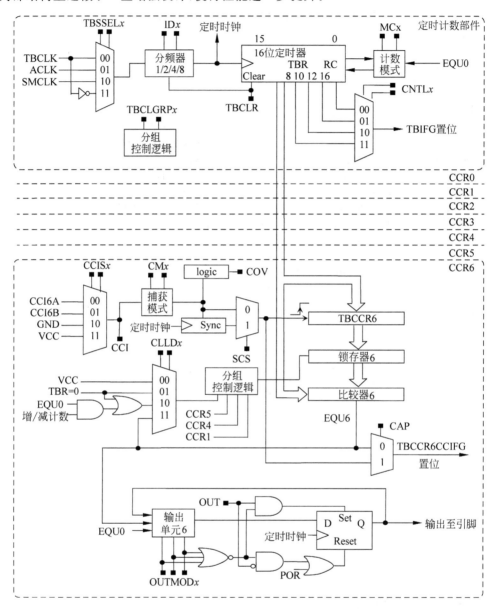

图 6.17   定时器 Timer_B7 结构示意图

从结构上看 TB 与 TA 的主要区别是:①TB 计数长度为 8 位、10 位、12 位和 16 位可编程,而 TA 的计数长度固定为 16 位;②TB 中没有实现 Timer_A 中的 SCCI 寄存器位的功能;③TB 在比较模式下的捕获/比较寄存器功能与 TA 不同,增加了比较锁存器;④TB 增加了捕获/比较部件的数目,可以有更多的独立输出;⑤TB 输出实现了高阻输出。下面具体分析一下两者的差异。

6.2.2 定时计数部件

TB 定时计数部件的结构如图 6.18 所示,对比 TA 的结构不难发现,TB 增加了 8 位、10 位、12 位计数长度。总共有 4 种计数长度。计数长度由 TBCTL 中的控制位 CNTLx 决定。CNTLx=00 表示 TB 是 16 位计数长度,也就是说在默认情况下,TB 与 TA 的计数长度是一样的;CNTLx=01 表示 TB 是 12 位计数长度;CNTLx=10 表示 TB 是 10 位计数长度;CNTLx=11 表示 TB 是 8 位计数长度。

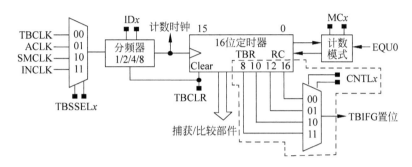

图 6.18　TB 的定时计数部件

例 6.15　利用 TB 实现 8 位定时器的功能。

解　由于要实现 8 位定时器功能,利用 TB 的 8 位计数模式最为方便,程序如下。

```
# include "msp430x26x.h"
void main(void)
{
  WDTCTL = WDTPW + WDTHOLD;
  P1DIR |= BIT0;                      // 设 P1.0 为输出方向
  TBCTL = TBSSEL_2 + MC_2 + CNTL_3 + TBIE; // SMCLK,连续计数,开中断, 8 位计数
  _BIS_SR(LPM0_bits + GIE);            // 开 GIE、进入 LPM0
}

# pragma vector = TIMERB1_VECTOR
__interrupt void Timer_B(void)
{
  If(TBIV == 14)                       // 溢出中断
    P1OUT ^ = BIT0;
}
```

需要注意,在 8 位计数模式下 TBR 不超过 0x00FF(255),凡超出 TBR 长度的比特位部分自动置零。此例可以实现 8 位计数器功能。

6.2.3 捕获/比较部件

对比 TA 的捕获/比较部件的结构框图不难发现,TB 在结构上做了一定的调整,如图 6.19 所示为 TB 捕获/比较部件的结构示意图。最突出的表现是 TB 在每个捕获/比较部件中增加了一个比较锁存器以及相应的数据锁存电路。增加这一部分电路后,比较单元的工作步骤就发生了一些改变。例如,在 TA 中 TACCRx 寄存器中保存与 TAR 相比较的

数据；而在 TB 中，TBCCRx 寄存器中保存的是要比较的数据，但数据并不直接与定时器 TBR 相比较，而是当锁存条件满足时，将 TBCCRx 载入到锁存器（TBCLx）中，再由锁存器 （TBCLx）与定时器 TBR 相比较。如果把 TA 中的 TACCRx 称为一个缓冲区的话，TB 中 的 TBCCRx 和 TBCLx 锁存器即可称为双缓冲区。

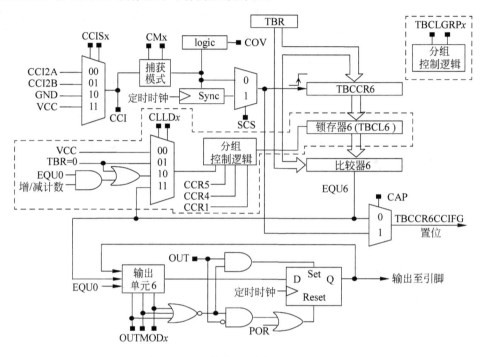

图 6.19　TB 捕获/比较部件（TBCCR6）

引入锁存器之后，首先要关注的就是锁存条件的设置。位于 TBCCTLx 中的控制位 CLLDx 负责捕获/比较部件锁存条件的管理。CLLDx＝00 表示 TBCCRx 直接载入至 TBCLx 中。此时锁存器就没有起到缓冲的作用。因此，默认情况下，TA 与 TB 的比较原 理是一致的。CLLDx＝01 表示当 TBR 中的值计数至 0 时，TBCCRx 载入到 TBCLx 中。 当 CLLDx＝10 时有两种情况需要区分：若用增计数或连续计数方式，当 TBR 中的值计数 至 0 时 TBCCRx 载入到 TBCLx 中。若用增减计数方式，则当 TBR 中的值计数至 TBCL0 或 0 时 TBCCRx 载入到 TBCLx 中。CLLDx＝11 表示当 TBR 中的值计数至 TBCLx 时， TBCCRx 载入到 TBCLx 中。

此外，TB 拥有 7 个捕获/比较部件，并且它们可以进行分组控制以实现多输出通道数 据的同步更新。所以分组控制是 TB 的另一特点。

分组控制是由控制位 TBCLGRPx 管理的，TB 的捕获/比较部件共有 4 种组合方式，具 体见表 6.4。默认情况下，TBCLGRPx＝00 表示 TB 中的各个捕获/比较部件独立工作，不 进行分组；当 TBCLGRPx＝01 表示对 TB 中的各个捕获/比较部件进行两两分组，其中， TBCL0 独立工作、不参与分组；当 TBCLGRPx＝10 表示对 TB 中的各个捕获/比较部件进 行三三分组，其中，TBCL0 独立工作，不参与分组；当 TBCLGRPx＝11 表示对 TB 中的各 个捕获/比较部件作为一组。

表 6.4　TB 分组情况与更新控制情况

TBCLGRPx	00	01	10	11
分组情况	不分组	TBCL1＋TBCL2 TBCL3＋TBCL4 TBCL5＋TBCL6	TBCL1＋TBCL2＋TBCL3 TBCL4＋TBCL5＋TBCL6	TBCL0＋TBCL1＋ TBCL2＋TBCL3＋ TBCL4＋TBCL5＋ TBCL6
更新控制	TBCCRx	TBCCR1、TBCCR3、TBCCR5	TBCCR1、TBCCR4	TBCCR1

通过分组控制和锁存缓冲，就可以实现对多个 PWM 信号周期的同步更新。当然也可以实现多 PWM 信号的独立输出与多输入通道的信号捕获功能。

例 6.16　利用 TB 实现 6 通道独立输出，其中，要求 OUT1 输出 75% PWM、OUT2 输出 25% PWM、OUT3 输出 12.5% PWM、OUT4 输出 6.25% PWM、OUT5 输出 3.125% PWM、OUT6 输出 1.5625% PWM。TACLK＝ACLK。

解　输出单元使用输出方式 7，程序如下。

```
#include "msp430x26x.h"
void main(void)
{
  WDTCTL = WDTPW + WDTHOLD;
  P4DIR |= 0x7E;                      // P4.1 - P4.6 output
  P4SEL |= 0x7E;                      // P4.1 - P4.6 TBx options
  TBCCR0 = 512-1;                     // 设置 PWM 周期
  TBCCTL1 |= OUTMOD_7;                // 设置输出方式 7
  TBCCR1 = 384;                       // 设置占空比
  TBCCTL2 |= OUTMOD_7;
  TBCCR2 = 128;
  TBCCTL3 |= OUTMOD_7;
  TBCCR3 = 64;
  TBCCTL4 |= OUTMOD_7;
  TBCCR4 = 32;
  TBCCTL5 |= OUTMOD_7;
  TBCCR5 = 16;
  TBCCTL6 |= OUTMOD_7;
  TBCCR6 = 8;
  TBCTL |= TBSSEL_1 + MC_1;           // ACLK 为计数时钟源、增计数方式
  _BIS_SR(LPM3_bits);                 // 进入 LPM3
}
```

由此例可以看出，TB 在独立通道输出时的使用方法与 TA 的使用方法完全一致。所以熟练掌握 TA 后，再学习 TB 是一件比较容易的事。至于 TB 的捕获模式与 TA 的捕获模式在结构和应用方法上也是一致的。

例 6.17　利用 TB 测量一负脉冲宽度。

解　由于要测量负脉冲的宽度，所以首先要检测负脉冲的下降沿，然后开始计时，直至检测到上升沿结束。这一段时间即为该负脉冲的宽度。具体程序如下。

```
#include "msp430x26x.h"
unsigned long width;
```

```
void main(void)
{
  WDTCTL = WDTPW + WDTHOLD;
  P4SEL| = BIT0;                               // P4.0 作为捕获模块功能的输入端输入方波
  TBCCTL0& = ~(CCIS1 + CCIS0);                 // 捕获源为 P4.0,即 CCI0A(也是 CCI0B)
  TBCCTL0| = CM_2 + SCS + CAP + CCIE;          // 下降沿捕获,同步捕获,工作在捕获模式
  TBCTL | = TBSSEL_2 + MC_2 + TBCLR;
  _EINT();
  LPM0;
}

# pragma vector = TIMERB0_VECTOR
__interrupt void TimerB0(void)
{
  if(TBCCTL0&CM1)                              // 捕获到下降沿
  {
    TBCTL| = TBCLR;
    TBCCTL0 = (TBCCTL0&(~CM1))|CM0;            // 改为上升沿捕获
  }
  else if(TBCCTL0&CM0)                         // 捕获到上升沿
  {
    width = TBCCR0;                            // 记录下结束时间
    TBCCTL0 = (TBCCTL0&(~CM0))|CM1;            // 改为下降沿捕获
  }
}
```

注意,本例假设带测量脉宽小于计数器的计数周期,否则应加上计数周期的整数倍。另外,利用定时进行时间测量,其精度主要取决于计时时钟的精度。从理论上讲,定时计数时钟频率越高、越精确,时间测量的误差就越小。

6.3 看门狗

看门狗模块,又称看门狗定时器模块,实际上是一个功能简单的定时器。在 MSP430 系列单片机中均有该模块。目前,WDT 模块有普通 WDT 与增强型 WDT 之分。两者的区别是增强型 WDT 模块增加了一个时钟源失效保护部件,以提高 WDT 的可靠性和有效性。为便于叙述,本书将看门狗模块简记为 WDT。如无特殊说明,本书中均指增强型 WDT 模块。

6.3.1 逻辑结构

如图 6.20 所示为 WDT 的逻辑框图,由图可以看出,该模块由计数器、工作模式选择、时钟控制、定时长度控制及中断控制等部分组成,并且它们均受 WDT 控制寄存器(WDTCTL)控制。WDTCTL 是 WDT 中唯一的控制寄存器,它负责管理控制整个 WDT 的运行,所以相当重要。鉴于此,MSP430 单片机为该寄存器设置为密码访问,即访问该寄存器之前首先要比对密码是否正确,若正确则可以进行正常的访问,反之则导致系统复位。

1. 控制寄存器

控制寄存器 WDTCTL 是一个 16 位寄存器,高 8 位用于存放访问密码,低 8 位中 6 位

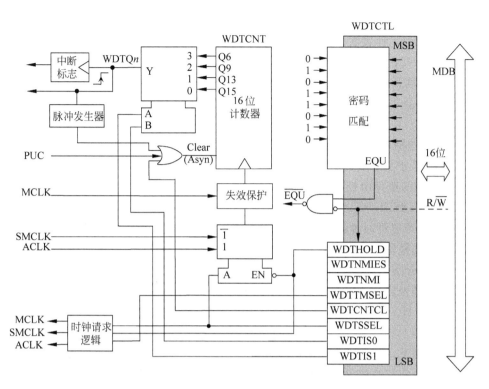

图 6.20 看门狗结构示意图

用于 WDT 的控制,其余两位用于 NMI 的控制。WDTCTL 的结构如下所示。

15	14	13	12	11	10	9	8
WDTPW							

7	6	5	4	3	2	1	0
WDTHOLD			WDTTMSEL	WDTCNTCL	WDTSSEL	WDTISx	
rw-0			rw-0	r0(w)	rw-0	rw-0	rw-0

WDTCTL 中用于 WDT 控制的 6 位控制位分别为 WDTHOLD、WDTTMSEL、WDTCNTCL、WDTSSEL 和 WDTISx。这些控制位的作用将在下面的叙述中陆续给予介绍。

2. 计数寄存器(WDTCNT)与计数长度

在看门狗模块中,除了控制寄存器(WDTCTL)之外其实还有一个计数器(WDTCNT)寄存器。WDTCNT 是一个 16 位增计数器,其功能是对时钟源的脉冲进行加法计数,它是 WDT 的核心部分。如果计数器事先被预置的初始状态不同,那么从开始计数到计数溢出所用的时间就会不同。但是计数寄存器不对编程人员开放,即不能直接通过编程访问该寄存器。但通过控制寄存器(WDTCTL)的 WDTCNTCL 控制位可对 WDTCNT 进行清零操作。当 WDTCNTCL=1 时 WDTCNT 被清零,清零完毕后该位自动复位。

WDT 实质上就是一个定时计数器。但该定时计数器与通常意义上的定时/计数器不同,它只能实现 4 种计数长度并由 WDTISx 控制,具体设置如下。

WDTISx=00:计数次数为 32 768=2^{15}。

WDTISx＝01：计数次数为 8192＝2^{13}。

WDTISx＝10：计数次数为 512＝2^9。

WDTISx＝11：计数次数为 64＝2^6。

定时/计数器开始工作后计数器就会在上升沿来临时进行计数。当计数器达到既定计数长度时就会产生溢出中断；当计数器计满溢出时将会使中断标志位置位，即 WDTIFG＝1。

3. 时钟源选择与工作模式

时钟控制部分主要负责时钟源选择。WDT 的时钟源主要有两种，分别是 SMCLK 和 ACLK。时钟源的选择由控制位 WDTSSEL 确定。WDTSSEL＝0 表示 SMCLK 为 WDT 的时钟源；WDTSSEL＝1 表示 ACLK 为 WDT 的时钟源；在 MSP430F261x 的单片机中，WDT 其实还有第三种时钟源——MCLK，该时钟主要是在紧急情况下使用的。

工作模式选择就是指定看门狗模块的工作模式。在 WDT 的具体使用中，主要表现为三种工作模式，分别是关闭状态、定时模式和看门狗模式。当不使用该模块时可以将其关闭以节约能耗。是否启用 WDT 模块由 WDTHOLD 控制。当 WDTHOLD＝0 时表示启用 WDT；当 WDTHOLD＝1 时表示关闭 WDT；系统复位后默认启用 WDT。这样有利于系统稳定、可靠。

在关闭状态下，定时/计数器不对时钟进行计数，整个模块处于停滞状态，此时该模块的功耗最低。只要使控制位 WDTHOLD＝1，WDT 便工作在该模式下。

该模式广泛应用在程序调试阶段。由于系统初始化后，默认将看门狗置于看门狗模式。所以，若使用关闭状态，一般将停止看门狗的语句置于 main 函数的第一行位置，具体如下。

```
…
void main(void)
{
    WDTCTL = WDTPW + WDTHOLD;              // 关闭 WDT
    …
}
…
```

除了关闭状态，看门狗模块还有两种工作模式，分别是定时模式和看门狗模式。工作模式的选取由控制位 WDTTMSEL 确定，默认情况是 WDTTMSEL＝0，即处于看门狗模式。若 WDTTMSEL＝1 则表示 WDT 处于定时模式。后面将对这两种工作方式分别进行介绍。

4. 时钟失效与中断处理

首先介绍时钟失效处理，这里所说的时钟失效处理是指 WDT 输入时钟突然失效时的处置方法。WDT 对于时钟失效的处置视工作方式而定。WDT 在定时模式下，若时钟失效，则计数器停止计数。但在看门狗模式下，若发生时钟源（ACLK，SMCLK）失效，时钟失效检测电路会自动将 MCLK 激活并作为时钟源使用，以保证 WDT 能够工作。因此，WDT 在看门狗模式下低功耗模式的使用将受到限制。例如，LPM4 就不能被使用，因为在该模式下时钟失效部分会阻止 ACLK 关闭。

与时钟失效的处理方式类似，WDT 对于中断的处理也因工作模式不同而截然不同。

在看门狗模式下，若定时/计数器超过最大计数值后，就会触发最高级别的中断——系统复位中断。出现该情况是由严重的系统故障（如死机等）引起的。一般来说，在程序正常执行时会在计数溢出前清空定时/计数器以避免产生溢出中断。而当程序"跑飞"或"卡死"时，因 WDT 无法及时清空定时/计数器而会产生溢出以致系统复位，进而达到保护系统的目的。

由于系统复位是优先级最高的中断，因此一旦触发将会立即得到响应。由于系统复位中断是一个多源中断，因此将通过查询中断标志的方法确定中断源。

WDT 的中断标志位 WDTIFG 位于特殊功能寄存器（IFG1）中，其位置如下。

	7	6	5	4	3	2	1	0
IFG1								WDTIFG

rw-0

在定时模式下，WDT 此时是一个简单的 16 位定时器。当计数器计数发生溢出时不会像在看门狗模式下直接触发系统复位，而是根据中断使能位的设置情况决定是否向 CPU 发出中断请求，所以此时是将该中断作为优先权较低的可屏蔽中断处理。

作为可屏蔽中断，WDT 的中断受控于总中断使能位（GIE）和模块自身的中断使能位（WDTIE）。WDT 中断使能位 WDTIE 位于特殊功能寄存器 IE1 中，具体位置如下。

	7	6	5	4	3	2	1	0
IE1								WDTIE

rw-0

当计数器计数溢出时，会使中断标志寄存器 WDTIFG 置位。若此时 GIE 和 WDTIE 均已置位，就可以向 CPU 提出中断申请，等待 CPU 响应中断。由于 WDT 定时中断属于单源中断，当中断得到响应后 WDTIFG 自动清零。

6.3.2 定时模式

在定时器不够用的情况下，一般也将看门狗模块作为一个定时器使用。由前述可知，WDT 的定时长度只有 4 种选择，加上有两种可选的时钟源，也就是说，WDT 只有 8 种可选频率。处于定时模式下的 WDT，在使用时需要完成以下两件事情。

1. WDT 初始化

WDT 的赋值包括访问密码（WDTPW）、工作模式（WDTTMSEL）、清零（WDTCNTCL）、时钟源（WDTSSEL）、定时长度（WDTISx）等内容。为使赋值语句简洁、易懂，WDT 初始化工作一般都在一行语句中实现，现给出 WDT 常用的初始化语句。

（1）若时钟源为 SMCK，且 f_{SMCK} = 1MHz，则有 32ms、8ms、0.5ms、0.064ms 可供选择。

```
WDTCTL = WDTPW + WDTTMSEL + WDTCNTCL                    // 定时 32ms
WDTCTL = WDTPW + WDTTMSEL + WDTCNTCL + WDTIS0;          // 定时 8ms
WDTCTL = WDTPW + WDTTMSEL + WDTCNTCL + WDTIS1;          // 定时 0.5ms
WDTCTL = WDTPW + WDTTMSEL + WDTCNTCL + WDTIS1 + WDTIS0  // 定时 0.064ms
```

（2）若时钟源为 ACK，且 f_{ACK} = 32.768kHz，则有 1000ms、250ms、16ms、1.9ms 可供选择。

```
WDTCTL = WDTPW + WDTTMSEL + WDTCNTCL + WDTSSEL;             // 定时 1000ms
WDTCTL = WDTPW + WDTTMSEL + WDTCNTCL + WDTSSEL + WDTIS0;    // 定时 250ms
WDTCTL = WDTPW + WDTTMSEL + WDTCNTCL + WDTSSEL + WDTIS1;    // 定时 16ms
WDTCTL = WDTPW + WDTTMSEL + WDTCNTCL + WDTSSEL + WDTIS1 + WDTIS0; // 定时 1.9ms
```

尽管上述初始化语句已经在一行代码中实现,但记起来仍不太方便。在具体的编程过程中,往往等号右边的表达式定义为易于记忆的宏定义。利用定义好的宏定义直接对 WDTCTL 进行赋值,有关宏定义的具体含义如下。

(1) 若时钟源为 SMCLK,且 $f_{SMCLK}=1\mathrm{MHz}$,则

```
WDTCTL = WDT_MDLY_32;          // 定时长度为 32ms
WDTCTL = WDT_MDLY_8;           // 定时长度为 8ms
WDTCTL = WDT_MDLY_0_5;         // 定时长度为 0.5ms
WDTCTL = WDT_MDLY_0_064;       // 定时长度为 0.064ms
```

(2) 若时钟源为 ACLK,且 $f_{ACLK}=32.768\mathrm{kHz}$,则

```
WDTCTL = WDT_ADLY_1000;        // 定时长度为 1000ms
WDTCTL = WDT_ADLY_250;         // 定时长度为 250ms
WDTCTL = WDT_ADLY_16;          // 定时长度为 16ms
WDTCTL = WDT_ADLY_1_9;         // 定时长度为 1.9ms
```

(3) 上面给出的定时长度为特定时钟源下的值。读者也可以根据自己所使用的时钟源与上述时钟源的关系,间接计算出每个宏定义的实际定时长度。

定时长度 T 的计算式为 $T=N/f_s$,其中 N 为计数个数,f_s 为时钟源的频率。由此可见,在 N 不变的情况下,时钟频率与定时长度成反比。例如,当 SMCLK 的频率为 4MHz 时,由于时钟源频率是 1MHz 的 4 倍,所以相应的时钟周期变为原来的 1/4,当然定时长度也将变为原来的 1/4。

2. WDT 中断服务程序的编写

处于定时模式下的 WDT 中断属于可屏蔽中断。其中断优先级介于定时器 A 与定时器 B 之间。在定时模式下,WDT 中断为单源中断。因此,在编写具体的中断服务程序时不需要手工清除中断标志位 WDTIFG。定时模式下,中断服务程序的中断向量记为 WDT_VECTOR。

例 6.18 已知 MCLK=SMCLK,频率均为 1.045MHz,试利用 WDT 定时功能使 P2.0 处产周期为 60ms 的方波。

解 由题意可知,程序代码如下。

```
# include "msp430x26x.h"
void main(void)
{
  WDTCTL = WDT_MDLY_32;              // 设置定时长度及时钟源
  IE1 | = WDTIE;                     // 打开 WDT 中断
  P2DIR | = BIT0;                    // P2.0 设为输出方向
  __bis_SR_register(LPM0_bits + GIE); // GIE 置位,进入 LPM0
}

# pragma vector = WDT_VECTOR          // WDT 中断服务程序
__interrupt void WDT_ISR(void)
```

```
{
    P2OUT ^ = BIT0;                                    // P2.0处电平取反
}
```

6.3.3 看门狗模式

在程序功能性调试完成之后,一般会将看门狗模块置于看门狗模式,以避免系统出现"跑飞"或"卡死"的现象。

处于看门狗模式下的 WDT 同样具有 8 种定时长度,具体如下。

(1) 若时钟源为 SMCLK,且 $f_{SMCLK} = 1\text{MHz}$,则

```
WDTCTL = WDT_MRST_32;                              // 定时长度为 32ms
WDTCTL = WDT_MRST_8;                               // 定时长度为 8ms
WDTCTL = WDT_MRST_0_5;                             // 定时长度为 0.5ms
WDTCTL = WDT_MRST_0_064;                           // 定时长度为 0.064ms
```

(2) 若时钟源为 ACLK,且 $f_{ACK} = 32.768\text{kHz}$,则

```
WDTCTL = WDT_ARST_1000;                            // 定时长度为 1000ms
WDTCTL = WDT_ARST_250;                             // 定时长度为 250ms
WDTCTL = WDT_ARST_16;                              // 定时长度为 16ms
WDTCTL = WDT_ARST_1_9;                             // 定时长度为 1.9ms
```

当看门狗模块初始化完成之后,就开始计时。为了不让看门狗影响系统正常运行,必须及时地对计数器清零;否则当计数器计满溢出时就会引起系统复位。计数器清零操作有一个更形象些的名字,叫作"喂狗"操作,具体如下所示。

$$\text{WDTCTL} = \text{WDTPW} + \text{WDTCNTCL};$$

因此,对计数器清零的定时长度要留有一定的余度,否则也会使系统稳定性受到一定影响。

系统复位是 WDT 避免系统"跑飞"或"卡死"的主要手段。一旦触发中断就立即导致系统复位。此外,灵活利用 WDT 的系统复位作用,也可以实现一些特殊应用。

例 6.19 利用看门狗模式,使 P1.0 处的电平周期性地翻转。

解 由题意可知,程序代码如下。

```
# include "msp430x26x.h"
void main(void)
{
    WDTCTL = WDT_ARST_1000;                        // 看门狗模式、定时 1 秒
    P1DIR | = 0x01;                                // P1.0 设为输出
    P1OUT ^ = 0x01;                                // 状态反转
    __bis_SR_register(LPM3_bits + GIE);            // 开总中断、进入 LPM3
}
```

习题

6-1 简述定时器的用途。

6-2 以 TA 为例,试说明定时/计数器 4 种工作方式的异同点。

6-3 以 TA 为例,简述捕获模块的工作原理。

6-4 以 TA 为例,简述比较模块的工作原理。

6-5 TA 共有几个中断向量和几个中断源? 它们间的对应关系是什么?

6-6 分别使用 TA 的增计数、连续计数与增减计数方式,编写使 P3.0 引脚产生频率为 1s,占空比为 50% 的方波。设系统时钟 $f_{SMCLK}=f_{MCLK}=12MHz$, $f_{ACLK}=32.768kHz$。

6-7 利用 TA 的捕获功能,试编写一个测量脉宽的程序,假设 $f_{SMCLK}=f_{MCLK}=12MHz$, $f_{ACLK}=32.768kHz$,待测信号由内部定时器产生,测脉宽约为 $2\mu s$。

6-8 利用 TA 的捕获功能,试采用定时计数法编写一个测量频率的程序,假设 $f_{SMCLK}=f_{MCLK}=12MHz$, $f_{ACLK}=32.768kHz$,待测信号由外部引脚接入,其频率约为 1MHz。

6-9 利用 TA 比较模式和 PWM 输出方式编写产生 PWM 的函数,假设 $f_{SMCLK}=f_{MCLK}=1MHz$, $f_{ACLK}=32\ 768Hz$。要求函数的形式声明为 void Gen_PWM(unsigned int duty),其中,输入参数 duty 为 0~100 之间整数;定时/计数器采用连续计数方式。

6-10 利用定时器 A 的比较输出单元产生 PWM 信号,控制相应引脚的 LED 灯实现渐亮渐灭的效果。

6-11 利用定时器 A 编程实现对某函数执行时间的测量。

6-12 利用定时器 A 设计一个可编程整数分频器。整个分频过程不需要 CPU 参与,且可通过软件更改分频系数,分频系数为 2~65 535。提示:分频器实质上是一个计数器。将待分频信号作为计数时钟 TACLK,利用增计数模式对其进行计数。改变周期寄存器 TACCR0 的值就可以更改分频系数。通过输出单元输出占空比为 50% 的方波。

6-13 利用 TA 实现任意时间长度的延时函数,要求 TA 延时期间 CPU 处于休眠状态。

6-14 根据定时器 B 的特点,说明其与定时器 A 的重要区别。

6-15 阐述 TB 同步更新功能的应用情况。

6-16 试利用 TB 测频技术,检测触摸键是否被按下。提示:MSP430F261x 单片机的 I/O 结构中可以构成以施密特反相器为核心的多谐振荡器。利用在引脚上外接触摸键后,可以将电容等效电容的大小转化为响应的振荡频率。触摸按键时引起的电容变化也就转化为相应的频率变化,这样通过检测频率就可以实现检测是否触摸按键。

6-17 为什么需要看门狗模块? 它是如何保护单片机系统的?

6-18 试述增强型看门狗模块(WDT+)中时钟失效部件的作用。

6-19 看门狗模块有几种工作方式?

6-20 看门狗模块模式与普通定时模式下中断处理的步骤有何不同? 造成这一区别的本质原因是什么?

6-21 在对看门狗寄存器进行写操作时要注意什么?

6-22 为什么在调试阶段经常将看门狗模块关闭或用作定时器?

6-23 利用本章知识,试编写程序实现对 DCO 输出频率的实时监测。

## 第 7 章

MSP430 单片机常用接口设计

7.1 LED 显示接口设计

发光二极管(Light-Emitting Diode,LED)是一种能够将电能转化为可见光的固态半导体器件。LED 的特点非常明显,如工作电压低、单色性较好、工作环境温度范围宽、响应速度快、性能稳定、寿命长(超过几十万小时)、体积小、重量轻、抗振抗冲击等。鉴于此,LED 被制成各种小型信号灯、微型光源、光耦合器件、数码管、字符管、点阵平面显示屏等显示器件或转换器,应用广泛。

7.1.1 LED 发光原理

LED 的外形如图 7.1 所示。LED 的中间是一个半导体的晶片,晶片附着 LED 灯泡,在一个支架上的一端是负极,另一端通过金属导线连接电源的正极,整个晶片被环氧树脂封装起来。可见,中间的晶片无疑是 LED 的心脏。中间的半导体晶片实质是一个 PN 结,与普通二极管相似,它由两部分组成。一部分是 P 型半导体,其中空穴占主导地位,另一部分是 N 型半导体,其中主要是电子,如图 7.2 所示。该 PN 结也具有正向导通、反向截止,正向导通时会发光。具体发光原理是:当电流通过导线作用于这个 PN 结时,在电场的作用下电子被推向 P 区,在 P 区电子跟空穴复合并以光的形式释放出能量。所以 LED 是利用电场直接发光的,所以转换效率较高。由光学知识可知,光的颜色取决于光的波长,它是由 PN 结的材料决定的。例如,磷砷化镓 LED 正向电压不小于 1.6V 时发红色光;砷化镓 LED 正向电压不小于 1.3V 时发红外光。

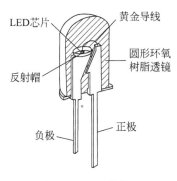

图 7.1　LED 结构图

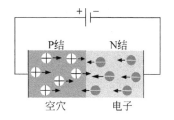

图 7.2　LED 发光原理示意图

LED 正向开启点的电压比硅或锗二极管要高。LED 承受反向电压的能力较差,一般最高反压为 3～4V,少数规格能达到 6～10V。在一定范围内,LED 的正向电流对亮度的控制近似线性关系,但在同样的平均电流条件下脉冲供电方式可获得更高的亮度。因此,在相同的功耗条件下对 LED 采取大幅值小占空比的电流脉冲驱动方式更为合适。在相同的正向电流条件下,LED 的发光亮度随着温度的增加而下降。例如,当温度从 25℃ 升高到 80℃ 时,亮度大约下降一半。因此,高温下一般采用脉冲驱动方式。就温度而言,工作温度最大值有＋65℃、＋80℃ 和＋100℃ 等,最小值一般为－65℃。

在具体应用中 LED 的额定电流各不相同,普通 LED 的额定电流一般为 20mA,大功率 LED 的额定电流为 40～350mA 不等。并且不同颜色的 LED 在额定的正向电流条件下,有着各自不同的正向压降值。例如,红、黄色 LED 的正向压降为 1.8～2.5V,绿色和蓝色 LED 的正向压降为 2.7～4.0V。

一般晶体管开关和 TTL 电路均可直接驱动 LED。当电流经 LED 的正向电流超过 LED 所能承受的最大电流峰值时,LED 将被烧坏。一般的做法是在电路设计上加上限流电阻使正向电流在安全范围之内。

这里介绍限流电阻阻值选择的计算公式,即

$$R = (\mathrm{VCC} - V_{\mathrm{LED}})/I_{\mathrm{LED}}$$

式中,VCC 为外部提供的加压;V_{LED} 为 LED 正向压降,I_{LED} 为 LED 的工作电流。这些参数可从数据手册中查到准确数据。若 $I_{\mathrm{LED}} = 20\mathrm{mA}$,$V_{\mathrm{LED}} = 2.0\mathrm{V}$,$\mathrm{VCC} = 3.0\mathrm{V}$,则限流电阻的大小是$(3.0-2.0)/0.02 = 50\Omega$。

LED 与单片机引脚的连接有两种方式,如图 7.3 所示。图 7.3(a)所示的连接方式,引脚电平为高时 LED 变亮,低电平时变暗。如图 7.3(b)所示的连接方式,引脚电平为高电平时 LED 变暗,低电平时变亮。在此连接方式下,VCC 一般为单片机的工作电压。就功率而言,图 7.3(a)的连接方式要求提高较大的驱动功率。而图 7.3(b)的连接方式对驱动功率的要求较小。

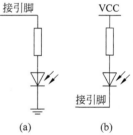

图 7.3 LED 的连接方式

7.1.2 LED 数码管

单个的 LED 可用作指示灯,但它也可以组合成数字或字符的形式用于显示数字或字符。LED 数码管就是这样的设备,它可以显示各种数字和字符。数码管按照段数(即 LED 的个数)可分为 7 段、8 段和 14 段三类。8 段数码管比 7 段数码管多一个小数点显示,14 段数码管又称为米字型数码管。段数越多能够显示的信息就越多,控制起来就越复杂。目前,8 段 LED 应用最为广泛,这里对其做一详细介绍。

1. LED 数码管结构及显示原理

8 段数码管的封装有多种形式,常见的有单联式、双联式和四联式,如图 7.4 所示。现以单联式数码管为例介绍其内部的结构。LED 数码管是由 8 个发光二极管封装在一起组成"8"字型的器件。各个发光二极管代表 8 字的一个笔画,为便于标识分别命名为 a 段、b 段、c 段、d 段、e 段、f 段、g 段、h 段,各个段之间是并联关系。它们之间的引线已在内部连接完成,外部只留出各个笔画的控制端和公共端。根据接法不同可分为共阴数码管和共阳数码管两类,图 7.5 和图 7.6 为它们内部连接原理。

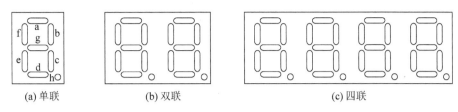

(a) 单联　　　　　　(b) 双联　　　　　　　　(c) 四联

图 7.4　数码管封装形式

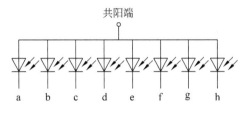

图 7.5　共阳数码管电路原理图

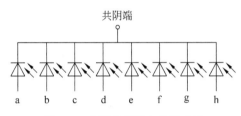

图 7.6　共阴数码管电路原理图

与单个 LED 相似,在数码管具体使用时也需要选择限流电阻的阻值。阻值越大,工作电流就越小,当然亮度也就越低;反之亮度就越高。但阻值不能太小,工作电流过大会烧坏数码管。通常将限流电阻的位置放在段选择引脚处,不推荐放在公共端。如果放在公共端则会造成显示不同数字时,数码管的亮度不同。

2. 数码管译码方式

数码管要显示数字必须完成将字符或数值转换成对应的段编码,即数码管的译码。数码管的译码方式有硬件译码和软件译码两种。

硬件译码是指通过专门的硬件电路(如专用译码 IC 芯片)来实现显示字符与字段编码间的转换。目前具有该功能的集成电路很多,例如 MC14495、CD4511 和 74LS48 等。它们一般是接收外部 4 位二进制的输入然后自动输出相应的字段编码。这类译码器不但提供了译码功能而且还提供如消隐、锁存和驱动等其他辅助功能,功能强大且使用方便。由于使用了专用译码芯片,译码功能不占用 CPU 时间,便于监测和控制,简化了程序设计的复杂度。该方式的缺点是增加了电路设计的复杂性,设计成本较高。

软件译码采用单片机软件编程方式,使单片机直接输出译码值即数字编码。通常采用查表的方式实现译码。利用软件译码方式时需要将数码管的 a~h 段的引脚都与单片机的引脚直接或间接相连。软件译码不需要专用的译码或驱动器件,不会增减硬件上的开销,系统设计比较灵活。但程序设计难度有所增加,该方式的驱动功率一般不大。

现在介绍数码管的字段编码与显示字符的对应关系。由于共阴数码管和共阳数码管的连接方式不同,相同数字对应的编码也不一样,具体见表7.1。由表可以看出,共阴、共阳数码管的编码互为反码关系。在实际电路设计时一定要注意各段的排列次序,不同的排列次序对应不同的编码表。通常采用 h~a 或 a~h 的依次排列顺序。

表 7.1　共阴、共阳数码管编码对照表

共阴数码管			共阳数码管		
hgfe dcba	十六进制	显示的数字	hgfe dcba	十六进制	显示的数字
0011 1111	3F	0	1100 0000	C0	0
0000 0110	06	1	1111 1001	F9	1
0101 1011	5B	2	1010 0100	A4	2
0100 1111	4F	3	1011 0000	B0	3
0110 0110	66	4	1001 1001	99	4
0110 1101	6D	5	1001 0010	92	5
0111 1101	7D	6	1000 0010	82	6
0000 0111	07	7	1111 1000	F8	7
0111 1111	7F	8	1000 0000	80	8
0110 1111	6F	9	1001 0000	90	9
1000 0000	80	.	0111 1111	7F	.

例 7.1　若一共阴数码管与 MSP430F261x 单片机直接相连,引脚的 P1.0~P1.7 依次接到数码管的 a~h 段,如图 7.7 所示。试编程实现依次循环显示数字 0~9。

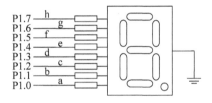

图 7.7　数码管与单片机直接连接图

解　利用查表法可以很容易地写出程序。但需要注意,显示数字时要有一定延时,以便人眼能够看清楚,具体程序如下。

```
# include "msp430x26x.h"
void main(void)
{
  unsigned char table[10] = {0x3F,0x06,0x5B,0x4F,0x66,0x6D,0x7D,0x07,0x7F,0x6F};
  unsigned int n,i;
  WDTCTL = WDTPW + WDTHOLD;
  P1DIR | = 0xFF;
  P1OUT = 0;
  while(1)
  {
    for(n = 0; n < 10; n++)
    {
      P1OUT = table[n];
      for(i = 0; i < 60000; i++);
    }
```

```
    }
}
```

例7.2　利用专用译码芯片实现数码管的字符显示。设专用芯片的输出高电平有效，适用于共阴数码管。专用译码芯片、数码管以及 MSP430F261x 单片机之间的连接关系如图 7.8 所示。试编程实现依次循环显示数字 0～9。

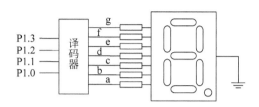

图 7.8　数码管与单片机间接连接图

解　由于采用硬件译码芯片，显示程序就变得十分简单。但为了便于人眼能够看清楚显示的数字，需要有一定延时，具体程序如下。

```c
# include "msp430x26x.h"
void main(void)
{
  unsigned int n,i;
  WDTCTL = WDTPW + WDTHOLD;
  P1DIR | = 0x0F;
  P1OUT = 0x00;
  while(1)
  {
    for(n = 0; n < 10; n++)
    {
      P1OUT = n;
      for(i = 0; i < 60000; i++);
    }
  }
}
```

对比上面两个例子容易看出，硬件译码方式的程序较简单，占用 I/O 引脚少；但电路设计复杂，设计成本高、灵活性差。软件译码方式的程序设计复杂性增加、不增加额外硬件资源、设计灵活性高；但占用 I/O 引脚较多、消耗一定的 CPU 资源。

3. 数码管显示方式

数码管显示方式是数码管显示字符的方式，它有静态显示和动态显示两种方式。

（1）静态显示。当数码管处于静态显示时，所有数码管的公共端直接接地或接电源。各个数码管的段选线分别与 I/O 引脚相连，如图 7.9 所示。要显示的字符通过 I/O 引脚直接送到相应的数码管中显示。可见与各数码管相连的 I/O 引脚是专用的，显示字符的过程无须扫描、节省 CPU 时间、编程简单。每个数码管都占用独立的信号通道，导通时间达 100%，所以显示字符无闪烁且亮度高。该方式的最大缺点是占 I/O 引脚太多，若采用 n 个数码管时就需要 $8 \times n$ 个 I/O 引脚。因此，I/O 引脚较少的单片机在使用多个数码管时无法使用静态显示方式。通常,静态显示主要用于一个数码管的显示。若确实需要使用多个数码管通常采用下面的动态显示方式,该方式具有节约 I/O 资源的特点。

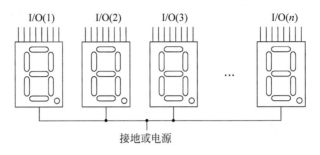

图 7.9　静态显示连接示意图

(2) 动态显示。动态显示也就是动态扫描显示,是单片机应用系统中使用最为广泛的一种显示方式。它将所有的数码管的段选线并联在一起并使用一组 I/O 对其进行控制。每个数码管的公共端作为单独的控制通道由另一组 I/O 进行控制,具体的连接方式如图 7.10 所示。

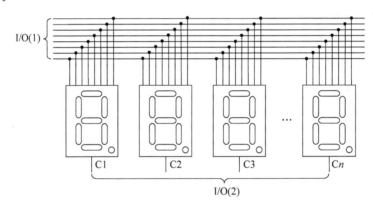

图 7.10　动态显示连接示意图

现以图 7.10 为例介绍一下动态显示的工作原理。假设数码管为共阴极数码管,并采用由左至右的扫描顺序。首先使左边第一个数码管的公共端 C1 为 0,其余的数码管的公共端为 1。然后通过 I/O(1)送出左边第一个数码管要显示字符的字段编码。这时只有左边第一个数码管显示,其余不显示。接着使左边第二个数码管的公共端 C2 为 0,其余的数码管的公共端为 1。然后通过 I/O(1)送出左边第二个数码管要显示字符的字段编码。这时,只有左边第二个数码管显示,其余不显示。以此类推,直到最后一个,这样数码管就可以轮流显示相应的信息,一个循环完后下一循环又这样轮流显示。尽管数码管是逐个显示,但由于人眼具有视觉暂留效应,只要循环的周期足够快,所有数码管看起来是一起显示的。这个循环周期也称为刷新周期,即所有数码管被轮流点亮一次所需要的时间。一般刷新周期控制在 5～10ms 之间,即刷新频率在 100～200Hz 之间。这样既保证数码管都可以被点亮,也保证数码管不会产生闪烁现象。

由上述工作原理可知,数码管处于闪烁状态,每个数码管导通时间为刷新周期的 $1/n$。为确保显示亮度,段驱动电流必须相应扩大 n 倍。与静态显示相反,动态显示方式的优点是使用的元器件较少、占 I/O 线少。例如,n 个 8 段数码管共需要 $8+n$ 个 I/O 引脚。缺点是由于需要对数码管逐个扫描,所以增加了 CPU 的时间开销和程序设计的复杂度。

例 7.3　已知单片机与共阴数码管的连接方式如图 7.11 所示。试编程实现稳定显示"2008"4 个数字的程序。

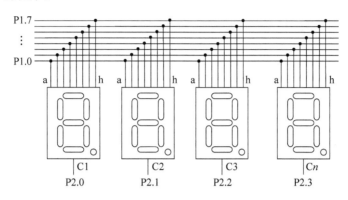

图 7.11　连接示意图

解　由图中数码管的连接方式可知,本程序需要使用动态扫描方式。根据动态显示的工作原理,首先绘制出该程序的流程图,如图 7.12 所示。根据流程图就可以容易地写出程序,具体程序如下。

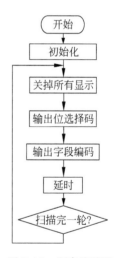

图 7.12　程序流程图

```c
#include "msp430x26x.h""
unsigned char Tab[10] = {0x3F, 0x06, 0x5B, 0x4F, 0x66, 0x6D, 0x7D, 0x07,
0x7F,0x6F};
unsigned char Pos[4] = {0x0E, 0x0D,0x0B,0x07};
unsigned char Buf[4] = {2,0,0,8};
void main(void)
{
  unsigned int n,i;
  WDTCTL = WDTPW + WDTHOLD;
  P1DIR | = 0xFF;
  P1OUT | = 0xFF;
  P2DIR | = 0x0F;
  P2OUT | = 0x0F;
  while(1)
  {
    for(n = 0; n < 4; n++)
    {
      P2OUT = Pos[n];
      P1OUT = Tab[Buf[n]];
      for(i = 0; i < 6000; i++);
    }
  }
}
```

上面的程序中使用了数据缓冲区的概念,具体表现是定义数组 Buf。在执行时程序会定时到数据缓冲区中取数、查表译码,然后输出到数码管中。如果要改变显示的内容,只需改变 Buf 数组中的值就可以了。其他部分无须修改。适当使用数据缓冲区可以避免 CPU

无谓的等待,提高程序的执行效率。

此外,在程序设计时还应注意以下两点:①在点亮数码管后要保持一段时间,然后点亮下一个;②换位显示时通常要使所有的数码管处于全灭状态。这样做的目的是为了避免前一个数据对当前数据的影响,有时也称为"消影"。

7.1.3 点阵 LED

点阵 LED 出现的时间可追溯至 20 世纪 80 年代,它类似于数码管,是一种组合型 LED 点阵显示器。它以 LED 为像素,将高亮度的 LED 以阵列的形式组合,并使用环氧树脂和塑模封装而成。封装好的点阵 LED 模块具有亮度高、引脚少、视角大、寿命长、耐湿、耐冷热、耐腐蚀等特点。

点阵 LED 显示模块,既可代替数码管显示数字,也可显示各种中西文字、符号、图形、图像等,因此被广泛应用。LED 点阵模块的大小有 4×4、4×8、5×7、5×8、8×8、16×16 等规格。

根据 LED 发光颜色的多少,又分为单色、双基色、三基色等。单色点阵只能显示固定色彩,如红、绿、黄等单色。三基色 LED 显示屏可实现真彩色显示,目前已在新闻媒介和广告宣传中广泛应用。广告显示屏最大的特点是使用的 LED 数目大,少则几百个、多则几十万个。现以 8×8 点阵 LED 模块为例介绍点阵 LED 的工作原理。

1. 8×8 点阵 LED 模块的结构

8×8 点阵模块是由 64 个 LED 组成的,按照 8 行 8 列的形式等距离排列,其外形如图 7.13 所示。从内部结构上看,每个 LED 放置在行线和列线的交叉点上。当对应的某一行线置高电平,列线置低电平时,相应的 LED 就发光变亮。因此,8×8 点阵模块可以用于显示数字、西文字符、简单的中文文字,甚至可以显示简单的图形,如图 7.14 所示。

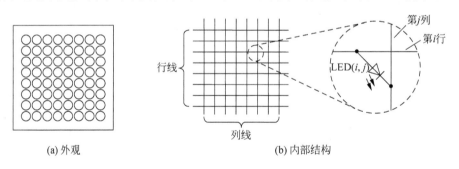

(a) 外观　　　　　　　　　　(b) 内部结构

图 7.13　8×8 点阵 LED 显示屏结构示意图

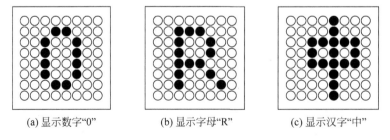

(a) 显示数字"0"　　　　(b) 显示字母"R"　　　　(c) 显示汉字"中"

图 7.14　LED 显示屏字符信息

2. 字符编码原理

与数码管显示字符要编码一样,点阵 LED 模块要正确显示字符也需要事先编码,但点阵 LED 模块的字符编码要复杂得多。

由上面的介绍可知,行线为高电平,列线为低电平时交叉点的 LED 导通变亮。为了便于理解,现把每一行的 8 个 LED 看作一个特殊的 8 段数码管。这样每一行的行线就是该数码管的公共端,若公共端高电平有效,则每一行都是一个共阳数码管。因此,对于每行 LED 的显示信息进行编码,方法类同于共阳极数码管的编码方式。现以字符"0"的编码为例说明字符编码的工作原理。

当行线作为位选通线时,相对应的列值自上往下依次分别为 0xFF、0xE7、0xDB、0xDB、0xDB、0xDB、0xE7、0xFF,如图 7.15 所示。

当然,也可把每一列的 8 个 LED 看作一个特殊的 8 段数码管。此时每一列的列线就是该数码管的公共端。若公共端低电平有效,则每一列就是一个特殊的共阴数码管。这样就可以参照共阴数码管的编码方法进行编码了。同样,以字符"0"为例,当列线作为位选通线时,相对应的行值由左往右依次分别为 0x00、0x00、0x3C、0x42、0x42、0x3C、0x00、0x00,如图 7.16 所示。

	7	6	5	4	3	2	1	0
0	1	1	1	1	1	1	1	1
1	1	1	1	0	0	1	1	1
2	1	1	0	1	1	0	1	1
3	1	1	0	1	1	0	1	1
4	1	1	0	1	1	0	1	1
5	1	1	0	1	1	0	1	1
6	1	1	1	0	0	1	1	1
7	1	1	1	1	1	1	1	1

图 7.15 编码示意图(共阳型)

	0	1	2	3	4	5	6	7
7	0	0	0	0	0	0	0	0
6	0	0	0	1	1	0	0	0
5	0	0	1	0	0	1	0	0
4	0	0	1	0	0	1	0	0
3	0	0	1	0	0	1	0	0
2	0	0	1	0	0	1	0	0
1	0	0	0	1	1	0	0	0
0	0	0	0	0	0	0	0	0

图 7.16 编码示意图(共阴型)

3. 动态显示原理

LED 点阵模块的显示方式也有静态显示和动态显示两种。尽管静态显示原理简单、控制方便,但硬件接线复杂,在实际应用中一般采用动态显示方式。动态显示采用动态扫描的方式显示,实际使用时又分为逐点扫描、逐行扫描、逐列扫描三种方式。逐点扫描就是逐个 LED 扫描,即每次只扫描一个 LED 的明暗状态。逐行扫描和逐列扫描方式相近,即每次扫描一行 LED 或一列 LED 的状态。它们都属于动态显示方式,使用的原理也都是视觉暂留原理,所以从视觉效果上来看,三种并无差异。它们之间的差别主要是扫描频率。为了达到人眼视觉暂留要求,逐点扫描的刷新频率要比逐行扫描和逐列扫描方法高得多。因此,对于单片机应用系统来说,逐行扫描和逐列扫描方法使用得更为广泛。不过使用逐行或逐列显示时需要增加驱动电路以提高输出电流的驱动能力,否则 LED 亮度会不足或不均匀。

逐行扫描是指由峰值较大的窄脉冲电压驱动,从上到下逐次不断地对显示屏的各行进行选通,同时又向各列送出表示图形或文字信息的列数据信号,反复循环以上操作,就可显示各种图形或文字信息。现以 8×8 点阵模块显示字符"0"为例,说明逐行扫描方法的控制过程,如图 7.17 所示。

由图 7.17 可以看出，在逐行扫描方式中先通过行线从第一行开始依次选通每行的 LED，随后将列值送到该行，然后再进行下一行的扫描，直至最后一行。当扫描完最后一行后，接着开始第一行的扫描，依次循环反复。只要速度足够快，就可以显示清晰稳定的字符，如图 7.14(a)所示。

(a) 扫描第1行　(b) 扫描第2行　(c) 扫描第3行　(d) 扫描第4行
(e) 扫描第5行　(f) 扫描第6行　(g) 扫描第7行　(h) 扫描第8行

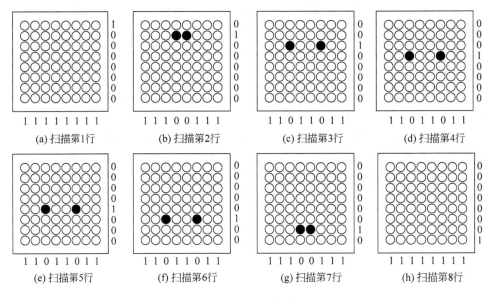

图 7.17　逐行扫描原理

例 7.4　试根据 8×8 点阵 LED 的显示原理编出数字“8”、字符“R”和汉字“中”的字形码，显示效果如图 7.18 所示。

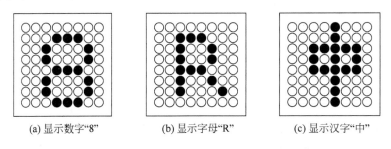

(a) 显示数字“8”　(b) 显示字母“R”　(c) 显示汉字“中”

图 7.18　8×8 点阵 LED 字符显示效果

解　由上可知，字符的字形码取决于扫描方式和显示方式，这里假设使用的逐行扫描方式并采用共阴方式显示。直接由图 7.18 写出字形码的难度较大，可采用将其转化为编码图，这样字形编码相对容易些。根据该方法，首先将图 7.18 中三个图分别转化为共阴型字符编码图(见图 7.19～图 7.21)。

0	0	0	0	0	0	0	0
0	0	0	1	1	1	0	0
0	0	1	0	0	0	1	0
0	0	1	0	0	0	1	0
0	0	0	1	1	1	0	0
0	0	1	0	0	0	1	0
0	0	1	0	0	0	1	0
0	0	0	1	1	1	0	0

图 7.19　数字“8”编码图

0	0	0	0	0	0	0	0
0	0	1	1	1	0	0	0
0	0	1	0	0	1	0	0
0	0	1	0	0	1	0	0
0	0	1	1	1	0	0	0
0	0	1	0	0	1	0	0
0	0	1	0	0	0	1	0
0	0	0	0	0	0	0	0

图 7.20　字母“R”编码图

0	0	0	0	1	0	0	0
0	0	0	0	1	0	0	0
0	0	1	1	1	1	1	0
0	0	1	0	1	0	1	0
0	0	1	1	1	1	1	0
0	0	0	0	1	0	0	0
0	0	0	0	1	0	0	0
0	0	0	0	1	0	0	0

图 7.21　汉字“中”编码图

由于采用逐行扫描,所以对每一行进行编码。对于数字 8 来说,它的字形码自上至下依次为 0x00,0x1C,0x22,0x22,0x1C,0x22,0x22,0x1C。同理,R 的字形码自上至下依次为 0x00,0x38,0x24,0x24,0x38,0x24,0x22,0x00。"中"的字形码自上至下依次为 0x08,0x08,0x3E,0x2A,0x3E,0x08,0x08,0x08。

例 7.5　已知某 8×8 点阵 LED 的行线依次接在 P1 口,列线依次接在 P2 口,试编程实现在其上显示数字 8。

解　这里采用逐行扫描方式进行显示,字形码采用共阴型编码。此时由 P1 口输出行选中信号,P2 口输出编码信号。接下来根据逐行扫描原理依次扫描显示各行数据,具体程序如下。

```
#include "msp430x26x.h"
unsigned char Tab[8] = { 0x00, 0x1C, 0x22, 0x22, 0x1C, 0x22, 0x22, 0x1C}; // 字形编码
unsigned char Pos[8] = {0xFE, 0xFD,0xFB,0xF7,0xEF,0xDF, 0xBF, 0x7F};    // 行选中信号
void main(void)
{
  unsigned int n, i;
  WDTCTL = WDTPW + WDTHOLD;
  P1DIR | = 0xFF;
  P1OUT | = 0x00;
  P2DIR | = 0xFF;
  P2OUT | = 0x00;
  while(1)
  {
    for(n = 0; n < 8; n++)
    {
      P1OUT = Pos[n];
      P2OUT = Tab[n];
      for(i = 0; i < 6000; i++);
    }
  }
}
```

现在点阵 LED 技术已经十分成熟。一些常见数字、中西文字符和简单图形的编码已作成字库的形式。在需要显示汉字或英文字符时直接调用字库就行了。另外,由于汉字的复杂程度不一样,一般见到的汉字编码通常是 16×16 规格的。通常点数越多,显示的效果就越好。为减小 LED 与单片机之间的连线、简化使用复杂度,通常采用专门的驱动集成电路完成 LED 的动态扫描和信息显示。

7.2　LCD 接口设计

7.2.1　LCD 显示原理

由 7.1 节知识可知,LED 自身是可以发光的。与此不同,LCD(Liquid Crystal Display)是一种被动显示器,它本身不发光。其核心材料是液晶,下面首先介绍液晶的特性。

1. 液晶

液晶(Liquid Crystal),顾名思义是液态晶体,它可以像液体一样流动但又具有某些晶

体结构特征。因其特殊的物理、化学、光学特性而被广泛应用在显示技术上。

1888 年,奥地利植物学者 F. Reinitzer 在胆甾醇的苯(甲)酸及醋酸酯化合物中发现了液晶。它是一种介于固体与液体之间,分子排列具有规则性的有机化合物。

大多数液晶物质中为有机化合物,其分子的形状一般为细长的棒状或扁平的板状。当液晶受到外界电场影响时,其分子会产生精确的有序排列,如图 7.22 所示。按照分子结构排列的不同分为三种:近晶型(Smectic)液晶、向列型(Nematic)液晶、胆甾型(Cholestic)液晶。这三种液晶的物理特性都不尽相同,其中,向列型液晶应用较多。

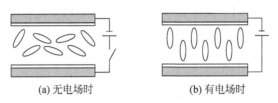

(a) 无电场时　　　　　(b) 有电场时

图 7.22　液晶的电场效应示意图

2. 相关光学现象

由光学知识可知,光是一种电磁波。由于电磁波是横波,所以振动方向与传播方向是垂直的。一般将振动方向和光波前进方向构成的平面叫作振动面。如果光的振动面只限于某一固定方向则叫作线偏振光或平面偏振光。从普通人造光源和天然光源直接发出的沿着各个方向振动的光波强度都相同的光,叫作自然光。因此,自然光是无数偏振光的集合。通常将自然光变成偏振光的光学元件叫偏振片(Polarizer)。在 LCD 中经常用到的是线偏振片,自然光经过线偏振片后变成线偏振光,如图 7.23(a)所示。线偏振片具有方向性,若两垂直方向的线偏振片并行放置,光线可以到达屏幕处,如图 7.23(b)所示。由于特定方向的线偏振片只能通过该偏振方向的光线,其他方向的光将被阻止通过。所以当两个互相垂直的线偏振片并行放置时,几乎没有光线到达屏幕,如图 7.23(c)所示。

若要使光线达到屏幕,必须使偏振光的振动面发生 90°或 270°的旋转才可以。实际上,线偏振光通过某些物质时其振动面将以光的传播方向为轴发生旋转,这在光学上称为旋光现象。液晶便具有该特性,因此只要在图 7.23(c)中的两个线偏振片之间加上特定液晶材料即可实现光线达到屏幕上,如图 7.23(d)所示。事实上,LCD 巧妙地利用了液晶的旋光现象。

3. LCD 显示原理

液晶显示器的截面图如图 7.24 所示。该液晶显示器无内置光源,依靠自然光显示信息。整个结构由很多层组成,形式上很像三明治。液晶显示器由上至下依次为上偏振片、上玻璃板、上电极基板、上配向膜、胶框、下配向膜、下电极基板、下玻璃板、下偏振片、反射板呈对称结构。液晶位于上下配向膜之间,由胶框密封以避免液晶泄漏。配向膜的作用是使液晶分子按照一定规则排列,如使液晶分子由上及下依次旋转排列。在上、下电极基板上分别接有电极,当电极基板有电压时电极之间就产生电场。上、下偏振片的线方向相互垂直。反射板用于反射外界进来的光线。

现以扭曲向列(TN)型液晶显示器为例阐述 LCD 的显示原理。首先在上、下透明配向膜间充入向列液晶(NP液晶)。上、下配向膜可使液晶分子的长轴在上下电极基板间发生 90°连续的扭曲,从而制成了向列(TN)排列的液晶盒。

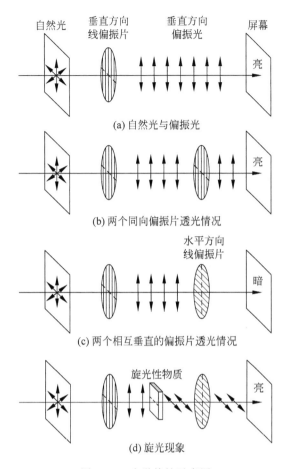

图 7.23　光学特性示意图

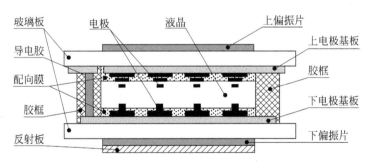

图 7.24　LCD 结构截面图

　　在不加电时,外界自然光从上向下照射,但只有一个特定的偏振光能够穿透下来,通过上玻璃板导入液晶盒中,进入液晶盒的偏振光通过液晶分子扭转排列的通路使偏振面旋转90°从下偏光板穿出。由于下面是反光板,由下偏光板射出的光线被发射回来,然后沿着入射时的光路射出上偏振片。所以人看起来是透亮的。

　　有反光板的 LCD 一般称为反射式 LCD。若将反光板替换为背光光源则称为透过式LCD。还有一种透反射式 LCD,它既有反射膜也有背照光源,反射膜有网状孔隙可以透过30%的背照明光。故白天可通过反射光显示,夜间可使用背照光源进行显示。

当电极间加上一定电压时,正、负电极之间产生电场。在电场的作用下,液晶分子会改变原先的排列状态,使该区域失去旋光特性。此时进入液晶盒的偏振光,其偏振面不会产生旋转。从液晶盒射出的光线也就无法穿过下偏振片。这样产生电场的区域就阻断了原来的光路,使该区域无反射光射出上偏振片。这样人眼看该区域即为黑色区域。若将该黑色区域制作成数字状,那么显示的就是数字了。当然,若电极间电场消失,该区域的液晶分子就会恢复旋光性,这样该黑色区域就会消失。

4. LCD 分类

由上面原理介绍可知,液晶分子的排列方式十分重要。根据液晶分子的排布方式,常见的液晶显示器分为 TN-LCD、STN-LCD、DSTN-LCD、TFT-LCD 等。这前三种显示原理相同,只是液晶分子的扭曲角度不同而已。例如,TN-LCD 为扭曲向列(Twisted Nematic)型 LCD,其液晶分子扭曲角度为 90°。STN-LCD 为超扭曲向列(Super TN)型 LCD,其液晶分子的扭转角度增大至 270°。增大扭转角度可增加对比度,因此有利于实现更佳的显示效果。DSTN-LCD 是双层超扭曲向列(Double Layer STN)型 LCD。它比 STN 更优异,显示画质较之更为细腻。TFT-LCD(Thin Film Transistor-LCD,薄膜晶体管 LCD)。TFT-LCD的结构与 TN-LCD 基本相同,只不过将 TN-LCD 上夹层的电极改为 FET 晶体管,而下夹层改为共通电极。这样一来,由于在画面中的每个像素内建晶体管,可使亮度更明亮、色彩更丰富及更宽广的可视面积。

TN-LCD、STN-LCD、DSTN-LCD 被称为被动式 LCD,由它们制作成的矩阵式 LCD 在亮度及可视角方面性能不佳、反应速度也较慢、画面质量不高,使得这类 LCD 难以发展为桌面型显示器。但由于它们制造成本低,在对显示要求不高的场合还有较大范围的应用,如黑白 LCD、段式 LCD 等。TFT-LCD 被称为主动式 LCD,它是目前应用比较广泛的主动式 LCD。

在浅色背景上显示深色的显示内容的显示方式称为正像显示。大多数用于显示数字、字符等信息的 LCD 都属于该类,而在深色背景上显示浅色的显示内容的显示方式称为负像显示。LCD 根据显示的颜色可分为黑白 LCD 和彩色 LCD。黑白 LCD 一般是黑底白字或白底黑字显示,彩色 LCD 又可分为单彩色显示和多彩色显示,其中,多彩色显示里面又分为伪彩色显示和真彩色显示。伪彩色只能显示 8~32 种颜色。真彩色可显示的颜色则至少256 种,最多可达至几十万种。一般来说,所能显示的颜色越多,其色彩表现能力就越强,也就越逼真。通常根据所能显示的信息,将 LCD 分为段式 LCD 和点阵式 LCD。段式 LCD 根据长条形像素进行显示,该 LCD 只能显示数字及个别字符,如"8"字型或"米"字型等。点阵式 LCD 根据矩形点像素进行显示,可以显示任何字符、数字、图形。

7.2.2 段式 LCD

段式 LCD 从显示效果上来看,与前面介绍的数码管具有很大的相似之处。但两者的显示原理却迥然不同。在数码管中,每段为一个发光二极管,即每段本身会发光。而段式LCD 则是依靠外界光源显示。首先介绍段式 LCD 的显示原理。

1. 显示原理

由上所述,LCD 是根据光电效应显示信息的。LCD 所能显示的内容与电极的形状密切相关,段式 LCD 的基本结构如图 7.25 所示。由图可知,段式 LCD 的结构与上面讲述的

LCD 结构基本一致,这里就不再重复。段式 LCD 的结构特点是段式 LCD 的电极组成了
"8"字形以显示 0～9 之间的任意数字。

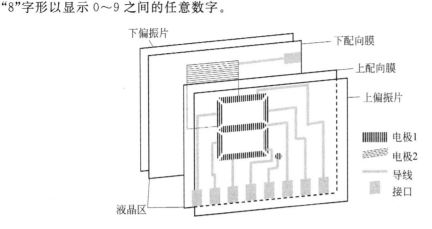

图 7.25　段式液晶显示原理示意图

与数码管相似,"8"字的每一笔画都称为一段(Segment)。公共电极引出的接口称为
COM 端,"8"字形中每个电极引出的电极称为段端。为了不影响显示,相关电极以及连接
电极的导线都由透明材料制成,所以在不加电情况下是看不出任何信息的。若要使某段显
示(即变黑),只需要给该段前后电极之间加上足够强的电场就可以了。

由电磁学知识可知,直流电和交流电均能产生满足需要的电场。但由于液晶分子长时
间处在直流电场中,将会导致液晶分子发生电化学反应和电极老化,进而迅速降低 LCD 的
寿命。据统计,使用直流电驱动时 LCD 的寿命仅 500h 左右,使用交流电驱动时可达
10 000h 左右。

因此,目前 LCD 中普遍采用交流电产生电场,并要求直流成分越小越好。产生交流电
信号的方法很多,这里介绍一种利用异或门产生交流电信号的方法,如图 7.26(a)所示。A
端接有交流电频率的信号;C 端是控制信号,用于控制 LCD 中段的显示;B 端为段电极,公
共电极与 A 端相连。当 B 端的波形与公共电极上的方波相位相反时为显示状态。

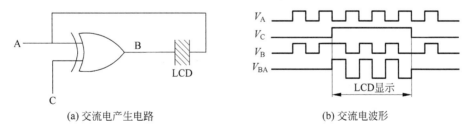

(a) 交流电产生电路　　　　　　　　(b) 交流电波形

图 7.26　产生交流电信号的逻辑框图

现在介绍该电路的工作原理,假设 A 端有一个方波,当异或门的 C 端为低电平时输出
端 B 的电位与 A 端相同,此时 LCD 前后电极间的电压为 0,所以 LCD 不显示;当异或门的
C 端为高电平时 B 端与 A 端的相位相反,前、后电极间呈现交替变化的电压,所以 LCD 显
示,具体波形参见图 7.26(b)。

2. 驱动方式

要使段式 LCD 能够显示数字,必须给相应段的前后电极加上足够的交流电。LCD 驱

动方式分为静态驱动和动态驱动。

(1) 静态驱动。静态驱动(Static Driving)又称为直接驱动。使用静态方法驱动段式LCD时,需要将每一个字段都分别引出一个电极(Segment)与共用电极(Common);每个段都需要单独驱动,不与其他电极复合使用直接驱动。因此波形合成较简单,只要在字段相对应的电极加上足够大的电压(大于液晶的起始电压)该字段便会显示;反之,此字段不显示。此情形与数码管的静态驱动十分相似。

该方法的优点是响应速度快、耗电少、驱动电压低、无鬼影、显示效果良好;缺点是驱动电极与显示的字段相对应,当显示字段较多时线路变得复杂。

(2) 动态驱动。当需要显示多位数字或字符时静态驱动的优点将被复杂的外部线路所掩盖。例如,需要显示 10 位数,利用静态显示时需要 $10×8+1=81$ 个电极,所以必须想办法减少段电极数。目前比较通用的方式是背面电路分成独立的若干个 COM 端,同时前面电极也做相应处理。这样一来 COM 端接线增多,但段电极数却降下来了。例如,将背电极分成 4 个 COM 端,相应前面的电极组合成两段电极,这样整个段电极与 COM 电极的组合同样可以是 8 个段的显示。同时外接电极数将大为减少。例如,同样需要显示 10 位数,在驱动方式下只需要 $10×2+4=24$ 个电极。由于该方式采用逐行扫描的方法,因此每次只能显示特定的段。当扫描频率达到一定数值之后,人眼便可以看到稳定的数字信息。所以其整个显示过程是不断扫描的过程。因此该方式称为动态驱动,又称为多工驱动或多路驱动。

通常根据公共端的个数又可分为 1MUX、2MUX、3MUX 和 4MUX。而 1MUX 即为静态驱动方式,其余均属于动态驱动。目前最为常见的是 4MUX 的段式 LCD,段间连接及显示原理如图 7.27 和图 7.28 所示。在驱动多位数字显示时各个 COM 端并行连接,各个段电极独立对外连接。由上可知,通过增加 COM 端可以在很大程度上减少引脚数目,但代价是增加了驱动电压的复杂性。

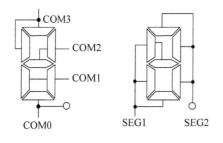

图 7.27 4MUX 连线示意图

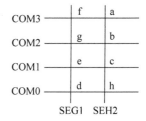

图 7.28 4MUX 动态扫描原理

3. 专用驱动集成电路

对于静态驱动而言,驱动电路相对简单,但对于目前常用的 4MUX 驱动而言,自行设计一个实用的驱动电路并非易事。因此,为了节约 I/O 引脚和降低设计的复杂度,一般不会使用单片机 I/O 引脚直接段式 LCD,通常是采用已封装好的集成电路芯片。部分 MSP430单片机中也集成段式 LCD 的模块,如 MSP430x4xx 系列。若使用该系列单片机可以直接使用内置的驱动电路直接驱动 LCD 显示。

目前段式 LCD 的驱动 IC 除了能够产生交流电信号、段电极与 COM 端的扫描信号以外,还集成了显存 RAM 以及串行通信协议。

7.2.3　点阵 LCD

点阵 LCD 的显示原理与段式 LCD 的显示原理基本相同,若将段式 LCD 的笔画段作成像素大小并均匀地排列在一起,就作成了简单的单色点阵 LCD。在简单的嵌入式系统应用设计中,点阵 LCD 可以灵活地显示字符、图像、文字等信息。常用的点阵 LCD 一般是低成本的单色 LCD,例如 1602 LCD 模块、12864LCD 模块等。在一些中端单片机上也逐渐使用 TFT 彩色 LCD,常用尺寸如 1.8 英寸、2.2 英寸、3.2 英寸、3.5 英寸等。为了减少对 I/O 端口的占用,单片机应用系统使用的点阵 LCD 模块大都集成了驱动。集成驱动的 LCD 模块与单片机的通信通常采用 SPI 协议,这主要是因为该协议传输速度快。

点阵 LCD 显示字符时一般需要字库提供字符点码。大部分嵌入式应用系统对汉字等字符的需求量仅约几十个汉字及特殊字符。因此,可以自编字库存放于系统程序 ROM 中,使用时通过查表程序调用即可。通常将自编的小型字库称为软字库。当汉字字符需求量较大时软字库已不能满足需要,这时就需要使用硬字库,硬字库实际上就是一个固化了字库信息的 ROM,它与 CPU 的接口设计方法与普通 ROM 设计完全相同。例如,GB5199A 硬字库内部固化了国标一、二级汉字,其 ROM 容量为 2Mb。

7.3　键盘接口设计

单片机应用系统中,键盘是实现人工输入数据、传送命令的主要输入设备。它提供一种在程序执行过程中人为干预单片机程序执行的方式。作为单片机系统设计中一种主要的信息输入接口,合理的键盘设计不仅可以节省系统的设计成本,还可以简化仪器设备的操作,提高系统综合性能。

键盘实际上是由一系列按键开关组成的,按其结构形式可分为编码式键盘和非编码式键盘两大类。编码式键盘是由其内部硬件逻辑电路自动产生闭合键的编码。这种键盘使用方便,但结构复杂、价格较贵。非编码键盘是通过软件编程方式扫描及识别闭合键。该类键盘只简单地提供键盘的行列矩阵,像按键闭合与释放信息的获取、键抖动的消除、键值查找及一些保护措施的实施等任务,均由软件来完成。故硬件较为简单、使用灵活,但占用 CPU 较多时间。由于非编码式键盘具有结构简单、成本低廉等诸多优点,在单片机应用系统中得到广泛应用。

在非编码式键盘中根据按键的组合方式不同,又分为独立式键盘和矩阵式键盘。独立式键盘的优点是电路配置灵活、软件结构简单、反应速度快。其缺点是每个按键需占用一根 I/O 端口线,在按键数量较多时,I/O 口浪费大。故该类键盘适用于按键较少或操作速度较高的场合。与独立式键盘相比,矩阵式键盘的优点是比较节省 I/O 端口。使用的按键数目越多,矩阵式键盘节省 I/O 端口的优势就越明显。矩阵式键盘的缺点是需要用软件处理消抖、重键等问题,加重了 CPU 的工作负担。相比于独立式键盘,结构也稍显复杂。

7.3.1　独立式键盘

1. 按键响应

独立式键盘就是各按键相互独立,每个按键各接一根 I/O 口线,每根 I/O 口线上的按键都不会影响其他的 I/O 端口,如图 7.29 所示。通过检测输入线的电平状态可以很容易判断哪个按键被按下了。

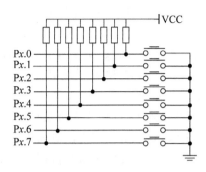

图 7.29　独立式键盘示意图

例 7.6　若 P1 端口接 8 个按键,连接方式如图 7.29 所示,P2 端口直接接 8 个 LED。LED 另一端直接接地。实现 P1.m 处按键控制 P2.m 的 LED。要求每按一次按键,相对应的 LED 的状态改变一次。

解　根据要求,现使用中断方式检测按键状态,程序如下。

```
# include "msp430x26x.h"
void main(void)
{
  WDTCTL = WDTPW + WDTHOLD;          // 关看门狗
  P2DIR | = 0xFF;                    // 设置输出方向
  P2OUT & = ~ 0xFF;                  // 初始化 LED,全部熄灭
  P1IES | = 0xFF;                    // 设置下降沿触发

  P1IFG = 0;                         // 清除中断标志位
  P1IE | = 0xFF;                     // 开启中断使能
  _EINT();                           // 开总中断
  LPM0;                              // 进入休眠模式
}

# pragma vector = PORT1_VECTOR       // P2 端口中断
__interrupt void PORT1_ISR(void)     // 中断服务函数
{
  if(P1IFG & BIT0)                   // 判断是否按下
  {
    P2OUT ^ = BIT0;                  // LED 状态转换
  }
  if(P1IFG & BIT1)                   // 判断是否按下
  {
    P2OUT ^ = BIT1;                  // LED 状态转换
  }
  if(P1IFG & BIT2)                   // 判断是否按下
  {
    P2OUT ^ = BIT2;                  // LED 状态转换
  }
  if(P1IFG & BIT3)                   // 判断是否按下
  {
```

```
    P2OUT ^ = BIT3;                         // LED 状态转换
    }
    if(P1IFG & BIT4)                        // 判断是否按下
    {
      P2OUT ^ = BIT4;                       // LED 状态转换
    }
    if(P1IFG & BIT5)                        // 判断是否按下
    {
      P2OUT ^ = BIT5;                       // LED 状态转换
    }
    if(P1IFG & BIT6)                        // 判断是否按下
    {
      P2OUT ^ = BIT6;                       // LED 状态转换
    }
    if(P1IFG & BIT7)                        // 判断是否按下
    {
      P2OUT ^ = BIT7;                       // LED 状态转换
    }
    P1IFG = 0;                              // 中断标志位清零
}
```

2. 功能扩展

在实际应用中,像图 7.29 那样的独立式按键应用因为过于浪费现在已经很少使用了。取而代之的一个方案是让一个传统按键可以处理诸如单击、双击、长短按等多个事件。每个事件具有特定的功能,例如,利用短按(即单击)事件可以进行切换系统的工作模式,长按事件可以开关机,双击则可以处理其他一些应用。

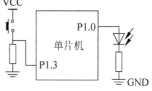

图 7.30 连接方式

例 7.7 单片机与按键和 LED 的连接方式如图 7.30 所示,请实现长短按键的功能,要求短按时开始或关闭 LED 闪烁,长按时改变 LED 闪烁样式。

解 长短按键的处理实际上是计算按键按下的持续时间 t。因此定义一个时间阈值 T。当时间大于时间阈值时就是长按键,反之则是短按键。至于双击按键,则是检测在某段时间 T_d 内短按键事件是否出现过两次。它们的按键波形如图 7.31 所示。

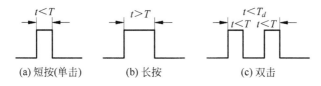

(a) 短按(单击)　　　　(b) 长按　　　　(c) 双击

图 7.31 不同功能按键波形

根据题意,这里仅给出长短按键的一种实现程序,具体程序如下。

```
# include "msp430x26x.h"
# define CPU_F ((double)1000000)            // MCLK 的主频
# define delay_ms(x) __delay_cycles((long)(CPU_F * (double)x/1000.0))
unsigned char Key = 1;                      // 按键状态处理 1: 短按键 2: 长按键
unsigned int CNT = 0;                       // 定时中断次数
```

```
unsigned char cnt_long;                          // 长按键次数
unsigned char cnt_short;                         // 短按键次数
void main(void)
{
  WDTCTL = WDTPW + WDTHOLD;                       // 关闭看门狗
  BCSCTL1 = CALBC1_1MHZ;                          // 1M 内部时钟
  DCOCTL = CALDCO_1MHZ;
  P1DIR |= BIT0;                                  // 设置 P1.0 为输出
  P1OUT &= ~ BIT0;                                // 设置初值 LED 熄灭
  P1REN |= BIT3;                                  // 配置上拉电阻
  P1OUT |= BIT3;
  P1IE |= BIT3;
  P1IES |= BIT3;                                  // 按键按下时触发
  P1IFG = 0;
  TACCR0 = 2500;                                  // 计到 2.5K,约 20ms
  TACTL = TASSEL_2 + ID_3 + MC_1 + TACLR;         // SMCLK,8 分频,增计数,清零
  TACCTL0 |= CCIE;                                // TACCR0 中断使能
  _BIS_SR(GIE);                                   // 开总中断
  while(1)
  {
    switch(Key)                                   // 按键动作
    {
    case 1:                                       // 短按状态时进行按键处理
    {
      if(cnt_short % 2)
        Key = 2;
      else
      {
        P1OUT &= ~ BIT0;
        LPM0;
      }
    }
    break;
    case 2:                                       // 长按初始状态
    {
      P1OUT ^= BIT0;                              // 翻转
      if(cnt_long % 2)
        delay_ms(1000);
      else
        delay_ms(100);
      break;                                      // 必须要,需要退出循环
    }
    }
  }
}

# pragma vector = PORT1_VECTOR                    // P1 中断向量
__interrupt void PORT1_ISR(void)
{
  unsigned int t, T = 500;
```

```
    if(P1IFG&BIT3)
    {
      delay_ms(5);
      if((P1IN&BIT3) == 0)                        // 按键按下 启动计时
      {
          CNT = 0;
          t = 0;
          TACTL = TASSEL_2 + ID_3 + MC_1 + TACLR;  // SMCLK(1M)、8 分频后(125K)、增计数
          P1IES& = ~BIT3;                          // 按键弹起时触发
      }
      else                                         // 按键弹起 停止计时
      {

          TACTL = 0;                               // 停止计时
          t = CNT * 20 + ((TAR * 20)/2500);
          if (t > T)
          {
            Key = 2;                               // 长按键
            cnt_long++;
          }
          else
          {
            Key = 1;                               // 短按键
            cnt_short++;
            LPM0_EXIT;
          }
          P1IES| = BIT3;                           // 按键按下时触发
      }
    }
    P1IFG = 0;
}


#pragma vector = TIMER0_A0_VECTOR
__interrupt void TimerA0_ISR (void)
{
  CNT++;
}
```

3. 抖动处理

上面是基于理想按键介绍其工作原理的,对于某按键电路如图 7.32(a)所示,其理想电压特性如图 7.32(b)所示。但实际上这种机械按键是难以产生出如此标准的波形的。原因是由于机械触点的弹性作用,一个按键开关在闭合时不会马上稳定地接通,在断开时也不会立即完全断开,因而在闭合及断开的瞬间均伴有一连串的抖动,如图 7.32(b)所示。抖动时间由按键的机械特性决定,一般为 5~10ms。按键稳定闭合时间的长短则由操作人员决定,一般为零点几秒至数秒。

通常情况下,按键每闭合一次仅做一次处理。但按键的抖动现象会导致按键闭合一次可能会被误读多次,因此按键的抖动现象必须消除。消除按键抖动现象的方法也称为消抖

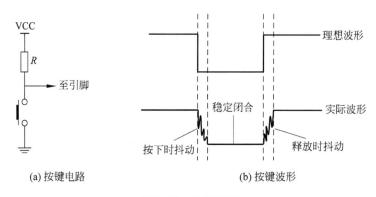

图 7.32 按键原理

方法。目前消抖方法主要有硬件和软件两种方法。硬件方法是通过设计相应电路来实现消抖,该方法适合按键数目少、实时性高的场合。其缺点是增加成本、当按键较多时实现非常困难。软件方法主要是通过延时多次读取键盘接口数据,通过比较前后两次读取键盘端口的数据来判断是否有键按下。该方法仅从软件上进行设计,不需要增加新的硬件。其缺点是由于使用了延时,导致实时性不高。加上不同类型单片机运行速度不一致,移植消抖程序相对比较烦琐。

1) 软件消抖方法

软件消抖主要是通过延时来实现的。由前述可知,按键的抖动时间一般为 5~10ms,利用软件延时将抖动信号屏蔽,以消除毛刺信号的不利影响。延时可有两种实现方式:一种是软件实现,即通过空循环实现;另一种是硬件定时器实现,即通过定时器中断,每中断一次则读取键盘接口的信号数据,如果与上次读取的数据不一致,说明当前读取的是前沿抖动数据,将当前的数据保留,等待下次定时器中断。如果当前读取的数据和前次读取数据相同,则说明读取的是稳定状态下的数据,则认为真正有键按下。当检测到按键释放后,需要延时 5~10ms 的时间,待后沿抖动消失后才能转入该键的处理程序。如图 7.33 所示为带有消抖功能的按键处理流程。

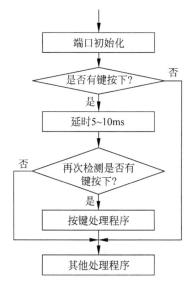

图 7.33 软件消抖程序流程

例 7.8 若按键与单片机的连接方式如图 7.30 所示,实现每按一次按键,LED 的亮灭状态就转换一次。

解 本例的延时采用比较精确的软件延时函数。具体实现方式如下。

```
#include "msp430x26x.h"
#define CPU_F ((double)1000000)                // MCLK 的主频
#define delay_ms(x) __delay_cycles((long)(CPU_F * (double)x/1000.0))
void main( void )
{
    WDTCTL = WDTPW + WDTHOLD;
```

```
    P1DIR |= BIT0;                              // P1.0 设为输出
    P1OUT &= ~ BIT0;                            // P1.0 输出低电平
    P1REN |= BIT3;
    P1OUT |= BIT3;
    P1IE |= BIT3;
    P1IES |= BIT3;
    P1IFG = 0;
    _BIS_SR(GIE + LPM0_bits);
}

#pragma vector = PORT1_VECTOR                   // P1 中断向量
__interrupt void PORT1_ISR(void)
{
    if(P1IFG&BIT3)
    {
        delay_ms(5);
        if((P1IN&BIT3) == 0)
        {
            P1OUT ^= BIT0;
        }
    }
    P1IFG = 0;
}
```

　　软件延时方法并不需要增加新的硬件,但使用软件延时时由于 CPU 处于"空转"状态,所以它会降低 CPU 效率。当然如果使用定时实现硬件延时,可以在一定程度上提高 CPU 的效率。但总地来说,延时方法会增加中断的处理时间进而影响其他中断的响应。因此,软件消抖方法可以"治标"但不能"治本",因为 I/O 引脚处的抖动现象依然存在。而硬件消抖方法则可以彻底消除 I/O 引脚处的抖动问题。

　　2) 硬件消抖方法

　　在按键数量较少时可用硬件消抖,硬件消抖根据硬件电路的复杂程度分为简单的硬件消抖和复杂的硬件消抖。简单硬件消抖通常是采用 RC 滤波电路滤除信号中毛刺,如图 7.34(a)所示。RC 滤波电路消抖的成本低、电路简单,但其工作不是很稳定,可能会出现过滤不彻底的情况,只适合对消除抖动要求不高的场合。如果对稳定性要求比较高,则需要采用相对复杂的硬件消抖电路,一般是利用 R-S 触发器或单稳态电路来实现消抖。

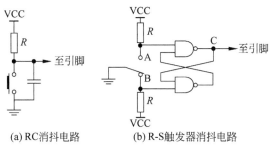

(a) RC消抖电路　　　　(b) R-S触发器消抖电路

图 7.34　常见硬件消抖电路

图 7.34(b)为利用 R-S 触发器设计的复杂硬件消抖电路原理图。核心电路是由两个"与非"门构成一个 R-S 触发器,R-S 触发器的状态见表 7.2,其目的是利用 R-S 触发器具有的记忆功能消除抖动信号。该电路的具体工作原理是当按键未按下时接 A 端,此时输出为 1。当按键按下时接 B 端,此时输出为 0。当按键悬空时,输出将保持先前的状态。

表 7.2　基本 R-S 触发器状态表

输入端		输出端	功　能
A	B	C	
0	0	-	不确定
0	1	1	值 1
1	0	0	值 0
1	1	不变	保持

当接 B 端时倘若发生抖动,由于按键不会返回到 A 端,即 A 端一直为 1,则双稳态电路输出保持为 0,不会产生抖动波形。也就是说,即使 B 端的电压波形是抖动的。但经 R-S 触发器之后其输出为正规矩形波。当然在按键接触 A 端时,也会产生抖动电压。分析方式同上,这里不再重复。在大多数场合下,使用软件消抖即可满足应用要求,因此这里仅对硬件消抖方法简单介绍。若需要详细资料请查阅相关书籍。

7.3.2　矩阵式键盘

1. 工作原理

当需要的按键数目比较多时,就需要矩阵式键盘,又叫行列式键盘。该类键盘用 I/O 端口线组成行、列结构,键位设置在行列的交点上。例如,4×4 的行、列结构可组成 16 个键的键盘,比一个键位用一根 I/O 口线的独立式键盘少了一半的 I/O 口线。

现以如图 7.35 所示的 4×4 矩阵键盘为例,详细说明矩阵式键盘的工作原理。使用矩阵式键盘时一般可分为两个步骤,第一步是检测键盘上是否有按键按下;若有按键按下时,再进行第二步,即识别是哪一个键按下的。

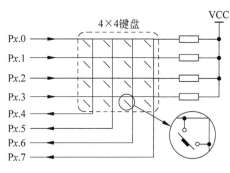

图 7.35　矩阵式键盘示意图

检测有没有键按下的方法是:首先使 Px.0～Px.3 引脚输出全零,即行线全部为低电平。接着读 Px.4～Px.7 引脚上的值,即读入列线的状态来判别。若 Px.4～Px.7 的值全为 1,则表明没有按键被按下。相反,若不全是高电平,则表明有键被按下。

识别按键的方法是:将行线逐行置低电平,检查列线输入状态,称为逐行扫描法。若将

列线逐列置低电平,检查行线输入状态,称为逐列扫描法。两者原理相同,这里以逐行扫描
为例,介绍具体扫描过程。从 $Px.0$ 开始,依次输出"0",置对应的行线为低电平,然后从
$Px.4\sim Px.7$ 读入列线状态,如果全为"1",则按下的键不在此列;如果不全为"1",则按下的
键必在此列,而且是该列与"0"电平行线相交的交点上的那个键。

　　逐行扫描法要逐列扫描查询,若被按下的键处于最后一列时,要经过多次扫描才能
最后获得此按键的行列值。接下来介绍另外一种方法就是线反转法,该方法很简练,无
论被按键处于第一列或是最后一列,均只需两步便能获得按键的行列值,具体过程如
图 7.36 所示。

　　首先确定按键所在列:如图 7.36(a)所示,此时行线 $Px.0\sim Px.3$ 为键盘的输入线,列
线 $Px.4\sim Px.7$ 为键盘的输出线。在无按键按下时,$Px.4\sim Px.7$ 均为高电平。若将
$Px.0\sim Px.3$ 全部置零,此时检测列线。列线中电平由高变低的列即为按键所在列。

　　接着确定所在行。如图 7.36(b)所示,与第一步相反,将行线 $Px.0\sim Px.3$ 设为键盘输
出线,列线 $Px.4\sim Px.7$ 设为键盘输入线。在输入线全为零电平的情况下,则行线中电平由
高变低的行即为按键所在行。至此便可确定按键所在行和列,从而识别所按的键。该方法
比行扫描法速度要快,但在硬件电路上要求行线与列线均需有上拉电阻,故比行扫描法稍复
杂些。

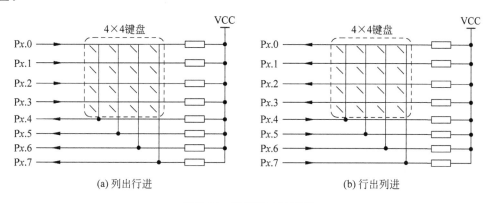

图 7.36　线反转法示意图

　　例 7.9　已知 MSP430F261x 单片机与 4×4 矩阵式键盘的连接方式如图 7.37 所示。
试按照以下要求编写键盘的扫描子程序。

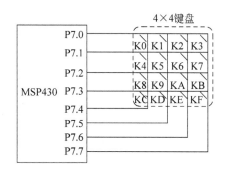

图 7.37　矩阵式键盘与单片机连接示意图

解 对于键盘扫描程序有多种方法,这里列举两种扫描方法。

(1) 逐行列扫描法。

```c
unsigned char KeyScan_Line_Scan(void)
{
  unsigned char Temp_1, Temp_2;
  P7REN = 0xF0;                              // P7.4~P7.7 启用上拉/下拉电阻
  P7OUT = 0xF0;                              // P7.4~P7.7 设定上拉电阻
  P7DIR = 0x0F;                              // P7.0~P7.3 为输出方向  P7.4~P7.7 为输入方向
  P7OUT = 0xF0;                              // 先将所有行线拉低
  if((P7IN&0xF0) != 0xF0)                    // 如果列线有变化
  {
    Delay( );                                // 延迟一段时间
    if((P7IN&0xF0) != 0xF0)                  // 若此时此刻列线还有变化,说明确实有按键
                                             // 按下
    {
      Temp_1 = 0xFE;                         // 用变量保存下第一次发送的扫描码 1111,1110:
                                             // 第一行

      while((Temp_1 & 0x0F)!= 0x0F)
      {
        P7OUT = Temp_1;                      // 给 P7 口赋扫描码,每次只拉低一行
        if((P7IN&0xF0) != 0xF0)              // 如果判断为真,则说明找到了按键按下的行
        {
          Temp_2 = (P7IN&0xF0) | 0x0F;       // 计算识别码的算法,灵活性很大
          return ((~Temp_2) + (~Temp_1));    // 返回识别码,每个识别码对应一个按键
        }
        else                                 // 否则依次将第二,第三,第四行拉低
        {
          Temp_1 <<= 1;
          Temp_1 |= 1;
        }
      }
    }
  }
}
```

(2) 线反转法。

```c
unsigned char KeyScan_Line_Turn(void)
{
  unsigned char Temp_1, Temp_2;
  P7DIR = 0x0F;
  P7REN = 0xF0;
  P7OUT = 0xF0;                              // P7 口高 4 位作为输出,输出 0,低 4 位作为输入
  if((P7IN & 0xF0) != 0xF0)                  // 如果按键有反应,行有按下,按下行读入 0
  {
    Delay();                                 // 延时去抖
    Temp_1 = P7IN;
    if((P7IN & 0xF0) != 0xF0)                // 如果为真,则确实有按键按下
```

```
    {
      Temp_1 = P7IN;                        // 把这时 P7 口状态保存在一个变量中
      P7DIR = 0xF0;
      P7REN = 0x0F;
      P7OUT = 0x0F;
      Delay();
      Temp_2 = P7IN;                        // 把 P7 口状态保存在变量中,按下列读入
      return (~(Temp_1 | (Temp_2 & 0x0F))); // '或'操作,返回识别码
    }
  }
}
```

在单片机应用系统设计中,按键数一般较少且功能单一。因此,几乎不使用组合键。但实际在使用中,由于按键集中排列,按键操作时可能会遇到几个键同时按下或一个键还未释放另一个键已按下的情况。显然,这种情况极有可能会导致按键识别的混乱。为避免此类情况出现,首先在按键操作时应尽量避免人为因素。其次是一旦发生此类情况,技术上应该有相应的处理措施。

对于多键同时按下的情况一般称为串键或叠键。防止串键的方法有机械连锁法和软件判别法。其中,机械连锁法在单片机应用系统设计中很少使用,这里主要介绍软件判别法。软件判别法又分为先入为主法和后释为主法。先入为主法是指首先识别的按键未释放时不再读其他键。与此类似,后释为主法是指当有多个按键按下时,只识别处理最后释放开的按键。

2. 按键扫描方式

单片机应用系统中,按键扫描只是 CPU 的工作内容之一。CPU 忙于各项任务时如何兼顾按键的输入是必须考虑的问题,即如何设计按键的工作方式。确定按键工作方式的原则是:既能保证及时响应按键操作,又不过多占用 CPU。因此,一个高效的按键处理应做到:确保对按键的响应速度,不能丢键;对主程序的影响小,不能影响系统中其他并行处理任务的执行;扫描算法稳定、易于扩展和修改;功耗小、效率高。目前,按键的扫描方式大致为程序查询方式、定时查询方式和中断扫描方式。

1) 程序查询方式

程序查询方式是指 CPU 对键盘的扫描采取程序查询方式,该方式的流程如图 7.38 所示。可见,按键处理程序与主程序一起构成主循环。主程序每执行一次则按键处理程序被执行一次,进而对按键进行一次检测。如果没有键按下,则跳过按键识别,直接执行主程序;如果有键按下,则通过按键识别确定按键的编码值,然后根据编码值进行相应的处理,处理完后再回到主程序执行。由于考虑到按键速度约为每秒几次,所以设计键盘检测程序时为避免漏检按键,应保证主循环的周期在 100ms 左右,即每个 100ms 就要检测一次按键。

例 7.10　现有一独立按键 K1,一端接到单片机 P1.1 脚上,

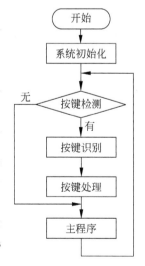

图 7.38　程序查询流程图

另一端接 VCC。试编写程序实现当 K1 按下时 P2.1 输出高电平,否则输出低电平。

解 这里使用程序查询的方式实现该功能。首先配置引脚功能,将 P1.1 设为输入方向且对于引脚使用下拉电阻,即按键按下引脚处为高电平;反之为低电平。P2.1 设为输出方向,且初始化输出为低电平。

```
# include "msp430x26x. h"
void main(void)
  {
  WDTCTL = WDTPW + WDTHOLD;
  P1REN | = BIT1;                          // 使用上下拉电阻
  P1OUT & = ~ BIT1;                        // 设为下拉电阻
  P2DIR | = BIT1;                          // 输出方向
  P2OUT & = ~ BIT1;                        // 输出低电平
  while(1)
  {
    if(P1IN&BIT1)                          // 检测 K1 是否被按下
      P2OUT | = BIT1;                      // K1 键被按下,输出高电平
    else
      P2OUT& = ~ BIT1;                     // K1 键未按下,输出低电平
  }
 }
```

2) 定时查询方式

经上面的介绍可知,在程序查询方式中按键处理的间隔时间直接取决于主程序执行环境。若遇到极端情况,将可能出现对按键操作响应不及时的现象。另外,在主循环中调用延时程序消抖也有可能影响主程序中其他并发事件的处理。所以程序查询方式的效率较低。为了提高执行效率和可靠性,人们探索了另一种工作方式,即定时查询方式。

定时查询方式是利用单片机内部的定时器产生定时中断(例如 10ms),CPU 每次响应定时中断就对按键进行一次检测扫描,若有键按下则识别出该键并执行相应的按键处理程序。若没有则返回主程序。该方式处理流程如图 7.39 所示。CPU 工作在该方式下定时地扫描按键,其余时间可以处理其他事务。这样 CPU 的利用率就得到一定的提高。由于按键扫描间隔由定时器确定,所以基本上避免了漏键或按键响应不及时的问题。

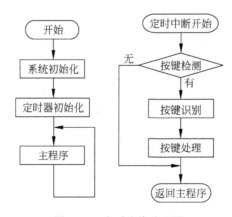

图 7.39 定时查询流程图

例 7.11 利用定时扫描方式重新实现例 7.10 的功能。

解 定时扫描方式需要 MSP430 单片机的定时器资源,这里使用看门狗定时器的定时功能,以说明该扫描方式的程序设计方法。

```
# include "msp430x26x.h"
void main(void)
{
  WDTCTL = WDT_ADLY_16;              // 定时 16ms
  IE1 | = WDTIE;                     // 打开 WDT 中断使能位
  P1REN | = BIT1;                    // 使用上、下拉电阻
  P1OUT& = ~ BIT1;                   // 设为下拉电阻
  P2DIR | = BIT1;                    // 输出方向
  P2OUT& = ~ BIT1;                   // 输出低电平
  __bis_SR_register(LPM3_bits + GIE);  // GIE 置位,进入 LPM3
}

# pragma vector = WDT_VECTOR        // WDT 中断服务程序
__interrupt void WDT_ISR(void)
{
  if(P1IN&BIT1)                      // 检测 K1 是否被按下
    P2OUT | = BIT1;                  // K1 键被按下,输出高电平
  else
    P2OUT& = ~ BIT1;                 // K1 键未按,输出低电平
}
```

在本例中使用了看门狗定时中断,定时长度为 16ms。即该程序每 16ms 扫描一次按键的状态。与例 7.10 的程序相比,该程序在很大程度上减轻了 CPU 的负担。

3) 中断扫描方式

由上可知,按键工作在程序查询方式时,CPU 要不间断地对按键进行扫描,其间 CPU 不能进行其他任何工作,若 CPU 工作量较大,该方式不适应;定时扫描方式前进了一大步,只是定时地监视一下按键输入情况,其他时间 CPU 可以做其他事情。事实上,最高效的处理方式是,当有按键按下时通知 CPU 对按键操作进行处理;无按键操作时则不通知 CPU,让其处理其他事情。这种工作方式可由中断扫描方式实现。中断扫描即是当有按键按下时向 CPU 发送一个中断请求信号。得到 CPU 响应后,即对按键进行扫描与识别处理。处理完毕后,CPU 再继续进行原先的工作。中断扫描方式可极大地提高 CPU 的利用率。

例 7.12 利用中断扫描方式重新实现例 7.10 的功能。

解 这里利用 P1 端口的中断实现对 P1.1 处的按键状态进行检测并控制 P2.1 的输出电平,以说明该扫描方式的程序设计方法。

```
# include < msp430x26x.h >
void main(void)
{
  WDTCTL = WDTPW + WDTHOLD;
  P1REN | = BIT1;                    // 使用上、下拉电阻
  P1OUT& = ~ BIT1;                   // 设为下拉电阻
  P2DIR | = BIT1;                    // 输出方向
  P2OUT & = ~ BIT1;                  // 输出低电平
```

```
    P1IES & = ~ BIT1;                      // 设为上升沿触发
    P1IE | = BIT1;                         // 打开 P1.1 中断使能位
    P1IFG & = ~ BIT1;
    __bis_SR_register(LPM3_bits + GIE);    // GIE 置位,进入 LPM3
}

#pragma vector = PORT1_VECTOR
__interrupt void PORT1_ISR(void)
{
    if(P1IFG&BIT1)                         // 检测中断源是否是 K1
    {
      if(P1IES&BIT1)                       // 检测是否为下降沿
        P2OUT& = ~ BIT1;                   // 是下降沿即 K1 键弹起,输出低电平
      else
        P2OUT | = BIT1;                    // 是上升沿 K1 键按下,输出高电平
      }
      P1IES ^ = BIT1;                      // 改变检测边沿
      P1IFG = 0;
    }
```

经过上述介绍,已对按键的工作原理和按键的识别方法有了较为全面的认识。这里总结一下按键程序设计的一般方法。

(1) 根据具体应用确定按键与单片机的工作方式,即程序查询方式、定时查询方式和中断扫描方式;必须注意并非任何情况下都要使用中断方式,也不是任何时候都不能用程序扫描或定时扫描方式,一定要具体情况具体分析。

(2) 检测按键是否有键按下并识别具体哪一个按键被按下,进而获取按键的编号。对矩阵式键盘而言,扫描识别方法有逐行或逐列扫描法以及线反转法。此时按键编号也就是按键所在位置的行列号。注意在按键检测与识别过程中要使用消除抖动的措施。

(3) 根据上一步获取的按键编号,用计算法或查表法得到相应按键的键值。不是所有按键的键值都是统一的,需要根据具体的应用设置富有特殊意义的键值。以 4×4 矩阵键盘为例,键值一般设为数字 0~9,剩下的按键作为功能键或字符键使用。

最后根据键值的功能调用相应的处理程序。

7.3.3 触摸按键

触摸感应检测按键简称触摸按键或触摸键,有时也称为触摸开关,是近年来迅速发展起来的一种新型按键。其核心技术是触摸感应技术,根据工作原理不同,常见的触摸技术有电阻式、电容式、红外线式以及表面声波式等类型。在这些技术中电容式触摸按键因其自身特点被广泛使用。下面简单介绍一下电容式触摸键的工作原理及在单片机中的应用。

1. 工作原理

电容式触摸键的常见形式如图 7.40 所示。其工作原理比较简单,就是 PCB 板上的一块覆铜焊盘(通常称为 Pad)与四周地信号构成一个感应电容。由于人自身是个导电体,当人触摸该按键时就会影响该电容值,具体如图 7.41 所示。在人触摸前 Pad 与四周地信号会产生一个基准电容 C_P。该电容主要由 Pad 与地之间的电容和电路寄生电容组成,其值由 PCB 材质和电路结构决定。在电路制成后,该值就确定了。当人触摸 Pad 时会引起焊盘电

荷的移动,等效于在 C_P 两端并联了一个寄生电容 C_F,该电容为人与 Pad 之间的寄生电容。因此当人触摸 Pad 时总电容变为 C_P+C_F。在使用时只要检测出 C_F 的存在即可确定是否有点触摸按键。

(a) 圆形触摸键   (b) 矩形触摸键

图 7.40   触摸键常见形状

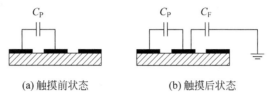

(a) 触摸前状态   (b) 触摸后状态

图 7.41   触摸前后电容变化

触摸按键实际上是通过检测人体手指带来的电荷移动情况来判断出人体手指是否触摸。电容式触摸按键由于不需要传统按键的机械触点,因此它不存在机械按键的缺陷。但由于感应电荷可以穿透绝缘材料外壳(玻璃、塑料等),所以触摸键比较安全、可靠、耐用。触摸按键的外形可以做得更加时尚、美观,便于生产安装以及维护。

检测触摸前后电容的变化是触摸键设计的关键技术之一,现在检测电容的方法有很多种。例如,可以检测触摸前后电流与电压相位差变化判断是否有人触摸;也可以由该电容构成一个振荡器,通过检测振荡器的频率变化确定是否有人触摸,当然还可以采用电容桥电荷转换的方法加以检测。但这些方法均需要专门的检测电路,设计比较复杂。这里将介绍另外一种简单、实用的检测方法,其基本原理是利用感应电容与电阻构成的 RC 回路检测充、放电时间的变化量,如图 7.42 所示。

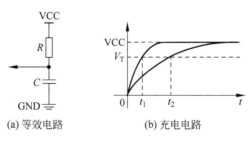

(a) 等效电路   (b) 充电电路

图 7.42   RC 检测原理

如图 7.42(a)所示为电容式触摸键的等效电路图,其中 R 为电阻、C 为电容。在人手触摸时 C 值发生改变,该电容的充电曲线也会发生改变,如图 7.42(b)所示。未触摸时电容为标称电容,充电至 V_T 时需要时间为

$$t_1 = RC_P \times \ln \frac{\text{VCC}}{\text{VCC} - V_T}$$

当触摸按键时电容增加,重新充电至 V_T 时需要时间为

$$t_2 = R(C_P + C_F) \times \ln \frac{\text{VCC}}{\text{VCC} - V_T}$$

理论上,只要检测出充电时间大于 t_1,即可认为该键被按下。但实际应用中为了使电容式按键更加灵敏、可靠、稳定,应尽可能增加 t_1 和 t_2 之间的差值。具体的方法有:①应使基准电容 C_P 尽量小且稳定抗噪。减小走线宽度、缩短走线长度、优化走线部件均可减小 C_P。适当增加按键与地之间的间隙也有利于减小 C_P。②尽量获得大的 C_F。在其他条件都相等的情况下,通常按键越大越好。小的按键因其表面积小,触摸电容(C_F)也很小,相应地灵敏度会较差。但是按键过大并不会显著提高 C_F,这是因为触摸的有效接触面积决定了 C_F 的最大值。所以对于手指而言,按键大小稍大于手指的接触面积即可。此外,减少铜盘与手的距离也能增加 C_F。任何形状的按键均可用于电容感应式触摸。不同的形状不会影响感应的性能,仅与板子的美观程度有关。而多个电容式按键组合在一起也可有更多功能,如它可以检测触摸的方向和位置。

2. MSP430 单片机应用实现

基于 MSP430 实现电容式触摸键的方法很多,这里介绍一种最简单的方法。在学习完后续章节后,也可使用其他方法实现该功能。

例 7.13 若 Pad 与 MSP430F261x 的 P3.0 相连、蜂鸣器与 P3.1 相连,如图 7.43 所示,此时上拉电阻可以省略。这是因为在引脚内部已经集成了上拉电阻。如果使用引脚没有集成上拉电阻的单片机时,必须使用上拉电阻;否则无法实现电容式按键功能。具体实现程序如下。

图 7.43 Pad 与单片机连接示意图

```
char TPad_GetKey(int Cnt)
{
  unsigned int Num = 0;
  P3DIR | = BIT0;                    // 设置 P3.0 为输出方向
  P3OUT& = ~ BIT0;                   // 输出 0,泄放掉 Pad 的电荷
  _NOP();
  P3DIR & = ~BIT0;                   // 设置 P3.0 为输入方向
  P3REN & = ~BIT0;                   // 开启上下电阻功能
  P3OUT | = BIT0;                    // 设置上拉电阻,此时开始向 Pad 充电
  while((P3IN&BIT0) == 0)            // 此时 Pad 一直处于充电阶段
  {
    Num++;                           // 连续计数,测量处于低电平的时间
  }
  If (Num > Cnt)                     // 当大于阈值时间时返回 1,表示按键被触摸
    retun(1);
  else                               // 否则返回 0,表示按键未被触摸
    return(0);
}
```

```
void Delay(void)
{
  unsigned int i;
  for(i = 0; i < 1000; i++);
}


char TPad_ScanKey(void)
{
  unsigned int Threshold;
  unsigned int n,tmp;
  for(n = 0; n < 5; n++)                    // 为避免干扰,连续采样 5 次
  {
    tmp += TPad_GetKey(Threshold);
    Delay();
  }
  if(tmp == 5)                              // 若被连续检测到 5 次,则确认被按下
    return(1);
  else                                      // 否则返回 0,表示按键未被按下
    return(0);
}


void main(void)
{
  P3DIR | = BIT1;                           // 设置 P3.1 为输出方向
  P3OUT & = ~ BIT1;                         // 输出 0
  while(1)
  {
    if (TPad_ScanKey())
      P3OUT | = BIT1;
    else
      P3OUT & = ~ BIT1;
  }
}
```

习题

7-1　介绍 LED 发光的基本原理。

7-2　简述 LED 数码管动态显示原理,并说明它与静态显示的差异。

7-3　编程实现在 8×8 点阵 LED 上依次循环显示数字 0～9。

7-4　简述 LCD 的基本显示原理。

7-5　段式 LCD 的驱动方式有哪些? 其优、缺点分别是什么?

7-6　通常专用集成驱动电路具有哪些特点?

7-7　阐述独立式键盘与矩阵式键盘的优、缺点,并说出各自的适用场合。

7-8　键盘的扫描方式有哪几种? 各自的特点是什么?

7-9　结合具体应用,实现长短按键功能。

7-10 结合具体应用,实现双击按键功能。

7-11 简述按键信号出现抖动的原因以及消除抖动的常用方法。

7-12 若 P1.0 处有一按键,首先编写程序验证机械按键存在抖动现象,其次编写消除抖动的程序。

注意:本题的抖动消除方法请采用一种改进的方法。做法提示:消抖的目的就是为了按键一次只让单片机采集到一次按键操作,所以可以让单片机采集到一次中断操作后在一段时间内不再响应该引脚中断,等时间过后再响应按键中断。

7-13 简述逐行扫描法和反向法的异同点。

7-14 对于矩阵式键盘,如何实现双键组合使用? 请给出详细方案。

7-15 方向键盘一般由 5 个独立按键组成,如图 7.44 所示。其每个按键与 MSP430 引脚直接相连,对应关系为:Up 键→P2.0、Down 键→P2.1、Left 键→P2.2、Right 键→P2.3、Enter 键→P2.4。每个按键的处理函数分别为:Key_Up()、Key_Down()、Key_Left()、Key_Right()、Key_Enter()。请分别利用程序查询方式、中断方式编写键盘处理程序。

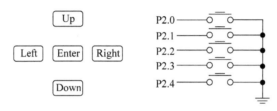

图 7.44 第 15 题图

7-16 电容式触摸按键的工作原理是什么?

7-17 简述电容式触摸按键的特点及应用情况。

7-18 使用 8 个数码管编程实现任意数值变量(不超过 8 位数)的显示。

7-19 在 7-18 题的基础上实现数值靠右边显示,左边不显示无效的零。

7-20 结合本章所学知识,利用 4×4 矩阵键盘自己尝试制作一个简单的计算器。要求实现整数的加、减、乘、除功能。要求:

(1) 给出键盘按键的功能结果图,以及与每个识别码的对应关系。

(2) 显示时要将无意义的零进行消隐处理。

(3) 画出程序流程图。

(4) 变量使用规范、注释清晰。

## 第 8 章

MSP430 单片机模拟信号处理

8.1 模拟信号处理概述

在日常生活中遇到的信号大多是模拟信号,如温度、压力、速度、电流、电压等。通常模拟信号由模拟电路进行处理,如微积分电路、放大电路、滤波电路等。但这种处理方式容易受到环境噪声的干扰,而且这种噪声干扰会累积使得信号受损而无法恢复原信号。数字信号处理技术的发展与普及,使得人们对模拟信号的处理有了新途径。

但单片机是一个数字系统,它是不能直接处理模拟信号的。若要使用单片机处理模拟信号就必须将模拟信号转换为数字信号。待单片机处理完后还需要将处理后的数字信号再变换成模拟信号。通常将模拟量转换为数字量的过程称为模数转换,将实现模数转换的电路称为模数转换器(Analog to Digital Converter,ADC)。同理,将数字量转换为模拟量的过程称作数模转换。实现数模转换的电路称为数模转换器(Digital to Analog Converter,DAC)。单片机控制系统中一般都有专门的电路负责模拟信号与数字信号间的转换。在具体应用中,模拟信号到数字信号的转换由 ADC 芯片或功能模块完成;数字信号到模拟信号的转换由 DAC 芯片或功能模块实现。

8.1.1 自动控制系统

自动控制系统是单片机传统的应用领域。在自动控制系统中,单片机既可以是核心控制单元,如简单的数字温控系统,也可以用于控制系统中的前端数据采集等。因此,有必要了解一下有关自动控制系统的知识。

自动控制系统是指在无人直接参与的条件下使用控制器使被控对象的某些物理量(或工作状态)能够自动按照期望规律或预定程序进行控制的系统。一个典型的自动控制系统通常由控制器、被控对象、执行机构和变送器组成。

就控制方式而言,自动控制系统有两种基本控制方式,即开环控制系统和闭环控制系统。开环控制系统中,控制器与被控对象之间只是正向作用,没有反向联系。它的特点是系统的输出量不会影响系统的控制,也不具备自动修正的能力。在闭环控制中,输出量直接或间接反馈到输入端形成闭环、参与控制。若有干扰使系统实际输出偏离期望输出时,系统便可利用负反馈产生的偏差去消除输出偏差,进而使系统实现期望输出。可见,闭环控制系统具有较强的抗干扰能力。闭环控制是自动控制系统最基本的控制方式,也是应用最为广泛的控制方式。

这两者之间的显著区别是有无使用反馈。此外,开环控制还具有反应速度快,控制简单的特点。闭环控制的优点是抗干扰能力强、稳定性高。目前,人们也在研究兼具开环控制和闭环控制优点的复合控制系统,其基本思路是在闭环控制的基础上,通过增设顺馈补偿器来提高系统的控制精度,从而改善控制系统的稳态性能,主要应用于高精度的控制系统中。

从处理信号的性质来看,自动控制系统可分为连续控制系统和离散控制系统。在离散控制系统中,最典型的是计算机控制系统。连续(模拟)控制系统只由硬件组成,但计算机控制系统包括硬件部分和软件部分。其中,软件是为实现特定控制目的而编制的专用程序,如数据采集程序、控制决策程序、输出处理程序和报警处理程序等。它们涉及被控对象的自身特征和控制策略等,由实施控制系统的专业人员自行编制。

与一般控制系统相同,计算机控制系统也有闭环控制系统和开环控制系统之分。若计算机不断采集被控对象的各种状态信息,然后按照一定的控制策略处理后输出控制信息直接影响被控对象,则该计算机控制系统就是闭环控制系统。若计算机只按时间顺序或某种给定的规则影响被控对象,或者计算机将来自被控对象的信息处理后向操作人员提供操作指导信息后再由人工去影响被控对象,则该系统就是开环控制系统。

与连续(模拟)控制系统相比,计算机控制系统具有环境适应性强、能够适应各种恶劣工业环境、控制实时性好、运行可靠性高、完善的人机联系方式等特点,可实现复杂的控制。伴随着计算机技术的发展与普及,计算机控制系统也被大量应用。

尽管自动控制系统类型多样,但是衡量自动控制系统性能优劣的基本指标是一致的,即稳、准、快。简单地说,"稳"是指系统必须稳定;"准"是指当系统响应达到稳定时输出的精度要高;"快"则是指系统阶跃响应的过渡要平稳、快速。

8.1.2 单片机控制系统

单片机控制系统是计算机控制系统。一个典型的单片机控制系统一般包括传感器、模数转换器(ADC)、单片机、数模转换器(DAC)以及相关执行部件,如图8.1所示。其中,传感器负责将外界环境中的被测对象(如温度、压力、光强等)转换成电信号;ADC的作用是将模拟电信号转换成数字信号;单片机负责对数据进行处理;DAC的作用是将单片机输出的数字信号转换为模拟信号;执行部件的作用是将模拟信号转换成需要的效果,如控制加热器获取合适的温度。这样整个单片机控制系统的工作过程就清晰了。

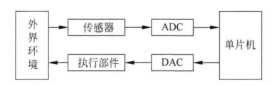

图8.1 典型的单片机控制系统

首先外界环境中的被测对象经传感器转化为模拟电信号(如电压或电流)。模拟的电信号再经过 ADC 转换为数字信号输入到单片机中进行处理。单片机根据需要将数据处理后输出的数字信号经 DAC 转换为模拟信号,并通过执行部件实现对外部对象的控制。可见,

ADC 和 DAC 在现代单片机控制系统中的地位举足轻重。

在单片机控制系统中,传感器通常作为系统的前端信息采集单元。由于单片机应用系统在测量和控制系统中的应用不断扩大和深入,传感器的作用也越来越重要。目前传感器已成为自动化系统和机器人技术中的关键部件。这里所指的传感器是一种能把物理量或化学量转变成便于利用的电信号的器件。常见的与人类 5 大感觉器官有关的传感器见表 8.1。此外,传感器还具有一些人类所不具有的特殊能力,例如,有些传感器可以感知紫外、红外线辐射、电磁场以及无色无味的气体等。传感器发展的趋势是性能更高、体积更小、能耗更低。

表 8.1 与人的感官器官有关的传感器

人的感官器官	与之有关的部分传感器
视觉	光敏传感器
听觉	声敏传感器
嗅觉	气敏传感器
味觉	化学传感器
触觉	压敏、温敏、流体传感器

一般来说,传感器的输出信号只有 μV 或 mV 级,需要采用高输入阻抗的运算放大器将这些微弱的信号放大到一定的幅度,有时还要进行信号滤波,去掉各种干扰和噪声,保留所需要的有用信号。送入 ADC 的信号大小与 ADC 的输入范围不一致时,还需进行处理使之匹配。

若测量的模拟信号有几路或几十路,考虑到控制系统的成本,一般采用多路开关对被测信号进行切换,使各种信号共用一个 ADC。多路切换的方法有两种:一种是外加多路模拟开关,如多路输入一路输出的多路开关有 AD7501、AD7503、CD4097、CD4052 等;另一种是选用内部带多路转换开关的 ADC,如 ADC0809 等。相比而言,后者使用的更多一些。

对于变化较快的模拟信号,为了保证模数转换的正确性,还需要使用采样保持器。目前大多 ADC 集成电路内部都集成采样保持器和多路开关。

8.1.3 MSP430 单片机集成的模拟设备

在现代单片机应用系统中模拟设备往往是必需的部件,同时该部分电路占用大量 PCB 面积,不利于提高可靠性和降低成本。单片机模拟外设一般是指与微控制器集成在同一芯片上的能够处理模拟信号的功能模块。MSP430 单片机集成了大量的模拟外设,这些模块极大地增强了单片机的功能,简化了系统设计的难度。同时由于单片机系统外围模拟电路的减少,使得 PCB 设计难度降低、成本缩小,系统的可靠性得到提高。

目前,MSP430 单片机中常用的模拟外设有模数转换器,不同型号模数转换外设的功能不尽相同,如 10 位转换精度的 ADC10 模块、12 位转换精度的 ADC12 模块、16 位转换精度的 SD16 模块、24 位转换精度的 SD24 模块。此外,还有 12 位转换精度的 DAC12 模块、运算放大器(OA)模块、比较器(COMP)模块、掉电复位(BOR)模块、系统电压监控器(SVS)模块、射频(RF)前端、模拟功能池(A-POOL)、LCD 驱动模块等。

考虑到这些模块的使用场合和频次,本章将介绍模数转换的基本原理与 MSP430 集成的 ADC12 模块和数模转换模块原理与 MSP430 集成的 DAC12 模块。其他模拟模块的使用方法与此大致相同,可参见相关数据手册和用户指导。

8.2 模数转换模块

8.2.1 模数转换概述

1. 模数转换原理

电学上的模拟信号主要是指幅值在时间域上连续的电信号。而数字信号(Digital Signal)则是指幅值是离散的且只在离散的时间点上有值(其他地方没有定义)。因此,由模拟信号转化为数字信号的过程,就是将时间离散化、幅值离散化的过程。时间的离散化可通过采样来实现,幅值的离散化则是由量化实现的。

模拟信号转化为数字信号的整个过程由采样、保持、量化与编码 4 个部分组成,如图 8.2(a)所示。采样就是按一定时间间隔采集模拟信号的过程。由于模数转换过程需要时间,所以采样得到的"样值"在转换期间是不能改变的。因此对采样得到的信号"样值"就需要保持一段时间,直到进行下一次采样。因此在实际的模数转换器中都会有保持电路。量化就是把采样得来的幅值按量化单位取整的过程。而将量化结果编码后才能得到数字量,这一过程就称为编码。常用的编码方式是二进制编码。

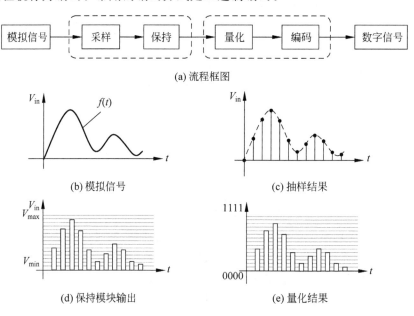

(a) 流程框图

(b) 模拟信号

(c) 抽样结果

(d) 保持模块输出

(e) 量化结果

图 8.2　模数转换示意图

对于如图 8.2(b)所示的模拟信号 $f(t)$ 而言,经过采样处理的结果如图 8.2(c)所示。此步骤完成了时间上的离散化处理。经过保持后则由原来的采样点序列变成了矩形脉冲序列,如图 8.2(d)所示。接下来就是量化-编码处理,量化-编码时要根据预先制定的量化-编码标准统一处理。若假设输入信号的幅值范围为 0～3.0V 并使用 4 位二进制编码,则量化-编码对照表如表 8.2 所示。根据此对照表很容易就能得到量化-编码的结果,见表 8.3。

表 8.2　量化-编码对照表（$V_{max} = 3V$ & $V_{min} = 0V$）

采样值（V_s）	量化值/V	编码值	采样值（V_s）	量化值/V	编码值
$V_s < 0.2$	0.0	0000	$1.6 \leqslant V_s < 1.8$	1.6	1000
$0.2 \leqslant V_s < 0.4$	0.2	0001	$1.8 \leqslant V_s < 2.0$	1.8	1001
$0.4 \leqslant V_s < 0.6$	0.4	0010	$2.0 \leqslant V_s < 2.2$	2.0	1010
$0.6 \leqslant V_s < 0.8$	0.6	0011	$2.2 \leqslant V_s < 2.4$	2.2	1011
$0.8 \leqslant V_s < 1.0$	0.8	0100	$2.4 \leqslant V_s < 2.6$	2.4	1100
$1.0 \leqslant V_s < 1.2$	1.0	0101	$2.6 \leqslant V_s < 2.8$	2.6	1101
$1.2 \leqslant V_s < 1.4$	1.2	0110	$2.8 \leqslant V_s < 3.0$	2.8	1110
$1.4 \leqslant V_s < 1.6$	1.4	0111	$3.0 \leqslant V_s$	3.0	1111

表 8.3　量化-编码结果

编号	实际值	量化结果	编码结果	编号	实际值	量化结果	编码结果
1	0	0	0000	7	0.41	0.4	0010
2	1.20	1.2	0110	8	0.82	0.8	0100
3	2.22	2.2	1011	9	1.40	1.4	0111
4	2.78	2.6	1101	10	1.10	1.0	0101
5	2.18	2.0	1010	11	0.42	0.4	0010
6	1.15	1.0	0101	12	0.30	0.2	0001

从电路设计角度组成上看，采样和保持通常由一个采样-保持电路实现，量化和编码作为模数转换的核心，也一般由一个功能电路实现。此外，为了能够用一个数模转换单元实现对多路信号的实时采集，通常会在模数转换前面加上一个多路选择开关，用于选择输入信号以实现对多路信号进行采集，其原理是对各路信号通过分时扫描转换。

若将模数转换后的数字信号再进行数模转换，就会得到还原的模拟信号。该信号与原输入信号的相似程度与采样速度（即采样频率）有关。若要使还原信号与原输入信号完全一致，采样频率必须满足采样定理才可以，即采样频率应不低于输入信号最高频率的二倍。例如，若输入模拟信号的最高频率分量为 100Hz，则采样频率应该不低于 200Hz。

2. 模数转换器的分类

由前述可知，能够实现模数转换功能的器件称为模数转换器（ADC）。目前 ADC 种类多、功能强，但通常使用的 ADC 主要有双积分型 ADC、并行比较型 ADC、逐次逼近型 ADC。

（1）双积分型 ADC。双积分型 ADC 属于间接转换，其工作原理是将输入电压变换成与其平均值成正比的时间间隔，再把此时间间隔转换成数字量。其过程是：先将模拟电压 v_i 输入到积分器，积分器从零开始进行固定时间 T 的正向积分，到时间 T 后，再接通与 v_i 极性相反的基准电压 V_{REF}，将 V_{REF} 输入到积分器进行反向积分，直到输出为 0V 时停止积分。可见，v_i 越大，积分器输出电压越大，反向积分时间也越长。计数器在反向积分时间内所计的数值，就是输入模拟电压 V 所对应的数字量。双积分式 ADC 又称为电压-时间变换型（简称 VT 型）。双积分型 ADC 的优点是分辨率较高（可达 16 位）、功耗低、成本低、抗噪声能力强等。其缺点是转换速度低。通常应用于低速、精密测量等领域，例如数字电压表。

（2）并行比较型 ADC。并行比较型 ADC 的优点是转换速度很快，又称为高速 ADC。ADC 所有位的转换同时完成，其转换时间主要取决于比较器的开关速度、编码器的传输时间延迟等。其缺点是电路复杂、转换精度受分压网络和电压比较器灵敏度的限制、功耗大、成本高,适用于高速、精度较低的场合。

(3) 逐次逼近型 ADC。逐次逼近型 ADC 也称为连续比较型 ADC,它采用对分搜索原理实现将输入的模拟电压直接转换为输出的数字代码,而不需要经过中间变量。逐次逼近型 ADC 同时具有较高的速度和较高的分辨率,具有低功耗、小尺寸等特点,分辨率从 8 位到 16 位,采样速度从几十千赫到几十兆赫。因而品种较多、应用较广,如便携/电池供电仪表、笔输入量化器、工业控制和数据/信号采集等。

尽管逐次逼近型 ADC 的实现方式千差万别,但其基本结构基本一致且非常简单,如图 8.3 所示。由比较器、DAC 模块、N 位寄存器及其控制电路组成。模数转换的过程其实是一个循环迭代过程,其工作过程为: 模拟输入电压(v_i)由前端的采样/保持电路保持接入并送到比较器中,在模数转换开始后 N 位寄存器首先被设置在中间刻度(即 100⋯00,MSB 为 1)。这样,DAC 输出(v_c)为 $V_{REF}/2$,V_{REF} 是提供给 ADC 的基准电压(或参考电压),然后比较器判断 v_i 与 v_c 的大小,若 $v_i \geqslant v_c$ 则比较器输出逻辑高电平或 1,此时 N 位寄存器的 MSB 保持为 1; 相反,如果 $v_i < v_c$,则比较器输出逻辑低电平,N 位寄存器的 MSB 清 0。随后控制电路将操作目标移至下一位,并将该位设置为高电平进行下一轮比较。如此循环直至 LSB 结束,完成转换后 N 位寄存器中的值即为转换结果。

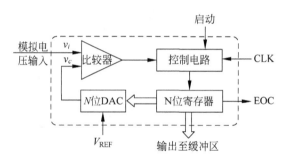

图 8.3 逐次逼近 ADC 结构示意图

综上可知,这三类 ADC 在转换精度和转换速度方面各有优、缺点。双积分型 ADC 因有积分器的存在,积分器的输出只对输入信号的平均值有所响应,所以它的突出优点是工作性能比较稳定且抗干扰能力强; 但是它的转换速度则是三者中最低的。并行比较型 ADC 各位同时转换,转换速度极高是三者中最快的。但是随着转换精度的提高,电路设计非常复杂。相比之下,逐次逼近型 ADC 兼顾了较高的分辨率与较快的转换速度,所以应用较为广泛。

3. 性能指标

对于一个模数转换器而言,其性能指标主要有以下几个方面。

(1) 分辨率。分辨率也称分解度,反映了一个模数转换器对模拟信号的分辨能力,通常以输出二进制代码的位数来表示分辨率的高低。一般来说,ADC 的位数越多,说明量化误差越小,则转换的精度越高。实际的 ADC 通常为 8 位、10 位、12 位、16 位、24 位等。例如,一个 8 位 ADC 满量程输入模拟电压为 3V,则该 ADC 能分辨的输入电压为 $3/2^8 \approx 11.72\text{mV}$; 12 位 ADC 可以分辨的最小电压 $3/2^{12} \approx 0.73\text{mV}$。可见,在最大输入电压相同的情况下,ADC 的位数越多,所能分辨的电压越小,分辨率越高。

(2) 量化误差。在模数转换过程中由于整数量化处理而产生的固有误差,即为量化误差。它是量化结果和被量化模拟量的差值。显然,量化级数越多量化的相对误差越小。量化级数指的是将最大值均等的级数,每一个均等值的大小称为一个量化单位。例如,一个 10 位的 ADC 把输入的最高电压分成 $2^{10}=1024$ 级。若它的量程为 $0\sim 3\text{V}$,则量化单位 q 为 $V_{\max}/2^{n}=3/1024\approx 2.93\text{mV}$。

(3) 转换时间。转换时间是完成一次模数转换所需要的时间,即从接到转换控制信号开始,到输出端得到稳定的数字输出信号所需要的时间。通常用转换时间表示转换速度,一般转换速度越快越好。例如,某 ADC 的转换时间 0.1ms,则该 ADC 的转换速度为 $1/T=10\,000$ 次/秒。

(4) 转换误差。转换误差,又称转换精度,是指产生一个给定的数字量输出所需模拟电压的理论值与实际值之间的误差。转换误差包括量化误差、零点误差及非线性误差等,也称绝对误差。

8.2.2 ADC12 模块

1. ADC12 特点

ADC12 模块支持快速的 12 位模拟量到数字量的转换。该模块包括一个 12 位逐次逼近(Successive Approximation, SAR)内核,采样选择控制单元,参考电压发生器和 16 字长的转换控制缓冲区。转换控制缓冲区可以在没有 CPU 干预的条件下转换并储存 16 个独立的模数转换结果。

ADC12 具有以下主要特点:①转换速度快,其转换速度最高可达 200 千次/秒;②支持多通道输入,具有 8 路可独立配置的外部输入通道和 4 路内部通道,其中,内部通道与温度传感器、模拟电压正端和外部参考电压连接;③灵活的转换设置,如采样保持、时钟源配置、参考电压的设置等均可实现软件控制;④转换模式及触发方式多样,如具备 4 种转换模式,且转换可由软件、Timer_A 或 Timer_B 触发;⑤低功耗设计,如 ADC12 内核和参考电压发生器可分别关断以降低功耗;⑥中断资源丰富,响应速度快,中断向量寄存器可对 18 种 ADC 中断快速译码;⑦具有 16 个转换存储寄存器。

2. ADC12 逻辑结构

MSP430F261x 单片机片上集成的 ADC12 模块的整体逻辑框图如图 8.4 所示。容易看出,ADC12 由输入选择通道开关、参考电压部件、转换时钟部件、采样时钟部件、存储控制部件、采样保持及转换内核组成。其中,输入选择通道开关用于选择待转换的外界输入信号;参考电压部件为转换内核提供稳定、可靠的正负参考电压;转换时钟部件提供模数转换内核所需要的时钟节拍;采样时钟部件为采样保持电路提供适宜的时钟节拍。存储控制部件为转换内核提供暂缓转换结果的地方和一些辅助功能。转换内核是整个 ADC 的核心部件,其他部件都是为它服务的。下面对各个部件的工作原理及使用进行阐述。

(1) 采样-转换内核。采样-转换内核部件是 ADC12 模块的核心。它实际由采样保持电路和逐次逼近转换内核两部分组成。采样保持电路负责采集外部模拟信号的电压并在模数转换期间保持数据不变。转换内核为 12 位逐次逼近模数转换内核,主要负责对输入模拟电压转换为 12 位精度的数字量。该内核完成一次转换需要 13 个转换时钟(ADC12CLK)周期。再加上采样时间即为一次采样-转换过程所需要的总时间。

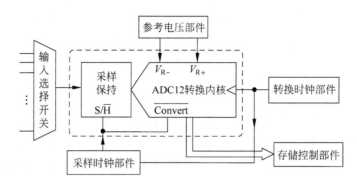

图 8.4　ADC12 逻辑框图

采样-转换内核的设置较为简单,如图 8.5 所示。只要给采样保持电路加上合适的采样时钟即可正常工作。该内核需要两个可编程/可选择的参考电压(V_{R+} 和 V_{R-})来定义进行模数转换的电压最大值与最小值。参考电压(V_{R+} 和 V_{R-})与最终的数字输出量有密切关系。当输入电压不小于 V_{R+} 时,转换结果(N_{ADC})为满量程值(0x0FFF),当输入电压不大于 V_{R-} 时,转换结果为 0。当输入电压位于 V_{R+} 和 V_{R-} 之间时,转换结果为

$$N_{ADC} = 4095 \times \frac{V_{in} - V_{R-}}{V_{R+} - V_{R-}}。$$

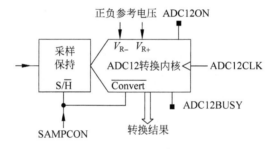

图 8.5　转换内核逻辑框图

其中,V_{R+} 和 V_{R-} 的具体数值由参考电压部件提供,最终的转换结果被输入到存储部件中。需要注意,ADC12 的采样电压 V_{in} 的输入范围最大为 AVSS - AVCC 即 $0 \sim 3.3V$。ADC12 模块不能检测负电压,如果需要检测负电压,可以使用转换电路如运放,将负电压转换为正电压后再检测。

若要使转换内核正常工作,除了参考电压,还需要转换时钟 ADC12CLK 来控制转换节奏。ADC12CLK 由转换时钟部件提供。由于 ADC12CLK 的频率最高达 6.3MHz,也就是说,内核完成一次转换时间最短为 $2.06\mu s$。

还有一些其他辅助控制位。ADC12ON 用于 ADC12 模块的开关。若 ADC12ON＝0 时,ADC12 模块处于关闭状态,此时耗电量最低。当 ADC12ON＝1 时,ADC12 模块处于开启状态,可以进行模数转换。ADC12BUSY 为状态显示位,用于显示转换内核的当前状态。若正在进行模数转换,则 ADC12BUSY＝1。若处于空闲状态则 ADC12BUSY＝0。

(2)参考电压部件。参考电压部件是 ADC 中必不可少的重要组成部件,其作用是为 ADC12 的转换内核提供精准的基准电压信号。内部参考电压发生器的逻辑框图如图 8.6

所示。参考电压部件可以提供 5 种不同的基准电压,其中三种正基准电压分别是 AVCC、V_{eREF} 和 V_{REF},两种负基准电压分别是 V_{eREF-}/V_{REF-} 和 AVSS。正、负基准电压之间可以灵活组合以满足各种应用场合,见表 8.4。

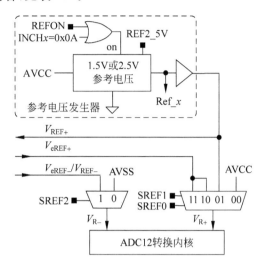

图 8.6　参考电压产生示意框图

表 8.4　各种参考电压的组合

SREF2	SREF1	SREF0	V_{R+}	V_{R-}
0	0	0	AVCC	AVSS
0	0	1	V_{REF+}	AVSS
0	1	0	V_{eREF+}	AVSS
0	1	1	V_{eREF+}	AVSS
1	0	0	AVCC	V_{eREF-}/V_{REF-}
1	0	1	V_{REF+}	V_{eREF-}/V_{REF-}
1	1	0	V_{eREF+}	V_{eREF-}/V_{REF-}
1	1	1	V_{eREF+}	V_{eREF-}/V_{REF-}

这 5 种参考电压中 AVCC、V_{eREF}、V_{eREF-}/V_{REF-} 和 AVSS 是由外部电路提供的,V_{REF} 是由内部参考电压发生器提供的。该内部电压发生器只能提供 1.5V 和 2.5V 两种固定的参考电压。至于该发生器的输出电压是由控制位 REFON 和 REF2_5 决定的,REFON=1 开启内部参考电压发生器,REFON=0 关闭电压发生器。REF2_5=1 时输出 2.5V 电压,REF2_5=0 时输出 1.5V 电压。由图 8.6 可知,除了 REFON 以外,当 INCHx=0x0A 时将开启内部电压发生器为内部温度传感器提供正常工作所必需的电压 Ref_x。

默认情况下各控制位为零,即 $V_{R+}=$ AVCC、$V_{R-}=$ AVSS,内部参考电压源处于关闭状态。

由上可知,MSP430 单片机通过寄存器设置确定使用内部参考电压(1.5V 或 2.5V)还是使用外部的参考电压(0~3.3V)。使用内部与外部参考电压的区别是外部电压作为参考电压时稳定性稍差一些,但精度高;使用内部参考电压时稳定性高但可选用的电压值比较少,在应用设计中要视具体情况进行选择。

内部参考电压发生器打开后有一个稳定时间 t_{REFON}，该值与 V_{REF+} 引脚和 AVSS 引脚之间的外加电容 C_{VREF+} 有关。具体的计算公式为 $t_{REFON} \approx 0.66 \times C_{VREF+}$；式中，$t_{REFON}$ 的单位为 ms、C_{VREF+} 的单位为 μF。若 $C_{VREF+} = 10\mu$F 时 $t_{REFON} \approx 6.6$ms。由于这个时间相对于主时钟周期较大，所以在程序设计时应对此做相应处理。如在程序设计中用软件延时等待一段时间再开始采样。

（3）输入选择通道。ADC12 的输入通道选择的逻辑框图如图 8.7 所示。它是由一个 16 选 1 的多通道选择模拟开关构成，但实际上只使用了 12 个。所以 ADC12 支持 12 个通道输入，其中 A0、A1、…、A7 为 8 个外界输入通道，其余 4 个为内部通道。由于 12 个通道均由同一个多通道选择开关控制，因此通道之间是通过分时复用的方式实现多通道模数转换。当需要对多个模拟信号进行模数转换时，模拟多路器分时地接通不同转换通道，每次对一个信号进行采样转换，这样便可实现对多路模拟信号的模数转换。

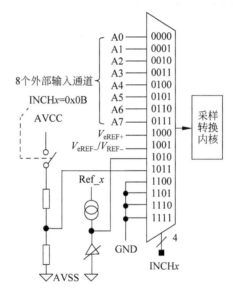

图 8.7　输入通道选择

模拟信号接入引脚后，模拟信号的传输通道如图 8.8 所示。信号将首先经过一个静电保护装置以确保内部电路不会受到外部静电的破坏，然后就是模拟开关。为减少模拟开关接通时引入噪声，开关采用"先短后开"的工作方式，并采用 T 型开关以尽可能减少通道间的耦合作用。

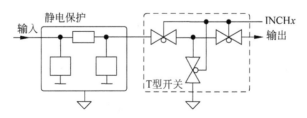

图 8.8　模拟信号输入通道示意图

在使用外界输入信号进行模数转换时，需要注意输入信号的电压变化范围不要过大或过小。过大易导致信号丢失,过小则会降低转换精度,最好是信号范围等于或略小于正负参考电压的范围。实际输入信号不满足这一要求时需要对信号进行适当放大或衰减。

ADC12 可使用的 4 路内部模拟信号分别是正外部参考电压(V_{eREF+})、负参考电压(V_{eREF-}/V_{REF-})、内部温度传感器和$(AVCC-AVSS)/2$。除内部传感器以外,其他三路模拟电压一般用于自身的校准。默认情况下,使用 A0 为输入信号通道。

内部温度传感器位于通道 A10,用于测量芯片的温度。当然在低功耗模式下也可近似测量环境温度。内部温度传感器的电路示意图如图 8.7 所示。当启用 A10 通道时将自动打开内部参考电压源输出参考电压 Ref_x 为温度传感器供电。

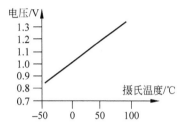

图 8.9 内部温度传感器传输函数

假设内部温度传感器的输出电压记为 v、摄氏温度记为 T_C、参考电压 $V_{R+}=1.5V$,$V_{R-}=0V$,则二者的对应关系曲线如图 8.9 所示,其近似表达式为:

$$v = 0.00355 \times T_C + 0.986$$

此时 v 的单位是 V。但在程序设计时为尽可能避免出现浮点数,通常以 mV 为单位。故原式变为

$$v = 3.55 \times T_C + 986$$

因此,对应的温度值为

$$T_C = \frac{v-986}{3.55}$$

对应的数字量为 x,则

$$v = \frac{x}{4095}V_{R+} = \frac{x}{4095} \times 1500$$

将其代入上式,可得摄氏温度 T_C 与数字量 x 之间的关系式为

$$T_C = \frac{1}{3.55}\left(\frac{1500}{4095}x - 986\right) \approx \frac{423}{4095}(x-2692)$$

此公式就是在程序设计时计算摄氏温度的公式。

上面推导出的计算公式仅仅是一个近似值,精度不高。若得到高精度的结果,需要重新校正摄氏温度与数字之间的对应曲线。

(4) 转换时钟部件。转换时钟部件的逻辑框图如图 8.10 所示,其主要作用是为转换内核提供所需要的转换时钟。ADC12 的转换时钟可以使用 4 种时钟源,分别是 ADC12 模块的内部时钟源 ADC12OSC、辅助时钟 ACLK、主时钟 MCLK 和子时钟 SMCLK。至于使用

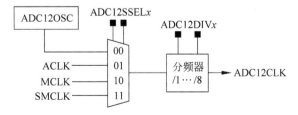

图 8.10 转换时钟框图

哪个时钟源则由控制位 ADC12SSELx 确定,具体见表 8.5。

表 8.5 时钟源选择

ADC12SSELx		时钟源
0	0	ADC12OSC
0	1	ACLK
1	0	MCLK
1	1	SMCLK

需要注意的是,ADC12 模块的内部时钟源所能提供的频率为 5MHz。该值为典型值,其范围在 3.7~6.3MHz 之间。

ADC12 的转换时钟部件不但配置了 4 种时钟源,而且还有 8 种分频能力的分频器,以使时钟频率的确定更具有灵性。分频系数由控制位 ADC12DIVx 决定,其取值分别为 1 分频、2 分频、…、8 分频。使用时首先要根据转换要求确定时钟源,然后再使用分频系数调节转换时钟的频率已达到最佳转换效果。设计时还应注意,转换时钟 ADC12CLK 的典型频率是 5MHz,可用范围在 0.45~6.3MHz 之间。

默认情况下,时钟源是 ADC12 的内部时钟源 ADC12OSC。分频系数为 1,即不分频。

(5) 采样时钟部件。采样时钟部件的逻辑结构如图 8.11 所示,用来为采样保持电路提供时钟信号。时钟信号频率越大采样速度就越快。采样时钟部件有两种采样模式,分别是扩展采样模式和脉冲采样模式,采样模式由控制位 SHP 决定。

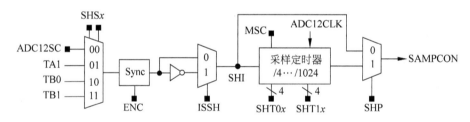

图 8.11 采样时钟部件的逻辑结构框图

扩展采样模式下 SHP=0,此时采样时钟来自定时器模块 Timer_A 或 Timer_B。ADC12 可以使用 TA1(Timer_A.OUT1)、TB0(Timer_B.OUT0)、TB1(Timer_B.OUT1) 的输出时钟作为采样时钟源,具体由控制位 SHSx 决定使用哪个时钟源。在模数转换时有时需要将时钟源的时钟信号倒相(状态取反),这时可使控制位 ISSH=1。若不需要时钟信号取反则使 ISSH=0 即可。控制位 ENC 为转换使能位,当 ENC=0 时 ADC12 因无法产生采样时钟信号而无法进行有效的转换。当 ENC=1 时 ADC12 可以进行转换。

在该模式下 SHI 处的时钟信号与采样时钟完全一致,SHI 信号的脉冲宽度就是采样信号 SAMPCON 的脉冲宽度。也就是说,可以通过调节 SHI 的脉冲宽度来控制采样时间的长短,如图 8.12 所示。

具体过程为,ADC12 的采样保持电路在遇到采样时钟 SAMPCON 的上升沿时开始采样,当遇到下降沿时就结束采样。随后进入保持状态。转换内核在转换时钟 ADC12CLK 的上升沿到来时启动模数转换直至本次转换结束。可见,采样完成后并非立即开始模数转换而是在采样完成后遇到时钟信号的上升沿时才启动转换的。因此,停止采样与开始转换

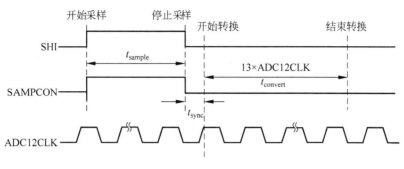

图 8.12　扩展采样模式

之间存在一定的同步时间。该时间不会长于一个转换时钟的周期。内核转换一次需要 13 个 ADC12CLK 周期。

脉冲采样模式下 SHP＝1,此时采样信号由 ADC12 内部的采样定时器产生。但是采样时钟 SAMPCON 的产生是由 SHI 处的上升沿触发的,因此在该模式下外部时钟信号只起到触发采样的作用。采样定时器主要负责控制采样脉冲宽度,即采样时间的长短,具体时序如图 8.13 所示。采样时间的长短通过控制位 $SHTx$ 设置完成,具体数值见表 8.6。需要指出的是,表中的采样时间是以一个 ADC12CLK 周期为基准的。例如,若 $SHTx＝0000$,则采样时间为 4 个 ADC12CLK 周期。

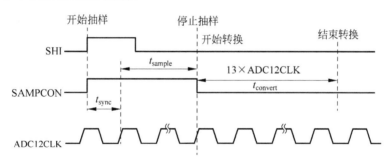

图 8.13　脉冲采样模式

表 8.6　采样定时器采样时间的设置

$SHTx$	采样时间	$SHTx$	采样时间	$SHTx$	采样时间	$SHTx$	采样时间
0000	4×	0100	64×	1000	256×	1100	1024×
0001	8×	0101	96×	1001	384×	1101	1024×
0010	16×	0110	128×	1010	512×	1110	1024×
0011	32×	0111	192×	1011	768×	1111	1024×

由于 ADC12 模块通道较多,特将 $SHTx$ 分成 $SHT0x$ 和 $SHT1x$ 两个相同的控制位。其中,$SHT0x$ 用于对寄存器 ADC12MEM0～ADC12MEM7 中所对应转换通道的采样时间进行设置;$SHT1x$ 用于对寄存器 ADC12MEM8～ADC12MEM15 中所对应转换通道的采样时间进行设置。

控制位 MSC 用于多次连续转换中,在序列通道多次重复转换中有效。MSC＝0 时采样定时器需要 SHI 信号的上升沿触发每次转换。MSC＝1 时首次转换需要 SHI 信号的上升沿触发采样定时器,产生采样信号开始转换,而后续的多次转换采样定时器会自动产生采样信号进行转换,直至转换完成。

关于采样时间设置的进一步讨论,当采样时钟 SAMPCON＝0 时所有的模拟输入通道 A_x 为高阻状态。外部信号无法通过 A_x 进入到采样电路中。当 SAMPCON＝1 时所选通道打开,外部模拟信号被接到采样电路中。如图 8.14 所示为模拟信号采样时的等效电路,其中,V_s 为外部信号源电压,V_i 为单片机引脚电压,V_c 为充电电容的电压。R_s 为外部信号源等效电阻,R_i 为 MSP430 单片机引脚内部等效电阻。

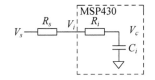

图 8.14 模拟信号输入等效电路

由图 8.14 可见,采样电路实际上是一个 RC 低通滤波器。抽样的过程就是电容 C_i 充电的过程。当电容电压 $V_c = V_s$ 时即完成了抽样。所以为了准确地采集到外部信号的电压值,抽样时间 t_{sample} 不能小于电容充电的时间,即

$$t_{sample} > (R_s + R_i) \times \ln(2^{13}) \times C_i + 800\text{ns}$$

可见,影响充电时间的因素包括电阻值 R_s、R_i 和电容值 C_i。对于 ADC12 而言,$C_i \leqslant 40\text{PF}$ 和 $R_i \leqslant 2\text{k}\Omega$,则抽样时间应满足 $t_{sample} > (R_s + 2\text{k}\Omega) \times 9.011 \times 40\text{PF} + 800\text{ns}$。若 $R_s = 10\text{k}\Omega$ 则 $t_{sample} > 5.13\mu s$。

(6) 存储控制部件。转换内核转换的结果将送入存储控制部件,因此该部件的主要功能是暂时存放模数转换的转换结果。存储控制部件的逻辑结构如图 8.15 所示。它包括数据寄存器、控制寄存器以及辅助控制位等,此结构有利于灵活存储数据和转换条件的辅助配置,下面分别给予阐述。

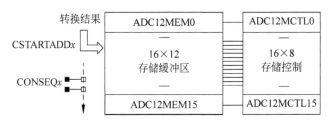

图 8.15 存储控制部件逻辑图

ADC12 模块提供了 16 个缓冲存储寄存器用于存储转换结果,缓冲存储寄存器(ADC12MEMx)是一个 16 位寄存器但是只有低 12 位有效,高 4 位始终为 0,如下所示。

	15	14	13	12	11	10	9	8	7	6	5	4	3	2	1	0
ADC12MEMx	0	0	0	0					转换结果							
	r0	r0	r0	r0	rw	rw	rw	rw	rw	rw	rw	rw	rw	rw	rw	rw

系统复位对该寄存器的低 12 位不产生影响,也就是说,该寄存器的值在首次存入转换结果之前是随机的,不一定是 0 值。

由前面介绍可知,ADC12 模块可接受最多 12 个通道的输入。16 个缓冲存储寄存器与 12 个输入通道的关系并不是一对一的,而是自由配置的。为此 ADC12 模块为每个缓冲存储寄存器 ADC12MEMx 配置了一个存储控制寄存器 ADC12MCTLx。存储控制寄存器是 8 位寄存器,具有通道选择、参考电压设置和序列转换结束标志三个功能,寄存器

结构如下。

	7	6	5	4	3	2	1	0
ADC12MCTLx	EOS		SREFx			INCHx		
	rw-(0)	rw-(0)	rw-(0)	rw-(0)	rw-(0)	rw-(0)	rw-(0)	rw-(0)

INCHx 指定在 ADC12MEMx 中存放 INCHx 输入通道的转换结果；SREFx 用于指示转换时所使用的参考电压；EOS 为序列转换结束标志位，EOS=1 则表示序列通道转换结束，即本次转换为序列转换中的最后一次转换；EOS=0 则表示序列通道转换还未结束。

ADC12 的转换结果并不一定从 ADC12MEM0～ADC12MEM15 依次存放，也可以从其他位置，如从 ADC12MEM5 开始依次存放。控制位 CSTARTADDx 就是用于配置转换结果所存放的起始地址。ADC12 支持 4 种转换模式，控制位 CONSEQx 用于设置转换模式。CONSEQx=00 时为单通道单次转换模式；CONSEQx=01 时为序列通道单次转换模式；CONSEQx=10 时为单通道多次转换模式；CONSEQx=11 时为序列通道多次转换模式。

（7）ADC12 的中断源。ADC12 模块具有 18 个中断源，它们分别是 16 个存储寄存器中断、存储寄存器溢出中断和转换时间溢出中断，这些都是可屏蔽中断。当转换结果存入相应寄存器 ADC12MEMx 时，相应的 ADC12IFGx 位就会置 1。若 ADC12IEx 位和 GIE 位已被置 1，则就会产生中断请求。中断使能寄存器 ADC12IE 和中断标志寄存器 ADC12IFG 的结构如下。

	15	14	⋯	1	0
ADC12IE	ADC12IE15	ADC12IE14	⋯	ADC12IE1	ADC12IE0
	rw-(0)	rw-(0)	⋯	rw-(0)	rw-(0)

ADC12 中断使能寄存器的 15～0 位分别为 ADC12MEM15～ADC12MEM0 的中断使能位，即每个存储寄存器 ADC12MEMx 对应一个中断使能位 ADC12IEx。只有当相应中断使能位和 GIE 位同时置 1 时，中断源触发的中断请求信号才能得到 CPU 的响应。ADC12IEx=0 表示禁止相应转换存储寄存器中断标志位 ADC12IFGx 置位时发生的中断请求服务；ADC12IEx=1 表示允许相应转换存储寄存器中断标志位 ADC12IFGx 置位时发生的中断请求服务。

	15	14	⋯	1	0
ADC12IFG	ADC12IFG15	ADC12IFG14	⋯	ADC12IFG1	ADC12IFG0
	rw-(0)	rw-(0)	⋯	rw-(0)	rw-(0)

ADC12 中断标志寄存器的 15～0 位分别为 ADC12MEM15～ADC12MEM0 的中断标志位。当转换结果存入 ADC12MEMx 时，相应的 ADC12IFGx 被置位；当 ADC12MEMx 中的转换结果被读取时，相应的 ADC12IFGx 被自动复位。用户也可以利用软件复位 ADC12IFGx。ADC12IFGx=0 表示没有缓冲存储寄存器中断请求；ADC12IFGx=1 表示有转换存储寄存器中断请求。

当存储寄存器已存入数据但该数据还未被读取时，若再往该寄存器存放数据就会触发存储寄存器溢出中断，即 ADC12OVIE 为 1。为了避免该情况发生，应在转换结果放入存储寄存器后立即将其取走。当本次转换还未完成但下次转换申请启动时，就会触发转换时间溢出中断,即 ADC12TOVIE 置 1。为了避免该情况出现,应注意给采样-转换过程留出充足的时间。ADC12OVIE 与 ADC12TOVIE 位于 ADC12CTL0 中,具体如下。

	15	...	4	3	2	1	0
ADC12CTL0		...		ADC12OVIE	ADC12TOVIE		
				rw-(0)	rw-(0)		

对于 ADC12 模块来说,尽管拥有众多的中断源,但它们却拥有共同的中断入口向量,所以它们属于共源中断。对于共源中断而言,确定引起中断的具体中断源通常是通过查询中断标志位的方式实现的。但是 ADC12 模块中的存储寄存器溢出中断和转换时间溢出中断只有中断使能位并没有相应的中断标志位。考虑到 ADC12 模块中断过多,出于便于管理的目的,ADC12 模块由专门的中断向量寄存器 ADC12IV 统一管理模块中所涉及的 18 个中断,ADC12IV 的结构如下。

	15	14	13	12	11	10	9	8	7	6	5	4	3	2	1	0
ADC12IV	0	0	0	0	0	0	0	0	0	0			ADC12IVx			0
	r0	r0	r0	r0	r0	r0	r0	r0	r0	r0	r-(0)	r-(0)	r-(0)	r-(0)	r-(0)	r0

ADC12IV 为只读寄存器,有效位为第 1~5 位,其余位全为零。ADC12IV 的值只有 19 个值有效,其具体含义如表 8.7 所示。表中上部的存储寄存器溢出中断优先级最高,其次是转换时间溢出中断,优先级依次向下逐次降低。若 ADC12IV=0 则表明当前没有中断被触发;若 ADC12IV=2 则表明当前的中断是存储寄存器溢出中断。所以当有 ADC12 模块的中断时,只要判断 ADC12IV 的值就可以确定出具体的中断源,因此,在某种程度上 ADC12IV 起到的是中断标志的作用。

表 8.7 ADC12 中断向量值的含义

ADC12IV	中断源	中断标志	优先级	ADC12IV	中断源	中断标志	优先级
0x0000	无中断	—	-	0x0014	ADC12MEM7 中断	ADC12IFG7	↑
0x0002	ADC12MEMx 溢出	—	最高	0x0016	ADC12MEM8 中断	ADC12IFG8	
0x0004	转换时间溢出	—		0x0018	ADC12MEM9 中断	ADC12IFG9	
0x0006	ADC12MEM0 中断	ADC12IFG0		0x001A	ADC12MEM10 中断	ADC12IFG10	
0x0008	ADC12MEM1 中断	ADC12IFG1		0x001C	ADC12MEM11 中断	ADC12IFG11	
0x000A	ADC12MEM2 中断	ADC12IFG2		0x001E	ADC12MEM12 中断	ADC12IFG12	
0x000C	ADC12MEM3 中断	ADC12IFG3		0x0020	ADC12MEM13 中断	ADC12IFG13	
0x000E	ADC12MEM4 中断	ADC12IFG4		0x0022	ADC12MEM14 中断	ADC12IFG14	
0x0010	ADC12MEM5 中断	ADC12IFG5	↓	0x0024	ADC12MEM15 中断	ADC12IFG15	最低
0x0012	ADC12MEM6 中断	ADC12IFG6		--	--	--	-

8.2.3 ADC12 工作过程

通过上面的描述,已对各部件的功能及使用方法有了一定的了解。现在详细描述一下 ADC12 模块从开始至转换结束的全过程,使读者对 ADC12 的工作过程有一个全局认识。

ADC12 工作过程如图 8.16 所示,整个工作过程大致分为 6 个状态,它们分别是 ADC12 关闭状态(状态 0)、ADC12 等待使能状态(状态 1)、等待触发状态(状态 2)、采样状态(状态 3)、转换状态(状态 4)、转换完成后存放结果状态(状态 5)。

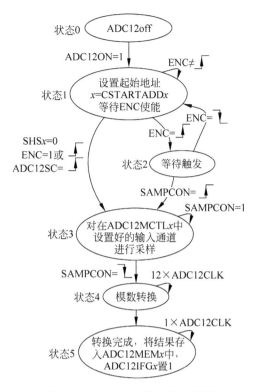

图 8.16　ADC12 工作过程示意图

在系统启动或复位后 ADC12 模块处于状态 0,即关闭状态。此时 ADC12 模块未加电,这样有利于降低系统功耗。当 ADC12ON＝1 时 ADC12 模块加电。系统转换为状态 1,在该状态设置好转换模式(CONSEQx)与起始地址(CSTARTADDx)后等待 ENC 使能信号。若此时 ENC 未出现上升沿则一直处于状态 1。

当 ENC 检测到有上升沿时进入状态 2,即等待采样触发信号。处于状态 2 时,若采样触发信号 SAMPCON 出现上升沿时,状态 2 转换为状态 3,即开始采样过程;处于等待采样触发状态时,若 ENC 遇到下降沿,则又返回到状态 1。

当 SHSx＝0、ENC＝1 或上升沿、ADC12SC ＝上升沿时,状态 1 可以不经过状态 2 直接转换到状态 3。此时利用软件控制 ADC12SC 位触发转换,整个转换可以通过对 ADC12SC 置位来启动。在此过程中 ENC 需要保持为 1 或者在 ADC12SC 置位的同时也置位 ENC。当用其他触发源触发转换时,在多次转换之间 ENC 必须固定。ENC 从复位至置位之间的采样输入信号被忽略不进行转换。

处于状态 3 时在 ADC12MCTLx 中确定好输入通道后就开始采样。当 SAMPCON＝1时则一直处于采样状态。当 SAMPCON 检测到下降沿时结束采样,并进入状态 4 即开始转换。转换完成后将转换结果存放到指定的缓冲寄存器中,即状态 5。

这里解释一下易混淆的概念,首先是关于时间的概念。ADC12 的转换时间实际上包含采样时间与内核转换时间两部分,采样时间由 SAMPCON 的脉冲宽度决定,内核转换时间固定为 13 个转换时钟周期。在这 13 个转换时钟周期中内核转换用了 12 个转换时钟周期,存放转换结果使用一个转换时钟周期。其次是控制位 ADC12ON 与 ENC 的差异。

ADC12ON 控制的是 ADC12 模块的电源开关,若 ADC12ON＝1 模块才加电启动。ENC 控制的是采样信号的触发,若 ENC＝0 采样触发信号被阻断则无法产生采样需要的时钟信号 SAMPCON,因此无法实现有效转换。当 ENC＝1 时触发信号可以触发产生采样时钟 SAMPCON,模数转换才可以进行。

上面只是从全局上对 ADC12 的工作流程做了一些讲解,目的是让读者对 ADC12 的工作全过程有一个比较清晰的了解,以便在程序设计时做到游刃有余。

实际上 ADC12 模块的配置比较简单,只需根据要求完成控制寄存器 ADC12CTLx 和存储控制寄存器 ADC12MCTLx 的设置 ADC12 即可以正常工作。为此首先介绍了一下 ADC12CTL0 和 ADC12CTL1 控制寄存器中控制位的分布情况。

ADC12 控制寄存器 0(ADC12CTL0):

15	14	13	12	11	10	9	8
SHT1x				SHT0x			
rw-(0)	rw-(0)	rw-(0)	rw-(0)	rw-(0)	rw-(0)	rw-(0)	rw-(0)

7	6	5	4	3	2	1	0
MSC	REF2_5V	REFON	ADC12ON	ADC12OVIE	ADC12TOVIE	ENC	ADC12SC
rw-(0)	rw-(0)	rw-(0)	rw-(0)	rw-(0)	rw-(0)	rw-(0)	rw-(0)

ADC12CTL0 中涉及内部参考电压源的启动(REF2_5V、REFON 和 ADC12ON)、采样时间设定(SHT1x 和 SHT0x)、转换溢出中断使能(ADC12OVIE 和 ADC12TOVIE)、转换启动开关(ENC)和软件控制(ADC12SC)。

ADC12 控制寄存器 1(ADC12CTL1):

15	14	13	12	11	10	9	8
CSTARTADDx				SHSx		SHP	ISSH
rw-(0)	rw-(0)	rw-(0)	rw-(0)	rw-(0)	rw-(0)	rw-(0)	rw-(0)

7	6	5	4	3	2	1	0
ADC12DIVx		ADC12SSELx		CONSEQx		ADC12BUSY	
rw-(0)	rw-(0)	rw-(0)	rw-(0)	rw-(0)	rw-(0)	rw-(0)	rw-(0)

ADC12CTL1 中涉及转换结果存放起始地址设置(CSTARTADDx)、采样时钟源设置(SHSx)、采样触发模式设置(SHP)、采样时钟倒相(ISSH)、转换时钟分频(ADC12DIVx)、转换时钟源(ADC12SSELx)、转换模式(CONSEQx)和转换状态(ADC12BUSY)。

存储控制寄存器(ADC12MCTLx):

7	6	5	4	3	2	1	0
EOS	SREFx			INCHx			
rw-(0)	rw-(0)	rw-(0)	rw-(0)	rw-(0)	rw-(0)	rw-(0)	rw-(0)

ADC12MCTLx 中用于设置参考电压(SREFx)、采样通道(INCHx)与序列通道转换结束标志(EOS)。使用时要注意,该控制寄存器与数据缓存寄存器(ADC12MEMx)是一一对应的关系。

在系统启动时或复位后默认 ADC12CTLx＝0、ADC12MCTLx＝0,即各个控制均处于置 0 状态。寄存器中具有深色背景的控制位只有在 ENC＝0 时才能修改,否则将导致转换结果的不可预测性,这一点初学者在程序设计时要留意。

对控制寄存器有所了解之后,这里列出进行 ADC12 模块编程序设计所要进行的步骤。

(1) 设置 ADC12ON 以打开 ADC12 模块;

(2) 设置转换结果存放的起始地址 $x=\text{CSTARTADD}x$ 和转换模式 $\text{CONSEQ}x$;

(3) 在对应的 ADC12MCTLx 寄存器中设置参考电压(SREF)和输入通道(INCH);

(4) 设置转换时钟源及转换频率;

(5) 设置采样时钟源及采样时间;

(6) ADC12IFGx 清零;

(7) 设置 ENC=1 启动转换;

(8) 转换结束后读取转换结果。

上面 8 个步骤并非都要逐一进行设置,但作为程序设计者对上面每一个步骤都应该心中有数。例如,若采用默认的转换时钟配置,就不需要进行第 3 步的设置。一般情况下,步骤 1、2、5、6、7 都需用户设置。

转换结束后要立即读取转换结果以保证结果不会被覆盖。读取转换结果的方式可采用查询方式或中断方式。若采用查询方式,需要不断查询 ADC12BUSY 的状态。当 ADC12BUSY=0 时即可根据中断标志位读取转换结果。若采用中断方式,则需要在第 5 步后开启 ADC12 的相应存储寄存器的中断使能和总中断使能(GIE)以确保中断得到响应。转换结果存入数据缓冲存储器后会触发 ADC12 中断。根据中断标志位即可从相应的缓冲存储器中读取转换结果。

8.2.4　转换模式

ADC12 模块有单通道单次转换模式、单通道多次转换模式、序列通道单次转换模式、序列通道多次转换模式等 4 种转换模式,以支持多种使用场合。

1. 单通道单次转换模式

在此模式下,ADC12 模块实现对单通道输入模拟信号的一次采样-转换过程。转换结果写入由 CSTARTADDx 定义的转换存储寄存器 ADC12MEMx 中,整个过程如图 8.17 所示。可以看出该图与图 8.16 并无太大差异,但需要注意 ENC 的变化对转换结果的影响。简单地说,在内核转换开始前改变 ENC 的状态(使 ENC=0),由于内核还未开始转换,所以对转换结果不产生影响。但当内核转换已经开始时再改变 ENC 的状态将会导致转换结果不可预测。

转换完成后,转换结果存入指定的转换存储寄存器 ADC12MEMx 中,相应的中断标志位 ADC12IFG.x 被置位。若使能中断则执行相应的中断服务程序。当转换存储寄存器 ADC12MEMx 中的转换结果被读出时相应的中断标志位 ADC12IFG.x 会自动清零,当然也可以手动对其清零。在该模式完成后使 ENC=0,ADC12 的状态将返回到状态 1 处。若需要启动下一次的转换则需要通过程序使 ENC 置位(产生上升沿)。

单通道单次转换模式比较适合短时间内只进行一次转换的场合,例如测量室温、湿度等。这些信号的共同特点是输入信号变化缓慢,短时间内信号几乎不变。这样连续两次采样的间隔可以长一些,以有利于降低能耗。

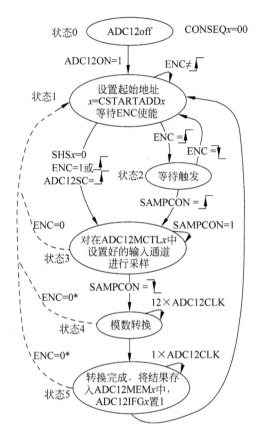

图 8.17　序列通道单次转换流程

例 8.1　若待转换的外部模拟信号通过 P6.0 端口输入 ADC12 模块的 A0 通道,选择内部参考电压发生器产生的 2.5V 电压作为转换电压最大值,模拟电压负端端作为转换电压最小值。利用软件控制模式控制转换过程、由采样定时器控制采样时间,使用单通道单次转换模式完成转换,转换结果存入 Result 变量中。

解　依据题目要求,具体程序如下。

```
# include "msp430x26x. h"
void main(void)
{
  volatile unsigned int i, Result;
  WDTCTL = WDTPW + WDTHOLD;                           // 关闭看门狗
  P6SEL |= 0x01;                                      // 使能 ADC12 模块的 A0 通道
  ADC12CTL0 |= ADC12ON + SHT0_2 + REFON + REF2_5V;    // 打开 ADC12 模块、设置采样时间、
                                                      // 打开并产生 2.5V 参考电压
  ADC12CTL1 = SHP;                                    // 源自采样定时器,单通道单次转换模式
  ADC12MCTL0 = SREF_1;                                // A0 通道,VR += VREF += 2.5V、VR -= AVSS
  for ( i = 0; i < 0x3600; i++);                      // 等待内部参考电压发生器启动
  ADC12CTL0 |= ENC;                                   // 使能转换
  while (1)
  {
```

```
    ADC12CTL0 |= ADC12SC;                    // 开始转换
    while ((ADC12IFG & BIT0) == 0);          // 软件查询方式等待转换结束
    Result = ADC12MEM0;                      // 读取转换结果
  }
}
```

上例中需要注意：内部参考电压发生器的启动是需要时间的，因此 REFON 置位后要适当延时；在软件控制模式下通过设置 ADC12SC 提供的上升沿触发采样-转换，因此该程序只启动一次采样-转换过程；由于采样软件查询方式读取转换结果，因此无须设置中断使能位。

例 8.2　试编程实现读取内部温度传感器的当前数值，参考电压 $V_{R+} = V_{REF+} = 1.5V$、$V_{R-} = AVSS$，ADC12CLK＝ADC12OSC。并利用中断方式读取转换结果。将摄氏温度值存入指定变量中。

解　根据题目要求，程序如下。

```
# include "msp430x26x.h"
int long temp;                              // 定义温度变量 temp
int long IntDegC;                           // 定义摄氏温度变量 IntDegC
void main(void)
{
  WDTCTL = WDTPW + WDTHOLD;                  // 关看门狗
  ADC12CTL0 = SHT0_8 + REFON + ADC12ON;     // 开启内部电压源并输出 1.5V
  ADC12CTL1 = SHP;                          // 选择采样定时器，即脉冲采样模式
  ADC12MCTL0 = SREF_1 + INCH_10;            // 选择 A10，设置参考电压
  ADC12IE = 1;                              // 开启中断使能
  ADC12CTL0 |= ENC;
  while(1)
  {
    ADC12CTL0 |= ADC12SC;                   // 启动采样-转换
    _BIS_SR(CPUOFF + GIE);                  // 开启总中断，等待转换完成
    IntDegC = (temp − 2692) * 423/4096;     // 转换成摄氏温度
  }
}

# pragma vector = ADC12_VECTOR
__interrupt void ADC12_ISR (void)
{
    temp = ADC12MEM0;                       // 取得转换结果，并使 ADC12IFG0 清零
    _BIC_SR_IRQ(CPUOFF);                    // 退出低功耗模式
}
```

2. 单通道多次转换模式

单通道单次转换模式每次只能进行一次转换，适合不需要频繁转换的场合。若要对某个通道进行连续多次采样-转换，基于单通道单次转换模式的程序设计就需要采用循环方式，占用较多 CPU 资源。这时单通道多次转换模式是最好的选择。单通道重复转换流程如图 8.18 所示。

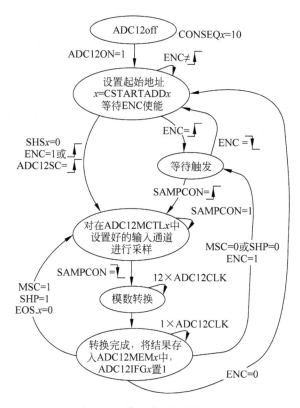

图 8.18   单通道重复转换流程

在此模式下，ADC12 模块实现对选定通道的模拟信号进行连续多次采样-转换。转换通道和参考电压由转换存储控制寄存器 ADC12MCTLx 控制，转换结果写入由 CSTARTADDx 定义的 ADC12MEMx 中。需要注意的是，每个输入通道只对应一个数据存储寄存器。所以每次转换完成后必须将对应数据存储在 ADC12MEMx 中的转换结果读出。若不及时读取，下一次的转换结果会将当前转换结果覆盖，进而触发数据溢出中断。

单通道多次转换是否完成是由 ENC 信号控制的。若 ENC＝1，则直接进行采样-转换。若检测到 ENC＝0，则进行完本次转换后停止。

实际应用中，对外界输入信号进行采样-转换中经常会受到外界噪声的干扰。在程序设计时通常使用多次连续采样求平均的方式减少脉冲噪声的干扰。

例 8.3   利用单通道多次转换模式对通道 A0 进行连续 8 次转换，并将转换结果求平均后存入变量 Result 中。要求选择模拟电压正端和负端分别作为转换电压最大值和最小值。

解   根据题目要求，程序如下。

```
# include "msp430x26x.h"
# define Num_of_Results 8
unsigned int Result = 0;              // 定义为全局变量,存储转换结果
void main(void)
{
  WDTCTL = WDTPW + WDTHOLD;           // 关闭看门狗
```

```
    P6SEL |= 1;                          // 使能 ADC12 模块的 A0 通道
    ADC12CTL0 = ADC12ON + SHT0_8 + MSC;  // 打开 ADC12 模块,设置采样保持时间
                                         // 第一次采样转换需要 SHI 信号的上升沿触发采样定
                                         // 时器,后续采样在前次转换完成后立即开始
    ADC12CTL1 = SHP + CONSEQ_2;          // 选择 SAMPON 信号源自采样定时器、
                                         // 设置为单通道多次转换模式
    ADC12IE = 0x01;                      // 使能 ADC12IFG.0
    ADC12CTL0 |= ENC;                    // 使能转换
    ADC12CTL0 |= ADC12SC;                // 开始转换
    _BIS_SR(LPM0_bits + GIE);            // 进入 LPM0,使能全局中断
}


# pragma vector = ADC12_VECTOR
__interrupt void ADC12_ISR (void)
{
    static unsigned int index = 0, tmp = 0;
    tmp += ADC12MEM0;                     // 将 A0 通道转换结果存入 tmp, 清除 IFG
    index = (index + 1) % Num_of_Results; // 索引加 1 并按数组长度取模
    if (index == 0)
    {
      result = tmp / Num_of_Results;      // 输出均值
      tmp = 0;
      ADC12CTL0 &= ~ ENC;                 // 停止转换
    }
}
```

例 8.4　利用内部温度传感器编程实现一简单的温度报警系统,要求:当温度超过某一设定值时 P1.0 置高电平以驱动蜂鸣器报警;每 60ms 比较一次。采用单通道多次转换模式,并使用 TA1 作为采样触发信号。假定 ACLK = 32.768kHz,MCLK = SMCLK = 1.045MHz,ADC12CLK = ADC12OSC。

解　根据题目要求,程序如下。

```
# include "msp430.h"
# define TVAL 2000                  // 设置温度门限
void main(void)
{
    WDTCTL = WDTPW + WDTHOLD;        // 关闭看门狗
    P1DIR = 0x01;                    // 设成输出方向
    P1OUT = 0;                       // 输出低电平
    ADC12CTL1 = SHS_1 + SHP + CONSEQ_2; // 采用 TA1 触发采样定时器
    ADC12MCTL0 = SREF_1 + INCH_10;   // 选择温度传感器,设置参考电压
    ADC12IE = 0x01;                  // 开启中断使能 ADC12IE0
    ADC12CTL0 = SHT0_8 + REF2_5V + REFON + ADC12ON + ENC;  // 配置 ADC12 模块
    TACCTL1 = OUTMOD_4;
    TACTL = TASSEL_2 + MC_2;
    _BIS_SR(LPM0_bits + GIE);
}


# pragma vector = ADC12_VECTOR
```

```
__interrupt void ADC12_ISR (void)
{
  if (ADC12MEM0 > TVAL)
      P1OUT | = 0x01;                          // 超出阈值,发出报警信号
  else
      P1OUT & = ~ 0x01;
}
```

3. 序列通道单次转换模式

序列通道单次转换模式是对单通道单次转换的扩展。在此模式下,ADC12 模块可实现对序列通道依次进行一次采样-转换过程,如图 8.19 所示。每个通道的转换参数由相应的转换存储控制寄存器 ADC12MCTLx 分别独立控制。CSTARTADDx 定义了存放转换结果的第一个转换存储寄存器 ADC12MEMx 的地址,随后的转换结果依次存放。序列通道单次转换的结束是以存储控制寄存器 ADC12MCTLx 中的 EOS 位来标识的。若遇到 EOS＝1则序列通道单次转换在完成该通道转换后自动停止。

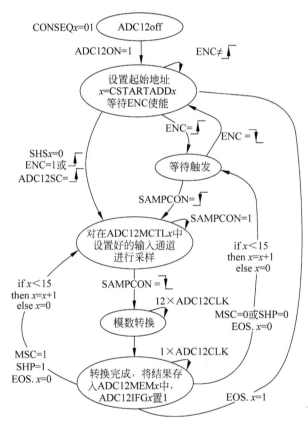

图 8.19　序列通道单次转换流程

在软件控制模式,即由 ADC12SC 触发转换时,后续通道的转换可以通过设置 ADC12SC 位来启动,此时通道的轮换是软件控制的。

但当使用其他触发源触发转换时,通道间的转换是自动完成的。在序列通道转换之间 ENC 必须固定。由于 ENC 从复位至置位之间的采样输入信号被忽略,所以,序列通道

单次转换一旦开始就可将 ENC 复位,而转换会正常完成。转换完成后,序列通道的转换结果分别存入指定的转换存储寄存器 ADC12MEMx 中,相应的中断标志位 ADC12IFG.x被置位。

例 8.5 编写实现对 A8、A9 两通道的同时采样-转换,选择模拟电压正端和负端分别作为转换电压最大值和最小值,并采用中断方式读取转换结果。

解 根据题目要求,程序编写如下。

```
#include "msp430x26x.h"
volatile unsigned int results[2]; // 存储转换结果
void main(void)
{
  WDTCTL = WDTPW + WDTHOLD;
  ADC12CTL0 = ADC12ON + MSC + SHT0_15;
  ADC12CTL1 = SHP + CONSEQ_1;     // 选择抽样信号源自采样定时器,设为序列通道单次转换模式
  ADC12MCTL0 = INCH_8;            // 选择 A8 通道,V_R+ = AVCC、V_R- = AVSS
  ADC12MCTL1 = INCH_9 + EOS;      // 选择 A9 作为最后通道,V_R+ = AVCC、V_R- = AVSS
  ADC12IE = 0x02;                 // 使能 ADC12IFG.1
  ADC12CTL0 |= ENC;               // 使能转换
  while(1)
  {
    ADC12CTL0 |= ADC12SC;         // 开始转换
    _BIS_SR(LPM0_bits + GIE);     // 进入 LPM0,使能全局中断
  }
}
#pragma vector = ADC12_VECTOR
__interrupt void ADC12_ISR (void)
{
  results[0] = ADC12MEM0;
  results[1] = ADC12MEM1;
  _BIC_SR_IRQ(LPM0_bits);
}
```

4. 序列通道多次转换模式

在该模式下可实现对序列通道输入模拟信号的连续采样-转换。每一个转换通道的转换参数由相应的转换存储控制寄存器 ADC12MCTLx 分别独立控制,CSTARTADDx 定义了第一个转换存储寄存器 ADC12MEMx 的地址,转换存储控制寄存器 ADC12MCTLx 中的 EOS 位用来标识序列通道的最后一个通道。转换完成后,序列通道的转换结果分别存入指定的转换存储寄存器 ADC12MEMx 中,相应的中断标志位 ADC12IFGx 被置位,整个流程如图 8.20 所示。

序列通道的多次转换是对序列通道单次转换模式的扩展,即它采集数据的顺序是首先对序列通道依次完成一次采集,然后再重复此过程,直至满足结束条件时才结束。每次转换完成均会使相应中断标志位置 1,若中断使能打开,均可产生中断请求。

例 8.6 利用序列通道多次转换模式实现对 A0~A3 这 4 个通道的数据采集,要求 $V_{R+} = $ AVCC 和 $V_{R-} = $ AVSS。转换结果依次存入 ADC12MEM0、ADC12MEM1、ADC12MEM2 和 ADC12MEM3。当完成序列通道转换后,将转换结果转存到变量 A0_results[]、A1_results[]、A2_results[]和 A3_results[]。

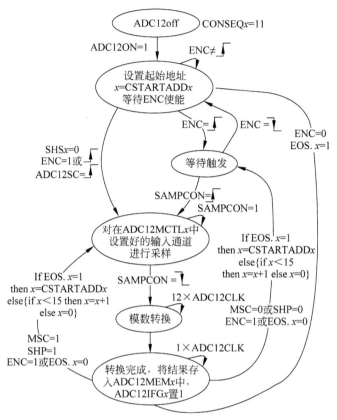

图 8.20 序列通道重复转换流程

解 根据题目要求,程序如下。

```
#include "msp430F261x.h"
#define Num_of_Results 8
volatile unsigned int A0_results[Num_of_Results];
volatile unsigned int A1_results[Num_of_Results];
volatile unsigned int A2_results[Num_of_Results];
volatile unsigned int A3_results[Num_of_Results];
int main(void)
{
  WDTCTL = WDTPW + WDTHOLD;            // 关闭看门狗
  P6SEL = 0x0F;                       // 将引脚设置成模数转换功能
  ADC12CTL0 = ADC12ON + MSC + SHT0_8; // 打开 ADC12,使用外部扩展抽样定时模式
  ADC12CTL1 = SHP + CONSEQ_3;         // 利用内部定时采样
  ADC12MCTL0 = INCH_0;                // 通道 A0、V_{R+} = AVCC
  ADC12MCTL1 = INCH_1;                // 通道 A1、V_{R+} = AVCC
  ADC12MCTL2 = INCH_2;                // 通道 A2、V_{R+} = AVCC
  ADC12MCTL3 = INCH_3 + EOS;          // 通道 A3、V_{R+} = AVCC
  ADC12IE = 0x08;                     // 开始 ADC12IE3 中断使能
  ADC12CTL0 |= ENC;                   // 使能转换
  ADC12CTL0 |= ADC12SC;               // 软触发启动转换
  _BIS_SR(LPM0_bits + GIE);           // 进入 LPM0,开启总中断使能
}

#pragma vector = ADC12_VECTOR
```

```
__interrupt void ADC12_ISR (void)
{
  static unsigned int index = 0;
  A0_results[index] = ADC12MEM0;      // 将 A0 存入 A0_results
  A1_results[index] = ADC12MEM1;      // 将 A1 存入 A1_results
  A2_results[index] = ADC12MEM2;      // 将 A2 存入 A2_results
  A3_results[index] = ADC12MEM3;      // 将 A3 存入 A3_results
  index = (index + 1) % Num_of_Results;
}
```

8.3 数模转换模块

8.3.1 数模转换概述

1. 数模转换原理

由二进制转十进制的规律可知,给定任意的无符号 n 位二进制数($d_{n-1}d_{n-2}\cdots d_1d_0$),其中 d_{n-1} 为最高有效位(MSB),d_0 为最低有效位(LSB),其对应的十进制数应为 $d_{n-1}\times 2^{n-1}+d_{n-2}\times 2^{n-2}+\cdots+d_1\times 2^1+d_0\times 2^0$。其中,$2^{n-1}$、$2^{n-2}$、$\cdots$、$2^1$、$2^0$ 为对应位的位权。数模转换的原理与由二进制到十进制的转换十分类似。

实际上,数字量转模拟量的过程就是将数字量(二进制数)的每一位按权的大小转换为相应的模拟量,然后将代表各位的模拟量相加的过程,数模转换过程如图 8.21 所示。由此过程得到的结果就是与该数字量成正比的模拟量。若设输入数字量为($d_{n-1}d_{n-2}\cdots d_1d_0$)、输出模拟量为 v_o,则数模转换的关系为:

$$v_o = k(d_{n-1}\times 2^{n-1}+d_{n-2}\times 2^{n-2}+\cdots+d_1\times 2^1+d_0\times 2^0)$$

其中,k 为比例系数又叫转换系数,该系数与转换时的参考电压有关。

基于以上原理可知,一个 DAC 应由数字寄存器、模拟开关、参考(基准)电压源、转换网络和放大器等部分组成,如图 8.21 所示。数字寄存器的作用就是锁存输入的数字量以供后续的转换使用;模拟开关和电阻网络完成按位加权处理;参考电压源确定转换系数;求和放大器完成各位模拟量的相加过程。

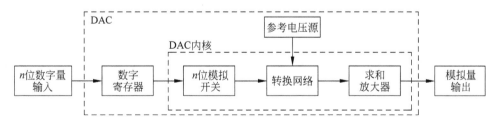

图 8.21 数模转换流程

转换网络是 DAC 的核心,直接影响转换器的精度。转换网络的基本类型有加权网络和 T 型网络,前者有权电阻网络、权电容网络,后者有 T 型电阻网络、倒 T 型电阻网络等。在此基础上,还有各种改进型网络,如权电阻和梯形电阻网络并用结构、分段梯形电阻网络等。

2. 倒 T 型电阻网络 DAC

目前应用较多的是倒 T 型电阻网络 DAC,其原因是倒 T 型电阻网络流过各支路的电流恒定不变,故在开关状态变化时不需电流建立时间,所以该电路转换速度快、尖峰脉冲干扰较小,因此被最广泛使用。n 位倒 T 型电阻网络 DAC 的基本结构如图 8.22 所示。

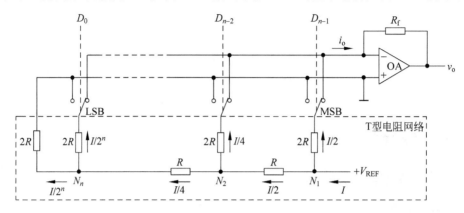

图 8.22　倒 T 型电阻网络 DAC 结构示意图

　　T 型电阻网络也称为 R-2R 网络,在该网络中从任意节点往左看,等效电阻均是 $2R$,并且电流每流过一个节点,就等分为两路相等的电流。根据运算放大器的"虚短"特性,不论模拟开关的状态如何变化,流过各支路的电流是确定的且分别为 $I/2$、$I/4$、$\cdots$、$I/2^n$。基准电源 V_{REF} 提供的总电流 $I=V_{REF}/R$。

　　因此流入运算放大器的总电流 i_o 为:

$$i_o = D_{n-1}\frac{I}{2} + D_{n-2}\frac{I}{4} + \cdots + D_1\frac{I}{2^{n-1}} + D_0\frac{I}{2^n}$$

$$= \frac{I}{2^n}(2^{n-1}D_{n-1} + 2^{n-2}D_{n-2} + \cdots + 2^1 D_1 + 2^0 D_0)$$

$$= \frac{V_{REF}}{2^n R}(2^{n-1}D_{n-1} + 2^{n-2}D_{n-2} + \cdots + 2^1 D_1 + 2^0 D_0)$$

　　当运算放大器的反馈电阻 $R_f = R$ 时,根据运算放大器的"虚断"特性,其输出电压 v_o 为:

$$v_o = -i_o R_f = -i_o R = \frac{V_{REF}}{2^n}(2^{n-1}D_{n-1} + 2^{n-2}D_{n-2} + \cdots + 2^1 D_1 + 2^0 D_0)$$

　　这样就实现了数字量$(D_{n-1}\cdots D_1 D_0)$到模拟量 v_o 的转换。

3. DAC 分类

　　模拟开关和电阻网络是 DAC 的核心部件。根据这两部分的物理实现不同可将 DAC 分成不同的类型。按照模拟开关的实现电路不同,可分为 CMOS 开关型 DAC、双极型开关 DAC、ECL 电流开关型 DAC。这三种不同的实现方式功能上都可以实现开关功能,其主要差异在开关的状态转换速度上,即它们的转换速度不同。在这三种模拟开关中,CMOS 开关型 DAC 的转换速度最低,ECL 电流开关型 DAC 的转换速度最高,双极型开关 DAC 居中。

　　按照转换网络的构成不同,电阻网络可分为 T 型电阻网络 DAC、倒 T 型电阻网络 DAC、权电流 DAC、权电阻网络 DAC。电容网络也可以用于数模的转换。使用电容网络的 DAC 有一个问题是电容的电荷泄漏可使它在设定后的几毫秒内丧失精度,这使得电容 DAC 可能不适合通用 DAC 应用,但在逐次逼近型 ADC 中,这并不是问题,因为转换会在几微秒甚至更短的时间内完成,泄漏根本来不及产生任何明显的影响。因此电容型转换网络主要用在逐次逼近 ADC 中的模数转换。

此外,按照输出方式的不同,集成 DAC 电路分为电流输出 DAC 和电压输出 DAC;按照输入方式的不同,集成 DAC 电路可分为并行输入 DAC 和串行输入 DAC。

4. 性能指标

(1)分辨率。分辨率表示分辨最小电压的能力。分辨率越高,DAC 所能分辨的最小电压就越小。通常用二进制数的位数表示 DAC 的分辨率,DAC 的位数越多,则分辨率越高。

(2)建立时间。这是 DAC 的一个重要性能参数,通常用来定量描述 DAC 的转换速度。数字输入端由全 0 变成全 1 时,输出端由最低达到模拟输出稳定到最终值±1/2LSB 时所需要的时间,如图 8.23 所示。

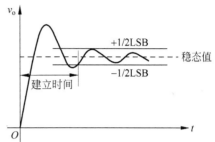

图 8.23　DAC 建立时间

建立时间是由 DAC 电路中电容、电感和开关电路的时间延迟引起的。DAC 的速度是按照建立时间进行分类的,一般来说,满量程建立时间大于 100ms 的称为低速转换器,50ns~1ms 的为高速转换器。

(3)转换精度。转换精度是指对给定的数字输入,其模拟量输出的实际值与理论值之间的最大偏差。它以最大的静态转换误差的形式给出,与参考电压 V_{REF} 的波动、运算放大器的零点漂移、电阻网络电阻值的偏差以及模拟开关的导通电阻和导通电压的变化等相关,包含非线性误差、比例系数误差及漂移误差等综合误差。一般有两种表示方法:一种用满量程范围的百分数表示,另一种以最低位(LSB)对应的模拟输出值为单位表示。

转换精度与分辨率是两个不同的概念,前者是指转换后所得的实际值相对于理想值的精度,而后者是指能够对转换结果产生影响的最小输入量。

(4)线性度。通常用非线性误差的数值来表示 DAC 的线性度。非线性误差是指 DAC 实际转换特性曲线和最佳拟合直线的最大偏差。

(5)温度灵敏度。它是指数字输入不变的情况下,模拟输出信号随温度的变化。例如,一般 DAC 的温度灵敏度为±50PPM/℃,其中 PPM 为百万分之一。

例 8.7 若 DAC 的最大输出电压为 10V,若要求能区分的最小电压在 10mV 以内,应选多少位 DAC?

解 假设最小输出电压为 10mV,最大输出电压为 10V,可以得出分辨率为 $\dfrac{10}{10\times10^3}=\dfrac{1}{1000}$。由于 $2^{10}=1024$,所以根据分辨率与精度的关系,至少需要 10 位 DAC。若考虑其他因素,需选 12 位 DAC。

8.3.2　DAC12 模块

1. DAC12 的特点

DAC12 是 MSP430 单片机内部的 12 位电压输出 DAC 模块,它具有灵活的输出格式和分辨率。它与 DMA 结合使用可实现快速数模转换。当 MSP430 内部有多个 DAC12 模块时,MSP430可以对它们进行统一管理,使其做到同步更新。DAC12的主要特点有12位单调输出、8位或12位电压输出分辨率、可编程的稳定时间与功耗控制、多种可选参考电压、二进制或二进制补码形式输出、具有自校准功能、可对多个DAC12进行同步更新。

2. DAC12逻辑结构

MSP430F261x系列单片机中集成的DAC12包含两个功能相同的数模转换通道,分别为DAC12_0和DAC12_1,如图8.24所示。DAC12_0与DAC12_1由分组逻辑部件连在一起,其功能是实现两个通道的同步更新。当分组控制位DAC12GRP=1时,DAC12_0与DAC12_1作为整体同时进行数据更新,该过程独立于任何中断或NMI事件,即两个通道的更新节奏实现同步。但DAC12_0DAT与DAC12_1DAT的数据是独立的。DAC12的每个转换通道均由参考电压发生器、转换内核、数据及锁存控制逻辑和电压缓冲器组成。为便于叙述这里以DAC12_0数模转换通道为例说明各个部分的功能以及控制位的使用方法。

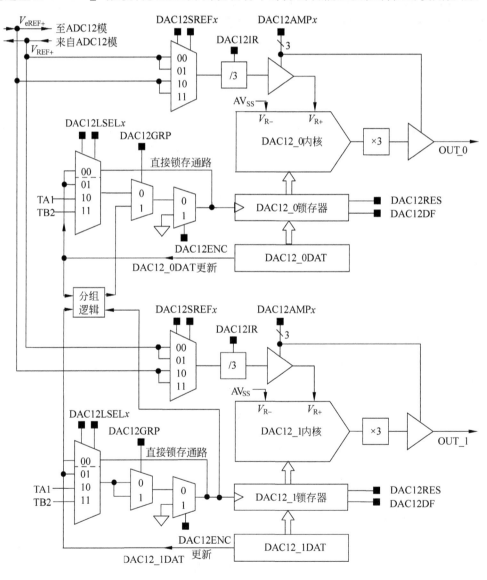

图8.24 DAC12逻辑框图

（1）转换内核。转换内核是 DAC12 数模转换的核心组件。转换内核的内部结构尽管 TI 公司并没有给出，但其原理与前面所讲原理大致相同。由图 8.24 可知，对于转换内核的控制主要是通过控制参考电压、数据格式以及传送节拍来实现的。

（2）参考电压发生器与电压缓冲器。参考电压发生器的作用是根据不同应用场合为 DAC12_0 内核提供合适的正参考电压。DAC12_0 的参考电压配置比较简单，如图 8.25 所示。

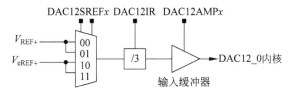

图 8.25　参考电压配置流程

首先进行参考电压源的配置，参考电压源由通过控制位 DAC12SREFx 的值确定。当 DAC12SREFx 为 10 或 11 时，使用外部参考电压源 V_{eREF+}；当 DAC12SREFx 为 00 或 01 时为内部参考电压源 V_{REF+}。这里需要注意 MSP430 单片机没有给 DAC12_0 提供专门的内部参考电压发生器，而是采用与 ADC12 共用内部参考电压发生器的方式为 DAC12_0 内核提供内部参考电压。

使用 ADC12 的内部参考电压发生器时需要对寄存器 ADC12CTL0 进行相应的操作以打开内部参考电压发生器。例如，若打开内部参考电压发生器并输出 2.5V 的参考电压，则可使用下面的语句：

```
ADC12CTL0 = REF2_5V + REFON;
```

若输出 1.5V 的参考电压，则使用

```
ADC12CTL0 = REF1_5V + REFON;
```

内部参考电压只有 1.5V 或 2.5V 两种选择。外部参考电压则比较灵活，根据需要设定，理论上可以是不超过工作电压的任意值。

其次设置 DAC12IR 控制位以确定 DAC12_0 的满量程输出电压与参考电压的关系。当 DAC12IR＝1 时 DAC12_0 的满量程输出电压等于参考电压；当 DAC12IR＝0 时 DAC12_0 的满量程输出电压等于参考电压的 3 倍。

最后是通过控制位 DAC12AMPx 实现对输入、输出缓冲器的配置。对于数模转换而言，当参考电压源提供的电流越大，信号稳定时间就越短，其转换速度就越快，但是其转换网络的功耗就越大。但不是所有场合都需要较快的转换速度，对于转换速度要求不高的场合，可使用低速模式以降低模数转换的功耗。因此，为了灵活地控制系统的功耗，可以根据具体应用选择适当的转换速度。表 8.8 中列出了 8 种不同的 DAC12AMPx 值对应的转换速度情况。

表 8.8　输入输出缓冲器的配置情况

DAC12AMPx	输入缓冲器	输出缓冲器
000	关闭	DAC12 关闭,输出高阻态
001	关闭	DAC12 关闭,输出 0V
010	低速度/电流	低速度/电流
011	低速度/电流	中速度/电流
100	低速度/电流	高速度/电流
101	中速度/电流	中速度/电流
110	中速度/电流	高速度/电流
111	高速度/电流	高速度/电流

（3）数据及锁存控制逻辑。数据及锁存控制逻辑是 DAC12 的重要构件,它的作用是负责 ADC12 的数据来源以及数据进入 DAC12 转换内核的节奏。它包括数据寄存器 DAC12_0DAT、数据锁存器和控制逻辑,如图 8.26 所示。

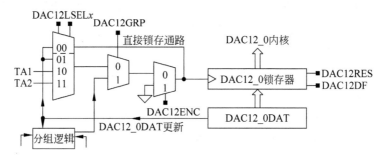

图 8.26　数据及锁存控制逻辑框图

数据寄存器 DAC12_0DAT 是对外开放的,用户可以直接访问该寄存器。该寄存器为 16 位寄存器。由于 DAC12 是 12 位的,为便于处理采用数据右对齐方式放置数据。所以 11～0 位用来存放转换数据,15～12 位为只读且值为 0、无法写入。若写入数据超过 12 位则只取低 12 位,其他高位数据将丢失。下面是 DAC12_0DAT 寄存器的数据位数分布情况。

15	14	13	12	11	10	9	8
0	0	0	0	DAC12 Data			
r(0)	r(0)	r(0)	r(0)	rw-(0)	rw-(0)	rw-(0)	rw-(0)

7	6	5	4	3	2	1	0
DAC12 Data							
rw-(0)	rw-(0)	rw-(0)	rw-(0)	rw-(0)	rw-(0)	rw-(0)	rw-(0)

锁存器也称为锁存寄存器,当满足触发条件时锁存器将数据输出,反之则不输出。当满足触发条件时,DAC12 的锁存器就将锁存的数据送入到 DAC12_0 的转换内核中,DAC12 的输出数据也就随即更新。若没有满足触发条件,数据将被锁存在锁存器中。

除了锁存之外,锁存器在暂存数据的同时还可以对数据进行格式化。DAC12 支持 8 位和 12 位两种分辨率的数据格式,由控制位 DAC12RES 确定。当 DAC12RES＝1 时为 8 位分辨率,此时锁存器中的低 8 位有效。DAC12 既支持无符号数(二进制形式)的数模转换,也支持有符号数(补码二进制形式)的数模转换,具体由控制位 DAC12DF 确定,这两种数据格式的输出波形如图 8.27 所示。锁存器暂存数据的数据格式是由控制位 DAC12RES 和 DAC12DF 共同确定的,具体见表 8.9。

表 8.9　DAC12RES 和 DAC12DF 对应数据输出格式

DAC12RES	DAC12DF	输出数据格式
0	0	12 位二进制形式(11 位为最高位)
0	1	12 位二进制补码形式(11 位为符号位)
1	0	8 位二进制形式(7 位为最高位,11~8 位不影响转换)
1	1	8 位二进制补码形式(7 位为符号位,11~8 位不影响转换)

锁存控制逻辑的作用是为锁存器提供不同的触发信号。MSP430 单片机提供了多种锁存器触发信号,主要由控制位 DAC12LSELx 确定。

当 DAC12LSELx=00 时,往 DAC12_0DAT 寄存器写数据时数据寄存器会自动产生数据更新信号,该更新信号直接用于触发锁存器,使之锁存当前写入数据寄存器 DAC12_0DAT 的数据。由图 8.26 可看出,此时的信号通路绕过了 DAC12ENC 的控制端,因此与它的状态无关。也就是说,当 DAC12LSELx = 00 时,一旦数据写入 DAC12_0DAT 中 DAC12_0 的输出就会随即更新,此时的锁存器就如同透明一样,没有发挥任何作用。

当 DAC12LSELx=01 时,在不分组且允许转换(DAC12GRP=0、DAC12ENC=1)的情况下,使用 DAC12_0DAT 寄存器写数据产生数据更新信号作为触发信号。即当向 DAC12_0DAT 中写入数据时,触发锁存器锁存当前写入数据寄存器的数据,并将锁存器已有数据输出到转换内核使 DAC12_0 的输出数据得到更新。在分组组合(DAC12GRP=1)时,所有组合在一起的任何数据寄存器发生数据更新时,也都会使 DAC12_0 的输出数据得到更新。

当 DAC12LSELx=10 时,在不分组且允许转换(DAC12GRP=0、DAC12ENC=1)的情况下,使用定时器 Timer_A 的 CCR1 输出 Timer_A.OUT1 作为触发信号触发锁存器,使之锁存当前写入数据寄存器数据。

当 DAC12LSELx=11 时,在不分组且允许转换(DAC12GRP=0、DAC12ENC=1)的情况下,使用定时器 Timer_B 的 CCR2 的输出 Timer_B.OUT2 作为触发信号触发锁存器,使之锁存当前写入数据寄存器数据。

由上可知,DAC12LSELx>0 时只要 DAC12_0 的数据需要更新,转换使能控制位 DAC12ENC 必须为 1,否则无法实现数据的更新。当 DAC12LSELx = 0 时,控制位 DAC12ENC 的状态对 DAC12_0 的数据更新不产生任何影响。

对于分组控制位 DAC12GRP 使用时需要注意,当 DAC12GRP=0 时表示不使用分组组合功能。当 DAC12GRP=1 时表示使用分组组合功能,此时 DAC12_0 和 DAC12_1 将组合在一起,DAC12_0 和 DAC12_1 的输出数据将实现同步更新。在这里讲的 DAC12,DAC12_0 具有分组组合功能,DAC12_1 不具备该功能,但可与 DAC12_0 组合。在分组组合使用时要注意,DAC12_1 的 DAC12LSELx 选择的触发信号用于 DAC12_0 和 DAC12_1 的锁存触发信号且 DAC12LSELx 必须大于 0,DAC12ENC 必须为 1。即 DAC12GRP=1、DAC12ENC=1、DAC12LSELx>0 是组合功能实现的必要条件,缺一不可。若 DAC12GRP=

1、DAC12LSELx＞0 但 DAC12ENC＝0,那么 DAC12_0 和 DAC12_1 任何一个将都不能正常工作。

3. DAC12 的输出

(1) 电压特性。该内核支持直接二进制和补码二进制两种数据格式,图 8.27 为 12 位分辨率下不同数据格式的输出差异。DAC12 模块的输出是电压信号,单片机内部没有电压转电流的电路。若需要输出电流信号,需要自行设计电压-电流转换电路。现在讨论输入数据与输出电压的对应关系,这里假设 DAC12 的负参考电压短接地,参考电压源提供的正参考电压为 V_R($V_R=V_{REF}$ 或 V_{eREF})。由于 DAC12 是线性转换,输入数据与输出电压是呈直线关系的。考虑到控制位 DAC12IR 对输出也有一定的影响,现给出不同 DAC12RES 和 DAC12IR 组合下 DAC12 的输出电压 V_{out} 计算公式,Data 为数据寄存器中的数据,具体如表 8.10 所示。

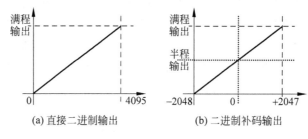

(a) 直接二进制输出   (b) 二进制补码输出

图 8.27 输出格式

表 8.10 输出电压计算公式

DAC12RES	DAC12IR	输出电压计算公式
0	0	$V_{out} = 3 \times V_R \times Data/4095$
0	1	$V_{out} = V_R \times Data/4095$
1	0	$V_{out} = 3 \times V_R \times Data/255$
1	1	$V_{out} = V_R \times Data/255$

(2) 偏移校正。理想的电压输出曲线如图 8.28(b)所示,即当 Data＝0 时输出电压 V_{out}＝0。当 Data＝0x0FFF(或 0x0FF)时输出电压恰好达到满量程值。但实际情况是 DAC12 的输出不满足理想曲线,总存在一定误差。例如,Data＝0 时输出电压不为 0 而是负电压,当 Data 增加到某一值时出现正电压;Data＝0x0FFF(或 0x0FF)时输出电压低于满量程值,如图 8.28(a)所示,此情形称为负偏移。还有一种情况是 Data＝0 时输出电压为正电压,当 Data 还未增加到 0x0FFF(或 0x0FF)时输出电压已达到满量程值,如图 8.28(c)所示,此情形称为正偏移。

对于偏移误差 ADC12 可以通过设置控制位 DAC12CALON 实现自动校正。导致偏移误差的产生的因素较多,但是更改输入、输出缓冲器的设置也容易导致偏移的生产。因此,在校正 DAC12 的时候一定要事先确定输入、输出缓冲器的工作状态,即设置好 DAC12AMPx 的值。为了得到最佳的校正效果,在自动校正期间应尽可能减小端口和 CPU 的活动。

(3) 引脚设置。对于 MSP430F261x 单片机来说,DAC12 的输出引脚与 ADC12 的输出

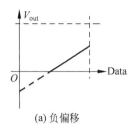

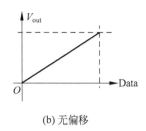

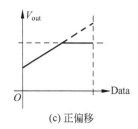

(a) 负偏移　　　　　　　　(b) 无偏移　　　　　　　　(c) 正偏移

图 8.28　输出电压曲线

引脚复用,而且还与 V_{eREF+} 引脚复用,所以情况比较复杂。至于从哪一个引脚输出由控制位 DAC12OPS 控制。当 DAC12OPS=0 时 DAC12_0 的输出在 P6.6 引脚,DAC12_1 的输出在 P6.7 引脚;当 DAC12OPS=1 时 DAC12_0 的输出在 V_{eREF+} 引脚,DAC12_1 的输出在 P6.5 引脚。

控制位 DAC12AMP>0 时,单片机会根据控制位 DAC12OPS 的值自动选择 DAC12 的输出引脚。它与 PxSEL 和 PxDIR 的状态无关,具体原因可参见数据手册中的引脚原理图。

4. DAC12 的中断

DAC12 的每个通道具有一个中断源,但 MSP430 单片机只给 DAC12 分配了一个中断向量(0x0FFDC),C 语言中宏定义 DAC12_VECTOR,所以 DAC12 的中断是共源中断。在确定中断源时需要通过中断标志位 DAC12IFG 来判断。在中断程序结束时还应对标志进行手动清零。具体程序如下。

```
#pragma vector = DAC12_VECTOR
__interrupt void DAC12_ISR(void)
{
    if (DAC12_0 CTL&DAC12IFG)
        {                                  // 中断来自 DAC12_0
            …                              // 中断处理程序
        }
    if (DAC12_1 CTL&DAC12IFG)
        {                                  // 中断来自 DAC12_1
            …                              // 中断处理程序
        }
    DAC12_0 CTL & = ~ DAC12IFG;            // 中断标志位清零
    DAC12_1 CTL & = ~ DAC12IFG;            // 中断标志位清零
}
```

DAC12 的中断也是可屏蔽中断,它不但受控于有自身的中断使能位 DAC12IE,还受控于总中断控制位(GIE)。

现在介绍一下触发 DAC12 中断的条件。当 DAC12LSELx>0 且 DAC12_0DAT 的数据已经锁存到锁存器时,中断标志位 DAC12IFG 将会被自动置 1,其含义是已经为 DAC12 转换内核准备好了数据。若 DAC12IE 和 GIE 都已经置 1,则 DAC12IFG 就会产生一个中断请求。当 DAC12LSELx=0 时 DAC12IFG 不会置 1。

5. DAC12 的寄存器

DAC12 每个通道都具有独立的一套寄存器组,并且每个通道的寄存器资源也是完全一致的。每个通道均由控制寄存器(DAC12_xCTL)和数据寄存器(DAC12_xDAT)组成,其中DAC12_0CTL 和 DAC12_1CTL 功能、配置和使用方法均相同;DAC12_0DAT 和 DAC12_1DAT 功能、配置和使用方法均相同。考虑到 DAC12_0DAT 在前面已做过介绍,这里仅介绍 DAC12 的控制寄存器(DAC12_xCTL)。

15	14	13	12	11	10	9	8
DAC12OPS	DAC12SREFx	DAC12RES	DAC12OPS	DAC12LSELx	DAC12CALON		DAC12IR
rw-(0)	rw-(0)	rw-(0)	rw-(0)	rw-(0)	rw-(0)	rw-(0)	rw-(0)

7	6	5	4	3	2	1	0
DAC12AMPx			DAC12DF	DAC12IE	DAC12IFG	DAC12ENC	DAC12GRP
rw-(0)	rw-(0)	rw-(0)	rw-(0)	rw-(0)	rw-(0)	rw-(0)	rw-(0)

该寄存器为 16 位寄存器,实现了 13 种功能控制。对各个控制位进行修改时需要注意,DAC12 控制寄存器中的 15~11 位和 8~4 位只有在 DAC12ENC=0(DAC12 为初始状态)时才能被修改。由于各个控制位的功能在上面已经阐述,这里不再重复。

DAC12_0CTL 和 DAC12_1CTL 中的控制位标号都是相同的。至于是设置的哪一个通道,需要从控制寄存器的名字来判断。

例如:

```
DAC12_0CTL | = DAC12ENC              // 启动通道 0 的转换
DAC12_1CTL = DAC12RES + DAC12ENC;    // 设置通道 1 的分辨率为 8 位并启动转换
```

8.3.3 应用举例

例 8.8 若使用片内 2.5V 参考电压,试编程使 DAC12 输出 1.0V 的固定电压,如图 8.29 所示。

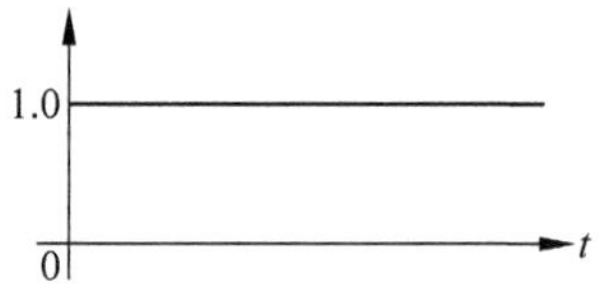

解 根据题目要求,程序如下。

```
# include "msp430x26x.h"
void main(void)
{
    WDTCTL = WDTPW + WDTHOLD;
    ADC12CTL0 = REF2_5V + REFON;              // 打开内部 2.5V 参考电压
    TACCR0 = 13600;                           // 延时等待参考电压稳定
    TACCTL0 | = CCIE;                         // 使能捕获/比较中断
    TACTL = TACLR + MC_1 + TASSEL_2;          // 清零,增计数模式,SMCLK 为时钟源
    __bis_SR_register(LPM0_bits + GIE);       // 进入 LPM0, 使能全局中断
    TACCTL0 &= ~CCIE;                         // 禁止捕获/比较中断
    __disable_interrupt();                    // 禁止全局中断
    DAC12_0CTL = DAC12IR + DAC12AMP_5 + DAC12ENC;
    DAC12_0DAT = 1368;                        // 1.0V (2.5V = 0x0FFFh)
    __bis_SR_register(LPM0_bits + GIE);       // 进入 LPM0, 使能全局中断
}

# pragma vector = TIMERA0_VECTOR
__interrupt void TA0_ISR(void)
{
```

图 8.29 例 8.8 输出波

```
    TACTL = 0;                              // 清 Timer_A 控制寄存器
    __bic_SR_register_on_exit(LPM0_bits);   // 将 CPU 从 LPM0 唤醒
}
```

上述为 DAC12 应用的例子,将给定的数字信号转换为模拟信号后通过 P6.6 端口输出,转换后的模拟信号幅值为 1.0V。

需要说明的是在本例中为了等待内部参考电压源稳定,使用了 TA 定时器进行硬件延时,所以使得整个程序变得较长。若使用软件延时,整个程序将比较简洁,如下所示。

```
#include "msp430x26x.h"
void main(void)
{
    unsigned int i = 0;
    WDTCTL = WDTPW + WDTHOLD;            // 关闭看门狗
    ADC12CTL0 = REF2_5V + REFON;         // 打开内部 2.5V 参考电压
    for(i = 0; i < 60000; i++);          // 等待参考电压稳定
    DAC12_0CTL = DAC12IR + DAC12AMP_5 + DAC12ENC;
    DAC12_0DAT = 1638;                   // 1.0V (2.5V = 0x0FFFh)
    __bis_SR_register(LPM0_bits);        // 进入 LPM0,使能全局中断
}
```

但需要注意尽管这两种方式均能实现延时的效果,但就功耗来说,硬件方式比软件方式要少得多。当然其代价是源程序变长变复杂了。

例 8.9 若以片内 2.5V 为参考电压,试编程使 DAC12 输出幅值为 2.0V 的方波、频率 500Hz,如图 8.30 所示。

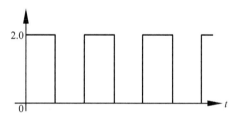

图 8.30 例 8.9 输出波形

解 根据题目要求,程序如下。

```
#include "msp430x26x.h"
unsigned int n = 0;
void main(void)
{
    unsigned int i = 0;
    WDTCTL = WDTPW + WDTHOLD;            // 关闭看门狗
    ADC12CTL0 = REF2_5V + REFON;         // 打开内部 2.5V 参考电压
    TACCR0 = 1000;
    TACCTL0 |= CCIE;                     // 使能捕获/比较中断
    TACTL = TACLR + MC_1 + TASSEL_2;
    for(i = 0; i < 60000; i++);          // 等待参考电压稳定
    DAC12_0CTL = DAC12IR + DAC12AMP_5 + DAC12ENC;
    DAC12_0DAT = 0;
```

```
    __bis_SR_register(LPM0_bits + GIE);        // 进入 LPM0, 使能全局中断
}

#pragma vector = TIMERA0_VECTOR
__interrupt void TA0_ISR(void)
{
    n += 1;
    if(n % 2)
        DAC12_0DAT = 0;
    else
        DAC12_0DAT = 3277;
}
```

例 8.10 若以片内 2.5V 为参考电压,试编程使 DAC12 输出幅值为 2.5V 的锯齿波、频率 50Hz,如图 8.31 所示。

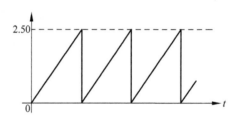

图 8.31 例 8.10 输出波形

解 根据题目要求,程序如下。

```
#include "msp430x26x.h"
void main(void)
{
    unsigned int i = 0;
    WDTCTL = WDTPW + WDTHOLD;
    ADC12CTL0 = REF2_5V + REFON;            // 打开内部 2.5V 参考电压
    for(i = 0; i < 60000; i++);             // 等待参考电压稳定
    TACCR0 = 24;
    TACCTL0 |= CCIE;                        // 使能捕获/比较中断
    TACTL = TACLR + MC_1 + TASSEL_2;
    DAC12_0CTL = DAC12IR + DAC12AMP_5 + DAC12ENC;
    DAC12_0DAT = 0;
    __bis_SR_register(LPM0_bits + GIE);     // 进入 LPM0, 使能全局中断
}

#pragma vector = TIMERA0_VECTOR
__interrupt void TA0_ISR(void)
{
    DAC12_0DAT += 5;
}
```

例 8.11 使用 TA1 作为 DAC12 的加载时钟,重新实现例 8.10 的功能。

解 由于要使用 TA1 作为 DAC12 转换启动时钟,所以要先设置 TA1 的周期然后再设

置输出模式。根据题目要求,程序如下。

```
#include "msp430x26x.h"
void main( void )
{
  WDTCTL = WDTPW + WDTHOLD;
  ADC12CTL0 = REF2_5V + REFON;
  TACCR0 = 24;
  TACCR1 = 12;
  TACTL = TACLR + MC_1 + TASSEL_2;
  TACCTL1 = OUTMOD_2;
  DAC12_0CTL = DAC12AMP_5 + DAC12ENC + DAC12LSEL_2 + DAC12IE;
  DAC12_0DAT = 0;
  __bis_SR_register(LPM0_bits + GIE);
}


#pragma vector = DAC12_VECTOR
__interrupt void DAC_ISR(void)
{
  DAC12_0CTL &= ~ DAC12IFG;
  DAC12_0DAT = DAC12_0DAT + 10;
}
```

尽管同是使用 TA 和 DAC12 实现的同样功能,但例 8.10 和例 8.11 使用的方法却不同。例 8.10 采用的方法是使用 TA 定时中断每隔一定时间对 DAC12_0DAT 寄存器的值进行更新一次。而例 8.11 采用的方法是 TA1 的输出触发 DAC12 将 DAC12_0DAT 中的数据加载到 DAC 转换内核中进行转换。而数据的更新则放在 DAC12 的中断中。

例 8.12 若以片内 2.5V 为参考电压,试利用查表方式编程使 DAC12 输出幅值为 2.5V、周期可调的正弦波,如图 8.32 所示。

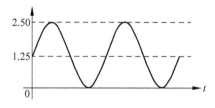

图 8.32　例 8.11 输出波形

解 根据题目要求,程序如下。

```
unsigned int n = 0;
unsigned int sinx[63] = {2048,2252,2455,2653,2846,3030,3204,3367,3517,3652,3771,
3873,3957,4021,4066,4091,4095,4079,4042,3986,3910,3816,3704,3575,3431,3274,
3104,2923,2734,2538,2337,2133,1928,1725,1525,1330,1142,963,795,639,498,372,
263,172,99,46,13,0,8,36,84,152,239,344,465,603,755,920,1096,1282,1476,1675,1878};
void main(void)
{
  unsigned int i = 0;
  WDTCTL = WDTPW + WDTHOLD;
```

```
ADC12CTL0 = REF2_5V + REFON;
TACCR0 = 28;
TACCTL0 | = CCIE;
TACTL = TACLR + MC_1 + TASSEL_2;          // 清零、增计数、SMCLK
for(i = 0; i < 60000; i++);                // 等待参考电压稳定
DAC12_0CTL = DAC12IR + DAC12AMP_5 + DAC12ENC;
DAC12_0DAT = 0;
__bis_SR_register(LPM0_bits + GIE);       // 进入 LPM0, 使能全局中断
}

#pragma vector = TIMERA0_VECTOR
__interrupt void TA0_ISR(void)
{
DAC12_0DAT = sinx[n];
n += 1;
n = n % 63;
}
```

使用查表法可以有效避免复杂的计算,减轻 CPU 的负担。但是利用查表法得到的正弦波形质量好坏与数据表中的数据质量直接相关。通常可以增加一个周期内的采样点数来提高波形精度。

习题

8-1　为什么要进行模数转换?

8-2　模数转换的基本原理及分类。

8-3　模数转换器的主要性能及含义。

8-4　列举 MSP430 序列单片机所集成的模拟设备,并指出其功能是什么。

8-5　简述 ADC12 的特点。

8-6　简述 ADC12 有哪几种工作模式,它们的异同点是什么。

8-7　简述序列通道多次转换模式,重复转换与通道轮换的关系。

8-8　ADC12 如何支持 MSP430 的低功耗特性?

8-9　利用 ADC12 的单通道多次转换模式,试编写一个采集 P6.0 口输入电压的程序,要求采样频率 $f_s=512\mathrm{Hz}$,采样结果数组的长度为 128。

8-10　已知某基于 MSP430 单片机的光控开关电路如图 8.33 所示。光敏电阻的工作原理是当照在光敏电阻上的光线越强,光敏电阻的电阻值越小。因此,A 点的电压变化就反映了光照强度的变化。试编写程序实现当光强低于某阈值时 P2.0 处的 LED 点亮,否则不亮。假设 A 处电压的变化范围为(0,VCC/2)。

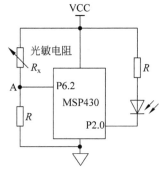

图 8.33　第 10 题图

8-11　利用 MSP430F261x 单片机实现智能声控开关功能,原理图如图 8.34 所示。P6.3 引脚采集光强数据,光线越强电压越大,电压范围位于 0～VCC/2 之间。P6.5 引脚采集

声音数据,声强越大电压越大,其电压范围位于 0~VCC 之间。要求在光线不足的情况下当声强达到一定强度时,点亮 LED 等两分钟然后关闭 LED。在光线充足的情况下无论声强有多大,均不点亮 LED 灯。注意在 LED 点亮时不检测外界光强。

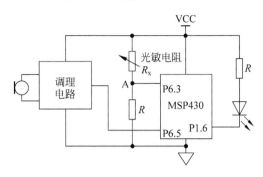

图 8.34 第 11 题图

8-12 简述数模转换的目的及基本原理。

8-13 数模转换器的性能指标。

8-14 简述 DAC12 模块的特点。

8-15 简述 DAC12 模块的低功耗特性。

8-16 利用 DAC12 模块编写一个产生方波的程序,要求占空比、频率、幅度均可通过变量更改。

8-17 利用 DAC12 模块编写一个产生三角波的程序,要求频率和倾斜度可通过变量调整。

8-18 利用例 8.11 所用 TA1.OUT＋DAC12 的编程方法,重写例 8.12 的程序。

<table>
<tr><td>

第 9 章

CHAPTER 9

</td><td>

MSP430 单片机异步 串行通信

</td></tr>
</table>

9.1 异步串行通信概述

串行通信因其简单方便、数据可靠、成本低廉、适应长距离传输等特点被广泛应用到工业监控、数据采集、智能控制和实时控制等领域。本节将简要介绍串行通信的方式、接口标准和常见的 I2C、SPI 通信协议等基本概念。

9.1.1 串行通信基本概念

1. 并行通信与串行通信

计算机与外界信息的交换称为通信,主要有并行通信和串行通信。对于单片机而言,在单片机内部各部件之间的数据传输主要采用的是并行数据传送。单片机与外围其他设备的通信既可以使用并行通信也可以使用串行通信。

并行通信指多个数据通过多条数据线在发送与接收端传输,双方数据不需做任何变换,如图 9.1(a)所示。传输的数据一般是以字节或字为单位的。由于并行通信可以同时传输很多数据位,所以该类通信的数据传输速度非常快,十分适合用在需要高速数据传输的场合,如 CPU 与 RAM 等高速外设的通信。但其缺点也十分明显,如通信时需要的线路较多,一般有多少位数据就会有多少条传输线,使得传输成本较高。此外,其抗干扰能力较差、传输距离短。目前,并行通信多用在芯片内部数据传输和 PCB 上的高速数据传输。

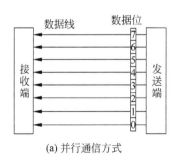

<table>
<tr><td>(a) 并行通信方式</td><td>(b) 串行通信方式</td></tr>
</table>

图 9.1 数据通信方式

串行通信首先将数据分解成二进制位,然后再使用一条信号线按照一定次序一位一位顺序传送,如图 9.1(b)所示。因此,在发送端需要由并行转串行的移位寄存器将数据逐位输出;在接收端需要由串行转并行的移位寄存器将数据逐位输入,重新将串行数据变成并行数据,如图 9.1 所示。与并行通信同时传输多位数据相比,串行传输速度比较慢。但串行通信的优势表现在串行通信需要的传输线条数少,最少只需要一条线就可以实现数据的传输,因而在远距离通信时可以极大地降低成本。所以,串行通信非常适用于远距离数据传送。

对比并行通信与串行通信,并行传输的通路犹如一条多车道的宽阔大道,而串行传输则是仅能允许一辆汽车通过的乡间公路。因此,在相同频率下并行传输数据的速度和容量肯定大于串行通信。但实际应用时却是另外一番景象。目前,由于串行通行的传输速率不断得到提升,很多并行通信的应用领域正逐渐被串行通信所代替。

出现这种情况的客观原因是,目前并行数据传输技术的发展遇到了一定障碍。首先,由于并行传送方式的前提是用同一时序传送数据,而过分提高时钟频率将难以让数据传输的时序与时钟合拍,若布线长度不同也会使数据以与时钟不同的时序送达。提高时钟频率还易引起信号线间的相互干扰,导致传输错误。另外,增加位宽会导致布线数目增加,进而增加成本。

在并行通信技术发展遇到瓶颈的同时,串行通信技术的传输速度却得到了极大的提高,这主要归功于由 4 根信号线代替了传统两根信号线的信号传输方式和利用差分信号传输代替了单端信号传输。尤其是差分信号的应用使得串行数据传输的速度得到极大提升,传输距离也得以进一步延长。

2. 通信方式

对于点对点之间的通信,根据数据传送方向与时间关系,通信方式可分为单工通信、半双工通信及全双工通信三种,如图 9.2 所示。

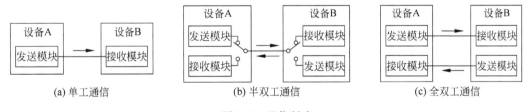

(a) 单工通信　　　　(b) 半双工通信　　　　(c) 全双工通信

图 9.2　通信制式

单工通信是指数据只能单方向传输,如图 9.2(a)所示。在单工通信中发送方和接收方的身份是固定的,发送方只能发送信息,不能接收信息;接收方只能接收信息,不能发送信息,数据仅从一端传送到另一端,即数据流是单方向的,如图 9.2(a)所示。例如,广播电视就是单工通信方式,电视台是发送方,负责发送数据;电视机是接收方,负责接收电视台发送的电视信号。

半双工通信(Half-duplex Communication)可以实现双向的通信,如图 9.2(b)所示。通信双方都具有发送器和接收器,既可发送也可接收,但不能同时接收和发送,必须轮流交替地进行。在同一时刻里,数据只能有一个传输方向,如日常生活中经常见到的对讲机等。

全双工通信(Full-duplex Communication)是指通信双方均设有发送器和接收器,并且信道划分为发送信道和接收信道,如图 9.2(c)所示。所以在通信的任意时刻,线路上存在 A 到 B 和 B 到 A 的双向信号传输。即通信的双方可以同时发送和接收数据。全双工方式无须进行方向的切换,因此,没有切换操作所产生的时间延迟。

3. 异步通信与同步通信

串行通信是一种常用的通信方式,它按同步方式又可分为异步通信和同步通信。同步通信将在后续章节中讲解,这里仅简要介绍一下异步通信的工作原理。

异步串行通信是一种很常用的串行通信方式。异步通信是以字符为单位进行传输,字符与字符之间的间隙(时间间隔)是任意的,如图 9.3 所示。但每个字符中的各位是以固定的时间传送的,即字符之间是异步的(字符之间不一定有"位间隔"的整数倍的关系),但同一字符内各数据位是同步的(各位之间的距离均为"位间隔"的整数倍)。

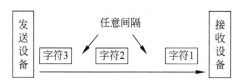

图 9.3　异步串行通信示意图

收、发双方各有自己的时钟源,在异步通信时收发双方的时钟应尽可能接近。由于发送端可以在任意时刻开始发送字符,接收端必须时刻做好接收的准备。为使接收端能够正确地将每一个字符接收下来,特在每一个字符的开始和结束的地方加上标志,即加上开始位和停止位。所以异步通信是依靠起始位、停止位保持通信同步的。

异步串行通信时使用的字符数据格式如图 9.4 所示。可见,在每个字符中均有 1 位起始位(规定为低电平有效)、5~8 位数据位(即要传送的有效信息)、1 位奇偶校验位和 1 或 2 位停止位(规定为高电平)。

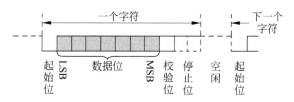

图 9.4　异步通信数据帧格式

异步串行通信的特点是:①以字符为单位传送信息,字符间异步,字符内部各位同步,相邻两字符间的间隔任意长;②串行通信时的数据、控制和状态信息都使用同一根信号线传送;③收、发双方时钟不要求严格统一,但应尽可能一致;其原因是由于一个字符中比特位长度有限,所以收、发双方时钟只要尽可能接近即可完成数据通信,所以收、发双方必须遵守共同的通信协议;④传输速度较低,这主要由于每个字符都要建立一次同步,即每个字符都要有起始位、停止位,所占开销较大,此外各帧之间还有间隔,所以速度较慢;⑤异步通信的好处是通信设备简单、便宜,对硬件要求较低,实现起来比较简单、灵活,适用于数据的随机发送和接收。鉴于以上特点,异步串行通信方式在单片机中广泛使用。

4. 串口通信的校验方法

(1) 奇偶校验。在发送数据时,数据位尾随的一位为奇偶校验位(1 或 0)。奇校验时,数据中"1"的个数与校验位"1"的个数之和应为奇数;偶校验时,数据中"1"的个数与校验位"1"的个数之和应为偶数。接收字符时,对"1"的个数进行校验,若发现不一致,则说明传输数据过程中出现了差错。

(2) 累加和校验。累加和校验是发送方将所发数据块求和(或各字节异或),产生一个字节的校验字符(校验和)附加到数据块末尾。接收方接收数据的同时对数据块(除校验字节外)求和(或各字节异或),将所得结果与发送方的"校验和"比较,相符则无差错,否则即认为传送过程中出现了差错。

(3) 循环冗余校验(Cyclic Redundancy Check,CRC)。循环冗余校验是通过某种数学运算实现有效信息与校验位之间的循环校验,常用于对磁盘信息的传输、存储区的完整性校验等。该校验方法纠错能力强,广泛用在同步通信中。

5. 串口通信的传输速率

在数字通信中常用比特率来描述数据传输的速度。比特率为每秒钟传输二进制代码的位数,单位是 b/s。而串行通信中经常用波特率来衡量传输数据的快慢,波特率是对符号传输速率的一种度量,1 波特即指每秒传输一个符号,单位为波特(Baud)。波特率与比特率之间存在如下关系:比特率=波特率×一个字符的二进制编码位数。例如,在数字通信中每秒钟传送 240 个字符而每个字符格式包含 10 位(1 个起始位、1 个停止位、8 个数据位),则此时通信的波特率为 240 Baud,比特率为 $10 \times 240 = 2.4$kb/s。

上面所讲的是数字通信中的概念,但在基带通信中比特率与波特率是相同的。由于单片机串口通信属于数字基带通信,因此单片机程序设计所说的波特率实际是比特率的概念。例如,一般异步通信的波特率为 110、150、300、600、1200、2400、4800、9600、115 200,而同步通信的波特率在 56k 以上。它们的单位都是比特率的单位 b/s。

传输速率,一方面受限于发送时钟自身的速度。因此对于波特率的设置实际上是对时钟的设定;另一方面与传输距离的远近有关,一般来说,传输速率随传输距离的增加而减小。在选择异步串行通信的波特率时应以满足数据传输要求为原则,波特率越高对收发双方时钟信号频率的一致性要求就越高。

9.1.2 常见异步串行通信

1. UART 总线

UART 是一种通用串行数据总线,用于异步通信。该总线双向通信,可以实现全双工传输和接收。在嵌入式设计中,UART 用于主机与辅助设备通信,如汽车音响与外接 AP 之间的通信,与 PC 通信包括与监控调试器和其他器件,如 E^2PROM 通信。

与 UART 相比,RS-232 更加为人们熟悉。RS-232 是由电子工业协会(Electronic Industries Association,EIA)所制定的异步传输标准接口。通常 RS-232 接口以 9 个引脚(DB-9)的形态出现,一般个人计算机上会有 RS-232 接口。为改进 RS-232 通信距离短、速率低的缺点,RS-422 被提出。RS-422 定义了一种平衡通信接口,将传输速率提高到 10Mb/s,传输距离可达 4000 英尺。为扩展 RS-422 应用范围,EIA 又在 RS-422 基础上制定了 RS-485 标准,增加了多点、双向通信能力,即允许多个发送器连接到同一条总线上,同时增加了发送器的驱动能力和冲突保护特性,扩展了总线共模范围。

由以上可知,RS-232、RS-485、RS-485 是一脉相承的。在实际应用中它们都是基于 UART 原理实现通信的。但在具体的收发电路设计时存在较大差异。RS-232 由于采用的是单端非平衡信号传输,传输距离和传输速率都不高。而 RS-485 和 RS-422 电路原理基本相同,都是以差动方式发送和接收,不需要数字地线。它们均具有较高的传输速率和较长的传输距离。RS-422 通过两对双绞线可以全双工工作,收发互不影响;RS-485 只能半双工工作,收发不能同时进行,但它只需要一对双绞线。

2. CAN 总线

CAN(Controller Area Network)总线是国际上应用最广泛的现场总线之一。它是德国 BOSCH 公司为解决现代汽车中众多的控制与测试仪器之间的数据交换问题而开发的一种串行数据通信协议,它是一种多主总线,通信介质可以是双绞线、同轴电缆或光导纤维。

CAN 总线的显著特点是数据通信没有主从之分,任意一个节点可以向任何其他(一个或多个)节点发起数据通信。根据优先级先后顺序来决定通信次序,所以不会对通信线路造成拥塞。因此,CAN 总线适用于大数据量短距离通信、实时性要求较高、多主多从或者各个节点平等的现场中使用。因此,它被广泛应用在汽车领域。例如,BENZ(奔驰)、BMW(宝马)、PORSCHE(保时捷)、ROLLS-ROYCE(劳斯莱斯)和 JAGUAR(美洲豹)等世界著名公司都采用了 CAN 总线来实现汽车内部控制系统与各检测和执行机构间的数据通信。目前,在自动控制、航空航天、航海、过程工业、机械工业、纺织机械、农用机械、机器人、数控机床、医疗器械及传感器等领域 CAN 总线也有应用。

3. LIN 总线

局域互联网络(Local Interconnect Network ,LIN)标准是针对汽车分布式电子系统而定义的一种低成本的串行通信网络,是对控制器区域网络(CAN)等其他汽车多路网络的一种补充,适用于对网络的带宽、性能或容错功能没有过高要求的应用。LIN 总线是基于 SCI (UART)数据格式,采用单主控制器/多从设备的模式。

LIN 技术规范中除定义了基本协议和物理层外,还定义了开发工具和应用软件接口。LIN 通信是基于 SCI(UART)数据格式的,是 UART 中的一种特殊情况,采用单主控制器/多从设备的模式。仅使用一根 12V 信号总线和一个无固定时间基准的节点同步时钟线。这种低成本的串行通信模式和相应的开发环境已经由 LIN 协会制定成标准。LIN 的标准化将为汽车制造商以及供应商在研发应用操作系统方面降低成本。

9.1.3　MSP430 的串行通信模块

基于 MSP430 单片机的串行通信既可以使用软件方式实现,也可以使用硬件方式实现。软件方式是通过定时器模拟实现串行通信功能。其原理是在定时器的作用下通过软件控制,一位一位地将数据由端口发送出或者接收来。所以该方式实现的串口通信也称为软件串口。硬件方式则是通过独立的硬件模块直接实现串口通信功能。

在 MSP430 单片机中共有 USI、USART 和 USCI 三种串行通信接口,它们被集成在不同的单片机中,如表 9.1 所示。

表 9.1　USI、USCI、USART 的功能对比

串行通信接口	USI	USART	USCI
UART	不支持	仅一个调制器	两个调制器可支持 n/16 计时
			自动波特率检测功能：LIN
			集成了 IrDA 编码器与解码器
SPI	支持	提供一个 SPI	双 SPI：USCI_A 与 B 各一个
I^2C	支持	复杂特性	经简化,方便易用

在早期的低成本单片机上没有集成串行通信的硬件接口,它们主要是通过软件模拟的方式实现串行通信的,如利用定时器 A 就可以模拟实现 UART 通信。在 MSP430x20xx 系列单片机中集成了具有同步串行通信的 USI 接口,该接口仅支持 SPI 和 I^2C 通信。而后又在 MSP430F15x/F16x 等系列单片机中集成了 USART 硬件模块,该模块在功能上做了较大增强,不但支持 SPI 和 I^2C 通信,还支持 UART 异步串行通信。因此,它是一个真正意义上的功能齐全的串口。通用串行接口 USCI 模块是 MSP430 串行接口的新标准,它对 UASRT 模块做了大幅度改进,使之功能更强、更易使用。USCI 模块支持 UART、SPI、I^2C 通信。其中异步模式功能强大,支持 UART、IrDA 和 LIN 等通信。

集成在 MSP430 单片机上的 USCI 模块一般包括几个功能不同的独立模块。为便于区分,不同功能模式的 USCI 模块命名也不相同,如 MSP430F261x 系列单片机内集成的 USCI 包括 USCI_A 和 USCI_B 两个功能不同的独立模块,如图 9.5 所示。如果一个器件上有两个相同的 USCI 模块则命名时最后加不同数字,如有两个相同的 USCI_A 模块则命名为 USCI_A0 和 USCI_A1。

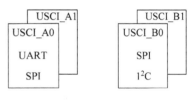

图 9.5　USCI 的组成

在 MSP430F261x 单片机中分别集成了 USCI_A0、USCI_A1、USCI_B0、USCI_B1 这 4 个功能模块,前两种与后两种功能完全一致。

USCI_Ax 与 USCI_Bx 的功能差异见表 9.2。本章以 USCI 模块为基础详细论述 USCI 模块的 UART 功能应用。I^2C 和 SPI 的应用将在第 10 章中进行详细讲解。

表 9.2　USCI_Ax 与 USCI_Bx 的功能差异

USCI_Ax 模块	USCI_Bx 模块
UART	I^2C
IrDA 红外通信脉冲整形	SPI
LIN 自动波特率检测	
SPI	

9.2　异步串行通信

UART 是一种通用串行数据总线,用于异步通信。该总线双向通信可以实现全双工传输和接收。USCI_Ax 模块中支持异步通信模式。当 UCSYNC＝0 时选中 UART 模式,经

过 UCAxRXD 和 UCAxTXD 引脚将 MSP430 单片机同外部系统连接。

UART 模式可以传输 7 位或 8 位数据、采用(奇或偶)或不采用校验位;具有分立的发送、接收缓存寄存器;从最低位或最高位开始发送和接收;多机模式下线路空闲/地址位通信协议;LPMx 模式接收起始位触发沿检测自动唤醒 MSP430;可编程实现分频因子为整数或小数的波特率;状态标志错误检测和抑制;具备独立发送、接收中断的能力。

每种串行通信方式都有特定的帧信息结构,MSP430 USCI 模块 UART 的字符格式如图 9.6 所示。

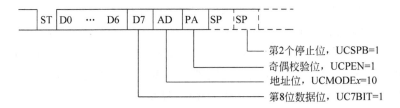

图 9.6　USCI 模块 UART 模式的字符格式

UART 字符主要由 4 部分组成:起始位、数据位、奇偶校验位和结束位。起始位为低电平,标识字符的开始,然后紧跟着的是数据位。数据位即是需要传输的数据。数据位之后是奇偶校验位,它用于检验传输数据的正确性。最后是结束位,它标识该字符的结束。其中,停止位位数、奇偶校验位的有无、数据位的传输次序以及位数均可以通过相应的寄存器进行设置。

9.2.1　UART 工作原理

由于 USCI 具有两个完全一致的 USCI_A 模块,这里以 USCI_A0 为例讲述 UART 模式下的工作原理。UART 模式下整个串行通信系统的简化结构如图 9.7 所示,整个系统主要包括 5 大部分,分别是波特率发生器、发送缓冲寄存器、串行发送部件、串行接收部件和接收缓冲寄存器。

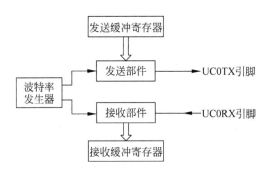

图 9.7　UART 模式下结构简图

发送缓冲寄存器用于存放待发送数据。串行发送部件的作用是将发送缓冲寄存器中数据一位一位地发送出去。串行接收部件的作用是将外部数据线中的串行数据一位一位地接收进来。接收完一个字节后就将其存放在接收缓冲寄存器中,所以接收缓冲寄存器的作用是暂存串行接收部件接收的数据,等待用户处理。上述过程都是在波特率时钟的节拍下完成的。波特率发生器的作用就是为发送部件和接收部件提供合适的时钟节拍。

当波特率发生器、发送部件和接收部件配置好后,就可以进行串行传输了。待发送的数据存放到发送缓冲寄存器中,接收的数据则从接收缓冲寄存器中读取。一旦配置好后,整个工作过程比较简单。

1. 波特率发生器

(1)时钟源。波特率发生器的作用是产生用于串行发送和接收的标准时钟,它可以从非标准源频率中产生一个标准的波特率。但是波特率发生器自身没有时钟源,所以需要使用系统时钟或外部时钟作为波特率发生器的输入时钟(BRCLK)。时钟源的选择由控制位 UCSSELx 决定,如图 9.8 所示。当 UCSSELx=00 时使用外部时钟 UCLK。当 UCSSELx=01 时使用的是内部系统时钟 ACLK。当 UCSSELx=10 或 11 时使用内部系统时钟 SMCLK。该控制位在控制寄存器 UCAxCTL1 中。

	7	6	5	4	3	2	1	0
UCAxCTL1	UCSSELx							
	rw-0	rw-0						

(2)波特率的设定。为了便于阐述,这里介绍几个时钟概念。BRCLK 是波特率发生器的输入时钟;发送或接收时钟记为 BITCLK,它直接控制发送或接收数据的速率;理想情况是两者的时钟频率完全一致,即 $f_{\text{BRCLK}}=f_{\text{BITCLK}}$。但由于 BRCLK 来源于相对稳定的系统时钟,不做任何处理很难得到各种不同波特率的值。因此,预分频器和调整器的作用就是使 BRCLK 产生满足要求的 BITCLK。

由图 9.8 中可以看到整个波特率发生器主要由预分频器和调整器两部分构成,其中,预分频器主要用于整数倍分频而调整器则用于小数分频。因此设置 UART 的波特率其实就是根据要求设置预分频器和调整器的分频系数。

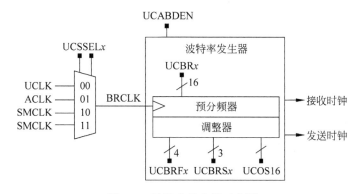

图 9.8 波特率发生器示意图

在 UART 模式下,预分频器系数 UCBRx 由两个 8 位寄存器 UCBR0 和 UCBR1 的组合构成,其中,UCBR0 代表 UCBRx 的低 8 位、UCBR1 代表 UCBRx 的高 8 位。而调整器系数则由调整寄存器(UCAxMCTL)确定,该寄存器结构如下。

	7	6	5	4	3	2	1	0
UCAxMCTL	UCBRFx				UCBRSx			UCOS16
	rw-0	rw-0	rw-0	rw-0	rw-0	rw-0	rw-0	rw-0

该寄存器有三部分内容,分别是 UCOS16、UCBRFx 和 UCBRSx。UCOS16 决定了波特率发生器的工作模式。实际上波特率发生器支持低频模式和过抽样模式。当 UCOS16＝0 时波特率发生器工作在低频模式,这也是默认工作方式。当 UCOS16＝1 时波特率发生器工作在过抽样模式。在过抽样模式下分成两次调整,第一次调整的调整系数由 UCBRFx 决定,第二次调整的调整系数由 UCBRSx 决定。

至于使用何种工作模式,一般由所要产生的波特率与输入时钟 BRCLK 的频率的比值决定。通常当 $f_{BRCLK}/f_{baud} < 16$ 时一般采用低频模式,反之则采用过抽样模式。

在过抽样模式下输入时钟 BRCLK 经过预分频后再经过两次调整,其分频示意图如图 9.9 所示。在此情况下,波特率发生器的配置方法如下。

图 9.9　过抽样模式下分频示意图

这里假设波特率发生器输入频率为 f_{BRCLK}、输出的频率为 f_{baud},并使 $N = f_{BRCLK}/f_{baud}$。此时预分频系数为 $N/16$ 的整数部分,即 $UCBRx = \text{Nint}(N/16)$。

首次调整器分频系数 UCBRFx 的值为:

$$UCBRFx = \text{Round}(((N/16) - \text{Nint}(N/16)) \times 16)$$

式中,Nint(•)表示取整运算;Round(•)为四舍五入取整运算。

一般情况下,经过首次调整器调整后波特率基本达到要求。但若要追求最高的波特率精度时需要二次调整,即 UCBRSx 与 UCBRFx 配合使用。若确实需要二次调整请参考相关技术资料,这里不做详述。

例 9.1　在过抽样模式下,若使用 SMCLK 作为波特率采样时钟且 $f_{SMCLK} = 4\text{MHz}$,试问如何配置才可产生 9600 的波特率。

解　由题意知,BRCLK＝SMCLK,且 $f_{baud} = 9600\text{Hz}$。

可得:$N/16 = (f_{SMCLK}/f_{baud})/16 = (4\,000\,000/9600)/16 = 26.042$。

所以:$UCBRx = \text{Nint}(N/16) = 26$;

$$\begin{aligned} UCBRFx &= \text{Round}(((N/16) - \text{Nint}(N/16)) \times 16) \\ &= \text{Round}((26.042 - 26) \times 16) \\ &= \text{Round}(0.672) \\ &= 1 \end{aligned}$$

因此,UCA0BR0＝26、UCA0MCTL＝0x11。

若无特殊说明,在过抽样模式下,只需要配置 UCBRx 和 UCBRFx 即可。若对于常见的波特率和工作频率,可以通过查表方式产生更精确的波特率。过抽样模式下常用波特率见表 9.3。

表 9.3　常用波特率表（UCOS16＝1）

输入时钟 f_{BRCLK}/Hz	波特率 f_{baud}	UCBRx	UCBRSx	UCBRFx	最大发送误差/%		最大接收误差/%	
1 048 576	9600	6	0	13	−2.3	0	−2.2	0.8
	19 200	3	1	6	−4.6	3.2	−5.0	4.7
1 000 000	9600	6	0	8	−1.8	0	−2.2	0.4
	19 200	3	0	4	−1.8	0	−2.6	0.9
	57 600	1	7	0	−34.4	0	−33.4	0
4 000 000	9600	26	0	1	0	0.9	0	1.1
	19 200	13	0	0	−1.8	0	−1.9	0.2
	38 400	6	0	8	−1.8	0	−2.2	0.4
	57 600	4	5	3	−3.5	3.2	−1.8	6.4
	115 200	2	3	2	−2.1	4.8	−2.5	7.3
8 000 000	9600	52	0	1	−0.4	0	−0.4	0.1
	19 200	26	0	1	0	0.9	0	1.1
	38 400	13	0	0	−1.8	0	−1.9	0.2
	57 600	8	0	11	0	0.88	0	1.6
	115 200	4	5	3	−3.5	3.2	−1.8	6.4
12 000 000	9600	78	0	2	0	0	−0.05	0.05
	19 200	39	0	1	0	0	0	0.2
	38 400	19	0	8	−1.8	0	−1.8	0.1
	57 600	13	0	0	−1.8	0	−1.9	0.2
	115 200	6	0	8	−1.8	0	−2.2	0.4
16 000 000	9600	104	0	3	0	0.2	0	0.3
	19 200	52	0	1	−0.4	0	−0.4	0.1
	38 400	26	0	1	0	0.9	0	1.1
	57 600	17	0	6	0	0.9	−0.1	1.0
	115 200	8	0	11	0	0.9	0	1.6

　　当 UCOS16＝0 时，处于低频模式。在该模式下 BRCLK 经一个预分频器和一个调整器直接产生位时钟 BITCLK，如图 9.10 所示。因此，若要得到合适的波特率只需要设置预分频系数 UCBRx 和调整器系数（UCBRSx）就可以了。具体的步骤如下。

图 9.10　低频模式下波特率发生器工作模式

　　首先计算分频系数 $N=f_{BRCLK}/f_{baud}$。通常分频系数不是整数，整数部分 Nint(N)用于设置预分频器，即：

$$UCBRx = Nint(N)。$$

　　其次，小数部分经过如下处理后直接赋值给 UCBRSx 即可。即

$$UCBRSx = Round((N − Nint(N)) \times 8)。$$

　　例 9.2　低频模式下，若 $f_{BRCLK}=32\,768\mathrm{Hz}$，设置 UCBRx 和 UCBRSx 使波特率发生器产生 9600 的波特率。

解 由题意可知,首先计算分频系数 $N = f_{\text{BRCLK}}/f_{\text{baud}} = 32\,768/9600 = 3.413$。

所以有

$$UCBRx = \text{Nint}(N) = 3;$$

$$UCBRSx = \text{Round}((N - \text{Nint}(N)) \times 8) = \text{Round}(0.413 \times 8) = 3;$$

因此,对应寄存器的设置为

```
UCA0BR0 = 0x03;
UCA0MCTL = 0x06;
```

例 9.3 已知 $f_{\text{BRCLK}} = 16\text{MHz}$,波特率发生器工作在低频模式下,设置相应寄存器使之产生 56 000 的波特率。

解 由题意知:

$$N = 16\,000\,000/56\,000 = 285.714。$$

因此,$UCBRx = 285$、$UCBRSx = \text{Round}(0.714 \times 8) = 6$。

所以,相应寄存器设置为:

```
UCA0BR1 = 0x01;
UCA0BR0 = 0x1D;
UCA0MCTL = 0x0C。
```

由此可见,波特率发生器的输入时钟经过分频之后可以近似得到相对应的波特率。根据不同的工作模式,也分别有相应寄存器的配置方法。这里需要指出的是,经过上述方法得到的寄存器配置结果不一定是误差最小的结果。该情况主要体现在对于小数部分的调整。例如,在低频模式下 $f_{\text{BRCLK}} = 4\text{MHz}$,波特率为 9600 时,得到的分频系数 $N = 416.667$。此时得到 $UCBRSx = \text{Round}(0.667 \times 8) = \text{Round}(5.336) = 5$;但查表 9.4 可知,$UCBRSx = 6$。此值是经过复杂的误差计算得来的,这样做的目的是最大程度地减小误差。

表 9.4 常用波特率表(UCOS16＝0 ＆ UCBRFx＝0)

输入时钟 f_{BRCLK}/Hz	波特率 f_{baud}	UCBRx	UCBRSx	最大发送误差/%		最大接收误差/%	
32 768	1200	27	2	−2.8	1.4	−5.9	2.0
	2400	13	6	−4.8	6.0	−9.7	8.3
	4800	6	7	−12.1	5.7	−13.4	19.0
	9600	3	3	−21.1	15.2	−44.3	21.3
1 048 576	9600	109	2	−0.2	0.7	−1.0	0.8
	19 200	54	5	−1.1	1.0	−1.5	2.5
	38 400	27	2	−2.8	1.4	−5.9	2.0
	56 000	18	6	−3.9	1.1	−4.6	5.7
	115 200	9	1	−1.1	10.7	−11.5	11.3
1 000 000	9600	104	1	−0.5	0.6	−0.9	1.2
	19 200	52	0	−1.8	0	−2.6	0.9
	38 400	26	0	−1.8	0	−3.6	1.8
	56 000	17	7	−4.8	0.8	−8.0	3.2
	115 200	8	6	−7.8	6.4	−9.7	16.1

续表

输入时钟 f_{BRCLK}/Hz	波特率 f_{baud}	UCBRx	UCBRSx	最大发送误差/%		最大接收误差/%	
4 000 000	9600	416	6	−0.2	0.2	−0.2	0.4
	19 200	208	3	−0.2	0.5	−0.3	0.8
	38 400	104	1	−0.5	0.6	−0.9	1.2
	56 000	71	4	−0.6	1.0	−1.7	1.3
	115 200	34	6	−2.1	0.6	−2.5	3.1
8 000 000	9600	833	2	−0.1	0	−0.2	0.1
	19 200	416	6	−0.2	0.2	−0.2	0.4
	38 400	208	3	−0.2	0.5	−0.3	0.8
	56 000	142	7	−0.6	0.1	−0.7	0.8
	115 200	69	4	−0.6	0.8	−1.8	1.1
12 000 000	9600	1250	0	0	0	−0.05	0.05
	19 200	625	0	0	0	−0.2	0
	38 400	312	4	−0.2	0	−0.2	0.2
	56 000	214	2	−0.3	0.2	−0.4	0.5
	115 200	104	1	−0.5	0.6	−0.9	1.2
16 000 000	9600	1666	6	−0.05	0.05	−0.05	0.1
	19 200	833	2	−0.1	0.05	−0.2	0.1
	38 400	416	6	−0.2	0.2	−0.2	0.4
	56 000	285	6	−0.3	0.1	−0.5	0.2
	115 200	138	7	−0.7	0	−0.8	0.6

在实际使用中要根据实际情况选择误差相对较小的工作模式。一般情况下,若 BRCLK 频率较高、分频系数 $N>16$ 时,建议采用过抽样模式。通过表 9.4 可知,在 BRCLK 频率较高时两种工作模式均可以输出各种波特率,但两者的差别是产生的波特率与标准波特率的误差大小。

(3) 自动波特率检测。波特率发生器除了产生 UART 收发数据所需要的波特率之外,还可用于自动检测波特率。该功能主要用于 LIN 通信中。是否启用该功能由 UCABDEN 控制。UCABDEN＝0 时禁用自动波特率检测功能;UCABDEN＝1 时启用自动波特率检测功能。

2. 发送部件

该部件主要负责数据的串行发送,该部件的结构如图 9.11 所示。当启动数据发送时该部件自动从发送缓冲寄存器 UC0TXBUF 中取出数据存入发送移位寄存器中。移位寄存器在发送时钟的控制下逐位输出,进而实现了串行数据的发送。

首先介绍一下与发送的数据帧格式直接相关的一些配置。

(1) 数据位长度设置。默认情况下 UC7BIT＝0,即 8 位有效数据位。当 UC7BIT＝1 时有效数据位为 7 个。

(2) 数据位的传输次序设置。默认情况下 UCMSB＝0,从最低位(LSB)开始然后依次传输。当 UCMSB＝1 时,从最高位(MSB)开始依次传输。

(3) 奇偶校验设置。默认情况下 UCPEN＝0,即禁用奇偶校验功能。若启用该功能可令 UCPEN＝1。在启用奇偶校验功能的情况下,通过设置 UCPAR 确定具体的校验方式。

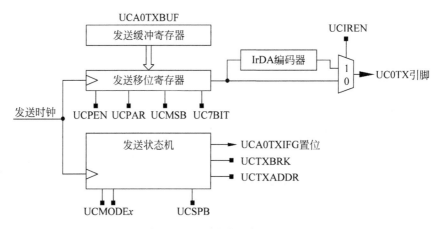

图 9.11　发送部件结构示意图

其中,UCPAR＝0 为奇校验,UCPAR＝1 为偶校验。

（4）停止位的选择。当 UCSPB＝0 时表示只有一个停止位,这也是默认设置。当 UCSPB＝1 时表示具有两个停止位。在过去,一般使用两个停止位作为数据帧的结束。但现在大多使用一个停止位。

（5）输出功能选择。UART 模式下支持红外通信的编解码功能。默认情况下,UCIREN＝0 表示发送的数据是普通的 UART 串行数据。当 UCIREN＝1 时,在发送端对 UART 串行数据进行红外编码,并将编码号的数据输出到外部引脚。有关红外通信的编/解码功能将在后面详细介绍,这里不再介绍。

上述设置完成后,信息帧的格式也就确定下来了。需要注意,接收时的信息帧格式应与发送时的信息帧格式严格一致,否则将导致数据接收错误。下面介绍与数据发送状态有关的设置。

（6）软件复位控制。UCSWRST 是软件复位使能控制位。当该位为 1 时 USCI 模块一直处于复位状态。此时 USCI 模块被禁用。若要 USCI 模块工作必须使 UCSWRST＝0,此时 USCI 模块脱离复位状态进入工作状态。

（7）同步模式选择。默认为异步通信模式,即 UCSYNC＝0;若 UCSYNC＝1 则表示工作在同步模式。在进行 UART 通信时 UCSYNC 控制位必须为 0。

（8）工作方式设置。USCI 模块的 UART 模式具有 4 种工作方式,由控制位 UCMODEx 确定。当 UCSYNC＝0 时 UCMODEx＝00 为普通的 UART 通信方式,主要用于点对点的串行通信。例如,单片机与 PC 的通信;UCMODEx＝01 为线路空闲多机通信方式;UCMODEx＝10 为地址位多机通信方式。上述两种多机通信可以实现一对多的网络通信。UCMODEx＝11 为带有自动波特率检测的 UART 通信方式,其主要用在 LIN 应用中。

（9）数据功能设置。在多机通信时收发双方需要通过各自的地址信息确定发送或接收目的地。所以使用控制位 UCTXADDR 标识下一帧数据是不是目标地址。若 UCTXADDR＝1 表示下一帧数据是目标设备地址;反之,若 UCTXADDR＝0 则表示下一帧数据是待传数据。

（10）break 字符发送设置。控制位 UCTXBRK＝1 是表示下一帧数据是 break 字符或

break/synch 同步字符。默认情况下 UCTXBRK＝0，表示下一帧数据不是 break 字符。通常产生 break 时需要往 UCAxTXBUF 中写入 0。但在自动波特率检测 UART 工作模式下产生 break/synch 同步字符，必须往 UCAxTXBUF 中写入 0x55。

（11）中断标志。当发送部件发送完一个字节数据后，就会自动将与之对应的中断标志 UCAxTXIFG 位置 1。如果对应的中断使能位 UCAxTXIE 和 GIE 均已置 1，那么就触发中断。通过编写中断服务程序，即可实现数据发送完成后进行的后续操作。另外，通过不断查询该标志位是否为 1 也可以确定当前数据是否发送完毕。

至此已将与发送部件相关的控制位介绍完毕。这些控制位集中在控制寄存器 UCAxCTL0 和 UCAxCTL1 中。UCAxCTL0 寄存器的结构如下。可见，该控制寄存器主要与 UART 的数据帧格式设置有关。

	7	6	5	4	3	2	1	0
UCAxCTL0	UCPEN	UCPAR	UCMSB	UC7BIT	UCSPB	UCMODEx		UCSYNC
	rw-0	rw-0	rw-0	rw-0	rw-0	rw-0	rw-0	rw-0

UCAxCTL1 寄存器的结构如下。该控制寄存器主要用于时钟源的设置，与 UART 的数据帧格式设置有关。

	7	6	5	4	3	2	1	0
UCAxCTL1						UCTXADDR	UCTXBRK	UCSWRST
						rw-0	rw-0	rw-1

UART 模式下发送数据的流程为：首先通过清除 UCSWRST 位使 USCI 模块进入工作状态，此时发送部件准备好并处于空闲状态。发送波特率发生器保持在准备状态，但不计时也不输出发送时钟。当有数据写到 UCAxTXBUF 中时比特率发生器开始输出发送时钟。随即 UCAxTXBUF 中的数据被移入发送移位寄存器。然后在发送时钟的节拍下将配置好的数据帧依次串行地发送出去。每次发送完毕后相应中断标志位就会置 1。如果在一次数据发送结束时 UCAxTXBUF 中又被写入新的有效数据，则随即开始下一次发送。若在一次数据发送结束时 UCAxTXBUF 中没有写入新数据，那么发送部件将返回到空闲态，并且关闭波特率发生器。

3. 接收部件

接收部件负责接收来自线路上的串行数据，其内部逻辑结构如图 9.12 所示。外部的串行数据在接收时钟的节拍下直接进入接收移位寄存器中，并将接收到的数据存放到接收缓冲寄存器 UCAxRXBUF 中。接收时需要注意，收发双方对字符格式和波特率的设置必须完全一致，否则将会导致接收错位。

对比发送部件结构（图 9.11）可知，接收部件结构与发送部件结构基本对称。相对应地，控制位的功能也一样，这里不再重复。下面着重介绍与发送部件不同的控制位。

（1）数据侦听位。当 UCLISTEN＝1 时，发送部件 UC0TX 的数据从内部直接输入到接收部件，即启用侦听功能。当 UCLISTEN＝0 时，接收部件从 UC0RX 引脚接收外部数据。侦听功能有利于检测 UART 的工作情况。例如，在波特率发生器、发送部件和接收部件都配置无误的情况下，若接收部件侦听不到发送部件的数据，说明该模块可能出现物理损坏。若能正常接收发送的数据，则说明该模块工作正常。系统复位后，默认不启用侦听

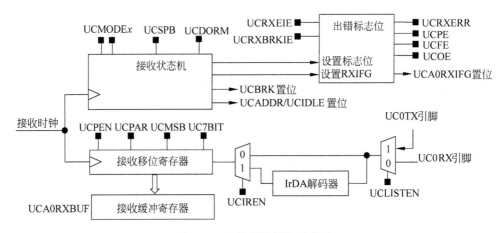

图 9.12 接收部件结构示意图

功能。

（2）break 字符检测。当接收部件接收到 break 字符时使 UCBRK＝1，表示接收到 break 字符。如果需要在接收到 break 字符时触发中断，需要事先设置好 UCRXBRKIE。UCRXBRKIE＝1 表示当检测到 break 字符时使 UCAxIFG 置位；反之，UCRXBRKIE＝0 表示当检测到 break 字符时不设置 UCAxIFG。

（3）数据接收错误。USCI 模块可以在接收数据时自动检测所接收的数据是否有误。当接收部件接收到错误数据时会使 UCRXERR 位置位，即 UCRXERR＝1。如果需要在检测到数据接收错误时触发中断，需要事先设置好 UCRXEIE。UCRXEIE＝1 表示数据接收错误，并使 UCAxIFG 置位；反之，UCRXEIE＝0 表示数据接收错误时不设置 UCAxIFG。常见的接收错误有帧接收错误、校验错误、数据溢出错误。

数据帧接收错误（Framing Error）：当帧的停止位被检测为低电平时将发生帧接收错误，此时使标志位 UCFE＝1。若使用双停止位，两个停止位均被检测到低电平才会使 UCFE＝1。

数据校验错误（Parity Error）：在数据发送时指定的校验类型与实际接收的数据校验类型不相符时将发生校验错误。发生该错误时 UCPE＝1。例如，收发双方均采用奇校验对数据进行校验，但实际接收的数据不满足奇校验。此时就会提示发生校验错误，以供进行后续处理。如果传输数据时未使用校验功能，即 UCPEN＝0，则 UCPE＝0。

数据溢出错误也称为数据覆盖错误。当接收的数据即将写入接收缓冲寄存器（UCA0RXBUF）时，缓冲寄存器中原有的数据还未被取走。新数据即将把旧数据覆盖掉，此时便会发生数据溢出错误，即 UCOE＝1。

由上可知，当 UCRXERR＝1 时，UCFE、UCPE、UCOE 中至少有一个被置位。当 UCFE、UCPE、UCOE、UCBRK 或 UCRXERR 置位时，其状态保持到用户软件复位或 UCAxRXBUF 中的数据被读出。但是这里应禁止对 UCRXERR 和 UCOE 使用软件复位操作。

当 UCRXEIE＝0 以及检测 UCPE＝1 或 UCFE＝1 时，接收的数据不写入到 UCAxRXBUF 中。但是当 UCRXEIE＝1 时，接收的错误数据将存放到 UCAxRXBUF 中，同时相应的错误指示位置位。

（4）地址/空闲状态标识。在地址多机模式下，当 UCADDR＝110 时表示接收到的字符是地址；当 UCADDR＝0 时表示接收到的字符是数据。在空闲多机模式下，当 UCIDLE＝1 时表示当前线路处于空闲状态；当 UCIDLE＝0 时表示当前线路处于非空闲状态。

（5）休眠模式。为降低处于联机中的接收部件因等待接收数据而产生的功耗，可通过 UCDORM 设置接收部件是否进入休眠模式。UCDORM＝0 表示处于正常模式，即每接收一个字符都会使 UCAxRXIFG 置位。UCDORM＝1 表示只有以空闲状态或地址字符才可以使 UCAxRXIFG 置位，而非地址字符只接收但不使 UCAxRXIFG 置位；在自动波特率检测的 UART 模式下，只有检测到 break 和同步字段的组合时才使 UCAxRXIFG 置位。

（6）工作状态。当 USCI 模块处于发送或接收状态时，UCBUSY＝1；若 UCBUSY＝0，则表明 USCI 模块处于空闲状态。它们主要集中在状态寄存器（UCAxSTAT）和控制寄存器（UCAxCTL1）中，具体的控制位分布如下。

	7	6	5	4	3	2	1	0
UCAxSTAT	UCLISTEN	UCFE	UCOE	UCPE	UCBRK	UCRXERR	UCADDR/UCIDLE	UCBUSY
	rw-0	rw-0	rw-0	rw-0	rw-0	rw-0	rw-0	r-0

	7	6	5	4	3	2	1	0
UCAxCTL1			UCRXEIE	UCBRKIE	UCDORM			
			rw-0	rw-0	rw-0			

UART 模式下，接收数据的流程为：首先清除 UCSWRST 位 USCI 模块使能，同时接收部件准备好并处于空闲状态。波特率发生器保持在准备状态但不计时也不输出接收时钟。当检测到下降沿时波特率发生器开始工作，同时检查是否是一个有效的数据帧起始位。如果没有检测到一个有效的开始位则返回空闲态，同时波特率发生器再次被关闭。如果检测到一个有效的开始位，则开始接收检测到的字符，接收完后使接收中断标志位 UCA0RXIFG 置位。若 UART 工作在线路空闲多机模式下，UART 状态机在接收到一个字符之后将检测空闲周期，如果检测到起始位，则另一个字符会被接收；否则，在接收 10 个字符后 UCIDLE 标志位置位，同时 UART 状态机返回空闲态并且波特率发生器被关闭。

4. USCI 的中断

中断在串行通信中具有重要作用。由于串行通信速率相对应 CPU 的并行通信要慢得多，所以，若使用查询等待的方式收发数据必然会导致 CPU 资源的巨大浪费。USCI 的中断可有效处理这一问题。USCI 有两个中断，一个是发送中断，另一个是接收中断。

当 UCAxTXBUF 中的数据逐一发送完成后会将 UCAxTXIFG 置位，以表示 UCAxTXBUF 准备好接收下一个字符。此时若 UCAxTXIE 和 GIE 置位就会产生一个中断请求，进而等待 CPU 的响应。当新字符写入 UCAxTXBUF 时 UCAxTXIFG 将自动复位。通过查询 UCAxTXIFG 就能知道发送部件是否发送完毕。

在数据接收时，每当接收到一个字符并将该字符存入 UCAxRXBUF 中后就会使 UCAxRXIFG 置位，以表示完成一次数据接收。若此时 UCAxRXIE 和 GIE 置位就会产生一个中断请求。当读取 UCAxRXBUF 的值后，UCAxRXIFG 自动复位。当 UCSWRST＝1 时，系统复位信号 PUC 可使 UCAxRXIFG 和 UCAxRXIE 复位。

下面一些情况也能影响 UCAxRXIFG 的置位。例如，当 UCAxRXEIE＝0 时，错误的字符不会使 UCAxRXIFG 置位；当 UCDORM＝1 时，在多机处理模式下非地址字符不会置位 UCAxRXIFG；当 UCBRKIE＝1 时，一个中断条件将置位 UCBRK 位和 UCAxRXIFG 标志位。

USCI_A0 的中断标志寄存器（UCA0TXIFG 和 UCA0RXIFG）和中断使能寄存器（UCA0TXIE 和 UCA0RXIE）分别位于特殊功能寄存器 IFG2 和 IE2 中，格式如下。

IE2	7	6	5	4	3	2	1	0
							UCA0TXIE	UCA0RXIE
							rw-0	rw-0

IFG2	7	6	5	4	3	2	1	0
							UCA0TXIFG	UCA0RXIFG
							rw-0	rw-0

USCI_A1 的中断标志寄存器（UCA1TXIFG 和 UCA1RXIFG）和中断使能寄存器（UCA1TXIE 和 UCA1RXIE）分别位于特殊功能寄存器 UC1IFG 和 UC1IE 中，格式如下。

UC1IE	7	6	5	4	3	2	1	0
	未使用						UCA1TXIE	UCA1RXIE
							rw-0	rw-0

UC1IFG	7	6	5	4	3	2	1	0
	未使用						UCA1TXIFG	UCA1RXIFG
							rw-0	rw-0

由前所述，USCI 包括 USCI_A 和 USCI_B 两部分，尽管这两部分功能不尽相同，但它们却共用一个发送中断向量和接收中断向量，具体见表 9.5。

表 9.5 USCI 模块的中断向量

中断向量名	功能说明	中断向量名	功能说明
USCIAB0TX_VECTOR	USCI A0/B0 发送中断向量	USCIAB0RX_VECTOR	USCI A0 接收中断向量
USCIAB1TX_VECTOR	USCI A1/B1 发送中断向量	USCIAB1RX_VECTOR	USCI A1 接收中断向量

UART 模式下，MSP430F261x 序列单片机的 P3.4 和 P3.5 引脚的第二功能分别定义为 UCA0TXD 和 UCA0RXD。P3.6 和 P3.7 引脚的第二功能分别定义为 UCA1TXD 和 UCA1RXD。

例 9.4 若 $f_{UCLK}＝f_{ACLK}＝32\,768\,Hz$，MCLK＝SMCLK＝DCOCLK，编程实现串口的收发数据功能，要求每收到一个字节的数据后，再将其转发出去。收、发数据使用的波特率为 9600。

解 根据题意，首先应设置系统时钟为 1MHz，其次配置 UART 的时钟源以及波特率，接着配置串口所使用的引脚。由于串口功能对应引脚的第二功能，所以引脚的数据传输方向以及功能选择必须设置正确。最后，启动 USCI 模块，打开中断使能，至此，初始化工作完成，具体程序如下。

```
# include "msp430x26x.h"
void main(void)
```

```
{
  WDTCTL = WDTPW + WDTHOLD;                 // 关闭 WDT
  P3OUT &= ~(BIT4 + BIT5);
  P3SEL = BIT4 + BIT5;                      // 启用 USCI_A0 TXD / RXD
  UCA0CTL1 |= UCSSEL_1;                     // UCLK = ACLK
  UCA0BR0 = 0x03;                           // 32kHz/9600 = 3.41
  UCA0BR1 = 0x00;
  UCA0MCTL = UCBRS1 + UCBRS0;
  UCA0CTL1 &= ~UCSWRST;
  IE2 |= UCA0RXIE;                          // 启用 USCI_A0 接收中断
  __bis_SR_register(LPM3_bits + GIE);       // 开总中断并进入 LPM3
}


#pragma vector = USCIAB0RX_VECTOR
__interrupt void USCI0RX_ISR(void)
{
  while (!(IFG2&UCA0TXIFG));                 // 检测 UCA0TXBUF 是否准备好
  UCA0TXBUF = UCA0RXBUF;                     // 转发数据
}
```

由上述程序可知,USCI 模块的初始化过程为:①置位 UCSWRST;②UCSWRST 置位的情况下初始化 USCI 模块的寄存器;③配置端口;④软件清除 UCSWRST;⑤通过 UCAxRXIE 和 UCAxTXIE 使能中断。这也是建议读者使用的一种初始化步骤。

5. 低功耗模式下的 UART

USCI 模块的 UART 支持低功耗模式。这里所说的低功耗模式是指接收部件长时间接收不到数据时自动关闭波特率发生器以达到降低功耗的目的。当线路上有数据等待接收时 USCI 模块将自动激活 SMCLK 时钟,并启动波特率发生器进行接收数据。具体工作原理是,当 SMCLK 作为时钟源时处于低功耗模式的单片机 SMCLK 未被激活,此时 USCI 模块也就没有输入时钟。当 USCI 模块需要时钟时,不论时钟源的控制位如何设置,USCI 模块将自动激活 SMCLK。时钟将保持激活状态直到 USCI 模块返回空闲状态。在 USCI 模块返回空闲状态后,时钟源将受控于其控制位。上述自动激活模式只适用 SMCLK,并不适用于 ACLK。

需要注意,当 USCI 模块自动激活一个不活动的时钟源时,整个设备以及使用此时钟源的外围设备都将受到一定影响。例如,如果某定时器的时钟源也为 SMCLK,当 SMCLK 未被激活时,定时/计数器处于停止计数状态。但当 USCI 模块强制激活 SMCLK 时,使用 SMCLK 的定时器将开始计数。

例 9.5 若 $f_{UCLK}=f_{MCLK}=f_{SMCLK}=f_{DCOCLK}=1MHz$,编程实现串口的收发数据功能,要求每收到一个字节的数据后,再将其转发出去。收发数据使用的波特率为 115 200。

解 由题意可知,参照例 9.4,程序如下。

```
#include "msp430x26x.h"
void main(void)
{
  WDTCTL = WDTPW + WDTHOLD;                 // 关闭 WDT
  BCSCTL1 = CALBC1_1MHZ;                    // 设置 DCO
```

```
DCOCTL = CALDCO_1MHZ;
P3SEL = 0x30;                              // 启用 USCI_A0 TXD / RXD
UCA0CTL1 | = UCSSEL_2;                     // SMCLK
UCA0BR0 = 8;
UCA0BR1 = 0;
UCA0MCTL = UCBRS2 + UCBRS0;                // UCBRSx = 5
UCA0CTL1 &= ~UCSWRST;
IE2 | = UCA0RXIE;                          // 启用 USCI_A0 接收中断
__bis_SR_register(LPM0_bits + GIE);        // 开总中断并进入 LPM0
}

#pragma vector = USCIAB0RX_VECTOR
__interrupt void USCI0RX_ISR(void)
{
  while (!(IFG2&UCA0TXIFG));                // 检测 UCA0TXBUF 是否准备好
  UCA0TXBUF = UCA0RXBUF;                    // 转发数据
}
```

本例程序很简单,只实现了数据转发功能,但本例目的是让读者了解一下 USCI 的低功耗模式。注意主程序中最后一条语句。该语句最终使单片机处于休眠状态,其中,MCLK 关闭、SMCLK 并未关闭,所以接收中断可以唤醒 CPU,这符合 MSP430 的中断唤醒机制。实际上,当 UCLK 为 SMCLK 时,CPU 可以进行更深层次的休眠,如可以进入休眠模式 4。通常处于 LPM4 模式下的单片机是无法通过普通中断来唤醒的。该程序之所以能正常工作,正是由于 USCI 所具有的低功耗特性。

9.2.2 多机通信模式

单片机多机通信一般由两台以上单片机组成,单片机之间通信使用串行通信方式。基于串行通信的单片机多机通信多采用主从式的网络结构,它具有接口简单、应用灵活和使用使用方便等优点,如图 9.13 所示为基于 UART 串行通信的主从式多机系统示意图。在该系统中,只有一台主设备,剩下的为从设备。主设备可以发送信息至所有从设备或特定从设备,但从设备只能向主设备发送数据。从设备之间不能直接通信,但可通过主设备实现间接通信。

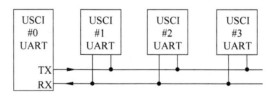

图 9.13　多机连接示意图

USCI 的 UART 功能共有 4 个工作模式,由控制位 UCMODEx 确定具体工作模式。在前面的学习中已经介绍了普通 UART 模式,该模式主要用于两台设备间的通信。如两个单片机之间或单片机与 PC 之间的通信。剩下的三种模式主要用于三个或者三个以上设备进行异步通信,如线路空闲多机模式和地址位多机模式。而带有自动波特率检测的 UART 模式主要用于 LIN 总线中,也是用在多机通信中。这里主要介绍线路空闲多机模式和地址位多机模式,带有自动波特率检测的 UART 模式将在 9.2.3 节给予详细介绍。

1. 线路空闲多机模式

当 UCMODEx＝01 时，为线路空闲多机模式。在多机模式下，数据的传输是以字符块的形式进行的，如图 9.14 所示。每个字符块应至少包含两个字符，其中一个是地址字符，另一个为数据字符。地址字符包含地址信息，指向数据块的目的地。数据字符就是所需传输的数据信息。

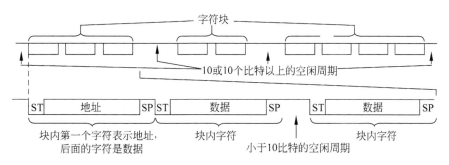

图 9.14　线路空闲多机模式数据传输示意图

在线路空闲多机模式下，字符块之间被较长的空闲时间分开。空闲时间的具体检查方法是在停止位后检测到 10 个或者 10 个以上连续的"1"时即认为是检测到了线路空闲状态。也就是说，字符块内字符间的时间间隔必须小于 10 个连续"1"的位时间，否则将被认为是两个数据块。

（1）字符块发送。在线路多机模式下，产生满足要求的空闲周期是能否联机工作的前提。USCI 模块在发送地址字符时可以产生一个精确的空闲周期。下面介绍数据块发送的具体步骤。

① 地址发送。首先使 UCTXADDR＝1，接着将地址数据写到 UCAxTXBUF 中，这样就可以产生一个 11 位的空闲周期以及随后的地址字符。当地址字符从 UCAxTXBUF 传送到移位寄存器后，UCTXADDR 自动复位。

② 数据发送。在发送完地址数据之后，接着应将字符块中的数据依次写到 UCAxTXBUF 中。需要注意，地址与数据之间和数据与数据之间的发送间隔不可超过空闲周期；否则原数据块将被自动划分为若干块，致使有些数据被误解为地址。

注意，往 UCAxTXBUF 中写入数据之前要保证 UCAxTXBUF 处于准备发送新数据状态，该状态可根据发送标志位 UCAxTXIFG 的值来判断。若 UCAxTXIFG＝1，则表示 UCAxTXBUF 已经准备好发送新数据；若 UCAxTXIFG＝0，则表示发送部件正在发送数据，此时不要往 UCAxTXBUF 中写数据。

（2）字符块接收。当接收到线路空闲状态后波特率发生器关闭直到检测到下一个开始位时再开启。当检测到线路空闲状态时，UCIDLE 置位。由于对于每个字符块是以空闲周期隔开的，所以空闲周期后第一个字符是地址字符。在线路空闲多机模式下当接收到的字符是地址时 UCIDLE 置位，所以 UCIDLE 位可以用作地址标志位。

UCDORM 位可以用来控制字符块的接收。当 UCDORM＝1 时所有非地址字符被移位寄存器接收但不把它们送入 UCAxRXBUF 中，也不产生中断。当收到一个地址字符时，地址字符送入 UCAxRXBUF 中并使 UCAxRXIFG＝1。此时用户需要用软件验证这个地址是否是目标地址，如果是，则必须使 UCDORM＝0 以继续接收后面的数据。若保持

UCDORM=1,则仅接收地址字符而无法接收地址后面的数据。在接收字符期间若
UCDORM 被清零,则在接收完当前字符后 UCAxRXIFG=1。

当 UCDORM=0 时每接收一个字符都接收中断标志位 UCAxRXIFG=1。UCDORM
位不能被 USCI 硬件自动修改。也就是说,UCDORM 的值由软件完成修改。

在接收过程中若 UCRXEIE=1,则任何可用的错误标志位被置位均会使接收中断标志
位 UCAxRXIFG=1。由此可见,引起 UCAxRXIFG 置位的原因可能是字符接收完成,还
有可能是接收到了错误字符。但当 UCRXEIE=0 时,如果接收到的地址字符出现帧错误或
者奇偶错误,则该字符不会被传送到 UCAxRXBUF 中,同时也不会使 UCAxRXIFG=1。

例 9.6 已知某多机通信系统结构(见图 9.13)。主从设备之间的通信格式如下。

从地址	数据长度	数据 1	数据 2	⋯	数据 n

主设备发送数据时,从地址为要接收数据的设备地址,以明确目的设备。从设备发送数
据时,从地址为该设备自身的地址以标识该数据的来源。试利用 UART 的线路空闲模式实
现主设备向从设备发送数据的功能,要求通信速率为 115 200b/s。

解 编写多机通信程序一定要搞清楚通信双方所使用的数据通信格式,由于本例已给
出双方使用通信格式,通信时只要遵守该格式即可。为了避免数据收发冲突,要求每一次通
信总是由主设备发起。同时,所有从设备总是处于监听状态。当主设备发起通信时所有从
设备都会收到,但只有指定地址的从设备向主设备发送数据。实现该功能的程序并非一种,
这里提供的程序仅供参考。从设备接收数据的程序没有使用 UCDORM 的功能,是提供查
询状态寄存器中 UCIDLE 位来确定地址的。

(1) 主设备发送程序。

```
#include "msp430x26x.h"
#define uchar unsigned char
uchar Tx_Data[5] = {0,1,2,3,4};
uchar Tx_Data_Num = 5;
uchar Index = 0;
void main(void)
{
  WDTCTL = WDTPW + WDTHOLD;
  BCSCTL1 = CALBC1_1MHZ;
  DCOCTL = CALDCO_1MHZ;
  P3SEL = 0x30;
  UCA0CTL0 |= UCMODE_1;               // 空闲模式
  UCA0CTL1 |= UCSSEL_2;               // SMCLK
  UCA0BR0 = 8;                        // 1MHz /115 200
  UCA0BR1 = 0;
  UCA0MCTL = UCBRS2 + UCBRS0;
  UCA0CTL1 &= ~UCSWRST;
  while(1)
  {
    while (!(IFG2&UCA0TXIFG));        // 等待空闲
    UCA0CTL1 |= UCTXADDR;
    UCA0TXBUF = 0xAA;                 // 从设备地址
```

```
    while (!(IFG2&UCA0TXIFG));
    UCA0TXBUF = Tx_Data_Num;                    // 数据长度
    while (!(IFG2&UCA0TXIFG));
    IE2 | = UCA0TXIE;
    __bis_SR_register(LPM0_bits + GIE);
  }
}

#pragma vector = USCIAB0TX_VECTOR
__interrupt void USCI0TX_ISR(void)
{
  if (Index < Tx_Data_Num)
  {
    while (!(IFG2&UCA0TXIFG));
    UCA0TXBUF = Tx_Data[Index];
    Index++;
  }
  else
  {
    Index = 0;
    IE2 & = ~ UCA0TXIE;
    __bic_SR_register_on_exit(CPUOFF);
  }
}
```

(2) 从设备接收程序。

```
#include "msp430x26x.h"
#define uchar unsigned char
uchar Rx_Buf[5] = {0,0,0,0,0};
uchar Rx_Data_Num = 0;
uchar Index = 0;
void main(void)
{
  WDTCTL = WDTPW + WDTHOLD;
  BCSCTL1 = CALBC1_1MHZ;
  DCOCTL = CALDCO_1MHZ;
  P3SEL = 0x30;
  UCA0CTL0 | = UCMODE_1;
  UCA0CTL1 | = UCSSEL_2;
  UCA0BR0 = 8;
  UCA0BR1 = 0;
  UCA0MCTL = UCBRS2 + UCBRS0;
  UCA0CTL1 & = ~UCSWRST;
  while(1)
  {
    if(UCA0STAT&UCIDLE)                         // 接收地址字节
    {
      while (!(IFG2&UCA0RXIFG));
      if(UCA0RXBUF == 0xAA)                     // 本设备接收
      {
```

```
                while (!(IFG2&UCA0TXIFG));
                Rx_Data_Num = UCA0RXBUF;
                IE2 | = UCA0RXIE;
                LPM0;
                __bis_SR_register( GIE);
            }
        }
    }
}


#pragma vector = USCIAB0RX_VECTOR
__interrupt void USCI0RX_ISR(void)
{
    if (Index < Rx_Data_Num)                    // 接收数据
    {
        Rx_Buf[Index] = UCA0RXBUF;
        Index++;
    }
    else                                         // 接收完毕
    {
        Index = 0;
        IE2 & = ~ UCA0RXIE;
        __bic_SR_register_on_exit(CPUOFF);
    }
}
```

2. 地址位多机模式

由于线路空闲模式要求两个数据块之间一定要有不小于 $10b/s$ 的时间间隔,所以在连续传输的场合,传输速率较慢。另外,对块内字符间的时间间隔不可以过长,否则将认为是两个数据块,这对线路延迟也提出了更高要求。USCI 还提供了另外一个多机模式,即地址位多机模式,该模式有效回避了线路空闲多机模式的弱点。

当 UCMODEx=10 时,UART 即工作在地址位多机模式。在该模式下,数据的传输方式和线路空闲模式相似,数据也是以字符块的形式传输。字符块的字符中包含一个用作地址指示的位。该位置 1 时表示该字符的数据是地址信息;该位置 0 时表示该字符的数据是待传的数据。字符块的第一个字符是地址字符,所以该字符的地址位会置 1。而后面的字符是数据字符,因此其地址位置 0,如图 9.15 所示。当接收端接收到包含地址位的字符时,状态位 UCADDR 将置位并将地址数据传送到 UCAxRXBUF 中。

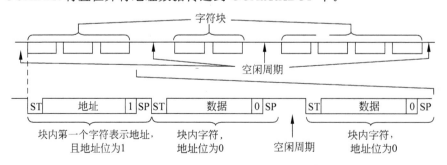

图 9.15　地址位多机模式数据传输示意图

在地址位多机模式下,字符块之间以及块内字符之间的发送没有太多时间限制。在接收字符块时,同样需要控制位 UCDORM 来控制字符块的接收。

与线路空闲多机模式类似,当 UCDORM＝1 时只接收地址位为 1 的地址字符,并将该字符送入 UCAxRXBUF 中,同时使 UCAxRXIFG＝1。而其他字符将被忽略,即地址位为 0 的字符数据被移位寄存器接收但不放到 UCAxRXBUF 中,也不使 UCAxRXIFG 置位。当 UCDORM＝0 时,每接收一个字符都会使 UCAxRXIFG 置位一次。可见,在接收字符期间若使 UCDORM 清零则在接收完当前字符后 UCAxRXIFG 置位。

因此,在接收到地址字符后用户需要软件验证这个地址是否是目标地址,如果是则须使 UCDORM＝0 以继续接收后面的数据。如果不是,则继续使 UCDORM＝1 等待目标地址的出现。

在接收过程中若 UCRXEIE＝1,则任何可用的错误标志位被置位均会使接收中断标志位 UCAxRXIFG＝1。由此可见,引起 UCAxRXIFG 置位的原因可能是字符接收完成,还有可能是接收到了错误字符。但当 UCRXEIE＝0 时,若接收到的地址字符出现帧错误或者奇偶错误,则该字符不会被传送到 UCAxRXBUF 中,同时也不会使 UCAxRXIFG＝1。

例 9.7 使用地址位多机模式重写例 9.6 的程序。

解 将线路空闲多机模式改写为地址位多机模式其实很简单,只需要将配置语句 UCA0CTL0 | = UCMODE_1 置换成 UCA0CTL0 | =UCMODE_2 即可。但为了充分利用 USCI 的硬件资源,本例提供一种利用 UCDORM 实现接收地址的方法。具体程序如下。

(1) 主设备发送程序。该程序除了将 UCA0CTL0 | = UCMODE_1 置换成 UCA0CTL0 | = UCMODE_2 以外,其他与例 9.6 中的接收程序完全相同,这里不再重复。

(2) 从设备接收程序。

```
# include "msp430x26x.h"
# define uchar unsigned char
uchar Rx_Buf[5] = {0,0,0,0,0};
uchar Rx_Data_Num = 0;
uchar Index = 0;
void main(void)
{
  WDTCTL = WDTPW + WDTHOLD;
  BCSCTL1 = CALBC1_1MHZ;
  DCOCTL = CALDCO_1MHZ;
  P3SEL = 0x30;
  UCA0CTL0 | = UCMODE_2;                    // 地址位模式
  UCA0CTL1 | = UCSSEL_2 + UCDORM;           // SMCLK
  UCA0BR0 = 8;                              // 1MHz 115200
  UCA0BR1 = 0;
  UCA0MCTL = UCBRS2 + UCBRS0;
  UCA0CTL1 & = ～UCSWRST;
  IE2 | = UCA0RXIE;
  __bis_SR_register(LPM0_bits + GIE);
}

# pragma vector = USCIAB0RX_VECTOR
__interrupt void USCI0RX_ISR(void)
```

```
{
  if(UCA0CTL1&UCDORM)                        // 地址接收模式
  {
    if(UCA0RXBUF == 0xAA)
    {
      UCA0CTL1 & = ~UCDORM;                  // 准备接收数据
      return;
    }
  }
  else                                       // 数据接收
    if (Index == 0)
  {
    Rx_Data_Num = UCA0RXBUF;                 // 读取字节数
    Index++;
  }
  else
  {
    Rx_Buf[Index - 1] = UCA0RXBUF;
    Index++;
    if(Index > Rx_Data_Num)
    {
      Index = 0;
      UCA0CTL1 | = UCDORM;                   // 进入地址模式
    }
  }
}
```

9.2.3　带有自动波特率检测的 UART

1. LIN 总线简述

LIN(Local Interconnect Network)是一种用于实现汽车中的分布式电子系统控制的串行通信网络。LIN 总线作为一种辅助总线网络,通常应用在不需要 CAN 总线的场合。如智能传感器和制动装置之间的通信即可使用 LIN 总线。LIN 总线的主要特点是低成本、低传输速率、无须仲裁、同步机制简单、通信确定性、报文的数据长度可变等。

LIN 总线融合了 I^2C 和 UART 的特性:它可以像 I^2C 总线那样通过一个电阻上拉到高电平,而每一个节点又都可以通过集电极开路驱动器将总线拉低;又可以像 UART 那样通过起始位和停止位标识出每一个字节,每一位在时钟上异步传输。

一个 LIN 网络由一个主节点和一个或多个从节点组成。节点间的通信采用报文帧形式。LIN 总线的报文帧如图 9.16 所示。

图 9.16　LIN 报文帧示意图

其中,同步间隔的作用是标识报文帧的开始,它由主节点发送,使得所有的从机任务和总线时钟信号同步；同步域包含时钟的同步信息。一般为格式为 0x55,表现为 8 个位定时中有 5 个下降沿；每个报文帧由多个字节组成,传输由 LSB 开始。在报文帧的最后一般还有校验数据。

由此可见,利用不同的 UART 功能无法实现 LIN 通信,因为普通的 UART 不具备检测同步信号的能力。MSP430F261x 系列单片机的 USCI 模块具有自动波特率检测的 UART。它可以方便地实现 LIN 通信。

2. 具备自动波特率检测的 UART

普通的 UART 不具备自动波特率检测的功能,也就是说,使用 UART 接收数据必须事先设置好接收波特率。USCI 模块提供了一种可以自动波特率检测的 UART 模式。当 UCMODEx＝11 时,USCI 即处于自动波特率检测的 UART 模式。处于该模式下,就可以产生和接收 LIN 报文帧。为了符合 LIN 规范,UART 的字符长度应该设置为 8 位数据位,最低位在前,无奇偶校验位,一位停止位,无地址位。

下面介绍在该模式下 UART 是如何实现自动波特率检测的。以如图 9.17 所示的报头为例。整个报头由 break 字符、分节符、同步字符组成,这里 break 字符就是图中同步间隔,标志一个报文帧的开始。因此 break 字符的检测最为重要。检测 break 字符实质上是检测线路上接收到低电平 0 的位数。若位于 11～22 个之间就认为检测到了 break 字符。如果 break 字符的时间超过 22 个比特传输的时间,则认为 break 字符超时,此时 break 时间溢出错误标志 UCBTOE 被置位。

图 9.17　LIN 报文帧的报头示意图

位于 break 字符之后是同步界定符,其作用是用来检测后面的同步字符的起始位的,所以同步界定符的持续长度是可变的。具体由控制位 UCDELIMx 确定。UCDELIMx＝00 表示同步界定符占 1b；UCDELIMx＝01 表示同步界定符占 2b；UCDELIMx＝10 表示同步界定符占 3b；UCDELIMx＝11 表示同步界定符占 4b。

同步字符实际上是包含数据 0x55 的同步字符。同步的时间范围在第一个下降沿和最后一个下降沿之间,如图 9.18 所示。自动波特率检测实际上就是通过测量相邻下降沿的时间,计算出接收数据使用的波特率,进而实现后续数据的接收。当然,如果同步时间超过了可测量时间,则同步时间溢出错误标志位 UCSTOE 被置位。

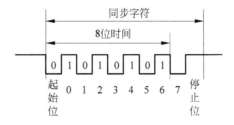

图 9.18　同步字符结构

是否启动自动波特率检测功能由控制位 UCABDEN 决定。若 UCABDEN＝1 时波特率发生器就可以利用这些同步数据进行检测并计算接收后面数据所使用的波特率。并将结果发送到波特率控制寄存器 UCAxBR0、UCAxBR1 和 UCAxMCTL 中。若 UCABDEN＝0,则不会进行自动波特率检测。

在自动波特率检测的 UART 模式下,其发送部分与普通 UART 的发送差异不大,只要按照 LIN 报文帧的格式发送就可以。与自动波特率检测的 UART 模式相关的控制位都位于自动波特率控制寄存器(UCAxABCTL)中,格式如下。

	7	6	5	4	3	2	1	0
UCAxABCTL	保留		UCDELIMx		UCSTOE	UCBTOE	保留	UACBDEN
	r-0	r-0	rw-0	rw-0	rw-0	rw-0	r-0	rw-0

自动波特率检测模式与普通 UART 模式较大的不同是在发送数据包时总要发送一个 break-sync 报头,报头的内容主要包括 break 字符、界定符和同步(sync)字符。报头的后面就是要传输的数据包。下面介绍如何发送数据。

具体步骤是:首先在 UMODEx＝11 时使 UCTXBRK＝1,其次在 UCAxTXBUF 处于数据准备好状态(即 UCAxTXIFG＝1)的情况下,使 UCAxTXBUF＝0x55。这样就产生一个 break－sync 报头。在之后紧接着就需要将数据包的数据依次写到 UCAxTXBUF 中,将数据发送出去。这里需要注意数据之间的间隔不宜过长,否则会发生传输错误。

可见,在发送数据方面与线路空闲多机模式的数据发送很相似。下面介绍该模式下的数据接收控制。控制位 UCDORM 同样被用来控制数据接收。当 UCDORM＝1 时,接收所有字符但不存入到 UCAxRXBUF 中,也不产生中断。当检测到 break-sync 报头时使 UCBRK＝1,紧接着报头后面的数据被发送到 UCAxRXBUF 中,而且使 UCAxRXIFG＝1。为使后续数据均被接收,必须使 UCDORM＝0,否则后续数据无法被接收。当数据接收完毕后,再使 UCDORM＝1,以便接收下一个数据报。

若 UCBRKIE＝1,则在接收过程中任何错误标志位的置位均会使 UCAxRXIFG＝1。用户通过软件或者读取接收缓存 UCAxRXBUF 可使 UCBRK 位复位。

当 UCDORM＝0 时,所有接收的字符将使中断标志位 UCAxRXIFG 置位。如果在接收字符的过程中 UCDORM 被清除,在接收完成后接收中断标志位置位。

可见,利用 USCI 带自动波特率检测的 UART 可以方便地实现 LIN 总线数据传输。由于 LIN 主要集中在汽车电子等领域,其他应用相对较少。这里仅介绍 LIN 的原理与实现方法,若需要进一步了解与 LIN 相关的内容,可查阅参见相关文献。

9.2.4 红外通信

1. 概述

目前流行的短距离无线通信技术主要是蓝牙(Bluetooth)技术和红外通信技术。其中,红外通信是一种低价的、适应性广的短距离无线通信技术,广泛应用在小型的移动设备中,包括家用电器、笔记本电脑、掌上电脑、机顶盒、游戏机、移动电话、计算器、寻呼机、仪器仪表、MP3 播放机、数码相机以及打印机之类的计算机外围设备等。

红外线是波长在 750nm～1mm 之间、频率高于微波而低于可见光的电磁波,是一种人眼看不到的光线。而红外通信一般采用波长在 $0.75\sim25\mu m$ 之间的近红外线。红外通信技术一经问世,众多红外通信产品陆续被推出。1993 年 6 月,红外数据协会(The Infrared Data Association,IrDA)成立,该组织为了保证不同厂商的红外产品能够获得最佳的通信效果,红外通信协议将红外数据通信所采用的光波波长的范围限定在 $850\sim900nm$ 内。同时,制定和推进能共同使用的低成本红外数据互连标准,支持点对点的工作模式。由于标准的统一和应用的广泛,越来越多的公司开始开发和生产 IrDA 模块,技术的进步也使得 IrDA 模块的集成越来越高,体积也越来越小。

到目前为止,红外通信技术按照收发信息的速度可分为 SIR(Serial Infrared)、MIR、FIR(Fast Infrared)、VFIR(Very Fast Infrared)、UFIR(Ultra Fast Infrared)、GigaIR。它们使用的编码和支持的传输速度见表 9.6。

表 9.6　红外通信类型

通信类型	传输速率	脉冲编码方式	通信类型	传输速率	脉冲编码方式
SIR	$9.6\sim115.2kb/s$	RZI,占空比 3/16	VFIR	16Mb/s	NRZ,HHH(1,13)
MIR	$0.576\sim1.152Mb/s$	RZI,占空比 1/4	UFIR	96Mb/s	NRZI、8B10B
FIR	4Mb/s	4PPM	GigaIR	$0.512\sim1Gb/s$	NRZI, 2-ASK, 4-ASK, 8B10B

由表 9.6 可以看出,红外通信技术从 SIR 到 GitaIR 速度不断攀升,这也反映了红外通信技术的发展进程。红外通信技术是第一个实现无线个人局域网(PAN)的技术。其主要优点是无须申请频率的使用权,因而红外通信成本低廉。并且还具有移动通信所需的体积小、功耗低、连接方便、简单易用的特点。此外,红外线发射角度较小,传输安全性高。其缺点是红外通信是一种视距传输,两个相互通信的设备之间必须对准,中间不能被其他物体阻隔,且只能用于两台设备之间的连接。

红外通信系统一般由红外发射和接收系统两部分组成。发射系统对一个红外辐射源进行调制后发射红外信号,而接收系统用光学装置和红外探测器进行接收,就构成红外通信系统。基于单片机的红外通信通常是基于 UART 的 SIR 数据通信,主要用于低速控制领域。

红外通信需要的最主要设备是红外线发射二极管和红外线接收二极管,其常见形状如图 9.19 所示。红外线发射管也称红外线发射二极管,属于二极管类。它是可以将电能直接转换成近红外光(不可见光)并能辐射出去的器件。其发射强度与工作电流有关。工作电流越大发射强度就越大,因此它是一个流控器件。红外线发射管的结构、原理与普通发光二极管相近,只是使用的半导体材料不同。其管压一般降约 1.4V,工作电流一般小于 20mA。

红外接收管,又称红外线接收二极管、红外光电二极管、红外光敏二极管等,其结构与普通半导体相似。接收管管壳上有一个能射入光线的玻璃透镜,入射光通过透镜正好照射在管芯上。管芯是一个具有光敏特性的 PN 结。接收管在反向电压下工作,没有红外光时电流很小。接收的红外线越强,电流就越大。

为了尽快获取较高的红外发射强度,一般使用脉冲驱动发射管。如图 9.20 所示为常用的红外线收发电路,发射部分一般采用开关三极管控制发射二极管电流的有无,如图 9.20(a)所示。为了提高接收信号的可靠性,接收管部分通常在接收端加上信号放大电路,如图 9.20(b)所示。

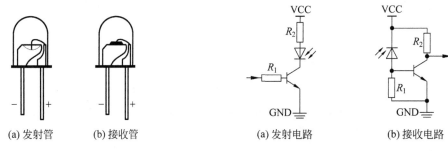

(a) 发射管   (b) 接收管   (a) 发射电路   (b) 接收电路

图 9.19　红外线二极管外观   图 9.20　红外收发电路

2. 基于 USCI 的 IrDA 编解码

MSP430 单片机的 USCI 模块支持 IrDA 中的 SIR 通信的编解码。如无特殊说明,本书所指 IrDA 通信,均指红外通信中的 SIR 通信。

USCI 之所以能够实现 IrDA 通信,是因为 IrDA 与 UART 的数据编码之间有着密切的关系。这种关系在图 9.21 中反映得更为直接,也更易于理解。从基带数字信号编码的角度来看,UART 通信中,当发送高电平"1"时输出恒定正电压;当发送低电平"0"时无输出电压,这是典型的单极性不归零码。IrDA 通信中,当发送低电平"0"时发出一个窄脉冲,该脉冲持续时间要短于一个位时间,一般由占空比表示;当发送高电平"1"时无输出电压。

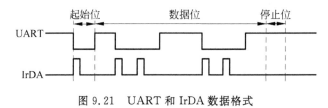

图 9.21　UART 和 IrDA 数据格式

由此可以看出,USCI 要实现 IrDA 通信只需要在 UART 的收发端加上一个编解码电路即可。MSP430 单片机的 USCI 收发端结构如图 9.22 所示。当 UCIREN＝1 时,IrDA 解码器和译码器被启用。启用后它可以提供符合 SIR 通信的硬件收发功能。

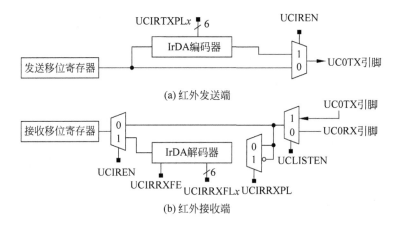

(a) 红外发送端

(b) 红外接收端

图 9.22　收发端结构示意图

　　由图 9.22 可知,发送端结构比较简单,只需要在 UART 发送端的基础上增加一个编码器。其作用是将来自 UART 发送的比特流中,每遇到一个 0 位便发送一个窄脉冲。由以上可知,MSP430 序列单片机的 USCI 模块支持占空比为 3/16 的 IrDA 通信。所以发送端完成的主要工作是设置合乎要求脉宽的设定。

　　IrDA 发送端的脉宽由控制位 UCIRTXPLx 和控制位 UCIRTXCLK 共同决定。脉宽,即脉冲持续时间的计算公式为

$$t_{\text{PULSE}} = (\text{UCIRTXPL}x + 1) / (2 \times f_{\text{IRTXCLK}})$$

　　其中,UCIRTXCLK 决定了 IrDA 发送时所使用的时钟源,UCIRTXCLK＝0 表示使用 BRCLK 时钟;UCIRTXCLK＝1 表示当 UCOS＝1 时使用 BITCKL16 时钟,否则使用 BRCLK 时钟。

　　发送端的三个控制位 UCIRTXCLK、UCIRTXPLx 和 UCIREN 都位于 IrDA 发送控制寄存器中。具体位置分布如下。

	7	6	5	4	3	2	1	0
UCAxIRTCTL				UCIRTXPLx			UCIRTXCLK	UCIREN
	rw-0	rw-0	rw-0	rw-0	rw-0	rw-0	rw-0	rw-0

　　在接收端解码器负责将接收到的红外数据翻译成 UART 样式的数据进行接收。由于红外数据采用窄脉冲传输,容易受到外界脉冲干扰。为此,IrDA 解码器除了模拟抗尖峰脉冲滤波器外,还具有可编程的接收数字滤波器。只有比可编程滤波器设置的长度长的脉冲才能通过,短脉冲被丢弃。与可编程接收数字滤波器相关的控制位是 UCIRRXFLx 和 UCIRRXFE。UCIRRXFE＝0 表示禁用接收数字滤波器;UCIRRXFE＝1 表示启用接收数字滤波器。UCIRRXFLx 用于设置通过接收数字滤波器的最小脉冲脉宽,具体的公式为

$$t_{\text{MIN}} = (\text{UCIRRXFL}x + 4) / (2 \times f_{\text{IRTXCLK}})$$

　　它既可以接收高脉冲,也可以接收低脉冲。具体由控制位 UCIRRXPL 确定,UCIRRXPL＝0 表示接收高脉冲;UCIRRXPL＝1 表示接收低脉冲。这三个控制位都与接收有关,所以它们均位于 IrDA 接收寄存器中,格式具体如下。

	7	6	5	4	3	2	1	0
UCAxIRRCTL				UCIRRXFLx			UCIRRXPL	UCIRRXFE
	rw-0	rw-0	rw-0	rw-0	rw-0	rw-0	rw-0	rw-0

　　例 9.8　利用 MSP430F261x 单片机实现红外通信,其电路连接如图 9.23 所示。P2.0～P2.2 接 LED 用于指示数据传送状态,具体 P2.0 处的 LED 为发射数据指示灯,P2.1 处的 LED 为接收数据指示灯,P2.2 处的 LED 为接收错误指示灯。发射部分将缓冲区中的一组数据依次发送出去,接收部分将依次接收数据。

　　解　该例题由两部分程序,一个是接收单片机程序,另一个是发送单片机程序。这里假设收发双方使用的单片机均是 MSP430F261x 单片机。所以,它们的时钟初始化程序是一致的。其差别主要在于接收与发送部分的程序。指示灯可方便地指示出通信的状态,经常

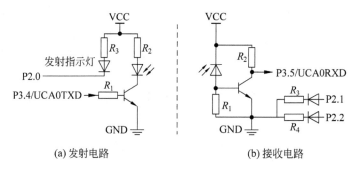

(a) 发射电路　　　　　　(b) 接收电路

图 9.23　例 9.8 使用的收发电路

应用在程序调试中。

```c
# include "msp430.h"
unsigned char RxByte;
volatile unsigned char RxData[256];
unsigned char TxByte;
volatile unsigned int i;
void main(void)
{
  WDTCTL = WDTPW + WDTHOLD;
  BCSCTL1 = CALBC1_8MHZ;
  DCOCTL = CALDCO_8MHZ;
  P2DIR | = 0x07
  P3SEL | = BIT4 + BIT5;
  UCA0CTL1 | = UCSWRST;
  UCA0CTL1 = UCSSEL_2 + UCSWRST;
  UCA0BR0 = 52;                          // 8MHz/52 = 153.8kHz
  UCA0BR1 = 0;
  UCA0MCTL = UCBRF_1 + UCOS16;
  UCA0IRTCTL | = UCIRTXPL2 + UCIRTXPL0;
  UCA0IRTCTL | = UCIRTXCLK + UCIREN;
  UCA0CTL1 & = ～UCSWRST;
  TxByte = 0x00;
  while (1)
  {
    for (i = 1000; i; i-- );
    while (!(IFG2 & UCA0TXIFG));
    UCA0TXBUF = TxByte;
    __disable_interrupt();
    IE2 | = UCA0RXIE;
    __bis_SR_register(CPUOFF + GIE);
    RxData[TxByte] = RxByte;
    if (TxByte != RxByte)
    {
      P2OUT | = 0x01;
      while (1);
    }
    TxByte++;
  }
```

```
    }

    # pragma vector = USCIAB0RX_VECTOR
    __interrupt void USCIAB0RX_ISR(void)
    {
        RxByte = UCA0RXBUF;
        IE2 & = ～UCA0RXIE;
        __bic_SR_register_on_exit(CPUOFF);
    }
```

9.2.5 软件模拟 UART 通信

上面介绍了 USCI 中 UART 的使用方法。由于单片机中有专门的硬件负责 UART 的收发,所以使用 UART 比较方便,且占用 CPU 的时间很少。由于单片机自身性能和体积所限,一个单片机中所提供的 UART 硬件接口很少,一般只有一两个,如 MSP430F261x 中的 USCI 也只提供两个独立的 UART。个别单片机中还不提供 UART 硬件接口。

考虑到目前采用 UART 接口的功能模块大量存在,如无线收发模块、语音模块、GPS 模块等。在单片机不提供 UART 硬件接口或不够用的情况下,利用 I/O 端口模拟 UART 是很有必要的。这里就介绍一种基于 MSP430 单片机的软件模拟 UART 方法。

前面讲过,UART 通信对定时要求较高。因此,模拟 UART 面临的首要问题就是如何保证位定时的精度。对于定时方式通常有两种,即软定时和硬定时。通常硬定时要优于软定时。考虑到在 MSP430 全系列单片机中均集中了不同数量的定时器。因此,充分利用这些定时器资源进行硬定时,可以精确地模拟出 UART 时序。

现在介绍利用定时器 A 模拟 UART 的原理。由定时器一章学习可知,每个定时器 A 中都集中了三个捕获比较部件,该部件不但可以捕获输入引脚的电平变化,还可以利用比较功能产生精确定时。在模拟串行通信时,正是利用捕获比较部件的捕获功能检测 UART 的起始位信息。利用比较功能构造一个精确的波特率发生器为模拟串口通信提供时间基准。再利用输出单元可以将数据向外发送出去,从而实现整个 UART 的数据收发。

UART 通信中波特率一旦确定,每个数据位的传输时间也就确定了。在模拟 UART 中位时间十分重要,其计算方式为:$T_{bit} = f_{UCLK}/$波特率,其中,f_{UCLK} 为计数器的计数时钟频率。

在接收数据时,首先设置 TimerA 为捕获模式以捕获 UART 的 START 位的下降沿。检测到起始位后立即转变为比较模式,并将位时间设为传输一个数据位的时间 T_{bit}。由于在状态切换时电平稳定性差,通常在每个数据位的正中间对电平进行采样。因此,需要在原来的基础上再延长定时半位时间($0.5T_{bit}$),如图 9.24 所示。采样时触发中断的同时,定时器 A 的 EQU 信号会把输入端的逻辑值反映在 TACCTLx 寄存器中的 SCCI 位上,只要将该位读出,即可完成一个数据位的接收。接收数据位个数

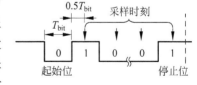

图 9.24 同步字符结构

应与数据帧长度相符。例如,若数据帧包括 8 位数据位、1 位奇偶校验位和 1 位停止位,则只需要接收 10 位即可。在发送数据时,主要是借助捕获/比较部件中的输出单元用于输出信号。置位模式用于输出高电平,复位模式用于输出低电平。所以只要判断出待发送数据

是 1 还是 0,选择对应的模式即可发送数据。

例 9.9 使用定时器 A 模拟 UART 实现转发功能,要求使用 $f_{MCLK} = f_{SMCLK} = f_{DCOCLK} = 8MHz$。定时器计数时钟使用 SMCLK,使用连续模式。传输波特率为 9600b/s,数据帧格式采用 8 位数据+1 位奇偶校验+1 位停止位的格式。

解 根据题目要求,首先计算位时间 $T_{bit} = 8M/9600 = 0x341$。其次选择好捕获比较单元,这里使用 CCR0 部件。其捕获输入引脚为 P2.2,输出引脚为 P2.7,模拟程序如下。

```
#include "msp430x26x.h"
#define TXD BIT7                        // P2.7 = TXD
#define RXD BIT2                        // P2.2 = RXD
#define BitTime x341                    // Tbit = 0x341
#define HalfBit 0x1A0                   // 0.5Tbit
unsigned int TxDate = 0;               // 发送数据变量
unsigned int RxDate = 0;               // 接收数据变量
unsigned char Count_R;                 // 接收数据帧长度
unsigned char Count_T;                 // 发送数据帧长度
unsigned char ParityBit = 0;           // 校验位
unsigned char Movebit = 0x01;
unsigned char verify_fault;            // 校验结果

void Init_TimerA(void)                 // 初始化定时器
{
TACTL | = TASSEL1 + MC1 + TACLR;
CCTL0 | = OUT;                         // 默认比较输出为 1
P2DIR | = TXD;
P2SEL | = TXD + RXD;
}

void TXD(unsigned int Byte)            // 对待发送数据进行校验
{
  Count_T = 11;
  CCR0 = TAR + BitTime;
  for(char i = 0; i < 8; i++)          // 偶校验规则
  {
    if(Movebit & Byte)
      ParityBit++;
    Movebit << = 1;
  }
  Movebit = 0x01;
  if(ParityBit % 2 == 0)
    TxDate | = 0x0200 + Byte;          // 0010 xxxx xxxx
  else
    TxDate | = 0x0300 + Byte;          // 0011 xxxx xxxx
  ParityBit = 0;
  TxDate = TxDate << 1;                // 左移 1 位产生起始位
  CCTL0 = OUTMOD0 + CCIE;
  LPM0;
}
```

```
void RXD(void)
{                                       // 接收数据
  Count_R = 10;                         // 8 位数据 + 1 位偶校验 + 停止位
  CCTL0 |= OUTMOD0 + CCIE + CM1;        // 置位,中断允许,下降沿捕获,
  CCTL0 |= CAP + SCS + CCIS0;           // 同步捕获,选择 CCI0B 作输入源
}
void main(void)
{
  WDTCTL = WDTPW + WDTHOLD;
  BCSCTL1 = CALBC1_8MHZ;
  DCOCTL = CALDCO_8MHZ;
  Init_TimerA();
  _EINT();
  while(1)
  {
    RXD();                              // 等待接收数据
    LPM0;
    if(verify_fault)                    // 判断校验是否出错
    {
      TXD(0xAA);
      verify_fault = 0;
    }
    else                                // 只取低 8 位数据位
    {
      RxDate = RxDate & 0xff;
      TXD(RxDate);                      // 转发数据
    }
  }
}


#pragma vector = TIMERA0_VECTOR
__interrupt void TimerA(void)
{
  CCR0 += BitTime;
  if(CCTL0 & CCIS0)                     // 检测到下降沿,开始接收数据
  {
    if(CCTL0 & CAP)
    {
      CCTL0 &= ~CAP;                    // 转为比较方式
      CCR0 += HalfBit;                  // 再加半位时间
    }
    else
    {// 正在接收数据
      if(Count_R!= 0)                   // 是否接收完毕
      { // 未接收完
        RxDate = RxDate >> 1;
        if(CCTL0 & SCCI)                // 接收到的是 1
        {
          RxDate |= 0x0200;            // 共接收 10 位
          ParityBit ++;
        }
```

```
          if(Count_R == 1)                    // 接收到最后一位
            if( !(RxDate & 0x0200))           // 校验出错
                verify_fault = 1;
          Count_R -- ;
        }
        else                                  // 数据接收完毕
        {
          CCTL0 &= ~CCIE;
          if( !(ParityBit&0x01) )
            verify_fault = 1;                 // 偶校验失败
          ParityBit = 0;
          LPM0_EXIT;                          // 退出 LPM0
        }
      }
    }
    else                                      // 处于发送状态
    {
      if(Count_T!= 0)                         // 是否发送完毕
      {
        if(TxDate & 0x0001)                   // 发送的是 1
          CCTL0 &= ~OUTMOD2;                  // 置位
        else                                  // 发送的是 0
          CCTL0 |= OUTMOD2;                   // 是复位
        TxDate = TxDate >> 1;
        Count_T -- ;
      }
      else                                    // 发送完毕
      {
        CCTL0 &= ~CCIE;
        LPM0_EXIT;
      }
    }
  }
}
```

由例 9.9 可以看出,利用定时器 A 模拟 UART 比较简单。由于是硬件定时,其波特率误差很小且只有帧内定时误差累积。另外,由于充分使用了定时器的硬件中断,该方式对 CPU 的占有率也不高。不过,本例程序实现的是半双工通信。

习题

9-1 简述串行通信与并行通信的特点,并解释为什么串行通信在通信速率方面提升较快,甚至在某些场合已超越同步通信。

9-2 简述异步串行通信的异同点。

9-3 列举不少于 4 种单片机通信中常见串行总线,并简述其特点。

9-4 什么是 USCI? 它有什么特点?

9-5 说出 UART 的字符格式。

9-6 什么是波特率? USCI 中设置 UART 波特率的寄存器有哪些? 如何设置?

9-7　编写程序 UART 发送程序。假设 $f_{UCLK}=f_{MCLK}=f_{SMCLK}=f_{DCOCLK}=8MHz$，$f_{ACLK}=$ 32 768Hz。数据传输的波特率为 9600b/s。实现的功能是循环将 RAM 中 Tx_Buf[30] 中的数据依次发送出去。

9-8　编写程序 UART 接收程序。假设 $f_{UCLK}=f_{MCLK}=f_{SMCLK}=f_{DCOCLK}=1MHz$，$f_{ACLK}=$ 32 768Hz。数据传输的波特率为 9600b/s。实现的功能是将接收到的数据依次存入 RAM 中 Rx_Buf[30] 中。

9-9　USCI UART 模式具有哪几种多机模式？它们各自的特点是什么？

9-10　已知由 MSP430 单片机组成的某分布式通信系统的框图如图 9.25 所示。它由下位机和上位机两部分组成，下位机即前端单片机负责数据采集和控制，并将采集到的数据发送到上位机，即 PC。PC 一方面负责数据接收，另一方面对接收的数据进行分类、统计、分析处理等。该系统采用主从控制，并通过各自的地址实现主从之间的双向数据通信。单片机与 PC 之间的通信过程是，PC 首先发送一个字节的地址信息，单片机将接收的地址信息与自身地址对比，若相同则将采集好的数据依次发送至 PC。若不相同则说明 PC 与其他单片机通信。假设单片机的地址存放在变量 SLA_addr 中，采集好的数据存放在数组 Tx_Data[50] 中。系统中 PC 与单片机之间的通信速率为 115 200b/s，无校验位。试编写单片机的程序。

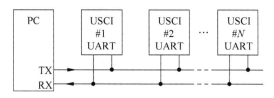

图 9.25　习题 9-10 的通信系统示意图

9-11　在多机通信中必须保证数据的可靠性，但由于实现环境中外界干扰较大，往往有数据传输错误的情况。为了增加数据传输的可靠性，通常使用应答式的通信方式并使用数据校验算法。试编程实现一种应答式 UART 多机通信方式，要求从设备接收完地址帧并确认是自己设备地址后向主设备发送 0x55 数据，以表明定位从设备成功。主设备收到应答信号 0x55 后开始连续发送 30 个数据。从设备接收完毕后，再次发送 0x55 以表示数据接收完毕。若主设备在发出地址 1s 后仍无收到应答信号，则再次发送地址，循环往复直至接收到应答信号。

9-12　简述红外通信的特点，并说明红外编码信号与 UART 信号的异同点。

9-13　如图 9.26 所示某万能遥控器的原理框图，解释其工作原理。若已知某独立按键接 P1.0 引脚。试编程实现以下功能。

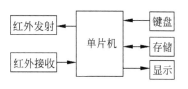

图 9.26　习题 9-13 的框图

（1）当按键连续按下 1s 后进入学习状态。若不到 1s 则发送一个字节数据（如 0xAA）。

（2）进入学习状态后，接收外部红外信号并存储到临时缓冲区 Rx_Buf 中。假设红外数据长度为 4 个字节。

9-14　利用定时器尝试编写具有同时收发功能的模拟 UART 程序，并说明其设计思路。

## 第 10 章

MSP430 单片机同步串行通信

10.1 同步串行通信概述

在异步通信中,每一个字符要用到起始位和停止位作为字符开始和结束的标志,以至于占用了时间。所以,在数据块传送时为了提高通信速度通常去掉这些标志而采用同步传送。同步串行通信是指数据传送是以数据块(一组字符)单位,字符与字符之间、字符内部的位与位之间都同步。其特点可以概括为:①以数据块为单位传送信息;②在一个数据块(信息帧),字符与字符间无间隔;③因为一次传输的数据块中包含的数据较多,所以接收时钟与发送时钟严格同步,通常要有同步时钟。

10.1.1 同步方式

同步串行通信是一种连续串行传送数据的通信方式,每次通信只传送一帧信息。这里信息帧与异步串行通信中的字符不同,每个信息帧通常含有若干个数据字符。由于每帧数据量多,因此需要收、发双方的时钟应严格一致。如何使接收方的时钟与发送方的时钟一致便是收发双方时钟同步的问题。时钟同步也就是位同步。与异步通信不同,同步通信时不但要求位同步还要求帧同步。根据位同步的方式不同,信息帧同步的方式也不相同。

目前常见的时钟同步的方法有外同步法和自同步法,如图 10.1 所示。外同步法是指在收、发双方之间提供单独的时钟线路,发送方在每个比特周期都向接收方发送一个同步脉冲。接收方根据这些同步脉冲来完成接收过程,如图 10.1(a)所示。该方法的缺点是长距离传输时同步信号会发生失真。所以外同步方法仅适用于短距离的传输。例如本章将详细讲述的 I^2C 通信和 SPI 通信,均是采用的这种同步方式。

(a) 外同步   (b) 自同步

图 10.1 同步串行通信示意图

在外同步方式下,信息帧的格式比较简洁,如图 10.2(a)所示,主要包括待传数据和校验字符。同步通信时,在外部时钟的节拍下依次串行传输数据。信息帧之间的同步是通过检测有无外部时钟来实现的。

自同步法顾名思义就是自己跟自己同步,即接收方能从接收到的数据信号波形中提取到同步时钟信号的方法,如图 10.2(b)所示。使用该方法时由于时钟信息采用特定的方式隐含在数据编码中,不需要专门的时钟线,所以十分方便。

(a) 外同步信息帧格式

同步字符	数据1	数据2	…	数据n	校验字符	校验字符

(b) 自同步信息帧格式

图 10.2　同步通信中信息帧的数据格式

常用的数据编码有非归零反相编码(Non Return to Zero Inverse,NRZI)、曼彻斯特编码(Manchester)、差分曼彻斯特编码(Differential Manchester)等。NRZI 被用于 USB 通信;曼彻斯特和差分曼彻斯特编码被用于局域网通信。

在自同步方式下,信息帧同步的方法是通过在信息帧前面增加同步字符的方式实现信息帧的同步,如图 10.2(b)所示。同步通信时,尽管是以信息帧为单位进行传输的,但是信息帧之间的同步是依靠同步字符实现的。同步字符应是收发双方约定好的。当接收端检测到与同步字符相匹配的数据时,就认为是一个信息帧的开始,于是此后接收到的数位即是实际传输的数据信息。

因此,同步通信传输速度较快,但要求有准确的时钟来实现收发双方的严格同步,对硬件要求较高,适用于成批数据传送。

10.1.2　常见同步串行通信

1. I²C 总线

I²C (Inter-Integrated Circuit)总线是由 Philips 公司开发的一种两线式串行总线,用于连接微控制器及其外围设备。I²C 总线用两条线(SDA 和 SCL)在总线和装置之间传递信息,在微控制器和外部设备之间进行串行通信或在主设备和从设备之间进行双向数据传送。I²C 是 OD 输出的,大部分 I²C 都是两线的(时钟和数据),一般用来传输控制信号。I²C 是多主从架构,任何一个设备都能像主控器一样工作,并控制总线。总线上每一个设备都有一个独一无二的地址,根据设备的能力,它们可以作为发射器或接收器工作。多路微控制器能在同一个 I²C 总线上共存。I²C 总线如今已经成为芯片间低速串行通信的事实标准,被广泛使用在消费、控制类电子设备场合。

2. SPI 总线

SPI(Serial Peripheral Interface)总线是 Motorola 公司提出的一种串行总线。用于 CPU 与各种外围器件进行全双工、同步串行通信,如该总线大量用在与 E²PROM、ADC、FRAM 和显示驱动器等外围设备的通信中。SPI 可以同时发出和接收串行数据。标准 SPI 总线由 4 根线组成,即串行时钟线(CSK)、主机输入/从机输出数据线(MISO)、主机输出/从机输入数据线(MOSI)、低电平有效从机选择线(CS)。它被广泛应用在单片机组成的智能仪器和测控系统中。SPI 总线可以节省 I/O 端口、提高外设的数目和系统的性能。

3. USB 总线

USB(Universal Serial Bus)是一种串行总线系统,它的最大特性是支持即插即用和热插拔功能。USB 诞生于 1994 年,是由康柏、IBM、Intel 和 Microsoft 共同推出的,旨在统一外设接口,如打印机、外置 MODEM、扫描仪、鼠标等的接口,以便于用户进行便捷的安装和使用,逐步取代以往的串口、并口和 PS/2 接口。发展至今,USB 共有 4 种标准:USB1.0、USB1.1、USB2.0 和 USB3.0。它们最大的差别就在于数据传输速率,见表 10.1。

表 10.1 不同 USB 版本的速度对比

USB 版本	USB1.0	USB1.1	USB2.0	USB3.0
速率称号	低速	全速	高速	超速
带宽	1.5Mb/s	12Mb/s	480Mb/s	5Gb/s
速度	192KB/s	1.5MB/s	60MB/s	640MB/s

USB 的特点是数据传输速率高、数据传输可靠、同时挂接多个 USB 设备、USB 接口能为设备供电、支持热插拔。USB 还具有一些新的特性,如实时性(可以实现和一个设备之间有效的实时通信)、动态性(可以实现接口间的动态切换)、联合性(不同的而又有相近的特性的接口可以联合起来)、多能性(各个不同的接口可以使用不同的供电模式)。

目前,USB 在消费类领域应用广泛。人们在市场上随处可见 USB 打印机、USB 鼠标、USB 音箱、USB 存储器等产品。现在一些高端的单片机也已经集成了 USB,例如MSP430F5xx/6xx 序列单片机上就集成了 USB 接口。但在工业领域,使用 USB 还不多见。这主要是因为在工业领域人们更要求产品的可靠性和稳定性,目前的串行通信技术已经完全可以满足人们对工业设备传输的各种性能要求,而且价格低廉。由于工业设备一般连接好以后很少进行重复插拔,因此 USB 的即插即用功能在工业通信中没有优势。USB 的优越性在工业领域没有被很好地体现出来。

4. IEEE 1394 总线

IEEE 1394 于 1993 年由 Apple 公司首先提出,1995 年被 IEEE 协会正式接纳成为一个工业标准,全称是 IEEE 1394 高性能串行总线标准(IEEE 1394 High Performance Serial BUS Standard)。它是一种与平台无关的串行通信协议,也是一种高速的即插即用总线。该总线的设计初衷就是解决数字多媒体传输的问题,可广泛用于各类消费电子产品、电子及外围设备、通信设备、家庭娱乐系统、局域网络系统以及汽车、航空、船舶等多个领域。

IEEE 1394 总线接口具有设备使用简便、可即插即用、省去安装和调试的麻烦、结构简单、单一插件可供所有装置使用、扩展简易等特点;多台设备呈链环状连接,每台设备都只有两根连线;数据传输时的信号损失小,图像清晰度高。

在实际应用中,IEEE 1394 还有其他名称,如 FireWire、Ilink 和 DV。IEEE 1394 是计算机行业的通用术语;FireWire 是 Apple 公司所使用的品牌名称;Ilink 是 Sony 公司在消费类电子产品和个人计算机方面所使用的品牌名称;DV 是"数字视频"的简称,多数可携式摄像机都使用 DV 作为接口标记。

IEEE 1394 和 USB 都是设备串行接口技术的一种规范,它们都是串行接口,支持热插拔,为外设提供电源,支持同步数据传输,允许系统自动的优化外设间的数据传输,可以对未经压缩的数字图像进行实时传送,采用多层星状拓扑结构等。

但二者的主要区别是 USB 需要主机 CPU 对数据传输进行控制而 IEEE 1394 不需任何主机进行控制;USB 的内部电源供应最大为 500mA/5V,而 IEEE 1394 最大为 1.25A/12V;USB 只支持异步传输模式,而 IEEE 1394 可以同时支持同步和异步传输模式。IEEE 1394 与 USB 最大的差异是支持 IEEE 1394 的设备可相互连接传输无须经过计算机。

10.2　I^2C 通信

10.2.1　I^2C 概述

I^2C 总线是一种用于内部 IC 控制的具有多端控制能力的双向串行数据总线系统,能够用于代替标准的并行总线,连接各种集成电路和功能模块。具有接口线少、控制方式简单、器件封装形式小、通信速率较高等优点。在 I^2C 模式下,USCI 模块提供一个能为 MSP430 单片机和 I^2C 兼容设备的互连接口。挂接在 I^2C 总线上面的扩展器件通过两线 I^2C 接口实现与 USCI 模块的串行数据接收与发送。

1. I^2C 总线基础

首先了解一下与 I^2C 总线硬件相关的几个术语。

(1) 主设备。又叫主机或主控器,是在 I^2C 通信中提供时钟信号并控制总线时序的器件。主设备负责总线上各个设备间的数据传输控制,检测并协助收发数据。因此,主设备在这个数据传输过程中具有绝对控制权,其他设备只对主设备发出的控制信息做出响应。若一个 I^2C 总线上只有一个单片机和多个 I^2C 设备,那么单片机往往作为主设备使用。

(2) 从设备。又叫从机或被控器,除主设备以外的其他设备均称为从设备。主设备提供从设备地址访问从设备,从设备做出应答进而实现与主设备间的通信。从设备之间无法实现直接通信。I^2C 总线上的数据传输必须由主设备发起。

(3) 地址。每个 I^2C 设备都具有自己的地址,以供自身在从设备模式下使用。在标准的 I^2C 总线协议中,从设备的地址是 7 位,后面将其扩展为 10 位地址。地址$(0000000)_2$ 一般用于发出总线广播或通用呼叫。

(4) SDA(Serial Data)。表示串行数据线,该数据线是双向传输的。

(5) SCL(Serial Clock)。表示串行时钟线,时钟信号由主设备传向从设备,所以它是单向传输。

2. I^2C 总线上的典型信号

I^2C 总线在传输数据过程中,共有 4 种典型信号。它们分别是开始信号、停止信号、重新开始信号和应答信号。

(1) 开始信号(START)。当 SCL 为高电平时 SDA 由高电平向低电平转变即产生开始信号,如图 10.3 所示。开始信号的产生预示着数据传输的开始。当总线空闲(SDA 和 SCL 都处于高电平)时,主设备通过发送开始信号与从设备建立通信。

(2) 停止信号(STOP)。当 SCL 为高电平时 SDA 由低电平向高电平转变即产生停止信号,如图 10.4 所示。停止信号的产生意味着数据传输的结束。通常主设备向从设备发送停止信号以结束当前数据通信,之后 SCL 和 SDA 均处于高电平。

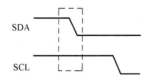

图 10.3　开始/重新开始信号

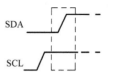

图 10.4　停止信号

（3）重新开始信号（repeated START）。主设备发送开始信号启动主从设备间的数据通信后，在发送停止信号结束本次数据通信之前，主设备在这期间再次发送的开始信号即称为重新开始信号。通过发送重新开始信号，主设备一方面可以转换与当前从设备的通信方式，如由发送数据转换为接收数据；另一方面还可以切换到与其他从设备进行通信。

（4）应答信号（ACK 或 A）。在 I²C 通信过程中接收设备在接收到 8 位数据后需向发送方发出特定的低电平脉冲以表示收到数据。该低电平信号即为应答信号。因此，每个数据字节后面都要紧跟着一位应答信号。

应答信号在第 9 个时钟周期时出现，如图 10.5 所示。此时主设备必须在该时钟到来前释放数据线 SDA，从设备随即控制 SDA，并在该时钟到来时拉低 SDA 来完成应答。若从设备使 SDA 保持高电平，即为非应答信号（NACK 或 ACK、A）。因此一个完整的字节传输需要 9 个时钟周期。若从设备作为接收方，向主设备发送一个非应答信号，主设备就以为此次数据传输失败。若主设备作为接收方，向从设备发送一个非应答信号，则从设备就认为此次数据传输结束，并释放 SDA。

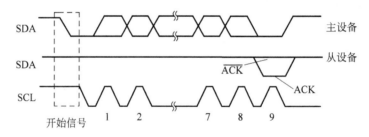

图 10.5　应答信号

开始信号、重新开始信号和停止信号均由主设备产生，应答信号由接收设备产生。带有 I²C 总线接口的设备很容易检测到这些信号，但对于不带有 I²C 接口的单片机来说，为了能准确检测到这些信号，必须保证在 I²C 总线的一个时钟周期内对数据线至少采样两次。

3. I²C 总线上的数据传输格式

一般情况下，标准 I²C 的数据格式由开始信号、从设备地址、数据传输和结束信号 4 部分组成。

由主设备发送一个开始信号后，启动一次 I²C 通信；在主设备对从设备寻址后，再在总线上传输数据。I²C 总线上传送的每一个字节均为 8 位，首先发送的数据是最高位，每传送一个字节后都必须跟随一个应答位，每次通信的数据字节数是没有限制的；在全部数据传送结束后，由主设备发送停止信号，结束通信。当然整个过程都需要同步时钟的配合，如图 10.6 所示。

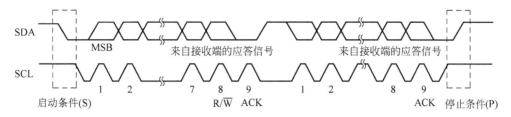

图 10.6 I²C 数据传输时序格式

当时钟线为低电平时,数据将停止传送。这种情况通常用于接收设备接收到一个字节数据后要进行一些其他的工作而无法立即接收下个数据时,迫使总线进入等待状态,直到接收器准备好接收新的数据时,接收器再释放时钟线进而使数据继续传送。例如,当接收完主控器的一个字节数据后,产生中断信号并进行中断处理,中断处理完毕才能接收下一个字节数据。这时,接收方在中断处理时将钳住 SCL 为低电平,直到中断处理完毕才能释放 SCL。

为了消除 I²C 总线系统中主从设备的地址选择线,最大限度地简化总线连接线,I²C 总线采用了独特的寻址方法,即规定开始信号后的第一个字节为地址字节。该字节一方面用来寻址定位从设备,另一方面也规定了数据传送方向。

对于 7 位地址来说,地址字节由 7 位地址位(D7~D1 位)和 1 位方向位(D0 位)组成。方向位为 0 时,表示主设备将数据写入从设备,为 1 时表示主设备读取从设备的数据。

对于 10 位地址而言,地址字节由两个字节组成。第一个字节为 $11110xxx$,其中前两个 xx 表示 10 位地址的高两位,最后一个 x 表示方向位。第二个字节是 10 位从地址剩下的 8 位数据。每个字节传输完毕接收设备都会发送一个响应位 ACK。

主设备发送开始信号后,紧跟着发送地址字节,这时总线上的所有器件都将地址字节地址数据与自己器件的地址比较。如果两者相同,则该器件认为被主设备寻址并发送应答信号,从设备根据数据方向位(R/W)确定是发送数据还是接收数据。

MCU 类型的外围器件在作为从设备时,其地址是在 I²C 总线地址寄存器中设定的。而非 MCU 类型的外围器件地址完全由器件类型与引脚电平给定。在 I²C 总线系统中,没有两个从机的地址是相同的。主设备不应该传输一个和它本身相同的从地址。

I²C 总线的 SCL 与 SDA 时序必须保持准确。如图 10.7 所示,SDA 的数据必须在 SCL 处于高电平时保持稳定。SDA 电平状态的变化只能发生在 SCL 处于低电平时;否则将产生起始条件或停止条件。

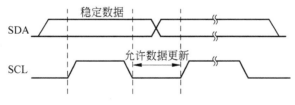

图 10.7 数据更新时序

10.2.2 I²C 逻辑结构

USCI 模块中集成的 I²C 硬件接口遵循 Philips 半导体公司的 I²C 规范 v2.1,支持 7 位和 10 位从设备地址寻址方式以及广播模式,可以实现多主设备收发模式和从设备收发模式。该接口支持高达 100kb/s 的标准方式和高达 400kb/s 的高速方式;在主设备模式中,UCxCLK 频率可编程;具备低功耗设计能力,从设备根据检测到的开始信号将 MSP430 从 LPMx 模式唤醒,在 LPM4 模式可以进行从设备模式。

USCI_A 中不支持 I²C 通信,USCI_B0 与 USCI_B1 中均支持 I²C 通信,且两者结构完全相同。为便于使用,除部分中断使能和中断标志寄存器外,它们所使用的寄存器名称也基本相同。例如,USCI_B0 的 I²C 状态寄存器为 UCB0STAT,USCI_B1 的 I²C 状态寄存器为 UCB1STAT。本节主要以 USCI_B0 为例讲述 I²C 的硬件结构和工作原理。

1. I²C 时钟结构

USCI 的 I²C 处于主设备模式时需要为从设备同步位时钟,位时钟信号发生的结构如图 10.8 所示。

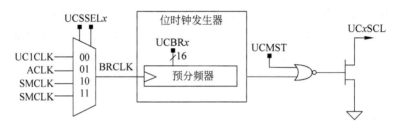

图 10.8　位时序产生示意图

位时钟发生器的输入时钟信号 BRCLK 具有 UC1CLK、ACLK 和 SMCLK 三种时钟源供选择使用。控制位 UCSSELx 负责选择具体的时钟源。UCSSELx = 00 表示使用 UC1CLK 作为时钟源;UCSSELx=01 表示使用 ACLK 作为时钟源;UCSSELx=10 或 11 表示使用 SMCLK 作为时钟源。

位时钟发生器实际上是一个 16 位长度的分频器,其输出直接作为 I²C 的时钟信号。其输出与输入信号的频率关系为:$f_{\text{UCxSCL}} = f_{\text{BRCLK}}/\text{UCBR}x$。其中,UCBRx 为 16 位分频系数,它实际上是由两个 8 位寄存器 UCBxBR0 和 UCBxBR1 组合成的,其中,UCBxBR0 为 UCBRx 的低 8 位。

I²C 传输时有主设备和从设备之分。USCI 作为主设备时,需要对外提供串行同步时钟 SCL 信号。但作为从设备时由于串行同步时钟由主设备提供,从设备自身就不需要时钟发生器,此时与时钟相关的设置(例如 UCSSELx 和 UCBRx)均不起作用。控制位 UCMST 决定该 USCI 设备的主从状态。UCMST=0 表示该设备为从设备,UCMST=1 表示该设备为主设备。

2. I²C 收发结构

I²C 属于半双工通信,在同一时刻只能有一种发送或接收工作状态,不可以同时进行收发操作,USCI 的 I²C 收发部件结构如图 10.9 所示。

发送部件负责以 I²C 协议方式向外发送数据。数据发送时,待发送数据首先写入到发送缓冲寄存器 UCBxTXBUF 中,接着数据被自动载入到发送移位寄存器。然后在串行同步时钟的节拍下将数据依次发送到 UCxSDA 线路上。

发送部件主要涉及两个重要的寄存器,即发送缓冲寄存器(UCB0TXBUF)和从设备地

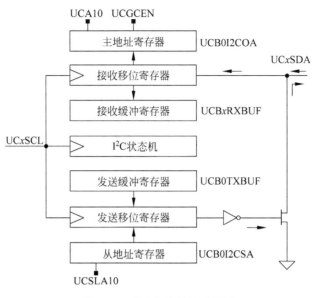

图 10.9 I^2C 收发部件示意图

址寄存器(UCB0I2CSA)。

发送缓冲寄存器(UCB0TXBUF)是 8 位寄存器,用于存放待传输的数据。该数据将被自动存入发送移位寄存器中,并逐位发送到线路上。写数据进入发送缓冲寄存器(UCB0TXBUF)可自动使 UCB0TXIFG 清零。

从设备地址寄存器(UCB0I2CSA)为 16 位寄存器,用于存放从设备地址。UCB0I2CSA 只有在主设备模式中才有效。它支持 7 位地址格式和 10 位地址格式,具体由控制位 UCSLA10 确定。在 7 位寻址方式中第 6 位为最高位,9～7 位忽略。在 10 位寻址方式中第 9 位为最高位,其他位忽略。

接收部件可以自动检测线路的信号。当发送方开启数据传输后,接收部件便将线路上的数据在同步时钟的节拍下依次接收到移位寄存器中,在接收完一个字节数据后,将数据存放到接收缓冲寄存器中。接收部件主要涉及两个重要的寄存器,即接收缓冲寄存器(UCB0RXBUF)和自身地址寄存器(UCB0I2COA)。

接收缓冲寄存器(UCB0RXBUF)是 8 位寄存器,用于存放接收的数据。线路上的数据在同步时钟的节拍下依次存入接收移位寄存器中,待接收完一个字节后自动转存至接收缓存寄存器(UCB0RXBUF)中。读取 UCB0RXBUF 可使 UCB0RXIFG 清零。

自身地址寄存器(UCB0I2CSA)为 16 位寄存器,用于存放 USCI 作为从设备时的从地址。UCB0I2COA 只有在从设备模式中才有效。它支持 7 位地址格式和 10 位地址格式,具体由控制位 UCA10 确定。在 7 位寻址方式中第 6 位为最高位,9～7 位忽略。在 10 位寻址方式中第 9 位为最高位,10～14 位恒为零。最高位为 UCGCEN 为响应广播使能位。当 UCGCEN＝0 时表示不响应主设备的广播信号;当 UCGCEN＝1 时表示响应主设备的广播信号。

I^2C 状态机用于控制和查询当前通信过程中的状态信息,它们主要反映在状态寄存器中的各个控制位中。

3. I²C 的控制及状态寄存器

I²C 总线能够正常通信离不开控制寄存器与状态寄存器。首先介绍 I²C 的控制寄存器，USCI 的控制寄存器由两个 8 位的寄存器（UCB0CTL0 和 UCB0CTL1）组成。第一个控制寄存（UCBxCTL0）主要用于控制 USCI 的工作模式与运行状态。控制寄存器（UCBxCTL0）的控制位分布如下。

7	6	5	4	3	2	1	0
UCA10	UCSLA10	UCMM	未使用	UCMST	UCMODEx=11		UCSYNC=1
rw-0	rw-0	rw-0	rw-0	rw-0	rw-0	rw-0	r-1

在这些控制位中，UCA10 和 UCSLA10 用来设置地址的长度。在 I²C 总线上可以挂接多个 I²C 设备，可以是主设备也可以是从设备。当一个 I²C 总线上挂接多个主设备时，便形成了多主设备通信环境。尽管一个 I²C 总线上可以挂接多个主设备，但在一次 I²C 通信过程中只能有一个主设备。控制位 UCMM 就是用来设置当前 USCI 的工作环境是否为多主设备环境。UCMM=1 表示工作在多主设备环境，UCMM=0 表示工作在单主设备环境。单主设备环境是指当前 I²C 总线上挂接的设备中只有一个主设备，其他全是从设备，此时 USCI 的地址匹配单元将被禁用。

I²C 总线上主设备具有最高的控制权，USCI 是否工作在主设备模式取决于对控制位 UCMST 的设置。UCMST=0 表示工作在从设备模式，UCMST=1 表示工作在主设备模式；若在多主设备环境（UCMM=1）中，当该主设备失去总线控制权后其 UCMST 位也将自动清 0，即当前设备也就由主设备变成了从设备。

在同步串行通信中，USCI 既支持 SPI 通信又支持 I²C 通信。为使 USCI 工作在 I²C 通信方式下，需要设置 UCMODEx=11 且 UCSYNC=1。控制位 UCMODEx 和 UCSYNC 的含义与 UART 中的含义相同，此处不再重复。

第二个控制寄存器 1（UCBxCTL1）主要用于控制时钟源的选择以及通信信号控制。它的控制位分布如下。

7	6	5	4	3	2	1	0
UCSSELx		未使用	UCTR	UCTXNACK	UCTXSTP	UCTXSTT	UCSWRST
rw-0	rw-0	rw-0	rw-0	rw-0	rw-0	rw-0	rw-1

当 USCI 作为主设备时需要为其他从设备提供同步通信时钟信号。其时钟源的选择由控制位 UCSSELx 确定。注意，若 USCI 作为从设备时，时钟发生器不输出时钟信号。

由于 I²C 只有一条数据传输线，所以在同一时刻要么发送数据要么接收数据，不能同时收发数据。为了 I²C 设备进行操作时必须事先设置控制位 UCTR，以告知 USCI 设备下一步是接收数据还是发送数据。UCTR=0 表示接收数据，UCTR=1 表示发送数据。

I²C 总线的控制信号——开始信号、停止信号和无应答信号对于数据传输十分重要。何时产生何种信号是由软件程序控制的，具体是通过设置 UCTXNACK、UCTXSTP 和 UCTXSTT 等控制位实现的。设置 UCTXNACK=1 表示发送一个 NACK 信号，该位在

NACK 信号发送后自动清 0。主设备模式下 UCTXSTP＝1 表示发送停止信号,从设备模式中该位忽略。当停止信号产生后,该位自动清 0。在主设备接收模式中,NACK 信号先于停止信号产生。主设备模式下 UCTXSTT＝1 表示发送一个开始信号,从设备模式中该位忽略。当开始信号产生且地址信息被发送后,该位自动清 0。在主设备接收模式中 NACK 信号要先于重新开始信号之前产生。

除了上述控制位以外,还有一个至关重要的控制位 UCSWRST。当 UCSWRST＝1 时 USCI 处于复位状态,此时对 USCI 的任何设置与操作均不起作用。当 UCSWRST＝0 时 USCI 处于正常状态,此时响应对 USCI 的操作。鉴于此,该位又被称为软件复位位。

状态寄存器(UCB0STAT)中控制位分布如下。

7	6	5	4	3	2	1	0
未使用	UCSCLLOW	UCGC	UCBBUSY	UCNACKIFG	UCSTPIFG	UCSTTIFG	UCALIFG
rw-0	r-0	rw-0	rw-0	rw-0	rw-0	rw-0	rw-0

当总线处于保持状态时,时钟线将被拉为低电平。控制位 UCSCLLOW 就是用于指示 SCL 是否被拉低。UCSCLLOW＝0 表示 SCL 没有拉低为低电平,UCSCLLOW＝1 表示 SCL 拉低为低电平。

正常情况下,I^2C 通信是在主从设备之间,属于点对点通信。主设备通过从设备的地址唯一地确定从设备。当主设备同时对多个从设备进行数据通信时,可使用广播地址。如果从设备不需要主设备广播的信息,则可以选择不接收广播信息。当 UCGC＝0 表示不接收广播地址,UCGC＝1 表示接收广播地址。

在主设备使用 I^2C 总线前,需要检测 I^2C 是否正在被使用。USCI 专门用控制位 UCBUSY 指示当前 I^2C 总线的状态。UCBBUSY＝0 表示总线未被其他设备占用,处于空闲状态;而 UCBBUSY＝1 则表示总线正在被占用中,处于忙状态。

由前面的介绍可知,I^2C 通信中需要同步信号,如开始信号、结束信号、应答信号等。接收时通过鉴别这些信号完成相应的操作,可见能否准确接收到这些信号将直接影响 I^2C 的数据传输。为此 USCI 为 I^2C 通信专门设置了用于关键信号检测的中断标志位,分别是 UCNACKIFG、UCSTPIFG、UCSTTIFG 和 UCALIFG。

4. I^2C 寻址方式

USCI 的 I^2C 既支持 7 位地址寻址,又支持 10 位地址寻址。这里主要讲述 7 位地址的寻址方式,有关 10 位地址寻址的内容将在后面讲述。

7 位地址格式是标准 I^2C 总线规定的,7 位地址与一个读写($R/\overline{W}$)控制位组成一个地址字节。该字节在开始信号产生以后被第一个发送。每个字节传输完毕接收设备都会发回一个应答信号 ACK,具体如下。

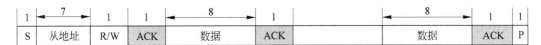

在 I^2C 传输协议中主设备可以在不停止传输的情况下,通过重新发送开始信号改变 SDA 线路上传输数据流方向,这就是重新开始信号。在重新开始产生之后,从设备的地址

和标识数据流方向的 R/W 位需要重新发送,分布如下。

7	1	1	8	1	7	1	1	8	1
从地址	R/W	ACK	数据	ACK	从地址	R/W	ACK	数据	ACK
1个字节			n个字节		1个字节			n个字节	

5. 多主设备环境与总线仲裁

在多主设备环境中多个设备同时使用 I²C 总线,就必然会引起总线竞争。为了避免总线竞争,USCI 将在遇到总线冲突时自动启用总线仲裁。仲裁的最终结果是让一个 I²C 设备成为总线的主设备,而其他参与竞争的设备成为从设备或关闭。

总线仲裁的依据是 SDA 上的数据。具体判别过程是,一开始总线上的所有主设备均按照 I²C 协议的要求首先开始信号,紧接着输出地址字节。仲裁便从地址字节开始,逐位比较各个主设备的输出。若输出相同则比较下一位。若不同,则首先出现高电平的设备将失去总线控制权并关闭 I²C 设备或变为从设备接收状态。剩下的继续进行这一过程,直至总线上只留下一个主设备控制使用总线。

如图 10.10 所示为两个 I²C 设备竞争使用 I²C 总线的情况,设备 1 由于首先出现高电平而失去总线控制权并关闭。设备 2 最终成为控制使用总线的主设备。一般情况下,在第一个地址字节就可以完成总线仲裁。但若总线上挂接设备发送相同的第一个字节,那么仲裁将继续依据下一个字节数据进行,直至有结果为止。

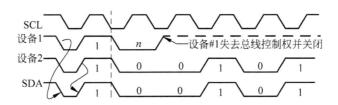

图 10.10　I²C 总线仲裁示意图

重新开始信号与数据位之间、停止信号与数据位之间以及重新开始信号与停止信号之间均不允许进行总线仲裁,因此总线仲裁过程中如果遇到重新开始信号或停止信号,其他参与仲裁的设备也必须先在同一位置发送重新开始信号或停止信号。

10.2.3　中断与初始化

1. 中断与低功耗

USCI 中只有 USCI_Bx 支持 I²C 通信,每个 USCI_Bx 中只有两个中断向量,分别是 USCIABxTX_VECTOR 和 USCIABxRX_VECTOR。与 USCI_Ax 不同,USCI_Bx 的 USCIABxTX_VECTOR 用于 I²C 通信时接收和发送中断标志位产生的中断;另一个 USCIABxRX_VECTOR 用于 I²C 总线 4 种状态切换时产生的中断,具体见表 10.2。每个中断标志都有自己的中断使能位。当中断使能位和 GIE 位同时置 1 时发送中断请求,该中断标志产生。

表 10.2　USCI 中断向量分配情况

中断向量	所属模块	中断使能位	中断标志位
USCIABxTX_VECTOR	USCI_Ax	UCAxTXIE	UCAxTXIFG
	USCI_Bx	UCBxTXIE	UCBxTXIFG
		UCBxRXIE	UCBxRXIFG
USCIABxRX_VECTOR	USCI_Ax	UCAxRXIE	UCAxRXIFG
	USCI_Bx	UCALIE	UCALIFG
		UCNACKIE	UCNACKIFG
		UCSTTIE	UCSTTIFG
		UCSTPIE	UCSTPIFG

发送中断标志位 UCBxTXIFG 用于指示发送缓冲寄存器(UCBxTXBUF)是否已经准备好接收下一字节数据。UCBxTXIFG＝1 表示已经准备好,此时可以向 UCBxTXBUF 中写入新数据。一旦将字符写入 UCBxTXBUF 中或接收到一个 NACK 应答信号,UCBxTXIFG 便自动复位。UCBxTXIFG 置位时若 UCBxTXIE 和 GIE 均置位便产生中断请求。

当接收到一个字符并且将该字符装入 UCBxRXBUF 中时,接收中断标志位 UCBxRXIFG 置位。若此时 UCBxRXIE 和 GIE 均置位便产生一个中断请求。当 UCBxRXBUF 中的数据被读取后 UCBxRXIFG 自动复位。

尽管 USCI_B0 与 USCI_B1 的中断标志位和中断使能位名字上只相差一个数字,但存放位置却不一样。USCI_B0 的中断标志位和中断使能位分别存放在 IFG2 和 IE2 中,USCI_B1 的中断标志位和中断使能位分别存放在 UC1IFG 和 UC1IE 中,它们在寄存器中的位置如下。

	7	6	5	4	3	2	1	0
IE2					UCB0TXIE	UCB0RXIE		
					rw-0	rw-0		

	7	6	5	4	3	2	1	0
IFG2					UCB0TXIFG	UCB0RXIFG		
					rw-0	rw-0		

	7	6	5	4	3	2	1	0
UC1IE		未使用			UCB1TXIE	UCB1RXIE		
					rw-0	rw-0		

	7	6	5	4	3	2	1	0
UC1IFG		未使用			UCB1TXIFG	UCB1RXIFG		
					rw-0	rw-0		

I^2C 通信时需要格外关注 4 种状态转换,即总线控制权丢失、接收到无应答信号、检测到开始信号和检测到停止信号。它们分别对应 UCALIFG、UCNACKIFG、UCSTTIFG 和 UCSTPIFG4 个中断标志位。这 4 个标志位分别对应 4 个中断源,具体如下。

（1）UCALIFG 为总线控制器丢失标志位。当有两个以上发送部件同时开始传输的时候，或者当 USCI 作为主设备且作为另外一主设备的从设备时，总线控制权将丢失。UCALIFG＝1 表示总线控制权丢失；UCALIFG＝1 时 UCMST 将清零，同时 I^2C 控制器变成从设备或关闭。

（2）UCNACKIFG 为无应答中断标志位。当期望而未接收到应答信号时，将触发无应答中断，即使 UCNACKIFG＝1。当接收到开始信号后该位自动清零。

（3）UCSTTIFG 为检测到开始信号中断标志位。该标志位仅用于从设备模式。当接收部件检测到开始信号和自身地址时该标志位置位，即 UCSTTIFG＝1。当接收到停止位时该标志位自动清零。

（4）UCSTPIFG 为检测到停止信号中断标志位。该标志位仅用于从设备模式。当接收部件检测到停止信号时该标志位置位，即 UCSTPIFG＝1。当接收到开始位时该标志位自动清零。

上面 4 个中断标志位仅仅是事件发生的标志，若让其产生中断，还必须打开各自的中断使能位和总中断使能位（GIE）。UCALIFG、UCNACKIFG、UCSTTIFG 和 UCSTPIFG 的中断使能位位于 UCBxI2CIE 寄存器中，具体分布如下所示。

	7	6	5	4	3	2	1	0
UCBxI2CIE	保留				UCNACKIE	UCSTPIE	UCSTTIE	UCALIE
	rw-0	rw-0	rw-0	rw-0	rw-0	rw-0	rw-0	rw-0

USCI 支持自动激活 SMCLK 时钟。当 SMCLK 作为 USCI 模块的时钟源时，因为设备处于低功耗模式而 SMCLK 未被激活，当需要 SMCLK 时不论时钟源的控制位如何设置 USCI 模块将自动激活。时钟将保持激活状态直到 USCI 模块返回空闲状态。在 USCI 模块返回空闲状态后，时钟源的控制将受制于其控制位。自动激活模式不适用于 ACLK。当 USCI 激活一个不活动的时钟源时，整个设备以及使用此时钟源的外围设备将受影响。例如，在 USCI 模块强制激活 SMCLK 时使用 SMCLK 的定时器将计数。

在 I^2C 从设备模式下由于时钟由外部主设备提供，所以没有可用的内部时钟源。即便是在 LPM4 模式下所有时钟源都禁止时，也可以在 I^2C 从设备模式下操作 USCI。接收或发送中断可以唤醒任何低功耗模式。

2. I^2C 初始化与连接方式

I^2C 初始化是指在 I^2C 正式工作前对 USCI 进行的配置工作。系统复位后 UCSWRST 自动置位进而使 USCI 保持在复位状态，即在默认情况下 USCI 是不工作的。为使 USCI 工作在 I^2C 模式下，首先应设置控制寄存器中同步通信位 UCSYNC＝1 和工作模式控制位 UCMODEx＝11。其次再对 I^2C 的各个寄存器进行设置。设置完成后，清除 UCSWRST 使 USCI 工作，这样便可进行发送和接收操作了。

在进行寄存器设置时一般先使 UCSWRST＝1，再对相关寄存器进行设置，这样做的目的是避免使 USCI 出现不可预测的行为。在 I^2C 通信时，UCSWRST 置位会对 USCI 产生以下影响：①中止 I^2C 通信；②使 SDA 和 SCL 处于高阻态；③ UCBxI2CSTAT 的 0～6 位清零；④UCBxTXIE、UCBxRXIE、UCBxTXIFG 和 UCBxRXIFG 清零；⑤其他位和寄存器保持不变。可见 UCSWRST 置位主要影响 4 个中断寄存器和 1 个状态寄存器，对其他 I^2C 通信需要的寄存器并无影响。

I^2C 总线的连接方式比较简单,如图 10.11 所示。每一个 I^2C 设备都有唯一可被识别地址。总线上的设备可以只具有接收功能或发送功能,也可以同时具有收发数据的功能。I^2C 总线上可以挂接多个能够作主设备的 I^2C 设备,总线上的 MCU 一般作为主设备。但同一通信过程中,只能有一个 I^2C 设备作为主设备。若出现多个设备同时使用总线的情况就会启动总线仲裁。

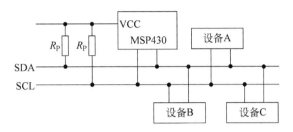

图 10.11　硬件连接示意图

I^2C 数据通信时,数据通过串行数据线(SDA)与串行时钟线(SCL)同步传输。主设备为从设备提供时钟信号 SCL,并发送开始信号和从设备地址。任何被寻址到的设备被认为是当前通信中的从设备。

由 I^2C 的收发结构框图可知,I^2C 接口的输出端是漏极开路或集电极开路,所以在使用时必须在总线上外接上拉电阻。电阻的大小对时序有一定影响,对信号的上升时间和下降时间也有影响。电阻大小的确定与电源电压、总线电容和连接器件的数量等因素有关。

总线电容 C_P 是线路连接和管脚的总电容。在规定好上升时间的情况下,该电容限制了上拉电阻 R_P 的最大值,而电源电压限制了上拉电阻 R_P 的最小值。I^2C 的上拉电阻可以是 $1.5k\Omega$、$2.2k\Omega$、$4.7k\Omega$,一般接 $1.5k\Omega$ 或 $2.2k\Omega$。

10.2.4　工作模式

USCI 的 I^2C 模块既可以用作主设备也可以用作从设备,下面将对其工作过程进行详细讲述。

1. 主设备模式

当 UCMODEx=11、UCSYNC=1、UCMST=1 时,USCI 模块被配置为 I^2C 主设备。I^2C 总线上可以挂接多个主设备。当总线上有多个主设备时,UCMM 必须置位而且其地址为 UCBxI2COA 寄存器中的值。当 UCA10=0 时表示使用 7 位地址格式;当 UCA10=1 时表示使用 10 位地址格式。控制位 UCGEN 决定 USCI 是否需要响应广播。

(1) I^2C 主设备发送模式。主设备发送模式下各种控制流如图 10.12 所示。USCI 初始化后,便可以发送数据。发送时首先设置 UCTR=1 以使 USCI 处于发送模式;然后设置从设备地址格式控制位 UCSLA10,UCSLA10=0 表示使用 7 位地址格式;UCSLA10=1 表示使用 10 位地址格式。接着将目标地址写入 UCBxI2CSA 寄存器中。最后使UCTXSTT=1 来产生一个开始信号。

在完成以上设置后,USCI 便检查总线是否可用。若总线可用则产生一个开始信号,随后将从设备地址发送至线路上。当开始信号产生且数据已写入 UCBxTXBUF 中时 UCBxTXIFG 置位。只要从设备响应发送的地址后 UCTXSTT 位将清零。

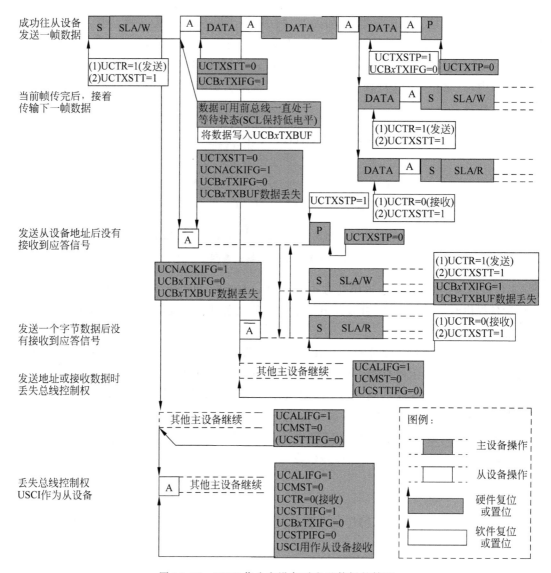

图 10.12　USCI 作为主设备时发送数据的情况

在传输从地址的过程中,如果拥有总线控制权,则写入 UCBxTXBUF 的数据被发送。当数据从发送缓冲寄存器移至移位寄存器后 UCBxTXIFG 位再次置位。若在得到应答信号前仍没有将数据写到 UCBxTXBUF 中,则总线处于保持状态,同时 SCL 一直为低电平,该状态将持续到有数据写入 UCBxTXBUF。数据在传输或总线保持时 UCTXSTP 位或 UCTXSTT 位不会置位。

在发送最后一个数据时使 UCTXSTP 置位,则主设备将在接收到从设备的应答信号后产生一个停止信号结束通信,结束后 UCTXSTP 自动清零。在传输从设备地址过程中或 USCI 等待数据写入 UCBxTXBUF 寄存器中时,无论是否有数据发送至从设备,只要使 UCTXSTP 置位也会产生一个停止信号以结束本次通信。当仅发送一个字节数据时应在数据传输过程开始后使 UCTXSTP 置位;否则只有地址信息被发送至从设备。当待发送数据从发送缓冲寄存器移到发送移位寄存器后 UCBxTXIFG 将置位,这表明数据发送已经开始,此时已使 UCTXSTP 置位了。

置位 UCTXSTT 将再次产生一个开始信号。在这种情况下,UCTR 可以置位或清除来配置为发送或接收端。如果有需要,也可以更改 UCBxI2CSA 中的从设备地址。

如果从设备没有应答主设备发送的数据,则使无应答中断标志位 UCNACKIFG 置 1。此时主设备必须通过产生一个停止信号或者一个重新开始信号来做出相应响应。若此时已将数据写入 UCBxTXBUF 寄存器中,则该数据被丢失。若希望此数据在新信号之后被发送,那么该数据必须重新写入 UCBxTXBUF 中。

(2) I²C 主设备接收模式。主设备接收模式下各种控制流如图 10.13 所示。USCI 初始化后,便可以发送数据。发送时首先设置 UCTR=0 以使 USCI 处于接收模式;然后设置从设备地址格式控制位 UCSLA10。接着将目标地址写入 UCBxI2CSA 寄存器中。最后使 UCTXSTT=1 产生一个起始条件。

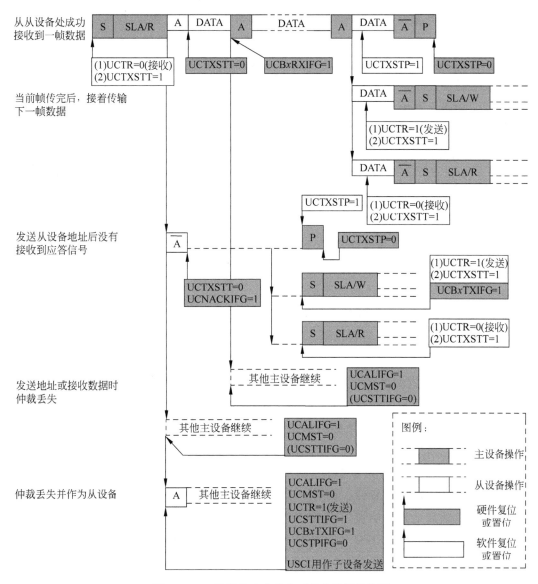

图 10.13　USCI 作为主设备时接收数据的情况

在完成以上设置后,USCI 便检查总线是否可用。若总线可用则产生一个开始条件,随后将从设备地址发送至线路上。只要从设备应答发送的地址后 UCTXSTT 位将清零。该过程与主设备发送模式基本一致。

从设备对地址进行应答后便发送第一个数据,该数据被主设备接收后发送一个应答信号,同时 UCBxRXIFG 标志位置位。只要 UCTXSTP 和 UCTXSTT 不置位,则数据接收过程一直进行。USCI 接收的数据将存放在 UCBxRXBUF 中。如果在接收数据最末位的过程时,主设备还没有读取 UCBxRXBUF,则主设备一直占用总线,并持续到 UCBxRXBUF 中的数据被读出。

如果从设备应答主设备发送的数据,则使无应答中断标志位 UCNACKIFG 位置 1。此时主设备必须通过产生一个停止条件或者再次产生一个起始条件来做出相应响应。

若 UCTXSTP 置位将产生一个停止条件。如果 UCTXSTP 置位,在接收完从设备发送的数据之后,USCI 将产生一个 NACK 信号之后紧接着是停止条件。或者如果 USCI 正在等待 UCBxRXBUF 被读取,这时也会立即产生 NACK 信号。

如果主设备只接收一个字节数据,在数据正在接收时必须使 UCTXSTP 置位。若置位 UCTXSTT 将再次产生一个起始条件。在这种情况下,UCTR 可以置位或清除来配置为发送或接收端。如果有需要,也可以更改 UCBxI2CSA 中的从设备地址。

2. 从设备模式

当 UCMODEx＝11,UCSYNC＝1 且 UCMST＝0 时,USCI 模块被配置为 I²C 从模式。通过将 UCTR 位清 0 配置为接收模式来接收 I²C 地址。然后,根据 R/$\overline{W}$ 位和从机地址自动进行发送和接收操作。

USCI 作为从设备时其地址为 UCBxI2COA 寄存器中的值。当 UCA10＝0 时,选择 7 位寻址方式,当 UCA10＝1 时,选择 10 位寻址方式。控制位 UCGEN 决定是否需要响应广播。

当在总线上检测到一个开始信号时,USCI 模块将接收发送的地址并将其和存储在 UCBxI2COA 中的本地地址进行比较。如果该地址和 USCI 的从地址匹配,则 UCSTTIFG 标志位置 1。

(1) I²C 从设备发送模式。当发送的从地址与本机地址相匹配且 R/$\overline{W}$ 位为 1 时,设备进入从发送模式。从发送端根据主设备产生的时钟脉冲向 SDA 总线发送串行数据位。虽然从设备不产生时钟信号,但当一个字节发送完毕需要 CPU 干预时需要将 SCL 信号拉低。

如果主设备向从设备请求数据,则从设备的 USCI 模块自动设置为发送端,同时 UCTR 位和 UCBxTXIFG 置位。在第一个数据写入发送寄存器 UCBxTXBUF 之前 SCL 保持低电平。然后地址被响应,UCSTTIFG 标志位清除,数据开始传输。一旦数据进入移位寄存器之后,UCBxTXIFG 位重新置 1。当数据被主设备接收后,写入 UCBxTXBUF 寄存器的下一个数据就开始传输,或者当发送寄存器处于空的状态,SCL 线会保持低电平将应答周期延迟直到新的数据被写入 UCBxTXBUF 寄存器。如果主设备发送一个

NACK 应答信号后面是停止条件,则 UCSTPIFG 标志位置 1。如果 NACK 应答信号后面是重新起始条件,则 USCI 的 I²C 状态机回到地址接收状态,从发送模式控制如图 10.14 所示。

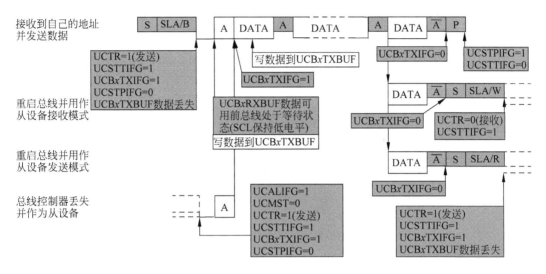

图 10.14　从设备发送模式

(2) I²C 从设备接收模式。当发送的从地址与本机地址相匹配且 R/W̄ 位为 0 时,设备进入从接收模式。在从接收模式中,主设备每产生一个时钟脉冲,SDA 总线上就能接收到串行数据位。从设备不产生时钟脉冲,但是当接收到一个字节后需要 CPU 干预的时候可以将 SCL 拉低。

如果从设备从主设备接收数据则 USCI 模块自动配置为接收机而且 UCTR 清除。第一个字节接收后接收中断标志位 UCBxRXIFG 置位,USCI 模块可以自动响应接收的数据并且开始接收下一个数据字节。

如果接收的数据在接收结束时没有被从 UCBxRXBUF 中读取,总线会通过保持 SCL 信号为低电平将总线延时。一旦 UCBxRXBUF 接收到的数据被读取则产生一个应答信号给主设备,以表示可以开始接收下一个数据。

在下一个应答周期中置位 UCTXNACK 可以产生一个应答信号给主设备,即使 UCBxRXBUF 还没有准备接收最近的数据 NACK 信号也会发送。如果 SCL 信号保持低电平时 UCTXNACK 位被置位,则总线将会释放,一个 NACK 信号被立刻发送,同时 UCBxRXBUF 将会装载最后接收到的数据。由于先前的数据还没有被读取,可能会丢失这些数据。为了避免数据丢失,在 UCTXNACK 被置位之前需要读取 UCBxRXBUF。

当主设备产生一个停止条件时,UCSTPIFG 标志位置位。如果主设备发送一个重复开始条件,USCI 的 I²C 状态机返回到地址接收状态。从设备接收模式下各种控制流如图 10.15 所示。

3. 10 位地址格式的收发

对于 I²C 通信来说,通常使用 7 位地址的标准 I²C 协议,但由于其只有 7 位地址,总线

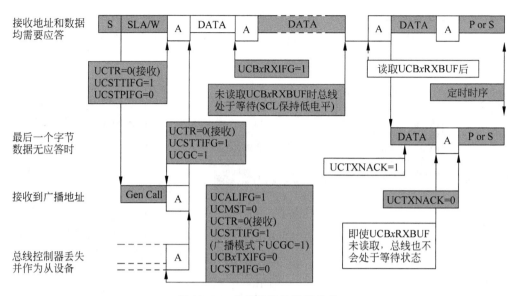

图 10.15　从设备接收数据示意

上所挂接的 I²C 设备最多只能有 127 个。若要超过该数目就必须扩展地址宽度,于是扩展的 10 位地址格式便应运而生。为了与 7 位地址在传输方式上保持最大程度的兼容,10位地址的传输方式采用两次传输的方式,每次传输一个字节。10 位地址的传输方式如下。

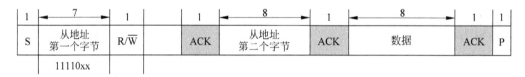

第一个字节由 11110 加上 10 位从地址的高两位和 R/$\overline{\text{W}}$ 位组成。发送设备发送完一个字节后,接收设备都发回一个应答信号(ACK)。第二个字节是 10 位从地址剩下的 8 位数据,发送之后接收设备通常发回一个应答信号 ACK 和接下来传输 8 位数据。

图 10.16 展示了当 UCSLA10＝1 时,即使用 10 位地址格式时数据收发的情况。图 10.13 中上面两个为主设备模式下主从设备的数据收发情况;图 10.14 中下面两个为从设备模式下主从设备的数据收发情况。对照前面 7 位地址格式的主从设备收发流程,不难看出两者的差距仅在于 10 位地址传输时需要分两次传,其他均相同。

例 10.1　现有两个 MSP430F261x 单片机,它们通过 I²C 总线进行数据通信,如图 10.17所示。具体传输功能为:主设备连续读取从设备中的数据,并与已知数据对比。从设备依次从 0x00～0xFF 发送数据。数据时钟稳定在 100kHz。

解　本题实际上是由主设备程序和从设备程序两部分组成。主设备程序负责提供时钟和完成与接收数据有关的操作。从设备程序负责完成数据的发送工作,具体程序如下。

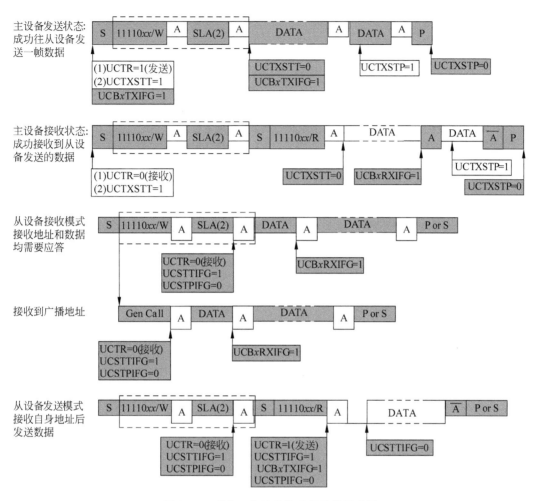

图 10.16　I^2C 10 位地址格式的收发示意图

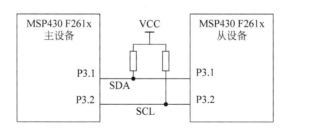

图 10.17　I^2C 通信连接

（1）主设备接收数据程序。

```
#include "msp430x26x.h"
unsigned char RXData;
unsigned char RXCompare = 0;
void main(void)
{
  WDTCTL = WDTPW + WDTHOLD;
```

```
    P3SEL | = BIT2 + BIT1;                   // 启用 I²C 引脚
    UCB0CTL1 | = UCSWRST;                    // 启用软复位
    UCB0CTL0 = UCMST + UCMODE_3 + UCSYNC;
    UCB0CTL1 = UCSSEL_2 + UCSWRST;
    UCB0BR0 = 12;                            // SMCLK/12 = ～100kHz
    UCB0BR1 = 0;
    UCB0I2CSA = 0x048;                       // 从设备地址
    UCB0CTL1 &= ～UCSWRST;                    // 禁用软复位
    IE2 | = UCB0RXIE;                        // 开启接收中断
    while (1)
    {// 下面是往从设备发送地址的操作
      while (UCB0CTL1 & UCTXSTP);
      UCB0CTL1 | = UCTXSTT;                  // 产生开始信号
      while (UCB0CTL1 & UCTXSTT);
      UCB0CTL1 | = UCTXSTP;                  // 产生停止信号
      __bis_SR_register(CPUOFF + GIE);
      if (RXData != RXCompare)
        while (1);                           // 若接收数据错误,则进入死循环
      RXCompare++;
    }
}


#pragma vector = USCIAB0TX_VECTOR
__interrupt void USCIAB0TX_ISR(void)
{
  RXData = UCB0RXBUF;                        // 转存至 RXData
  __bic_SR_register_on_exit(CPUOFF);
}
```

（2）从设备发送数据程序。

```
#include "msp430x26x.h"
unsigned char TXData;
void main(void)
{
  WDTCTL = WDTPW + WDTHOLD;
  P3SEL | = BIT2 + BIT1;                     // 启用 I²C 引脚
  UCB0CTL1 | = UCSWRST;                      // 启用软复位
  UCB0CTL0 = UCMODE_3 + UCSYNC;
  UCB0I2COA = 0x48;                          // 从设备地址 0x48
  UCB0CTL1 &= ～UCSWRST;                      // 禁用软复位
  UCB0I2CIE | = UCSTTIE;                     // 启用开始中断
  IE2 | = UCB0TXIE;                          // 启用发送中断
  TXData = 0xff;
  while (1)
    __bis_SR_register(CPUOFF + GIE);
}


#pragma vector = USCIAB0TX_VECTOR
__interrupt void USCIAB0TX_ISR(void)
{
```

```
  UCB0TXBUF = TXData;                    // 发送数据
  __bic_SR_register_on_exit(CPUOFF);
}


# pragma vector = USCIAB0RX_VECTOR
__interrupt void USCIAB0RX_ISR(void)     // 清除开始中断标志位
{
  UCB0STAT & = ～UCSTTIFG;
  TXData++;
}
```

例 10.2　现有两个 MSP430F261x 单片机,它们通过 I²C 总线进行数据通信,如图 10.17 所示。实现的功能是主设备向从设备依次发送从 0 开始逐次增加的数字,从设备依次接收。

解　由题意知,具体程序如下。

(1) 主设备发送数据程序。

```
# include "msp430x26x.h"
unsigned char TXData;
unsigned char TXByteCtr;
void main(void)
{
  WDTCTL = WDTPW + WDTHOLD;
  P3SEL | = BIT2 + BIT1;                 // 启用 I²C 引脚
  UCB0CTL1 | = UCSWRST;                  // 启用软复位
  UCB0CTL0 = UCMST + UCMODE_3 + UCSYNC;
  UCB0CTL1 = UCSSEL_2 + UCSWRST;
  UCB0BR0 = 12;                          // SMCLK/12 = ～100kHz
  UCB0BR1 = 0;
  UCB0I2CSA = 0x48;                      // 设置从设备地址
  UCB0CTL1 & = ～UCSWRST;                 // 禁用软复位
  IE2 | = UCB0TXIE;                      // 启用发送中断
  TXData = 0x01;
  while (1)
  {
    TXByteCtr = 1;                       // 发送数据的字节数
    while (UCB0CTL1 & UCTXSTP);
    UCB0CTL1 | = UCTR + UCTXSTT;
    __bis_SR_register(CPUOFF + GIE);
    TXData++;
  }
}


# pragma vector = USCIAB0TX_VECTOR
__interrupt void USCIAB0TX_ISR(void)
{
  if (TXByteCtr)                         // 检查数据是否发送完毕
  {
    UCB0TXBUF = TXData;                   // 发送数据
    TXByteCtr --;
```

```
  }
  else                                    // 产生停止信号结束本次传输
  {
    UCB0CTL1 | = UCTXSTP;
    IFG2 & = ~UCB0TXIFG;                  // 清除发送中断标志位
    __bic_SR_register_on_exit(CPUOFF);
  }
}
```

（2）从设备接收数据程序。

```
#include "msp430x26x.h"
volatile unsigned char RXData;
void main(void)
{
  WDTCTL = WDTPW + WDTHOLD;
  P3SEL | = BIT2 + BIT1;                  // 启用 I²C 引脚
  UCB0CTL1 | = UCSWRST;                   // 启用软复位
  UCB0CTL0 = UCMODE_3 + UCSYNC;
  UCB0I2COA = 0x48;                       // 从设备地址 0x48
  UCB0CTL1 & = ~UCSWRST;                  // 禁用软复位
  IE2 | = UCB0RXIE;                       // 启用接收中断
  while (1)
    __bis_SR_register(CPUOFF + GIE);
}

#pragma vector = USCIAB0TX_VECTOR
__interrupt void USCIAB0TX_ISR(void)
{
  RXData = UCB0RXBUF;                     // 转存到 RXData 中
  __bic_SR_register_on_exit(CPUOFF);
}
```

例 10.3　24C02 是带有 I²C 总线接口的 E²PROM 存储器，具有掉电记忆的功能，并且可以像普通 RAM 一样用程序改写。该芯片的容量是 256B（0x00 ～ 0xFF）。与 MSP430F261x 的连接方式如图 10.18 所示。其中，24C02 的引脚功能具体为 VCC、GND，分别表示电源和地引脚；SCK、SDA 为通信引脚；WP 为写保护引脚，高电平有效；A2、A1、A0 为地址引脚，该芯片的字节地址是"1010 A2A1A0 R/$\overline{\text{W}}$"。试利用单片机作为主设备，24C02 作为从设备，编程实现对存储器的单字节读写。

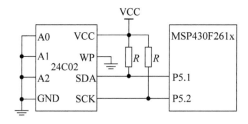

图 10.18　连接示意图

解 利用 USCI 可以很方便地实现对 24C02 的字节访问。这里需要注意的是从设备地址的确定。由题目知从设备寻址使用 7 位地址格式。由连接方式和提供的地址字节可知，该 21C02 的从地址为 0101 0000，即 0x50。

具体程序如下。

```
#include"msp430x26x.h"
#define uchar unsigned char
uchar RXData;
uchar count;

void Init_I2C(void)                    // USCI_B1 I²C 配置信息
{
  BCSCTL1 = CALBC1_1MHZ;
  DCOCTL = CALDCO_1MHZ;
  P5SEL |= BIT1 + BIT2;
  UCB1CTL1 |= UCSWRST;
  UCB1CTL0 = UCMST + UCMODE_3 + UCSYNC;
  UCB1CTL1 |= UCSSEL_2;                // 时钟选择
  UCB1BR0 = 10;                        // SMCLK/12 = ~100kHz
  UCB1BR1 = 0;
  UCB1I2CSA = 0x50;                    // 从机地址为 0X51
  UCB1CTL1 &= ~UCSWRST;
  UC1IE |= UCB1RXIE;                   // 启用接收中断
  _EINT();
}

void EEPROM_Write(uchar Addr,uchar Data)   // 往特定地址写入一个字节数据
{
  while (UCB1CTL1 & UCTXSTP);
  UCB1CTL1 |= UCTXSTT + UCTR;
  UCB1TXBUF = Addr;                    // 发送地址
  while((UC1IFG & UCB1TXIFG) == 0);
  UCB1TXBUF = Data;                    // 发送数据
  while((UC1IFG & UCB1TXIFG) == 0);
  UCB1CTL1 |= UCTXSTP;                 // 发送停止位
  while((UCB1CTL1 & UCTXSTP) == 1);
}

void EEPROM_Read(uchar Data_Addr)      // 从特定地址读一个字节数据
{
  while (UCB1CTL1 & UCTXSTP);
  UCB1CTL1 |= UCTXSTT + UCTR;
  UCB1TXBUF = Data_Addr;               // 发送地址
  while((UC1IFG & UCB1TXIFG) == 0);
  UCB1CTL1 &= ~UCTR;                   // 确定为接收
  while (UCB1CTL1 & UCTXSTP);
  UCB1CTL1 |= UCTXSTT;                 // 重新发送起始位
  while((UCB1CTL1 & UCTXSTT) == 1);
for(uchar i = 0x0; i < 0x1f; i++);     // 确定数据发送完
  UCB1CTL1 |= UCTXSTP + UCTXNACK;
```

```
    }

    void EEPROM_Read_ex()                          // 从 0x00 开始连续读取数据
    {
      UCB1CTL1 & = ~UCTR;                          // 确定为读
      while (UCB1CTL1 & UCTXSTP);                  // 总线是否空闲
      UCB1CTL1 | = UCTXSTT;                        // 发送开始位
    }

    void Delay()
    {
      for(unsigned int i = 0; i < 0x05ff; i++);
    }

    void main(void)
    {
      WDTCTL = WDTPW + WDTHOLD;
      Init_I2C();
      while(1)
      {
        EEPROM_Write(00,0xf0);                     // 字节写函数
        Delay();
        EEPROM_Read(0x00);                         // 读取特定地址的数据
        Delay();
        EEPROM_Read_ex();                          // 从 00 连续读取数据
        LPM0;
      }
    }

    #pragma vector = USCIAB1TX_VECTOR
    __interrupt void USCIAB3_ISR(void)
    {
      if(UC1IFG & UCB1RXIFG)                       // 接收中断
      {
        count++;
        RXData = UCB1RXBUF;
      }
    }
```

10.2.5 软件模拟 I^2C 通信

I^2C 总线本来是一个硬件模块之间的通信协议,一般芯片都有专门的电路逻辑块来处理协议,并通过两根线路(时钟 SCK 和数据 SDA)跟其他 I^2C 设备通信。I^2C 通信已被广泛应用在低速串行同步通信中,越来越多的单片机将硬件 I^2C 模块集成到芯片中。但也有不少单片机其本身没有 I^2C 硬件接口,它们要与 I^2C 设备进行通信时就必须使用软件模拟 I^2C 协议的方法。

软件模拟 I^2C 协议比较简单,用一个通用 I/O 引脚定义为 SCK,通过改变引脚的高低电平来模拟 I^2C 的同步时钟,同时用另外一个通用 I/O 引脚定义为 SDA,通过改变该引脚

的电平实现数据传输。接下来就是根据 I²C 协议模拟相应的开始信号、接收信号以及应答信号等。例如,先拉高 SCK、SDA 线并延时一段时间后将 SDA 拉低,然后再延时一段时间,这样便模拟出了 I²C 工作需要的开始信号。其他信号的模拟与此类似。

例 10.4　根据上面提供的函数,试模拟 I²C 的方式,重新实现例 10.3 中对 24C02 的写入和读取一个字节的操作。具体要求是使用 P2.4 作为 SDA、P2.3 作为 SCL。

解　利用软件模拟 I²C 协议的前提是必须搞清楚 I²C 通信协议。由于前面已对 I²C 协议做了相关介绍,这里不再赘述。根据 I²C 协议,往 24C02 中特定地址中写入一个数据的过程大致为:①单片机首先发出开始信号;②发出写 24C02 的寻址字节 1010 000 0,即 0xA0;③发送待写入数据的 24C02 地址;④往 24C02 中写入一个数据;⑤写操作完毕,发出停止信号。

从 24C02 中读取一个字节的过程大致如下:①单片机向 24C02 发出开始信号;②发送写 24C02 的寻址字节 1010 000 0,即 0xA0。该步骤的目的是先向 24C02 发送待读取数据的地址;③向 24C02 发送待读取数据的地址;④单片机再次发送开始信号;⑤发送读 24C02 的寻址字节 1010 000 1,即 0xA1;⑥从 24C02 中读取一个字节数据;⑦读取完毕发出停止信号。

经过上述分析,对数据的读写有了一个大概的了解。但需要注意,单片机每发送一个字节数据,24C02 接收到数据后都应该发回一个应答信号;否则通信将出错。具体实现程序如下。

```
# include "msp430x26x. h"
# define  uchar unsigned char
# define  SDA_1      P2OUT | = BIT4              // SDA = 1
# define  SDA_0      P2OUT & = ～BIT4            // SDA = 0
# define  SCL_1      P2OUT | = BIT3              // SCL = 1
# define  SCL_0      P2OUT & = ～BIT3            // SCL = 0
# define  DIR_IN     P2DIR & = ～BIT4            // I/O 口为输入
# define  DIR_OUT    P2DIR | = BIT4              // SDA 输出数据
# define  SDA_IN     (P2IN & BIT4 )              // 读 P8IN 的 BIT4
# define  I2C_Delay() { _NOP(); _NOP(); _NOP(); }   // 延时

void I2C_Start(void)                             // 模拟开始信号
{
    DIR_OUT;
     SDA_1;
   I2C_Delay();
  SCL_1;
   I2C_Delay();
  SDA_0;
   I2C_Delay();
  SCL_0;
}

void I2C_Stop(void)                              // 模拟停止信号
{
  DIR_OUT;
   SDA_0;
```

```
      I2C_Delay();
      SCL_1;
      I2C_Delay();
      SDA_1;
    }

    void I2C_Receive_ACK( void )                    // 等待接收对方发回的 ACK 信号
    {
      SDA_1;
      DIR_IN;
      SCL_1;
      I2C_Delay();
      while(SDA_IN );
      SCL_0;
      I2C_Delay();
      DIR_OUT;
      return;
    }

    void I2C_Send_ACK(void)                         // 接收数据后发送一个 ACK 信号
    {
      DIR_OUT;
      SCL_0;
      SDA_0;
      I2C_Delay();
      SCL_1;
      I2C_Delay();
      SCL_0;
      SDA_1;
    }

    void I2C_Send _NoAck( void )                    // 最后接收数据后发送 NoACK 信号
    {
      DIR_OUT;
      SCL_0;
      SDA_1;
      I2C_Delay();
      SCL_1;
      I2C_Delay();
      SCL_0;
    }

    uchar I2C_Receive_uchar(void)                   // 接收一个字节的数据
    {
      uchar Rec_Data = 0x00;                        // 返回值
      uchar DataBit = 0x00;                         // 每个 CLK 接到的数据
      SCL_0;
      I2C_Delay();
      SDA_1;
      DIR_IN;
      for( uchar i = 0; i < 8; i++)
```

```
    {
      SCL_1;
      I2C_Delay();
      if(SDA_IN > 0)
        DataBit = 1;
      else
        DataBit = 0;
      SCL_0;
      I2C_Delay();
      I2C_Delay();
      Rec_Data = ((Rec_Data << 1) | DataBit);          // 将数据依次存入 Rec_Data

    }
    return( Read_Data );
}

void I2C_Send_uchar( uchar data )
{                                                       // 发送一个字节数据
    DIR_OUT;
    SCL_0;
    SDA_1;
    for( uchar i = 0; i < 8; i++ )
    {
      if( data & 0x80 )                                 // 最高位是 1,则 SDA = 1
        SDA_1;
      else                                              // SDA = 0
        SDA_0;
      I2C_Delay();
      SCL_1;
      I2C_Delay();
      SCL_0;
      I2C_Delay();
      data <<= 1;                                       // 左移一位
    }
    SDA_1;
}

void Init_MCU( void )                                   // 配置时钟和端口
{
    WDTCTL = WDTPW + WDTHOLD;
    BCSCTL1 = CALBC1_1MHZ;
    DCOCTL = CALDCO_1MHZ;
    P2OUT |= BIT3 + BIT4;
}

uchar Read_24C02(uchar addr)                            // 读取一个字节数据
{
    uchar Rec_data = 0;
    I2C_Start();
    I2C_Send_uchar(0xA0);                               // 写设备地址
    I2C_Receive_ACK();                                  // 等待 ACK
```

```
    I2C_Send_uchar(addr);                        // 发送数据地址
    I2C_Receive_ACK();                           // 等待 ACK
    I2C_Start();                                 // 重新开始
    I2C_Send_uchar( 0xA1);                       // 发送接收指令
    I2C_Receive_ACK();                           // 等待 ACK
    Rec_data = I2C_Receiveuchar();               // 接收数据
    I2C_Send_NoAck();
    I2C_Stop();                                  // 访问结束
    return Rec_data;
}

void Write_24C02(uchar addr,uchar data)          // 写入一个字节数据
{
    I2C_Start();
    I2C_Send_uchar(0xA0);                        // 写设备地址
    I2C_Receive_ACK();                           // 等待 ACK
    I2C_Send_uchar(addr);                        // 发送数据地址
    I2C_Receive_ACK();                           // 等待 ACK
    I2C_Send_uchar(data);                        // 发送数据
    I2C_Send_NoAck();
    I2C_Stop();                                  // 访问结束
}

void main( void )
{
    uchar a = 0;
    Init_MCU();
    Write_24C02(0x20,0x36);
    _NOP();
    a = Read_24C02(0x20);
    _NOP();
    LPM0;
}
```

　　通过硬件实现与软件实现的程序代码不难发现,软件模拟的程序较长,而硬件实现的程序较为简洁。但无论是利用通用 I/O 端口模拟 I^2C 通信还是直接使用 USCI 模块提供的硬件 I^2C 接口实现 I^2C 通信,它们都能实现 I^2C 数据通信。这也说明利用 I^2C 协议进行通信时主要是利用时序的准确性。只要能产生符合 I^2C 协议的时序就可以实现 I^2C 通信,它并不挑剔该时序信号是如何产生的。所以在没有 I^2C 硬件模块的单片机中也可以用两个 I/O 口来模拟输出 I^2C 协议的时序,只要符合 I^2C 协议标准的时序与电平都是一样的。

　　软件模拟方法与硬件方法尽管能够实现相同的功能,但是二者在 CPU 利用效率、存储资源消耗等方面差异明显。首先在 CPU 利用效率方面,软件模拟 I^2C 实现进行通信时,尽管具有一定的灵活性,但它需要 CPU 一直参与其中,使 CPU 的工作效率大为降低。硬件方法则大为不同,USCI 在 I^2C 进行数据通信时,CPU 参与程度极低,CPU 只进行 I^2C 的初始化和数据的读写功能,其他大多时间 CPU 可用作其他事情,使得 CPU 的工作效率很高。

　　其次从资源消耗来看,在存储资源方面,由于软件模拟方法需要编写大量的程序代码来模拟时序信号,因此其程序源代码一般较长,需要占用较多的程序存储空间。而硬件方法只

需编写较少的初始化代码就可以实现数据的收发,代码较简洁。在功耗控制方面,软件模拟由于 CPU 的实时参与无法使 CPU 处于低功耗模式,所以其功耗大。而硬件方法在初始化之后即可使 CPU 处于低功耗模式,只需在有数据收发时唤醒 CPU。因此硬件方法的功耗大为降低。

但不可否认,在没有 I²C 硬件接口的单片机上软件模拟方法是非常实用的。在多 I²C 设备的系统中,单片机自带的 I²C 硬件接口往往用于控制几个比较重要的几个芯片。对于不太重要的芯片可使用通用 I/O 端口来模拟 I²C 通信。

10.3　SPI 通信

10.3.1　SPI 总线及工作原理

串行外设接口(Serial Peripheral Interface,SPI)是由美国 Motorola 公司最先推出的一种同步串行传输规范,也是一种单片机外设芯片串行扩展接口,具有高速、全双工、接口线少的特点。SPI 主要应用在 E²PROM、Flash、实时时钟、AD 转换器、LCD 驱动等领域。在点对点的通信中,SPI 不需要进行寻址操作,且为全双工通信,显得简单、高效。硬件上比 I²C 系统要稍微复杂一些。SPI 的数据传输速度总体来说比 I²C 总线要快,速度可达到几 Mb/s。

SPI 的通信原理十分简单,它以主从方式工作,通常有一个主设备和一个或多个从设备,如图 10.19 所示。该图为一个主设备和一个从设备的情况。MISO 表示主设备数据输入、从设备数据输出;MOSI 表示主设备数据输出、从设备数据输入;SCLK 表示用来为数据通信提供同步时钟信号,由主设备产生。

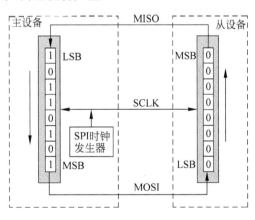

图 10.19　SPI 传输原理图

在主设备产生的同步时钟下主设备中的移位寄存器逐位地输出至 MOSI 线中,与此同时将 MISO 线上的数据输入至移位寄存器中;同理,从设备中的移位寄存器在同步时钟的作用下,将数据依次输出至 MISO,同时将 MOSI 线上数据输入至移位寄存器中。传输时按照高位(MSB)在前、低位(LSB)在后的规律进行。每次传输主设备总是向从设备发送一个字节数据,而从设备也总是向主设备发送一个字节数据。

需要注意,SPI 通信必须是在主、从两个设备间进行,并且主设备控制从设备。主设备与从设备的差别是主设备可以产生数据传输时的同步时钟。当有多个 SPI 从设备时,主设备可以选择从设备。SPI 传输数据时总是由主设备发起的,也就是说,从设备只能在主设备发命令时才能接收或向主设备传送数据。可见,一个完整的 SPI 传送周期是 16 位,即两个字节。具体过程是,首先主设备要发送命令过去,然后从设备根据主设备的命令准备数据,主设备在下一个 8 位时钟周期才把数据读回来。

通过上述讲解可知,如果主设备只是对从设备进行写操作,那么主设备只需忽略接收到的字节即可;反过来,如果主设备要读取外设的一个字节,那么就必须发送一个空字节来启动从设备传输。不难发现,SPI 通信时没有应答机制以确认是否接收到数据,这是 SPI 的一个缺点。

在实际使用中往往是一个主设备和多个从设备的情况,如图 10.20 所示。每个从设备需要一个单独的片选信号。若有 n 个从设备,则总信号数最终为 $n+3$ 个。因此在 SPI 总线上添加过多的从设备,也会占用较多的 I/O 引脚。

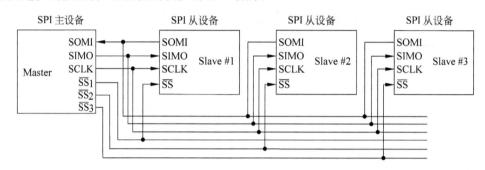

图 10.20 单主设备多从设备情况

10.3.2 SPI 模块

USCI 的 SPI 模块具备 SPI 通信能力,它可以硬件方式实现 SPI 数据的收发,硬件结构如图 10.21 所示。

SPI 硬件结构可分为时钟发生、发送部件和接收部件三部分。时钟发生部件用于产生位同步时钟信号;发送和接收部件用于完成 SPI 数据的发送和接收。由于 USCI 的 SPI 既可以作为主设备也可以作为从设备,所以在数据流向上也必须进行必要的控制。

1. 位时钟发生

由前述可知,SPI 总线上的设备有主设备、从设备之分。主设备对外提供数据传输使用的同步时钟,而从设备则不需要自身提供位时钟。USCI 的 SPI 硬件既可以作为主设备也可以作为从设备使用,具体由控制位 UCMST 决定。当 UCMST=0 表示该设备作为从设备使用,此时数据传输使用的同步时钟由 UCxCLK 引脚从外部引入,自身不需要提供时钟。当 UCMST=1 时位时钟由 USCI 的位时钟发生器提供,其对应的引脚为 UCxCLK。位时钟发生器是产生位时钟的核心部件,它实际上是一个 16 位分频器。该分频器的分频因子由控制位 UCBRx 确定。UCBRx 实际上是由 UCxBR1 和 UCxBR0 构成的 16 位寄存器,其中低 8 位在 UCxBR0 中、高 8 位在 UCxBR1 中。位时钟发生器的输出频率为:$f_{\text{BitClock}} = f_{\text{BitClock}}/\text{UCBR}x$。可见,能产生最大的时钟频率是 BRCLK。

位时钟发生器使用的时钟源只有 ACLK 和 SMCLK 两种选择,具体由控制位 UCSSELx 确定。当 UCSSELx=00 时表示无时钟源;UCSSELx=01 时表示使用 ACLK 作为时钟源;UCSSELx=10 或 11 时表示使用 SMCLK 作为时钟源。

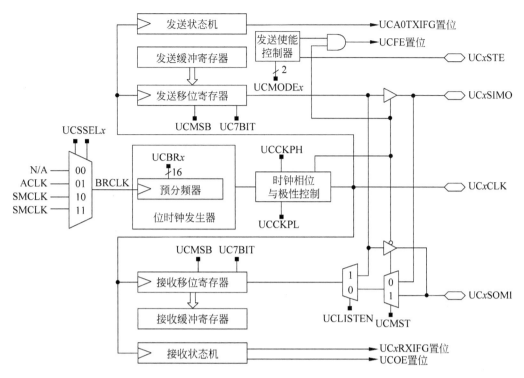

图 10.21 SPI 结构示意图

SPI 收发是依靠时钟信号的边沿进行的,所以位时钟的极性和相位控制十分必要。UCxCLK 的极性和相位是通过 USCI 的控制位 UCCKPL 和 UCCKPH 独立设定的。

UCCKPH 用于控制相位;若 UCCKPH=0 表示在第一个 UCLK 边沿进行数据更新,在下一个边沿进行数据捕获,即先输出后输入;若 UCCKPH=1 表示在第一个 UCLK 边沿进行数据捕获,在下一个边沿进行数据更新,即先输入后输出。

UCCKPL 用于控制时钟的极性;若 UCCKPL=0 表示低电平是非活动态;若 UCCKPL=1 表示高电平是非活动态;非活动态是指在该状态下不进行读或写操作。由非活动态到活动态的边沿为第一个边沿,而由活动态到非活动态的边沿为第二个边沿。

UCCKPH 与 UCCKPL 的组合可以产生 4 种不同的时序波形,每种情况的时序如图 10.22 所示。

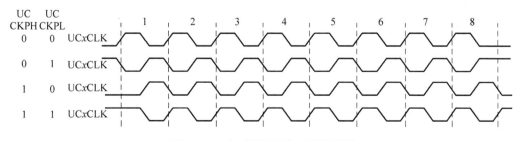

图 10.22 位时钟的相位与极性控制

与位时钟有关的控制位主要位于控制寄存器 0(UCAxCTL0)和控制寄存器 1(UCAxCTL1)中。

	7	6	5	4	3	2	1	0
UCAxCTL0	UCCKPH	UCCKPL	UCMSB	UC7BIT	UCMST	UCMODEx		UCSYNC=1
	rw-0	rw-0	rw-0	rw-0	rw-0	rw-0	rw-0	

	7	6	5	4	3	2	1	0
UCAxCTL1	UCSSELx		未用					UCSWRST
	rw-0	rw-0	rw-0	rw-0	rw-0	rw-0	rw-0	rw-1

2. 数据收发

数据发送部件由发送缓冲寄存器(UCxTXBUF)、发送移位寄存器和发送状态机组成；发送缓冲寄存器用于暂存待发送的数据。发送移位寄存器负责将发送缓冲寄存器的数据在位时钟节拍下按照要求逐位发送出去。

发送状态机用于设置发送中断标志位(UCAxTXIFG)，即当移位寄存器将数据逐位发送完后使发送中断标志位(UCAxTXIFG)置位。一旦字符写入 UCAxTXBUF 中 UCAxTXIFG 将自动复位。因此，UCAxTXIFG＝1 意味着 UCAxTXBUF 已准备好接收下一个字符。在 UCAxTXIFG＝0 情况下向 UCAxTXBUF 写入数据可能导致数据传输错误。因此，建议在准备向 UCAxTXBUF 写入数据时，先检查发送中断标志位(UCAxTXIFG)是否已经置位。

数据接收部件与此类似，也由接收缓冲寄存器(UCAxRXBUF)、接收移位寄存器和接收状态机三部分组成。接收缓冲寄存器用于暂存接收到的数据。接收移位寄存器负责将线路上的数据在位时钟节拍下按照要求逐位接收到移位寄存器中，接收完一个字符后将其暂存入 UCAxRXBUF 中。

接收状态机用于设置接收中断标志位(UCAxRXIFG)和数据溢出标志位(UCOE)。当移位寄存器接收完一个字符后，将其送入 UCAxRXBUF 中。同时接收状态机使接收中断标志位(UCAxRXIFG)置位。当接收缓冲寄存器中的数据被读取后接收中断标志位(UCAxRXIFG)自动复位。因此，UCAxRXIFG＝1 意味着 UCAxRXBUF 中数据已准备好，等待用户读取。当然，如果前一个字符还未被读取、而后一个字符即将被移位寄存器写入 UCAxRXBUF 中时，就会出现前一字符被覆盖的情况。若发生该情况，则接收状态机将使数据溢出标志位(UCOE)置位。因此，UCOE＝1 意味着已发生数据溢出，即前一字符数据已被当前数据覆盖。UCOE＝0 则表示无数据溢出发生。当 UCAxRXBUF 被读出时 UCOE 将自动清零。因此，在读取接收字符之前，检查 UCOE 是否置位可以判断当前数据是否溢出。

现在介绍收发数据时与数据格式有关的寄存器控制位，它们分别是 UCMSB 和 UC7BIT，位于 UCAxCTL0 中。UCMSB 控制着接收和发送移位寄存器的传输方向；UCMSB＝1 表示高位先传，即 MSB 首先被传送；UCMSB＝0 表示低位先传，即 LSB 首先被传送，这也是默认传输方式。UC7BIT 控制有效字符长度。UC7BIT＝1 表示字符具有 7 位有效位，此时最高位始终为零。UC7BIT＝0 表示字符具有 8 位有效位，即一个字节，这是默认字符长度。在具体数据传输时收发双方必须设置成相同的 UC7BIT 和 UCMSB，否则会导致数据传输失败。

为了保证数据传输的可靠性，需要查询数据传输的状态。利用 USCI 模块进行 SPI 通信时一些重要状态信息可以在状态寄存器(UCAxSTAT)中反映出来,它们分别是帧错误标志位(UCFE)、数据溢出错误标志位(UCOE)、工作忙标志位(UCBUSY)和侦听位(UCLISTEN)。这里控制位 UCLISTEN 和状态位 UCBUSY 的含义与 UART 和 I²C 中的含义一致,不再赘述。而状态位 UCOE 的含义在上面已做了叙述,这里着重介绍一下UCFE 的含义。UCFE 是帧错误标志位,该位只适用在 4 线 SPI 连接方式下的主设备上;它用于指示 4 线 SPI 总线上是否发生了总线冲突,具体是,UCFE=0 表示没有帧错误,总线工作正常;UCFE=1 表示发生了总线冲突。需要注意的是,UCFE 不能用于 3 线 SPI通信。

	7	6	5	4	3	2	1	0
UCAxSTAT	UCLISTEN	UCFE	UCOE		未用			UCBUSY
	rw-0	rw-0	rw-0	rw-0	rw-0	rw-0	rw-0	r-0

所谓 3 线 SPI 就是指在一对一或一对多的 SPI 主从通信时由于只有一个主设备和一个或多个从设备,此时 STE 引脚可以不用,于是就成了 3 线 SPI,在非多主设备场合都可以使用 3 线 SPI。

USCI 的 SPI 既支持 3 线 SPI 也支持 4 线 SPI,具体由 UCAxCTL0 中的控制位UCMODEx 确定。在同步通信模式(UCSYNC=1)下,UCMODEx=00 表示使用的是 3 线SPI,此时 STE 信号无效;UCMODEx=01 表示使用的是 4 线 SPI,并且 UCxSTE 高电平有效,即 UCxSTE=1 时表示选中从设备;UCMODEx=10 表示使用的是 4 线 SPI,并且UCxSTE 低电平有效,即 UCxSTE=0 时表示选中从设备。UCMODEx=11 表示使用 I²C模式。

现在介绍 USCI 作为主设备工作时数据传输过程,如图 10.23 所示。UCxCLK 为位时钟信号(UCCKPH=0、UCCKPL=0)。此时向 UCxTXBUF 中写入一个字符,随后在时钟第一个上升沿处 UCxSTE 输出低电平,选中从设备使之工作。与此同时,发送移位寄存器将 MSB 输出至线路上;紧接着在下降沿接收移位寄存器从线路上读取从设备发送过来的MSB。可见,在每一个时钟周期内均完成一次位读写操作。经过 8 个时钟便完成一个字符的传送。

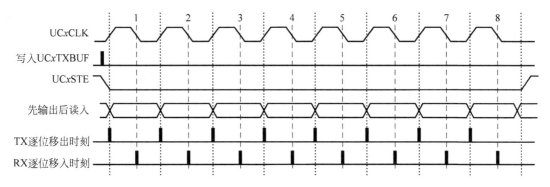

图 10.23　SPI 数据传输示意图

3. SPI 的初始化与低功耗模式

由于 SPI 是一种同步串行通信技术,所以 UCAxCTL0 中的 UCSYNC 必须为

UCSYNC=1,然后再配合 UCAxCTL0 中的 UCMODEx 确定具体使用哪一种同步通信方式。在配置好数据传输速率以及传输格式后,便可以启动 SPI 传输了。

首先使 UCSWRST=0 启用 USCI,此时 USCI 准备好接收与发送数据。PUC 信号或者使 UCSWRST=1 均可立即禁用 USCI,此时 USCI 的任何传输活动都将停止。

在主设备模式下位时钟发生器准备好,它既不计时也不产生时钟。但当向 UCxTXBUF 写入数据时时钟发生器被立即激活,进而开始发送数据。在从设备模式下位时钟发生器被禁用,此时传输数据需要的同步时钟由主设备提供。对于 3 线模式而言,数据在时钟节拍下传输开始。对于 4 线模式,不但需要同步时钟,还需要使用 UCxSTE 才能开始数据传输。

综上,可将 USCI 的 SPI 初始化过程归纳如下。

(1) 置位 UCSWRST,默认情况下 UCSWRST=1;

(2) 初始化 USCI 模块的寄存器;

(3) 配置端口;

(4) 软件清除 UCSWRST,启用 USCI;

(5) 通过 UCAxRXIE 和 UCAxTXIE 使能中断。

USCI 的 SPI 模式同样具有低功耗模式。当 SMCLK 作为 USCI 模块的时钟源时,因为设备处于低功耗模式而 SMCLK 未被激活。当需要 SMCLK 时不论时钟源的控制位如何设置 USCI 模块将自动激活。时钟将一直保持激活状态直到 USCI 模块返回空闲状态。在 USCI 模块返回空闲状态后,时钟源的控制将受制于其控制位。自动激活模式不适用于 ACLK。当 USCI 模块激活一个不活动的时钟源时,整个设备以及使用此时钟源的外围设备将受影响。例如,在 USCI 模块强制激活 SMCLK 时使用 SMCLK 的定时器将计数。

在 SPI 从机模式下,时钟由外部主设备提供,所以没有可用的内部时钟源。当器件在 LPM4 模式下且所有时钟源都禁止时,才可能在 SPI 从设备模式下操作 USCI。接收或发送中断可以唤醒任何低功耗模式。

10.3.3 SPI 连接方式

SPI 是一个环状总线结构。在时钟 UCxCLK 的控制下,主、从设备的移位寄存器进行数据交换。SPI 总线上可以连接多个作为主机的 MCU 和带有 SPI 接口的输入/输出设备如液晶驱动、A/D 转换等外设,也可以简单连接到单个移位寄存器芯片。SPI 总线上允许连接多个设备,主要有以下三种情况:①一台设备 MCU 和若干台从设备 MCU;②多台 MCU 互相连接成一个多主设备系统;③一台主 MCU 和若干台从外围设备。尽管如此,在任一瞬间只允许一个设备作为主设备。

USCI 作为主设备时既支持 3 线也支持 4 线 SPI 通信。对于 USCI 的 4 线 SPI 来说,它适用在多设备场合,即上面所说的第二种情形。在实际应用中,遇到的大多数场合是第一、三种情况。在这两种情形下多使用 USCI 的 3 线 SPI 模式。

1. SPI 主设备模式

USCI 作为 SPI 主设备时的连接方式如图 10.24 所示。虚线框外的部分为 3 线 SPI 连接示意图。从图 10.24 中也可以看出,STE 是输入信号引脚。这里主要介绍 3 线 SPI 的工作过程。

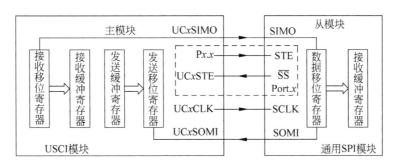

图 10.24　USCI 模块作为主机与其他设备连接

USCI 初始化后将数据发送到缓冲寄存器 UCxTXBUF 中,若发送移位寄存器空闲就将 UCxTXBUF 中的数据存入到发送移位寄存器中,下个时钟上升沿时发送移位寄存器从 UCxSIMO 引脚处发送数据,起始位是 MSB 还是 LSB 取决于 UCMSB 位的设置。同时从设备双向接收移位寄存器从 UCxSOMI 发送;紧接着在 UCxCLK 下降沿的时候从设备的接收移位寄存器接收到了主设备发送过来的数据,同时主设备接收移位寄存器也接收到了从设备发送过来的数据,当一个字符被完整接收到后,数据从主设备的接收移位寄存器中移到 UCxRXBUF 中,同时接收中断标志位 UCxRXIFG 置位。

需要注意 UCxTXIF 置位和 UCxRXIFG 置位的含义,UCxRXIFG 置位表明接收操作已经结束;而 UCxTXIFG 的置位表明数据已经从 UCxTXBUF 移到了移位寄存器中,并且 UCxTXBUF 已经为发送新数据做好准备,但并不意味着发送操作结束。在主设备模式下为了接收对方的数据,必须先向 UCxTXBUF 中写入一个数据。

例 10.5　现有两个相同的 MSP430F261x 单片机,它们的连接方式如图 10.25 所示。试利用 USCI_A0 的 SPI 完成以下功能。

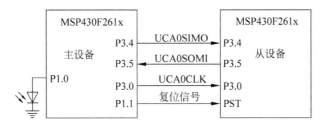

图 10.25　引脚连接示意图

(1) 主设备一次发送递增字节,经从设备中转后再接收回来,并检测接收的数据是否正确。若接收正确 P1.0 处 LED 灯点亮,否则不亮。

(2) 为使主从设备状态同步,主设备启动时,同时也给从设备发送一个复位信号。

(3) 要求主设备的时钟配置为:MCLK=SMCLK=DCO,BRCLK=SMCLK/2。

解　根据题目要求,USCI 作为 SPI 主设备时首先应配置用于串行同步通信的时钟。接下来应根据实际情况选择 SPI 的类型,如 3 线 SPI 或 4 线 SPI 以及波形的极性等。若是两个 USCI 之间进行通信,只要两者的配置相同即可,本例程序如下。

```
#include "msp430x26x.h"
unsigned char MST_Data,SLV_Data;
```

```
void main(void)
{
  volatile unsigned int i;
  WDTCTL = WDTPW + WDTHOLD;
  BCSCTL1 = CALBC1_1MHZ;
  DCOCTL = CALDCO_1MHZ;
  do
  {                                    // 等待时钟稳定
    IFG1& = ~OFIFG; }
  while (IFG1 & OFIFG);
  P1DIR |= BIT1 + BIT0;
  P1OUT |= 0;
  P3SEL |= BIT5 + BIT4 + BIT0;         // 启用 SPI 引脚
  UCA0CTL0 |= UCMST + UCSYNC;
  UCA0CTL0 |= UCCKPL + UCMSB;
  UCA0CTL1 |= UCSSEL_2;                // SMCLK
  UCA0BR0 = 0x02;                      // 2 分频
  UCA0BR1 = 0;
  UCA0MCTL = 0;
  UCA0CTL1 &= ~UCSWRST;
  IE2 |= UCA0RXIE;
  P1OUT |= BIT1;
  for(i = 50; i > 0; i--);
  MST_Data = 0x001;
  SLV_Data = 0x000;
  UCA0TXBUF = MST_Data;
  _BIS_SR(LPM0_bits + GIE);
}

#pragma vector = USCIAB0RX_VECTOR
__interrupt void USCIA0RX_ISR (void)
{
  volatile unsigned int i;
  while (!(IFG2 & UCA0TXIFG));
  if (UCA0RXBUF == SLV_Data)
    P1OUT |= BIT0;
  else
    P1OUT &= ~ BIT0;
  MST_Data++;
  SLV_Data++;
  UCA0TXBUF = MST_Data;
}
```

2. SPI 从设备模式

USCI 作为从设备使用时,连接方式如图 10.26 所示。在 3 线通信模式下,从设备的 UCxCLK 引脚为输入状态,SPI 时钟输入必须由外部主设备提供。数据传输速率由主设备发出的串行时钟决定,而与其内部波特率发生器无关。

在开始 UCxCLK 之前,必须将数据写入到 UCxTXBUF 中。在时钟有效时,该数据就会通过从设备的 UCxSOMI 引脚发送给主设备。与此同时,主设备通过 UCxSIMO 将其发

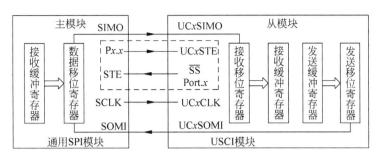

图 10.26　USCI 模块作为从机与其他设备连接

送移位寄存器的数据发送到从设备中。在 UCxCLK 时钟的反向沿 UCxSIMO 引脚上的数据移入从设备的接收移位寄存器中。当设定位数的数据全部接收到后被移入 UCxRXBUF 中。

数据从接收移位寄存器移入到 UCxRXBUF 时接收中断标志位 UCxRXIFG 置位,表明数据已被接收。如果在新数据移入 UCxRXBUF 前,当前接收的数据还未被读取则就会发生数据溢出错误位 UCOE 置位。该情况与主设备模式相同。

例 10.6　实现例 10.5 中从设备的转发功能。

解　USCI 作为从设备时,SPI 的配置要简单一些。由于同步时钟由主设备提供,所以从设备中无此配置信息。SPI 的其他配置信息与主设备设置相同即可。本例程序如下。

```
#include "msp430x26x.h"
void main(void)
{
  volatile unsigned int i;
  WDTCTL = WDTPW + WDTHOLD;
  BCSCTL1 = CALBC1_1MHZ;
  DCOCTL = CALDCO_1MHZ;
  while(!(P3IN&0x01));              // 检测时钟信号
  P3SEL |= BIT5 + BIT4 + BIT0;      // 启用 SPI 引脚
  UCA0CTL1 = UCSWRST;
  UCA0CTL0 |= UCSYNC + UCCKPL + UCMSB;
  UCA0CTL1 &= ~UCSWRST;
  IE2 |= UCA0RXIE;                  // 启用接收中断
  _BIS_SR(LPM0_bits + GIE);
}


#pragma vector = USCIAB0RX_VECTOR
__interrupt void USCIA0RX_ISR (void)
{
  while (!(IFG2 & UCA0TXIFG));
  UCA0TXBUF = UCA0RXBUF;
}
```

与 3 线 SPI 相比,4 线 SPI 多了一根 STE 信号线。在 4 线 SPI 模式中,UCxSTE 的作用是防止与其他主设备发生总线冲突,所以 UCxSTE 主要应用在多主设备系统中。由于 UCMODEx 的值决定了 UCxSTE 的有效状态,而 UCxSTE 的值又决定了主、从设备模式下 USCI 的状态,它们之间的关系如表 10.3 所示。

表 10.3 UCxSTE 与 UCMODEx 对 USCI 状态的影响

UCMODEx	UCxSTE 有效状态	UCxSTE	主设备状态	从设备状态
01	高电平有效	0	活动	非活动
		1	非活动	活动
10	低电平有效	0	活动	非活动
		1	非活动	活动

当 UCxSTE 的输入值使 USCI 处于主设备非活动状态时,意味着总线上有其他主设备在使用总线,即发生了总线冲突。此时 USCI 将使 UCxSIMO 和 UCxCLK 设置为输入方向,进而不再驱动总线。

若主设备变成非活动状态时正好将数据写入 UCxTXBUF,那么当主设备再次转换为活动状态时,数据将被立即发送出去。如果 USCI 正在发送过程突然转换为非活动状态,那么正在发送的数据将丢失。当再次返回到活动状态时若还要发送该数据则需要重新写入 UCxTXBUF。

当 USCI 处于从设备活动状态时,从设备工作正常。当 USCI 处于从设备非活动状态时,任何在 UCxSIMO 引脚上正在进行的操作都可被停止,UCxSOMI 设置为输入方向,移位操作处于停止状态直到 UCxSTE 信号再次使 USCI 处于从设备活动状态。

10.3.4　软件模拟 SPI 通信

现在越来越多的外围芯片集成了 SPI 通信协议。但在实际应用中有相当一部分 MCU 因为自身不具备 SPI 接口而限制了其在 SPI 总线器件中的使用。出于产品体积、成本和可扩展性等方面的考虑,设计人员往往希望使用不具备 SPI 的 MCU 去控制具备 SPI 的外围器件,这是软件模拟 SPI 通信的直接原因之一。此外,硬件 SPI 与软件 SPI 也互有优、缺点。

无论是硬件 SPI 还是模拟 SPI 其通信的时序是一致的,两者的区别主要在于以下几个方面。

(1) CPU 效率方面。硬件 SPI 效率要高于模拟 SPI。对于硬件 SPI 来说,只要把待发的数据写到寄存器里,硬件就自动发送出去期间不需要 CPU 的参与。而模拟 SPI 时需要软件实现时钟拉高拉低、数据串行输出等工作,整个过程离不开 CPU 的参与。

(2) 使用灵活性方面。只有含有 SPI 硬件模块的处理器才能使用硬件 SPI,并且硬件 SPI 的引脚是规定好的、不可更改。而软件模拟的 SPI 没有这些限定。例如,软件模拟 SPI 时可以采用任意可用的 I/O 端口,所以模拟 SPI 的程序也就有很好的通用性,便于移植。

(3) 存储资源消耗方面,硬件 SPI 程序短小精悍,占用程序存储资源少。软件模拟 SPI 时由于编写的代码量大得多,所以占用的存储资源也多。

例 10.7 74HC595 是一款漏极开路输出的 CMOS 移位寄存器。它支持 SPI 通信,输出端口为可控的三态输出端,也能串行输出控制下一级级联芯片。现利用 SPI 软件模拟 SPI 的方式使 MSPF261x 单片机驱动 HC595 芯片,进而实现 8 段数码管的显示,电路连接如图 10.27 所示。Q0~Q7 为段输出引脚;DS 为串行数据输入引脚;ST_CP 为输出锁存时钟,上升沿时将移位寄存器中的数据移至输出寄存器显示。SH_CP 为串行输入数据时钟,上升沿时移入一位。MR 为清零端,低电平有效。OE 为输出使能,低电平有效。实现的效果是数码管依次显示 0~9 等 10 个数字。

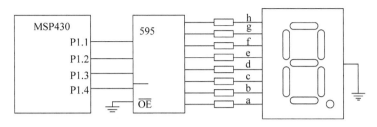

图 10.27　74HC595 与单片机个数码管的连接图

解　在本例中单片机仅仅是向外 HC595 发送数据,所以只需要模拟 SPI 中的时钟信号(SH_CP)与数据输出信号(DS),并可以实现通信了。而 ST_CP 和 MR 信号只是用来辅助 HC595 进行数据显示。这里将 MR 连接到 P1.4 上,主要是为了方便使用软件使 HC595 复位。若不使用该功能可直接将其接至高电平。整个程序比较简单,具体清单如下。

```c
# include < msp430x26x.h >
# define uchar unsigned char
# define DS_H P1OUT | = BIT1
# define DS_L P1OUT & = ～BIT1
# define ST_H P1OUT | = BIT2
# define ST_L P1OUT & = ～BIT2
# define MR_H P1OUT | = BIT4
# define MR_L P1OUT & = ～BIT4
# define SH_H P1OUT | = BIT3
# define SH_L P1OUT & = ～BIT3
# define MSB 0x80
# define Delay() {_NOP(); }
const uchar NumTable[10] = { 0x3F, 0x06, 0x5B, 0x4F, 0x66,
0x6D, 0x7D, 0x07, 0x7F, 0x6F};

void HC595_Data_Send( const uchar data )// 发送一个字节数据
{
  uchar Temp_Data = data;
  for( uchar i = 0; i < 8; i++)
  {
    SH_L ;                        // 为上升沿做准备
    if( Temp_Data & MSB )         // 最高位为 1,则输出 1
      DS_H ;
    else                          // 否则输出 0
      DS_L;
    Delay();
    SH_H;                         // SCLK 上升沿
    Temp_Data << = 1;             // 下一个数据位
  }
}

void Send_Data_Disp( const uchar Data)  // 将数据显示在数码管上
```

```
{
  ST_L;                              // 为 ST_CP 上升沿做准备
  HC595_Data_Send(NumTable[Data]);   // 发送字码
  ST_H;                              // 产生 ST_C 的上升沿
  Delay();                           // 在必要时适量延时
}
void Init_MCU( void )
{
WDTCTL = WDTPW + WDTHOLD;
BCSCTL3 | = XT2S_2;                  // XT2 频率范围设置
  BCSCTL1 & = ~XT2OFF;               // 打开 XT2
  do
  {                                  // 等待 XT2 频率稳定
    IFG1 & = ~OFIFG;
    BCSCTL3 & = ~XT2OF;
  }while (IFG1 & OFIFG);
BCSCTL2 | = SELM_2 + SELS ;
WDTCTL = WDT_ADLY_1000;
P1DIR | = BIT1 + BIT2 + BIT3 + BIT4;
P1OUT | = BIT1 + BIT2 + BIT3 + BIT4;
IE1 | = WDTIE;                       // 开 WDT 中断
}

void Open_HC595( void )
{
  MR_L;
  for( uchar i = 0; i < 100; i++);
  MR_H;
}

void main( void )
{
  Init_MCU();
  Open_HC595();
  _BIS_SR( CPUOFF + GIE );
}
#pragma vector = WDT_VECTOR
__interrupt void WDT_Timer(void)
{
  static uchar digital_disp = 0;
  if(digital_disp > 9 )
      digital_disp = 0;
  Send_Data_Disp(digital_disp);
  digital_disp ++;
}
```

总地来说,模拟 SPI 比模拟 I^2C 要简单一些,因为它没有开始、停止以及应答信号。只要根据 SPI 设备提供的时序来编写模拟程序便可实现 SPI 通信。

习题

10-1 简述同步串行通信的同步方式。

10-2 简述同步串行通信与异步串行通信的异同点。

10-3 什么是 I^2C 总线？其有什么特点？

10-4 USCI 中 I^2C 接口可提供几个关键信号？说出它们分别代表的含义。

10-5 简述模拟 I^2C 方法与硬件 I^2C 方法的优、缺点。

10-6 ADXL345 是 ADI 公司推出的支持 SPI 和 I^2C 数字输出功能的三轴加速度计，具
有小巧轻薄、超低功耗、可变量程、高分辨率等特点。现利用
MSP430F261x 读取 ADXL345 中的数据，它们的连接方式如
图 10.28 所示。ADXL345 只能作为从设备使用。根据
ADXL345 的数据手册可知，读取 ADXL345 内部地址 0x00 处
的值，返回其设备 ID(0xE5)。试分别使用软件模拟 I^2C 的方
法和 USCI 的 I^2C 接口的方法实现读取 ADXL345 设备 ID 的
程序。提示：利用 I^2C 访问 ADXL345 时使用的 7 位设备地址为 0x53。

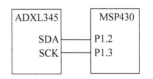

图 10.28 习题 10-6 的连接图

10-7 叙述 USCI SPI 通信的特点。

10-8 简述主设备模式与从设备模式的差异。

10-9 USCI 的 SPI 模式既可以作为主设备使用也可以作为从设备使用，从 SPI 结构图
可以看到，无论是主备还是从设备，它们的接收部件和发送部件始终是固定的。但是引脚的
数据流向却因主从设备的不同而完全相反。请结合 SPI 结构图解释一下 USCI 的 SPI 模式
是如何通过设置 UCMST 实现数据流向控制的。

10-10 分析在图 10.24 中 USCI SPI 的 STE 数据传输方向为什么是输入方向而不是
输出方向。

10-11 简述硬件 SPI 与软件 SPI 的优、缺点。

10-12 试根据教材示例编写从机模式下 3 线 SPI 通信的模拟程序。

10-13 模拟 SPI 时如何控制传输速度？

10-14 结合所学知识，简述 UART、SPI 和 I^2C 这三种传输协议的异同点。

## 第 11 章

MSP430 单片机存储系统

11.1 存储器概述

存储器(Memory)是计算机系统中的记忆设备,用来存放程序和数据。计算机中的全部信息,包括输入的原始数据、计算机程序、中间运行结果和最终运行结果都保存在存储器中。按照存储介质不同,可以将存储器分为半导体存储器、磁存储器、激光存储器等。本节仅对单片机中使用的半导体存储器进行简要讲述。

11.1.1 半导体存储器

半导体存储器是指利用半导体器件组成的存储器。按照存储器的存取功能不同,半导体存储器可分为只读存储器(ROM)和随机存储器(RAM)。RAM 具有访问速度快、随机存取、数据易失等特点。ROM 的显著特点是断电后信息不丢失,这也是它与 RAM 的最大区别,但这种区别在逐渐缩小。随着存储器技术的发展,兼具 RAM 与 ROM 特性的存储器不断涌现,这使得 RAM 与 ROM 之间的界限越来越模糊。这些存储器称为非易失可读写存储器。半导体存储器的分类情况如图 11.1 所示,它们的一些特性对比见表 11.1。

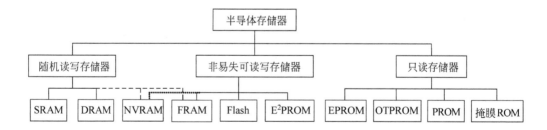

图 11.1 半导体存储器分类情况

表 11.1 各种类型存储器的特点对比

类　　型		易失性	可写性	擦写长度	可擦写次数	速　　度
只读存储器	Masked ROM	否	否	-	-	读快
	PROM	否	一次	-	-	读快
	EPROM	否	是	整个芯片	有限	读快

续表

类　　型		易失性	可写性	擦写长度	可擦写次数	速　　度
非易失可读写存储器	E^2PROM	否	是	字节	有限	读取快,擦写慢
	Flash	否	是	字节/块	有限	读取快,擦写慢
	FRAM	否	是	字节	几乎无限	读取快,擦写慢
	NVRAM	否	是	字节	无限	读写均快
随机读写存储器	SRAM	是	是	字节	无限	读写均快
	DRAM	是	是	字节	无限	读写均快

1. 随机读写存储器(RAM)

RAM 又分为静态随机存储器(SRAM)和动态随机存储器(DRAM)。SRAM 是利用双稳态触发器来保存信息的,只要不掉电,信息是不会丢失的。SRAM 速度非常快,是目前读写最快的存储设备,但是它也非常昂贵,所以只在要求很苛刻的地方使用,如 CPU 的一级缓存、二级缓存。

DRAM 利用 MOS 管栅极电容存储电荷的原理存储数据,集成度远高于 SRAM,功耗低,价格也低。其缺点是因需刷新而使外围电路复杂;刷新也使存取速度较 SRAM 慢。不过它还是比任何的 ROM 都要快,但从价格上来说 DRAM 比 SRAM 要便宜很多,已成为大容量 RAM 的主流产品,计算机内存就是 DRAM 的。

2. 只读存储器(ROM)

只读存储器可以像 RAM 一样随机读取数据,但早期的 ROM 只能一次性写入数据,不可多次写入。后来 ROM 的写入次数和写入方式都得到很多提高。随着技术的发展,相继出现了很多类型的 ROM。这里简单加以介绍。

掩膜 ROM 简称 ROM,它的数据由生产厂家在芯片设计掩膜时确定,一旦生产出来其内容就不可改变。掩膜 ROM 既可用双极性工艺实现,也可用 CMOS 工艺实现。掩膜 ROM 的电路简单,集成度高,大批量生产时价格便宜。掩膜 ROM 一般用于存放计算机中固定的程序或数据,如程序、显示、打印字符表、汉字字库等。

可编程 ROM(Programmable ROM, PROM)是可由用户一次性写入的 ROM。典型的 PROM 是熔丝 PROM,新的芯片中所有数据单元的内容都为 1,用户将需要改为 0 的比特以较大的电流将熔丝烧断即实现了数据写入。这种数据的写入是不可逆的,即一旦被写入 0 则不可能重写为 1。另一类经典的 PROM 为使用"肖特基二极管"的 PROM,出厂时,其中的二极管处于反向截止状态,还是用大电流的方法将反相电压加在"肖特基二极管",造成其永久性击穿即可。这类 ROM 现在已不使用了。

可擦除可编程只读存储器(Erasable Programmable ROM, EPROM)在 20 世纪 80~90 年代曾广泛应用,常见的如紫外线擦除型可编程只读存储器。该芯片上面有一个透明窗口,紫外线照射后能擦除芯片内的全部内容。当需要改写 EPROM 芯片的内容时先用紫外线擦除器擦除 EPROM 芯片的全部内容,然后对芯片重新编程。

一次编程 ROM(One Time Programmable ROM, OTPROM)的写入原理同 EPROM,但是为了节省成本,编程写入之后就不再抹除,因此不设置透明窗。

3. 非易失可读写存储器

电擦除的可编程只读存储器(Electrically Erasable Programmable ROM, EEPROM 或

E^2PROM),由于能以电信号擦除数据,并且可以对单个存储单元擦除和写入,因此使用十分方便并可以实现在系统擦除和写入。

闪速存储器(Flash Memory)是一种新型非易失性存储器,其存储原理与 E^2PROM 相同。Flash 存储器有 NOR Flash 和 NAND Flash 之分。NOR Flash 可按字节读取而 NAND Flash 只能按块(Block)读取。一般小容量的用 NOR Flash,因为其读取速度快,多用来存储操作系统等重要信息,而大容量的用 NAND Flash。

铁电存储器(Ferroelectric RAM, FRAM)是一种新型非易失性铁电介质读写存储器。其核心技术是铁电晶体材料,这一特殊材料使得铁电存储产品同时拥有随机存储器(RAM)和非易失性存储器的特性。其读写次数高达一百亿次。FRAM 非常适用于非易失性且需要频繁快速存储数据的场合。

非易失性随机访问存储器(Non-Volatile Random Access Memory,NVRAM)指断电后仍能保持数据的一种 RAM。常见的 NVRAM 如带有备用电源的 SRAM,借助 NVM(如 E^2PROM)存储 SRAM 的信息并恢复来实现非易失性等。

11.1.2　Flash 存储原理

Flash 存储器都是用三端器件作为存储单元的器件,分别为源极、漏极和栅极。其工作原理与场效应管的工作原理相同,都是利用电场的效应来控制源极与漏极之间的通断,栅极的电流消耗极小。所不同的是场效应管为单栅极结构,而 Flash 为双栅极结构,如图 11.2 所示。在栅极与硅衬底之间增加了一个浮置栅极。浮置栅极是由氮化物夹在两层二氧化硅材料之间构成的,中间的氮化物就是可以存储电荷的电荷势阱。上下两层氧化物的厚度大于 50Å,以避免发生击穿。

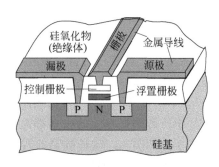

图 11.2　Flash 存储单元结构

通常情况下,浮置栅极不带电荷则场效应管处于不导通状态,场效应管的漏极电平为高,则表示数据 1。当浮置栅极充上电荷后,场效应管处于导通状态,则表示数据 0。通过检测场效应管的通断就可以读出存储单元的数据。由于栅极在读取数据的过程中施加的电压较小或根本不施加电压,不足以改变浮置栅极中原有的电荷量,所以读取操作不会改变 Flash 中原有的数据。

向存储单元内写入数据的过程就是向浮置栅极注入电荷的过程。写入数据主要有热电子注入方法和 F-N 隧道效应方法。

利用热电子注入方法写入数据时,场效应管的漏极和选择栅都加上较高的编程电压,源极则接地。这样大量电子从源极流向漏极,形成相当大的电流,产生大量热电子,并从衬底的二氧化硅层俘获电子。由于电子的密度大,有的电子就到达了衬底与浮栅之间的二氧化硅层,这时由于选择栅加有高电压,在电场作用下,这些电子又通过二氧化硅层到达浮栅,并在浮栅上形成电子团。浮栅上的电子团即使在掉电的情况下,仍然会长期保存(通常来说,这个时间可达 10 年)。利用该方法给浮置栅极充电的 Flash 称为 NOR Flash。由于热电子的速度快,所以 NOR Flash 写入时间短,并且数据保存的效果好,但是耗电量比较大。

还有一类 NAND Flash,它不是利用热电子效应,而是利用了量子的隧道效应。在选择栅加上较高的编程电压,源极和漏极接地,使电子穿越势垒到达浮栅并聚集在浮栅上。擦除时仍利用隧道效应,不过把电压反过来,从而消除浮栅上的电子,达到清除信息的结果。利用隧道效应编程,速度比较慢,数据保存效果稍差,但很省电。

最后说一下 Flash 的擦除操作。由上述可知,往 Flash 存储单元中写数据的过程就是往浮栅极注入电荷的过程,而且正常写入时 Flash 存储单元只能从"1"转变成"0"。原因很简单,写操作只能往浮栅极里充电而不能使之放电。所以写入前应保证存储单元均为"1",否则就可能会写入错误数据。若要使存储单元均为"1",即释放存储单元浮栅极中的电荷,就需要进行擦除操作。无论是 NOR Flash 还是 NAND Flash,它们的擦除操作均使用 F-N 隧道效应放电,擦除后的储存单元均为"1"。

NOR Flash 和 NAND Flash 具有相同的存储单元,工作原理也一样。但它们表现的特征并不相同,主要差异表现在:在擦写速度方面,NAND Flash 由于支持整块擦写操作,所以速度比 NOR 要快得多,两者相差近千倍;在读取数据方面,NAND Flash 寻址时间长,访问效率低,而 NOR Flash 是以字或字节为单位进行直接读取,读取效率高;在容量和成本方面,NOR Flash 的每个存储单元与位线相连,增加了芯片内位线的数量,不利于存储密度的提高。所以在面积和工艺相同的情况下,NAND Flash 的容量比 NOR Flash 要大得多,生产成本更低,也更容易生产大容量的芯片;从其寿命来看,由于写入和擦除数据时会导致介质的氧化降解导致芯片老化,所以并不适合频繁地擦写。例如,NAND Flash 的擦写次数约为 100 万次,而 NOR Flash 只有 10 万次左右。

11.1.3 FRAM 存储原理

铁电晶体特指压电晶体中具有自发式极化且自发极化方向能随外施电场方向的改变而转向的一类晶体,该晶体的结构如图 11.3 所示。铁电晶体的中心原子具有两个稳定的状态。正常情况下,中心原子会保持在某一稳定状态。当受到外部特定方向的电场作用时,中心原子达到另一稳定状态。中心原子在没有获得外部能量时不能实现两稳定状态间的转换,这就是铁电晶体具有的铁电效应。

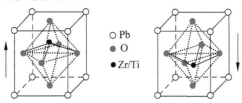

图 11.3 铁电晶体结构

FRAM 就是利用铁电晶体材料的铁电效应实现数据存储的。用中心原子的两个稳定状态分别记作逻辑 0 或逻辑 1。由于在无外部特定电场的作用下中心原子的状态保持稳定且自身无法改变状态,所以保持数据不需要电压。中心原子能在常温、没有电场的情况下停留在此状态达 100 年以上。由于在整个物理过程中没有任何原子碰撞,FRAM 拥有高速读写、超低功耗和无限次写入等特性。

FRAM 的存储单元主要由电容(C)和场效应管(T)构成,但这个电容不是一般的电容,在它的两个电极板中间沉淀了一层晶态的铁电晶体薄膜。早期的 FRAM 的每个存储单元使用两个场效应管和两个电容,称为"双管双容"(2T2C)结构。2001 年,Ramtron 公司设计开发了更先进的"单管单容"(1T1C)存储单元,如图 11.4 所示。1T1C 的结构使得 FRAM 的成本更低、容量更大。

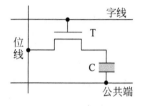

图 11.4 1T1C 结构

前面说过,FRAM 保存数据不是通过电容上的电荷而是由存储单元电容中铁电晶体的中心原子位置进行记录。要对存储器进行读写操作必须知道中心原子的位置才可以,但直接检测中心原子的位置是不现实的。下面先介绍 FRAM 是如何实现数据读取的。

实际的读操作过程是:在存储单元电容上施加一已知电场(即对电容充电),如果原来晶体中心原子的位置与所施加的电场方向使中心原子要达到的位置相同,则中心原子不会移动;若相反,则中心原子将移动到另一稳定位置。此时在充电波形上就会出现一个尖峰,即移动的原子比没有移动的多了一个尖峰。把这个充电波形与已知的充电波形进行比较,便可以判断检测出存储的是"1"还是"0"。

由上述可知,读操作可能导致存储单元状态的改变,所以就需要电路自动恢复其内容。因此每个读操作后面通常还伴随一个"预充"过程来对数据位恢复。晶体原子状态的切换时间小于 1ns,读操作的时间小于 70ns,加上"预充"时间 60ns,一个完整的读操作时间约为 130ns。

与读操作相比,写操作要简单一些,只需要施加所要的方向的电场改变铁电晶体的状态就可以了,无须进行恢复。但是写操作仍要保留一个"预充"时间,所以总的时间与读操作相同。FRAM 的写操作与其他非易失性存储器的写操作相比,速度要快得多而且功耗小。

11.2 MSP430 单片机存储系统

11.2.1 地址空间划分及访问方式

关于 MSP430 单片机存储系统的基础知识已在第 2 章做过讲解,这里不再重复。现在具体到 MSP430F261x 系列单片机说一下地址空间的分配情况。这里以 MSP430F2618 和 MSP430F2619 为例介绍同一系列不同型号间的地址分配差异,具体见表 11.2。

表 11.2　MSP430F261x 单片机的存储空间划分

空间功能划分		MSP430F2618		MSP430F2619	
		地 址 范 围	区 间 大 小	地 址 范 围	区 间 大 小
特殊功能寄存器区		0x00000～0x0000F	16B	0x00000～0x0000F	16B
片上外设模块 寄存器区	8 位	0x00010～0x000FF	240B	0x00010～0x000FF	240B
	16 位	0x00100～0x001FF	256B(128W)	0x00100～0x001FF	256B(128W)
RAM 区	被镜像区	0x00200～0x009FF	2KB	0x00200～0x009FF	2KB
未使用		0x00A00～0x00BFF	512B	0x00A00～0x00BFF	512B
ROM 区	程序引导区	0x00C00～0x00FFF	1KB	0x00C00～0x00FFF	1KB
Flash 区	信息区	0x01000～0x010FF	256B	0x01000～0x010FF	256B
RAM 区	镜像区	0x01100～0x018FF	2KB	0x01100～0x018FF	2KB
	扩展区	0x01900～0x030FF	6KB	0x01900～0x020FF	2KB
Flash 区	用户程序区	0x03100～0x0FFBF	52KB＊	0x02100～0x0FFBF	56KB＊
	中断向量表	0x0FFC0～0x0FFFF	64B	0x0FFC0～0x0FFFF	64B
	用户程序区	0x10000～0x1FFFF	64KB	0x10000～0x1FFFF	64KB

＊ 该值是加上中断向量表(64B)和信息区(256B)后的最终结果。

由表 11.2 中数据可知,MSP430F2618 和 MSP430F2619 的地址分布几乎完全相同,唯一的区别是 RAM 空间与 Flash 空间的分配大小不同。MSP430F2618 单片机具有 8KB 的 RAM 空间和 116KB 的 Flash 空间,而 MSP430F2619 单片机具有 2KB 的 RAM 空间和 120KB 的 Flash 空间。

现在介绍 RAM 镜像区与被镜像区。镜像区的出现一方面是考虑到 RAM 区域的连续性,另一方面是考虑到与整个 MSP430 单片机家族的兼容性与一致性。从连续性来说,由于信息 Flash 区位于 0x01000～0x010FF 地址内,使得 0x00200 与 0x01000 之间的地址空间达不到 4KB,所以这个区域无法容纳整个 RAM。但从兼容性来说,0x00200 以上应是 RAM 空间,0x01000～0x010FF 应是信息 Flash 区。所以权衡之下,只有将 0x00200～0x009FF 镜像到 0x01100～0x018FF 中。虽然做了镜像,但用户同样可以对 0x00200～0x009FF 内地址进行读写操作。只是系统会自动镜像到 0x01100～0x018FF 中。例如,往 0x00200 处写入一个数据,实际上是写入 0x01100 中。

11.2.2　数据存储器

数据存储器(RAM)主要是用来存储程序中用到的变量。凡是整个程序中所用到的需要被改写的量例如全局变量、局部变量、堆栈段等都存储在 RAM 中。

RAM 的最小单位是字节,对 RAM 的访问主要是读操作和写操作。由于 RAM 是随机读写存储器,所在进行读写访问时只要确定好地址就可以了。在 MSP430 单片机 C 语言程序设计中,对 RAM 操作主要有以下两种方式。

(1) 通过变量。除 const 修饰的变量以外,大多数变量程序运行时都存放在 RAM 中。利用变量访问 RAM 的优点是使用方便,缺点是无法精准操作特定地址的 RAM 内容。编译器编译变量时会因运行环境的不同而分配变量不同的地址,编译器这样处理有利于程序的移植,所以在对特定地址访问时一般不使用该方式。

(2) 使用指针。指针在 C 语言程序设计中应用广泛,灵活使用指针可以使程序更加高效和简洁。指针不仅可以直接操作 RAM 还可以操作 Flash。这里仅介绍一下对于 RAM 的操作,对于 Flash 的操作将在后面的内容中进行介绍。

例 11.1 已知 RAM 中某连续区域中存有三个数据,如图 11.5 所示。试编程实现 0x02015 与 0x02013 处的数据进行互换。

解 由于具体到对特定地址进行操作,使用指针是最好的选择。根据题意可知,具体实现程序如下。

0x02013	56
0x02014	34
0x02015	12

图 11.5 例 11.1 图

```
#include <msp430x26x.h>
void main (void)
{
  unsigned char * p1, * p2;          // 定义无符号字符型指针
  unsigned char tmp;                 // 定义临时变量
  WDTCTL = WDTPW + WDTHOLD;
  p1 = (unsigned char * )0x02013;    // 指向 RAM 区域
  p2 = (unsigned char * )0x02015;    // 指向 Info 区域
  tmp = * p1;
  * p1 = * p2;
  * p2 = tmp;
  LPM3;
}
```

由例 11.1 可以看出,MSP430 单片机 C 语言程序设计中在对指针进行赋值时,需要在地址前面进行强制类型转换,如"(unsigned char *)"。另外,在定义指针时指针类型与强制类型转换时的指针类型必须前后一致,若不一致或在地址前不加强制类型转换将会导致出错。报错信息如下。

```
Error: a value of type "long" cannot be used to initialize an entity of type "unsigned char * "。
```

本例仅仅是以字节方式访问 RAM,也可以字(2B)或长字(4B)方式操作 RAM。其方式与本例相同,只是指针的数据类型定义不同。若是字操作则可定义为 unsigned int,同理,长字可定义为 unsigned long。

11.2.3 程序存储器

MSP430 单片机的存储系统中程序存储器即 Flash 存储器是一个极其重要的组成部分。其作用是用来存储程序数据,常量数据及变量数据等,凡是 c 文件及 h 文件中所有代码、全局变量、局部变量、关键词"const"定义的常量数据等都存储在 Flash 存储器中。

不同型号的 MSP430 单片机,其 Flash 存储器容量也不一样。例如,在 MSP430 单片机大家族中 F5/F6 系列单片机中存储资源相对丰富,而 G2 系列单片机中的存储资源就少得多。MSP430 单片机中的 Flash 存储器既支持字节写入方式,也支持块写入方式。Flash 存储区域通常划分为若干个段(Segment),每个段又划分为若干个块(Block)。其中,段是 Flash 进行擦除操作的最小单位,通常是 256B。块是每次能连续写入的最大区域,通常是 64B,如图 11.6 所示。

MSP430 单片机的 Flash 区域进行数据读写时读数据的速度要远高于写数据的速度。由 Flash 的存储原理可知,它存储单元只能由 1 改写成 0,而不能由 0 改成 1。这就是说,当

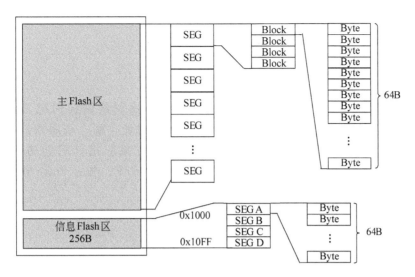

图 11.6 Flash 存储区结构

需要修改数据时必须先将其擦除,擦除后数据均变成 1,然后再写入修改的数据。但 Flash 擦除的最小单位是段,所以在修改已存数据之前,一定要将该段中其他数据放到 RAM 中备份,等修改后再将其他数据写回。可见,逐一修改字节数据的效率非常低。

为了提升修改字节的效率,MSP430 单片机专门设置了 4 个较小的段,每个段只有 64B,该区域比较适合存放少量需要掉电保存的数据。这个 256B 的区域称为信息 Flash 区域,而其他 Flash 区域则称为主存储区。可见,主存储区和信息 Flash 区在访问操作上没有什么区别。其主要区别在于段的大小和物理地址的不同。主存储区主要用于存储程序代码,且只有在下载程序时才会连续写入,所以容量大,段也分得比较大,通常是 512B。一般来说,段越大改写的速度就越慢;相反,若段越小,则段数就会大量增加,这样依次擦除的时间就变长。

Flash 存储器在大多数时间内是作为只读存储器使用的。因此,通常对 Flash 进行的操作是读操作。在读 Flash 时与读 RAM 的操作相同。注意,当 BUSY=1 时 Flash 正处于编程状态,此时若要读 Flash,其返回值均是 0x03FFF。所以在 Flash 处于擦写状态时,不要读 Flash 中的内容。

例 11.2 分别从 RAM、信息 Info、主 Flash 中读取 1B 数据保存到临时变量中。

解 根据题意可知,首先要清楚单片机存储系统的地址分布,其次是分别定义指向 RAM、信息 Info、主 Flash 的指针。具体实现程序如下。

```
#include<msp430x26x.h>
void main(void)
{
  unsigned char *p1, *p2, *p3;    // 定义无符号字符型指针
  unsigned char a,b,c;            // 定义无符号字符型变量
  WDTCTL = WDTPW + WDTHOLD;
  p1 = (unsigned char *)0x0203;   // 指向 RAM 区域
  p2 = (unsigned char *)0x1003;   // 指向 Info 区域
  p3 = (unsigned char *)0xF803;   // 指向 Flash 区域
```

```
        a = * p1;
        b = * p2;
        c = * p3;
        LPM3;
    }
```

由例 11.2 可以看出，读 Flash 时不需要对 Flash 控制器做任何配置。但在读取
Flash 数据时需要注意地址的范围，不要超出 Flash 的地址空间。利用指针方式访问存
储器是 C 语言的特色。但需要注意，利用上述方式定义的指针只能访问 0x0000～
0xFFFF 之间的地址空间。但若要访问 0x10000～0x1FFFF 内的 Flash 数据就需要指
针做特殊定义。

例 11.3 试编程实现将 0x100F0～0x100FF 内的字节数据移至 RAM 中。

```
# include < msp430x26x. h >
void main (void)
{
    unsigned char __data20 * p1;            // 定义 20 位无符号字符型指针
    unsigned char * p2;                     // 定义 16 位无符号字符型指针
    unsigned char n;                        // 定义无符号字符型变量
    WDTCTL = WDTPW + WDTHOLD;
    p1 = ( __data20 unsigned char * )0x100F0;  // 指向 Flash 区首地址
    p2 = ( unsigned char * )0x01F00;        // 指向 RAM 区首地址
    for(n = 0; n < 16; n++)
     * p2++ = * p1++;
    LPM3;
}
```

对比例 11.2 与例 11.3，不难发现例 11.3 在定义指针与给指针赋值时都增加了关键词
"__data20"，其含义是指当前定义的指针是可以指向 20 位地址的指针。在复制时也要加上
该关键词以说明其地址是 20 位地址。需要注意关键词"__data20"在定义指针和给指针赋
值时的位置差异。

还有一点需要说明，在默认情况下，IAR 集成环境的数据模式(Data Model)是 Small 类
型，在该类型下是不允许使用 20 位地址的。若要访问 20 位地址，必须使用该数据模式，可
将其改为 Medium 或 Large。修改途径是 Option→General Options→Target→Data Model。

除了使用扩展指针的方法，IAR 中也提供了访问大于 0xFFFF 地址的库函数。主要有
6 个库函数，分别如下。

(1) unsigned char __data20_read_char (unsigned long __addr)；表示从特定地址读 1
字节数据。

(2) unsigned char __data20_read_short (unsigned long __addr)；表示从特定地址读 2
字节数据。

(3) unsigned long __data20_read_long (unsigned long __addr)；表示从特定地址读 4
字节数据。

(4) void __data20_write_char (unsigned long __addr, unsigned char __value)；表示一
次写入 1 字节数据。

（5）void __data20_write_short（unsigned long __addr，unsigned short __value）；表示一次写入 2 字节数据。

（6）void __data20_write_long（unsigned long __addr，unsigned long __value）；表示一次写入 4 字节数据。

注意：使用这 6 个库函数时只能读写大于 0xFFFF 的 Flash 区域；若使用这些库函数访问小于 0xFFFF 的区域时会出错。

例 11.4　试用库函数编程实现将 0x10100～0x1010F 内的字节数据移至 RAM 内的数组 Array[16]中。

解　利用库函数访问大于 0xFFFF 的地址空间，一定要注意两点：一是在程序中要包括相关头文件；二是要选对操作数据的类型，即字节数据、字数据或长字数据。具体程序如下。

```
# include < msp430x26x.h >
# include < intrinsics.h >
void main (void)
{
  unsigned char i, Array[16];
  unsigned long addr = 0x10100;
  WDTCTL = WDTPW + WDTHOLD;
  for(i = 0; i < 16; i ++)
  Array[i] = __data20_read_char(addr++);
  LPM3;
}
```

可见，利用库函数可以避免使用指针。此外，利用库函数时也不用在集成开发环境中修改数据模式。

这里仅介绍一下对 Flash 的读操作，由于 Flash 不能像 RAM 那样可以随机写数据，若要对 Flash 进行写操作必须有专门的控制器才可以。11.3 节将介绍如何使用 Flash 控制器对 Flash 存储器进行相关的擦写操作。

11.3　Flash 控制器及应用

11.3.1　Flash 控制器

Flash 存储器是一种电可擦写的存储设备，其最大特点就是可多次重复写入数据。与 RAM 不同的是，对 Flash 内存储单元的访问需要使用专门的控制器才可以。控制器与存储单元通常集成在一起，MSP430 单片机内的 Flash 控制器，结构如图 11.7 所示。整个控制器包括时钟发生器、编程电压发生器、控制寄存器、数据与地址锁存器和存储阵列。

根据 Flash 的存储原理可知，读取 Flash 内数据时不需要特殊处理即可实现。但在写入或擦除数据时必须要有合适的编程电压和定时时钟才可以，这是 Flash 控制器的核心部件。Flash 控制器中的定时信号发生器就是用于写数据时产生合适的时钟控制信号，编程电压发生器为写操作提供合适的写入电压（2.0～3.3V），控制寄存器（FCTL1、FCTL2、

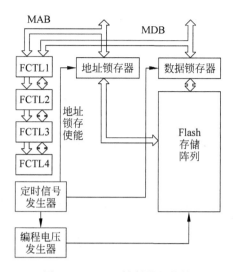

图 11.7　Flash 控制器的结构

FCTL3 和 FCTL4)用于控制整个 Flash 控制器的工作状态。数据与地址锁存器用于锁存访问 Flash 时使用的地址和数据。这两个锁存器在读 Flash 时不起作用。存储阵列是 Flash 存储数据的实体,其大小反映了该 Flash 存储器存储数据的能力。

1. 时钟发生器

对 Flash 进行编程(擦除与写入操作)时除了对编程电压有一定限制外,还对编程时钟有一定要求。通常编程时钟必须在 $257 \sim 476\text{kHz}$ 之间,该频率与往浮置栅极注入电荷有关。频率过高将使往浮栅极注入电荷的时间太短,导致最终注入电荷不足或注入失败。相反,若频率过低则浮栅极会因充电时间太长而减少擦写次数,所以对 Flash 编程时一定要使用正确的时钟频率。

Flash 控制器中专门集成时钟信号发生器,其结构如图 11.8 所示。时钟源可以是 ACLK、SMCLK 或 MCLK,具体由控制位 FSSELx 确定。FSSELx = 00 表示时钟源为 ACLK;FSSELx = 01 表示时钟源为 MCLK;FSSELx = 10 或 11 表示时钟源为 SMCLK;由于 ACLK 通常是低频时钟(如 32 768Hz),无法满足编程时钟的需要,所以系统默认的时钟源是 MCLK。

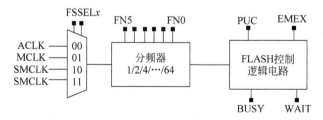

图 11.8　定时信号发生器逻辑图

为了得到合乎要求的 Flash 编程时钟,在时钟源的基础上增加了一个分频器,其分频系数最大可至 64,具体值由控制位 FN5～FN0 确定。分频系数 x 的计算公式为

$$x = \text{FN5} \times 32 + \text{FN4} \times 16 + \text{FN3} \times 8 + \text{FN2} \times 4 + \text{FN1} \times 2 + \text{FN0} \times 1 + 1$$

考虑到系统复位后系统默认时钟为 1MHz 左右,将其 3 分频后恰好是编程时钟的频率

的范围。所以系统复位后默认的分频系数是 3 而不是 1。这些控制位均位于控制寄存器 2 (FCTL2)中,具体分布如下。

15 14 13 12 11 10 9 8	7	6	5	4	3	2	1	0
FWKEY	FSSELx		FN5	FN4	FN3	FN2	FN1	FN0
	rw-0	rw-1	rw-0	rw-0	rw-0	rw-0	rw-1	rw-0

例 11.5　某单片机时钟系统的设置为 $f_{ACLK}=32\,768\mathrm{Hz}$、$f_{MCLK}=16\mathrm{MHz}$、$f_{SMCLK}=1\mathrm{MHz}$。试配置此情况下的 Flash 编程时钟。

解　由于编程时钟的范围为 $250\sim470\mathrm{kHz}$,显然 ACLK 不适合作为时钟源。此时 MCLK 和 SMCLK 均符合时钟源。若使用 MCLK 作为时钟源,则分频系数的最大值为 16M/250k=64,最小值为 16M/470k=34。所以最佳的分频系数 $x=50=1\times32+1\times16+1\times1+1$。所以 FCTL2 的配置如下。

$$FCTL2=FWKEY+FSSEL\_1+FN5+FN4+FN0$$

若使用 SMCLK 作为时钟源,则分频系数的最大值为 1M/250k = 4,最小值为 1M/470k=2。所以最佳的分频系数 $x=3=1\times2+1$。所以 FCTL2 的配置如下。

$$FCTL2=FWKEY+FSSEL\_2+FN1$$

2. 控制寄存器

Flash 控制器共有 4 个 16 位控制寄存器,分别是 FCTL1、FCTL2、FCTL3 和 FCTL4。其中,FCTL1、FCTL2、FCTL3 最为常用,主要用于对 Flash 的访问控制。FCTL4 是新增的寄存器,部分单片机中不具有该寄存器,该寄存器只用于设置 Flash 的边界扫描方式。对于 Flash 的擦除与写入操作都是不可恢复的操作,一旦误操作将会丢失数据,严重的可以将程序自身清除。为了防止因对 Flash 存储器进行误操作而导致程序错乱或毁坏,对这 4 个寄存器的访问均采用密码核对的方法。用于核对的密码位于 16 位寄存器的高 8 位,控制位均处于低 8 位。核对密码的具体方式是在访问低 8 位控制寄存器的同时还需要往高 8 位写入 0xA5,这样才可以更改其中的设置。注意,虽然写入的是 0xA5,但读取该值时获得是 0x96 而不是 0xA5。若密码不对则会立即产生系统复位信号,进而使单片机复位。下面对其控制寄存器逐一进行介绍。

(1) FCTL1。FCLT1 用于设置 Flash 的工作模式和中断使能。这些控制位的分布如下。

15　8	7	6	5	4	3	2	1	0
FWKEY	BLKWRT	WRT	保留	EEIEX *	EEI *	MERAS	ERASE	保留
	rw-0	rw-0	r-0	rw-0	rw-0	rw-0	rw-0	rw-0

* 不存在于 MSP430x20xx 和 MSP430G2xx 系列芯片中。

用于设置 Flash 工作模式的控制位主要是 MERAS、ERASE、BLKWRT 和 WRT。ERASE 和 MERAS 负责与擦除操作有关的控制。Flash 有三种擦除模式分别是段擦除、全部擦除和仅擦除主 Flash 区。这些模式由 ERASE 和 MERAS 组合控制,具体见表 11.3。在这三种擦写模式中,全部擦写模式与仅擦除主 Flash 区模式将删除包括自身程序在内的所有 Flash 内容。因此,该模式经常用在程序升级场合,最为常用的是单段擦除模式。

表 11.3　擦除模式

ERASE	MERAS	擦　除　模　式
0	0	禁用擦除(默认状态)
0	1	仅擦除主 Flash 区
1	0	单段擦除
1	1	LOCKA=0：擦除全部 Flash 区
		LOCKA=1：仅擦除主 Flash 区

　　Flash 控制器提供了字节写入和块写入两种写入模式。在字节写入模式下,每次只能写入一个字节(8 位)或一个字(16 位)。每次写入都要将电荷注入完毕才能进行下一次操作,所以字节模式下写入操作比较慢。当需要连续写入大量数据时可采用块写入模式。在该模式下写入的最小单位是块(Block),每次写入的数据必须是块的整数倍。BLKWRT 与 WRT 负责与写操作有关的控制。WRT 为写使能位,WRT=0 时表示禁止写操作,WRT=1 时表示启用写操作。BLKWRT 为块写入使能位,BLKWRT=0 时表示禁止块写入操作,BLKWRT=1 时表示启用块写入操作。默认情况为禁止写操作模式。

　　FCLT1 寄存器中还有两个控制位 EEIEX 和 EEI,它们与中断使能有关。EEIEX 为紧急退出中断使能位,EEIEX=1 表示启用紧急退出中断使能,EEIEX=0 表示禁用紧急退出中断使能。EEI 为擦除中断使能位,EEI=0 表示段擦除操作时禁止响应中断,EEI=1 表示在擦除过程中可以响应突发中断。当 EEI=1 时段擦除操作可以被任何中断请求打断,执行完中断服务程序后恢复擦除操作直至擦除完成。

　　在对 Flash 进行擦写操作的过程中,默认是 EEIEX=0 & EEI=0,即不允许响应中断,当 Flash 操作完后又可以响应中断。如果在 Flash 操作中遇突发事件需要紧急退出时若 EEIEX=1 & GIE=1,则 CPU 会立即中止当前的 Flash 操作转而去响应中断,同时使标志位 FAIL=1,以表示此次 Flash 操作失败。若非必要,不提倡使用 EEIEX 控制位。另外,若设置 EEIEX=1 则必须也使 GIE=1,否则会出错。

　　当 EEI=1、GIE=1、EEIEX=0 时擦除过程中 CPU 可以响应中断,当中断程序执行完后还继续执行擦除操作直至擦除完成。在执行中断程序时,BUSY 保持置位,但此时 CPU 可以合法访问 Flash。

　　(2) FCTL2。FCTL2 用于设置 Flash 的编程时钟。该寄存器已在上面介绍,这里不再重复。

　　(3) FCTL3。FCTL3 寄存器中包含很多反映 Flash 工作状态的信息,它的控制位分布如下。

15	8	7	6	5	4	3	2	1	0
FWKEY		FAIL	LOCKA	EMEX	LOCK	WAIT	ACCVIFG	KEYV	BUSY
		r(w)-0	r(w)-1	rw-0	rw-1	r-1	rw-0	rw-(0)	r(w)-0

　　处于擦除和写入操作中的 Flash,既不能对其进行读写操作,通常也不能响应中断并影响 CPU 进入低功耗模式。因此,正确判断 Flash 的工作状态十分重要。

　　标志位 BUSY 用于标识 Flash 控制器的工作状态。BUSY=1 表示 Flash 控制器正处在擦除或写入操作中。BUSY=0 表示 Flash 控制器空闲。当 BUSY=1 时不要对 Flash 进行任何访问,否则会引起非法访问。BUSY 只能标识 Flash 控制器是否空闲,但无法表示 Flash 写入状态。标志位 WAIT 就是用来指示 Flash 是否正在写入数据。WAIT＝1 表示正在往 Flash 中写数据,WAIT＝0 表示上一个数据已经写入完毕,已准备好进行下一个数据的写入操作。

正常情况下不要干扰 Flash 的擦写操作。但若在擦写过程中编程时钟失效或被中断中止将会导致此次擦写操作失败,这时标志位 FAIL 将置位。FAIL＝0 表示此次操作成功,FAIL＝1 表示此次操作失败。标志位 FAIL 不能自动复位,必须通过软件复位才可。

当擦写过程中需要紧急退出时可使紧急退出位 EMEX 置位,以退出当前 Flash 操作,当然此举也会使 FAIL 置位。所以 EMEX ＝1 表示要紧急退出当前 Flash 操作,EMEX ＝0 则表示无紧急退出情况发生。紧急退出会立即中止正在进行的操作并使 FCTL1 清零以使 Flash 恢复为正常状态,但当前操作并未完成,操作的结果也不可知。除非必要,尽量不要使 EMEX ＝1。

Flash 控制器具有两个中断源,一个是因密码核对错误引起的中断,另一个是因非法访问 Flash 而引起的中断。这两个中断性质不同,分别属于不同中断类型。密码核对错误属于最严重的错误,因此由其引起的中断是级别最高的系统复位中断。也就是说,一旦发生密码核对错误将直接导致系统复位。标志位 KEYV 就是用来标志是否发生密码核对错误的标志位。KEYV＝0 表示密码核对正确,这表明写入的密码是正确的;KEYV＝1 表示密码核对错误,这表明写入了错误的密码。因此,标志位 KEYV 的置位表示一个错误的密码被写入 Flash 存储器控制寄存器中,同时产生一个 PUC 信号引起系统复位。KEYV 必须通过软件复位。

由非法访问引起的中断属于非屏蔽中断,它有两个控制位 ACCVIE 和 ACCVIFG。控制位 ACCVIFG 为非法访问中断标志位,ACCVIFG＝0 表示没有发生非法访问情况,ACCVIFG＝1 则表示发生过非法访问情况。当 Flash 处在擦写(BUSY＝1)期间时,若遇到其他操作需要访问 Flash 便可能使 ACCVIFG 置位,具体情况见表 11.4。

表 11.4 BUSY＝1 时对 Flash 访问的影响

Flash 操作	访问操作	WAIT	ACCVIFG	访问结果
擦除/字节写入	读	0	0	0x03FFF 被读取
	写	0	1	写操作被忽略
	指令	0	0	0x03FFF 被读取
块写入	任何	0	1	LOCK＝1
	读	1	0	0x03FFF 被读取
	写	1	0	写入待写数据
		1	1	LOCK＝1

控制位 ACCVIE 是非法访问中断使能位,ACCIE ＝0 表示禁止非法访问中断,ACCIE＝1 表示启用非法访问中断。使用时需要注意 ACCVIE 与 ACCVIFG 所在的寄存器不同。ACCIFG 位于 FCTL3 中,而 ACCVIE 则在 IE1 中。

考虑到 Flash 中内容的重要性,MSP430 单片机控制器对 Flash 内容做了多重保护措施,其一是密码校验,其二是对存储器加锁。在加锁情况下,是无法擦写 Flash 的。只有在解锁的情况下才可以擦写。MSP430 单片机的 Flash 有两个锁定控制位，即 LOCK 和 LOCKA。LOCK 用于对整个 Flash 的锁定，LOCK＝1 表示 Flash 被锁定，LOCK＝0 表示 Flash 已解锁。默认情况下存储器是处于锁定状态。所以在对其进行擦写操作时需要先解锁。由于信息 Flash 中尤其是 A 段中保存有很多重要参数，所以在擦写时需要格外对信息 Flash 区进行保护。控制位 LOCKA 专门用于锁定信息 Flash 区。LOCKA＝0 表示 A 段被解锁，在集中整体擦除 Flash 时 Flash 全部信息也都被擦除，LOCKA＝1 表示 A 段被锁存，在集中整体擦除 Flash 时不会被擦除以保护全部信息，默认情况下 LOCKA＝1。

（4）FCTL4。边界扫描用于检验整个 Flash 存储器的内容。Flash 控制器提供两种边界扫描模式。MRG1 边界扫描模式用于检测 Flash 中未完全编程为 1 的存储单元，MRG0 边界扫描模式用于检测 Flash 中未完全编程为 0 的存储单元。FCTL4 就是用于边界扫描模式的确定，具体空置分布如下。

15	8	7	6	5	4	3	2	1	0
FWKEYx		保留		MRG1	MRG0	保留			
		r-0	r-1	rw-0	rw-0	r-0	r-0	r-0	r-0

MRG1＝1 表示启用边界扫描模式 1，MRG0＝1 表示启用边界扫描模式 0。若 MRG0 和 MRG1 同时置位，则 MRG1 有效，MRG0 被忽略。在 FCTL1～FCTL4 这 4 个寄存器中 FCTL4 基本很少使用，所以在大多数场合中看不到对它的设置。

11.3.2　Flash 的操作

对 Flash 的操作有两种方式，一种是从 Flash 中执行对 Flash 的访问操作，另一种是从 RAM 中执行对 Flash 的访问操作。若是从 Flash 中执行对 Flash 的擦写操作时，CPU 处于保持状态，不执行任何代码。待 Flash 操作完成后，CPU 接着执行下面的指令。如果是从 RAM 中执行对 Flash 的访问操作，CPU 不会保持，可以在 Flash 进行擦写操作时执行其他代码。

1. 擦除操作

对 Flash 的擦写操作需要使用 Flash 控制器配合完成。因此，对于 Flash 的读写操作也称为对 Flash 编程。对 Flash 进行编程的过程如图 11.9 所示，首先启动编程电源发生器产生适于编程的电压，在电压合适时便启动编程操作，这需要一定时间，编程完成后需要去除编程电压。对 Flash 存储单元长时间施加编程电压会影响其寿命，所以对 Flash 编程一次需要的时间是由产生电压时间、编程时间和去除电压时间三部分组成的。

图 11.9　Flash 编程过程示意图

根据 Flash 的存储原理可知，Flash 存储单元只能由状态"1"改写成"0"而不能由状态"0"改写成"1"。因此，在对 Flash 存储单元写入新数据之前指定要先做擦除处理。经过擦除处理后，存储单元全部为状态"1"。所以擦除操作的目的是保证写入新数据前存储单元全是"1"，进而保证写入数据的正确性。擦除 Flash 的最小单位是段（256B），既然是段就有段

地址。MSP430F261x 单片机主 Flash 区的段地址比较有规律,每个段的起始地址为
xxx00H~xxxFFH。擦除时只要擦除地址位于该段地址区间,都会使整个段内数据被擦
除,所以擦除时应根据情况对数据进行备份。对于信息 Flash 区来说其段地址相对固定,它
只有 4 个段且每段只有 64B,地址由高至低分记为:SegA:0x10B0~0x10FF、SegB:0x1080~
0x10AF、SegC:0x1040~0x107F、SegD:0x1000~0x103F。

对 Flash 进行擦写操作时,需要对 Flash 控制器进行如下配置:①配置所需的时钟源与
分频系数;②配置为擦除模式;③设置是否允许相应的中断;④将需要擦除的 Flash 存储
器解锁;⑤如果需要,对准备擦除的 Flash 段进行备份;⑥进行擦除操作;⑦关闭擦除模
式;⑧锁定 Flash。

此外,在对 Flash 进行擦除期间应关闭看门狗,这样做的原因是避免因看门狗在擦除期
间引起系统复位,从而导致擦写失败。

例 11.6 已知 $f_{\text{SMCLK}} = f_{\text{MCLK}} = 1\text{MHz}$,试编程擦除主 Flash 区内段起始地址为 0x4000
的段数据。

解 本题目比较简单,只要根据上述步骤即可顺利完成。但需要注意编程时钟的确定
以及指针的定义与使用。由题意知,程序如下。

```
# include < msp430x26x.h >
void main (void)
{
    unsigned char * pFlash;              // 定义 pFlash 指针
    WDTCTL = WDTPW + WDTHOLD;             // 关闭看门狗
    FCTL2 = FWKEY + FSSEL0 + FN1;         // 选择时钟源为 MCLK,分频系数为 3
    pFlash = (unsigned char * )0x4000;   // 初始化 Flash 指针,指向 C 段
    FCTL3 = FWKEY;                       // 解除 Flash 锁定
    FCTL1 = FWKEY + ERASE;               // 选择只擦除单独的段
    * pFlash = 0;                        // 擦除指定段
    FCTL1 = FWKEY;                       // 写入模式关闭
    FCTL3 = FWKEY + LOCK;                // 锁定 Flash
    LPM4;
}
```

例 11.7 已知 $f_{\text{SMCLK}} = f_{\text{MCLK}} = 8\text{MHz}$,试编程擦除信息 Flash 区内 SegC 段数据。

解 本题目与例 11.6 基本相同。但需要注意信息 Flash 与主 Flash 的差异。比如信
息 Flash 由专门的锁定位 LOCKA。由题意知,程序如下。

```
# include < msp430x26x.h >
void main (void)
{
    unsigned char * pFlash;              // 定义 pFlash 指针
    WDTCTL = WDTPW + WDTHOLD;             // 关闭看门狗
    FCTL2 = FWKEY + FSSEL0 + FN4 + FN3;   // 选择时钟源为 MCLK,分频系数为 25
    pFlash = (unsigned char * )0x1040;   // 初始化 Flash 指针,指向 C 段
    FCTL3 = FWKEY;                       // 解除 Flash 锁定
    FCTL1 = FWKEY + ERASE;               // 选择只擦除单独的段
    * pFlash = 0;                        // 擦除指定段
    FCTL1 = FWKEY;                       // 写入模式关闭
    FCTL3 = FWKEY + LOCK + LOCKA;         // 锁定信息 Flash
    LPM4;
}
```

2. 写入操作

MSP430 单片机的 Flash 既支持单字节或单字写入,也支持块写入。单字节或单字写入操作可以针对特定地址写入特定数据,而块写入操作则可以往特定区域连续写入一块(64B)数据。实际上,在字节写入方式下也可以连续写入任意多个字节。块写入方式与连续字节写入方式的区别在于:在写入同样多数据的情况下,块写入方式写入数据使用的时间较少,如图 11.10 所示。在字节写入模式下每写入一个数据都会有开启和关闭编程电压发生器的操作。而在块写入模式下,它只在块写入开始时开启编程电压发生器,当块写入完成后关闭编程电压发生器。所以,块写入方式要比字节写入方式在速度上要快。数据越多,这种差距就越明显。需要注意块写入时,其数据数量必须是单块数量的整数倍。在编程方面二者的不同主要表现在状态控制位使用不同。在字节写入方式下连续写入多个数据,需要根据状态位 BUSY 的情况进行控制。而在块写入方式下,WAIT 控制数据间的写入,BUSY 则用于块与块之间的控制。所以在大数据量传输时通常使用块写入方式。

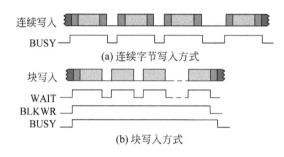

图 11.10　连续字节写入与块写入的差异

在对 Flash 进行写入操作时,同样需要对 Flash 控制器进行配置。具体步骤如下:①配置所需的时钟源与分频系数;②配置写入擦除模式;③设置是否允许相应的中断;④将需要写入的 Flash 存储器解锁;⑤如果需要先擦除;⑥进行写入操作;⑦关闭写入模式;⑧锁定 Flash。在对 Flash 进行写操作期间也应关闭看门狗,原因与擦除操作相同。

例 11.8　在同一程序中编程实现在 0x4010 处写入一个字节、在 0x4020 处写入一个字(2B)、在 0x4030 处写入一个长字(4B)。假设上述 Flash 区域已被擦除。

解　对于字节写入方式而言,一次写入的字节数量不一定仅是一个字节,可以一次写入多个字节但不是任意多个,它与支持的基本数据类型有关。这一点与读数据时相同,读者一定要注意。定义一个字符型指针一次只能写入一个字节,同理若是定义其他类型的指针,由题意知,程序如下。

```
# include < msp430x26x. h >
void main(void)
{
  unsigned char * pByte;                    // 定义字节符型指针
  unsigned int * pInt;                      // 定义字符型指针
  unsigned long * pLong;                    // 定义长字符型指针

  WDTCTL = WDTPW + WDTHOLD;                  // 关闭看门狗
  if (CALBC1_12MHZ == 0xFF || CALDCO_12MHZ == 0xFF)
    while(1);                               // DCO 校正信息被擦除,则不读取
  BCSCTL1 = CALBC1_12MHZ;                   // 设置 DCO 为 12MHz
```

```
DCOCTL = CALDCO_12MHZ;
FCTL2 = FWKEY + FSSEL0 + FN5;        // 时钟源为 MCLK,分频系数为 33
pByte = (unsigned char * )0x4010;    // 初始化 Flash 指针,指向 0x4010
pInt = (unsigned int * )0x4020;      // 初始化 Flash 指针,指向 0x4020
pLong = (unsigned long * )0x4030;    // 初始化 Flash 指针,指向 0x4030
FCTL3 = FWKEY;                       // 解除 Flash 锁定
FCTL1 = FWKEY + WRT;                 // 开启写入模式
* pByte = 0x12;                      // 写入单字节数 0x12
* pInt = 0x1234;                     // 写入单字节数 0x1234
* pLong = 0x12345678;                // 写入单字节数 0x12325678
FCTL1 = FWKEY;                       // 写入模式关闭
FCTL3 = FWKEY + LOCK;                // 锁定 Flash
LPM4;
}
```

例 11.9 已知 RAM 中有一大小为 30B 的缓冲区,利用字节写入方式将该缓冲区中数据依次存入 Flash 中,起始存储地址为 0x5100。

解 本题目未给出系统时钟情况,所以在程序中首先要设置好系统时钟,然后再设置 Flash 控制器。由题意可知,程序如下。

```
# include < msp430x26x. h >
void main(void)
{
  unsigned char * pFlash, * pRAM;      // 定义指针
  unsigned char Ram_Buf[30], i;        // 定义数据和变量
  WDTCTL = WDTPW + WDTHOLD;            // 关闭看门狗
  if (CALBC1_12MHZ == 0xFF || CALDCO_12MHZ == 0xFF)
    while(1);                          // 若 DCO 校正信息被擦除,则不读取
  BCSCTL1 = CALBC1_12MHZ;             // 设置 DCO 为 12MHz
  DCOCTL = CALDCO_12MHZ;
  FCTL2 = FWKEY + FSSEL0 + FN5;       // 选择时钟源为 MCLK,分频系数为 33
  pFlash = (unsigned char * )0x5100;  // 初始化 Flash 指针,指向 0x5100
  pRAM = (unsigned char * )&Ram_Buf;
  FCTL3 = FWKEY;                      // 解除 Flash 锁定
  FCTL1 = FWKEY + ERASE;              // 选择只擦除单独的段
  * pFlash = 0;                       // 擦除所在段
  FCTL1 = FWKEY + WRT;                // 开启写入模式
  for (i = 0; i < 30; i++)
  {
    * pFlash++ = * pRAM++;            // 将数据存入 Flash
  }
  FCTL1 = FWKEY;                      // 写入模式关闭
  FCTL3 = FWKEY + LOCK;               // 锁定 Flash
  LPM4;
}
```

例 11.10 试利用块写入方式将全部信息 Flash 区的数据备份至起始地址为 0x6000 的主 Flash 区中。

解 由于信息 Flash 区总共有 256B,正好是主 Flash 区的一个段,并且是 4 个数据块大小。所示使用块写入方式十分合适。由于块写入操作只能在 RAM 中执行,所以这里将块写入操作封装为一个函数,以便执行时将其移入 RAM 并执行。由于在对 Flash 进行编程

期间无法对 Flash 进行读操作,所以事先应将其读到 RAM 中,然后再从 RAM 中写入主 Flash 区。由题意知,程序如下。

```c
#include <msp430x26x.h>
#define uchar unsigned char
void Flash_BlockWrite(uchar * pBlkAddr, uchar * pDataAddr)
{
    uchar i;
    FCTL1 = FWKEY + WRT + BLKWRT;          // Flash 进入批量写状态
    for(i = 0; i < 64; i++)                // 每块 64B
    {
        * ( pBlkAddr ++) = * ( pDataAddr ++);   // 一次写入数据
        while ((FCTL3&WAIT) == 0);
    }
    FCTL1 = FWKEY;                         // Flash 退出批量写状态
    while(FCTL3&BUSY);                     // 等待块写操作完成
}

void main( void )
{
    uchar RamCode[80], InfoData[256];     // 临时存放写函数的 RAM 空间
    uchar * pFlash, * pInfo, * pInfoRAM;  // 定义指针
    uchar BLK_Num = 4;
    int i;
    uchar * pCode = (uchar * )(Flash_BlockWrite);   // 指向 Flash_BlockWrite()函数入口的指针
    void( * BlockWrite_In_RAM)(uchar * , uchar * );  // 定义函数指针
    BlockWrite_In_RAM = (void( * )(uchar * , uchar * ))RamCode;   // 指向 RAM 中的代码
    pFlash = (unsigned char * )0x6000;    // 初始化 Flash 指针,指向 0x6000
    pInfo = (unsigned char * )0x1000;
    WDTCTL = WDTPW + WDTHOLD;             // 关闭看门狗
    if (CALBC1_12MHZ == 0xFF || CALDCO_12MHZ == 0xFF)
        while(1);                         // 如果 DCO 校正信息被擦除,则程序中止
    BCSCTL1 = CALBC1_12MHZ;              // 设置 DCO 为 12MHz
    DCOCTL = CALDCO_12MHZ;
    for(i = 0; i < 80; i++)
        RamCode[i] = pCode[i];           // 将函数代码复制到 RAM 内
    for(i = 0; i < 256; i++)
        InfoData[i] = pInfo[i];          // 将信息区数据复制到 RAM 内
    pInfoRAM = InfoData;
    while(BUSY == (FCTL3&BUSY));
    FCTL2 = FWKEY + FSSEL0 + FN5;        // 时钟源为 MCLK,分频系数为 33
    FCTL3 = FWKEY;
    while(BLK_Num > 0)
    {
        BlockWrite_In_RAM(pFlash, pInfoRAM);   // 在 RAM 中执行块写入操作
        pFlash += 64;
        pInfoRAM += 64;
        BLK_Num -- ;
    }
    FCTL1 = FWKEY;                        // 写入模式关闭
    FCTL3 = FWKEY + LOCK;                 // 锁定 Flash
    LPM4;
}
```

11.4　MSP430 单片机存储器的扩展

11.4.1　存储器扩展

由于 MSP430 单片机不对外公开内部总线,因此对于外部存储器的扩展就不能像 51 单片机那样进行。MSP430 单片机类型众多,其片内存储器空间大小各异,最大至 1MB,最小至几 KB。因此,用户总可以找到一款适合自己需要的单片机,进而避免扩展存储器的问题。

当然,如果必须进行存储器扩展时可以使用 I/O 扩展外部数据存储器,这是因为任何 MSP430 单片机器件都没有外部数据和地址线。需要格外注意,MSP430 单片机不允许扩展外部程序存储器,因此只能扩展用于存放数据的存储器,通常是 E²PROM 和 Flash 存储器。

利用 I/O 口扩展 E²PROM 和 Flash 存储器既可以使用传统的并行总线方式也可以使用串行总线方式,例如 I²C 和 SPI 等。这里简要介绍一下并行方式与串行方式的连接方式。

并行方式就是指地址总线和数据总线均采用并行方式连接,如图 11.11 所示。图中所示存储器的容量为 1MB,数据宽度为一个字节,存储器的地址与数据总线均与单片机的 I/O 口相连。并行方式的数据传输速度较快,原理清楚,易于理解。但是由于需要占用大量的 I/O 口资源,使用该方式进行存储器扩展缺点十分明显,基本不具有使用性。

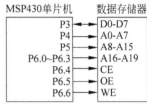

图 11.11　并行方式连接示意图

串行方式就是利用串行总线实现单片机与存储器之间的数据通信,通常使用的是 I²C 通信和 SPI 通信,如图 11.12 所示。由图可以看出,串行方式占用的 I/O 资源口很少。但是由于串行传输,其传输速度不高,通信控制较为复杂。

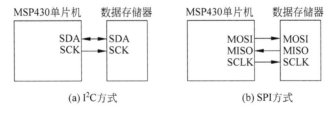

图 11.12　串行方式连接示意图

与并行方式相比,串行方式更为常用。一方面是因为 I/O 资源比较重要,另一方面是因为扩展的存储器大多是 E²PROM 和 Flash 类的存储器,CPU 对它们的访问不是很频繁,另外其自身的读写速度也不高。串行通信可以满足数据存储的需要。

例 11.11　W25X16 是一款容量为 2MB 的 Flash 存储器,可以对其进行 16B 扇区擦除、256B 块擦除、全部擦除、256B 写、字节读和快速读等操作。它支持标准 SPI 模式,最大时钟额可以达到 75MHz,在快速读模式下数据传输率为 150M。W25X16 的管脚分布如图 11.13 所示,其中 VCC、GND 为电源引脚,可支持 2.7～3.6V 的电压。HOLD 为保持引脚、WP 为写保护引脚、CS 为片选引脚,这三个引脚都是低电平有效。CLK 为输入时钟、DO 为数据输出引脚、DIO 为数据输入引脚。试利用 MSP430F261x 单片机实现对 W25X16 的读写访问,单片机与 W25X16 连接方式如图 11.14 所示。

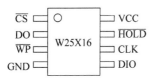

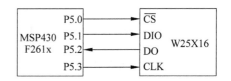

图 11.13　W25X16 管脚图　　　　　　图 11.14　与单片机的连接方式

W25X16 的 WP 与 HOLD 引脚通过上拉电阻接至 VCC。W25X16 的指令见表 11.5。

表 11.5　W25X16 中的部分指令

指令名称	字节 1	字节 2	字节 3	字节 4	字节 5	字节 6
写使能	0x06	-	-	-	-	-
写禁止	0x04	-	-	-	-	-
读 SR	0x05	-	-	-	-	-
写 SR	0x01	-	-	-	-	-
读数据	0x03	A23～A16	A15～A8	A7～A0	D7～D0	后续字节
写数据	0x02	A23～A16	A15～A8	A7～A0	D7～D0	后续字节
整片擦除	0xC7					

注：表中 SR 指芯片内部状态寄存器,写数据时一次写入 256 个字节。

解　由于 MSP430F261x 具有 SPI 硬件通信接口,因此本例直接使用该 SPI 进行串行通信。访问 W25X16 的过程是先发送相关指令,再等待芯片响应。以表中读指令为例,首先发送读数据指令,然后发送数据的起始地址(注意地址由三个字节组成),地址发送完后,数据便从芯片的输出引脚依次输出。只要 CS 处于低电平,便从起始地址处依次输出数据,直至 CS 变成高电平。具体程序如下。

```c
# include < msp430x26x. h>
# define CS_H (P5OUT | = BIT0)
# define CS_L (P5OUT & = ~BIT0)
# define uchar unsigned char
# define uint unsigned int
unsigned char send_buff[256];
unsigned char data_buff[256];
void Delay(uint dly)
{                                    // 延时等待
    while(dly -- );
}

void Send_Data(uchar data)
{                                    // 向 W25X16 发送数据
    UCB1TXBUF = data;
    while (!(UC1IFG & UCB1TXIFG));
    UC1IFG & = ~UCB1RXIFG;
}

void WREN(void)
{                                    // 写使能
    CS_L;
```

```
    Send_Data(0x06);
    Delay(100);
    CS_H;
}

uchar Read_SR(void)
{
    uchar tmp;
    CS_L;
    Send_Data(0x05);
    Delay(1000);
    Send_Data(0);
    Delay(1000);
    UCB1TXBUF = 0x00;
    while (!(IFG2 & UCB1TXIFG));
    tmp = UCB1RXBUF;
    UC1IFG &= ~UCB1RXIFG;
    CS_H;
    return tmp;
}

void Chip_Erase(void)
{
    uchar tmp;
    CS_L;
    Delay(10000);
    UCB1TXBUF = 0xC7;
    while (!(IFG2 & UCB1TXIFG));
    Delay(10000);
    tmp = UCB1RXBUF;                            // 空读操作
    UC1IFG &= ~UCB1RXIFG;
    CS_H;
    while(Read_SR()&0x01);
}

void Write_Flash(void)
{
    CS_L;
    Send_Data(0x02);                           // 发送写命令 0x02
    for(uchar i = 0; i < 3; i++)
        Send_Data(0x00);
    for(uint i = 0; i < 256; i++)
        Send_Data(send_buff[i]);
    CS_H;
    while(Read_SR()&0x01);
}

void Read_Flash(void)
{
    CS_L;
    Send_Data(0x03);                           // 发送读命令 0x03
```

```
        for(uchar i = 0; i < 4; i++)
            Send_Data(0x0);                         // 发送起始地址
        for(uint i = 0; i < 256; i++)
        {
            UCB1TXBUF = 0;
            while (!(UC1IFG & UCB1TXIFG));
            data_buff[i] = UCB1RXBUF;
            UC1IFG &= ~UCB1RXIFG;
        }
        CS_H;
}

void main(void)
{
    volatile uint i;
    WDTCTL = WDTPW + WDTHOLD;
    BCSCTL1 &= ~XT2OFF;                             // 开启 XT2
    BCSCTL3 |= XT2S_2;                              // 选择驱动模式
    do
    {
        IFG1 &= ~OFIFG;                             // 清除振荡器失效标志
        for(i = 0xff; i > 0; i--);                  // 等待 XT2 起振
    }
    while((IFG1&OFIFG) != 0);                       // 判断是否起振
    BCSCTL2 |= SELS + DIVS_0;
    BCSCTL2 |= SELM_2 + DIVM_0;
    P5SEL |= BIT1 + BIT2 + BIT3;
    P5DIR |= BIT0 + BIT1 + BIT3;
    UCB1CTL1 |= UCSSEL_2 + UCSWRST;
    UCB1CTL0 |= UCMST + UCSYNC;
    UCB1CTL0 |= UCMSB + UCCKPL;
    UCB1BR0 = 0x03;
    UCB1BR1 = 0;
    UCB1CTL1 &= ~UCSWRST;
    WREN();                                         // 写使能
    Chip_Erase();                                   // 整片擦除
    while(1)
    {
        WREN();                                     // 写使能
        Write_Flash();                              // 写 ROM 寄存器
        Read_Flash();                               // 读状态寄存器
        Delay(5000);
    }
}
```

11.4.2 SD 卡的应用

1. SD 卡概述

SD 卡(Secure Digital Memory Card)是一种基于半导体闪存工艺的存储卡,1999 年由日本松下主导概念,参与者东芝和美国 SanDisk 公司进行实质研发而完成。SD 卡是具有大容量、高性能、安全等多种特点的多功能存储卡,它比 MMC 卡更加安全可靠,访问速度也快得多。

因此,它被广泛应用在便携式装置上,如数码相机、个人数码助理(PDA)和多媒体播放器等。

　　SD卡的容量有SD、SDHC和SDXC三个级别。SD的容量较少,最大不超过2GB。SDXC的容量最多,一般不低于32GB。而SDHC的容量位于两者之间。

　　根据数据传输速度,SD卡也有不同的等级。常见的有Class 2、Class 4、Class 6、Class 10以及UHS Class 1等多个等级。各个等级都有自己的读写速度范围和用途,具体见表11.6。

表 11.6　SD 速度等级表

速 度 等 级	速度/(MB/s)	应 用 范 围
Class 0		包括低于 Class 2 和未标注 Speed Class 的情况
Class 2	w≥2.0	观看普通清晰度电视,数码摄像机拍摄
Class 4	w≥4.0	流畅播放高清电视(HDTV),数码相机连拍
Class 6	w≥6.0	单反相机连拍,以及专业设备的使用
Class 10	w≥10	全高清电视的录制和播放
UHS-I	w≤50/r≤104	专业全高清电视实时录制
UHS-II	w≤156/r≤312	---

　　此外,SD卡还有其他两种常见形式,即miniSD卡和microSD卡。它们本质上都是SD卡,所以通过转换器可以访问。miniSD卡的体积大致是普通SD的37%。microSD卡即TF卡,是智能手机上常用的存储卡,也是目前规格最小的存储卡。一般情况下,同等Class规格的SD卡要比microSD卡便宜,SD卡的读取和写入速度要比microSD卡快一些。

2. SD卡结构与工作原理

　　SD卡的内部结构如图11.15所示,主要包括SD卡接口控制器和存储单元两部分。SD卡

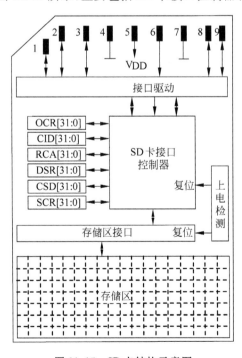

图 11.15　SD 卡结构示意图

接口控制器是整个 SD 卡的控制中心,它对外负责与外部主机的数据交互,对内负责对内部存储单元的访问操作。外部主机访问 SD 卡的外部信号线并不与存储器单元直接相连,而是通过卡的接口控制器与存储单元接口相连。SD 卡内存储单元的读、擦、写均由卡接口控制器根据主控制器的命令自动处理完成,而外部主机无须知道卡内是如何操作、管理存储单元的。存储区是存储数据的区域,它是 SD 卡的主体部分。SD 卡内部有 6 个信息寄存器,用来设置和保存操作卡的关键信息,有两个状态寄存器,用来记录操作卡的当前状态。SD 卡芯片内部使用的时钟均由其内部集成的时钟发生器提供。而外部时钟主要用于外部主机与接口驱动之间的数据通信。

SD 卡与外部主机的接口支持 SD 卡模式和 SPI 模式。每种工作模式对应的引脚定义不同,具体见表 11.7。

表 11.7 SD 卡引脚定义

引脚号	SD 模式			SPI 模式		
	名称	类型	描 述	名称	类型	描述
1	CD/DAT 3	IO/PP	卡检测/数据线 3	CS	I	片选
2	CMD	PP	命令/回应	DI	I	数据输入
3	VSS1	S	电源地	VSS	S	电源地
4	VDD	S	电源	VDD	S	电源
5	CLK	I	时钟	SCLK	I	时钟
6	VSS2	S	电源地	VSS2	S	电源地
7	DAT 0	IO/PP	数据线 0	DO	O/PP	数据输出
8	DAT 1	IO/PP	数据线 1	RSV		
9	DAT 2	IO/PP	数据线 2	RSV		

注:S 表示电源;I 表示输入;O 表示输出;IO 表示双向;PP 表示 IO 使用推挽驱动。

在 SPI 总线模式下,CS 为外部主机向 SD 卡发送的片选信号,SCLK 为外部主机向 SD 卡发送的时钟信号,DI(DataIn)为外部主机向 SD 卡发送的单向数据信号,DO(DataOut)为 SD 卡向外部主机发送的单向数据信号。

3. SD 卡的读写

普通单片机通常不支持 SD 总线,考虑到用软件模拟 SD 总线协议会增大 CPU 的负担,所以对于单片机来说大多使用 SPI 总线访问 SD 卡。

MSP430 单片机可以像访问普通 Flash 存储器一样直接读写 SD 卡扇区。但由于 SD 卡内部控制寄存器较多,初学者难以掌握。在实际使用中通常的做法是移植现成的 SD 卡读写程序。单片机直接写入 SD 卡的数据,普通计算机是无法识别的,因为它不符合普通计算管理数据的方式。其实,在实际程序设计中,人们更希望单片机可以像通用计算机那样以文件方式访问 SD 卡。例如,在设计 MP3 播放器时 SD 卡上的数据便是以音频文件的形式存放的,若要按文件读取这些音频文件就需要文件系统的支持。

文件系统是对文件存储器空间进行组织和分配,负责文件存储并对存入的文件进行保护和检索的系统。具体地说,它负责为用户建立文件,存入、读出、修改、转储文件,控制文件的存取,当用户不再使用时撤销文件等。单片机中常用的文件系统是 FAT 文件系统,它有 FAT 16 和 FAT 32 之分,FAT 16 最大支持 2GB 的存储器。而 FAT 32 为增强的 FAT 16 文件系统,它可以支持 32GB 的存储器。由于文件系统自身大小不一,所占用的资源也不一样,所以不是任何文件系统都可以移植到单片机中。

11.5 直接存储器存取

在单片机应用程序设计时 CPU 资源是最宝贵的资源。如何最大限度地提高 CPU 的利用率是程序设计中需要解决的一个重要问题。提高 CPU 利用率其实就是让 CPU 用尽可能多的工作时间进行有效的数据运算工作,尽量避免空等待或大量的数据传输工作。另外,从节约能耗的角度来看,关闭 CPU 是降低单片机功耗的最有效方法。为了兼顾低功耗和高利用率,MSP430 单片机引入了直接存储器存取技术。所谓直接存储器存取(Direct Memory Access, DMA)就是利用硬件方式实现存储器与存储器之间或存储器与 I/O 设备之间直接进行高速数据传送,在 DMA 传输数据期间不需要 CPU 的干预。

MSP430 单片机上集成的 DMA 模块具有来自所有外设的触发器,不需要 CPU 的干预即可实现存储器内数据的高速传输,从而提高了信号处理速度。又因为 DMA 的触发来源对 CPU 来说是完全透明的,所以消除了数据传输延迟时间及各种开销,从而解放了 CPU,以便其将更多的时间用于处理数据或休眠。因此,灵活使用 DMA 不但可以提高 CPU 的利用率,也有利于降低单片机的功耗。

11.5.1 DMA 模块的结构与工作原理

MSP430F261x 系列单片机上集成了 DMA 控制器,从而能够为数据高速传输提供保证。例如,通过 DMA 控制器可以直接将 ADC12 转换得到的数据存储到 RAM 单元。MSP430F261x 单片机上的 DMA 控制器结构如图 11.16 所示。

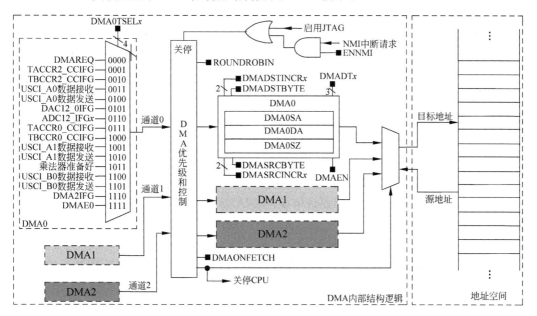

图 11.16　DMA 结构图

从图 11.16 中可以看出,DMA 模块内具有三个独立的 DMA 通道,并且每个通道之间相互独立。每个通道在进行数据传送时不需要 CPU 介入,完全由 DMA 控制器自行管理。每个通道均可以在整个地址空间范围内传输数据。现根据该结果框图,简单介绍 DMA 数据传输的工作原理,以及图中相关控制的作用。

DMA 通道的作用就是把某一地址处的数据搬运至另一地址处,即数据搬运。所以,在开始数据传输之前,必须要给 DMA 指明数据传输的源地址和目标地址。因此,DMA 为每一个通道均设置了一个目的地址寄存器 DMAnDA 和一个源地址寄存器 DMAnSA,其中,n 表示通道,$n=0$、1、2。当传输连续多个数据(数据块)时,只有 DMAnDA 和 DMAnSA 无法满足自动传输,因为 DMAnDA 和 DMAnSA 只代表数据块的起始地址或终止地址,它没有规定数据传输的次数。为此,DMA 模块为每个通道设置了数据大小寄存器(DMAnSZ),以满足数据块传输的需要。DMAnSZ 用于设置传输字或字节的次数,若 DMAnSZ=0 则表示无数据需要传输,所以在此情况下不会发生 DMA 传输。

由于 MSP430 单片机既可以按字节方式访问存储器,也可以按照字方式访问存储器。这就引出来另一个问题,即 DMA 在进行数据传输时到底是采用何种方法访问源地址和目标地址的呢? 为解决这个问题,DMA 用两个控制位 DMADSTBYTE 和 DMASRCBYTE 分别指示对目标地址和源地址的访问方式。当控制位为 1 时,表示以字节方式访问。默认情况下这两个控制位为零,即默认以字方式访问存储器。在进行数据传输时若 DMADSTBYTE 和 DMASRCBYTE 的设置相同,数据便可以按字或按字节方式进行传输。当两者设置不同时,就会有两种情况发生。当 DMADSTBYTE=0 和 DMASRCBYTE=1 时,源地址按字节方式读取数据,目的地址按照字方式存储数据。在此过程中,数据由 8 位变成了 16 位。在最终的 16 位数据中,高 8 位自动置零。所以传输过程中数据的值不发生变化。当 DMADSTBYTE=1 和 DMASRCBYTE=0 时,源地址按字方式读取数据,目的地址按照字节方式存储数据。在数据传输时,数据由 16 位变成了 8 位,即数据被截断。此时原数据高 8 位丢失,低 8 位被存入存储器中。

前面说过,当进行数据块传输时 DMAnDA 和 DMAnSA 只代表数据块的起始地址或终止地址。这里就解释一下,DMAnDA 和 DMAnSA 分别在什么场合代表数据块的起始地址? 在哪些场合下又代表数据块的终止地址? 这与数据块传输时地址的增减方式有直接关系。数据块在存储时总是连续存放在某一地址区域,且存放时数据地址通常是依次增大的。根据这一规律,若数据块传输时用于访问数据的地址依次增大,那么 DMAnDA 和 DMAnSA 中的地址就是起始地址。反之,即为终止地址。目标地址与源地址的地址增减方式可以独立配置,分别由 DMADSTINCRx 和 DMASRCINCRx 决定。DMADSTINCRx=00 或 01 表示目标地址不变;DMADSTINCRx=10 表示目标地址增加;DMADSTINCRx=11 表示目标地址减小。与此类似,DMASRCINCRx=00 或 01 表示源地址不变;DMASRCINCRx=10 表示源地址增加;DMASRCINCRx=11 表示源地址减小。地址增加或减小的步长直接取决于地址的访问方式。若是以字方式访问,则每次增加或减小 2。若是以字节方式访问,则每次增加或减小 1。

在正常情况下,DMA 是不会自动将存储器中的数据进行搬运的。也就是说,使用 DMA 对存储器内的数据进行搬运是需要条件的。首要条件是必须先启用相应的 DMA 通道。默认情况下,所有通道是禁用的,若要使用 DMA 通道传输数据,需要通过 DMAEN=1

启用相应通道。当不使用 DMA 通道时,为了降低功耗,可以通过 DMAEN＝0 禁用相应通道。

11.5.2　DMA 传输模式

1. 数据传输方式

DMA 的功能是数据传输,根据上面的介绍可知,DMA 可以在整个地址空间内进行数据传输。根据所给地址的含义不同,DMA 可以完成固定地址到固定地址、固定地址到块地址、块地址到固定地址以及块地址到块地址的数据传输任务。

固定地址到固定地址的传输,即点对点传输,它每次只能传输一个字节或字,其传输过程如图 11.17(a)所示。固定地址到块地址之间的传输,如图 11.17(b)所示。它通常应用在读片上外设场合,如依次从 I/O 口读入一连串数据存至数据缓冲区中。块地址到固定地址的传输如图 11.17(c)所示。它通常应用在输出场合,例如,将数据缓冲区中的数据依次从串口或 DAC 模块输出到外面。块地址到固定地址以及块地址到块地址如图 11.17(d)所示,该情况主要用于数据复制或备份。

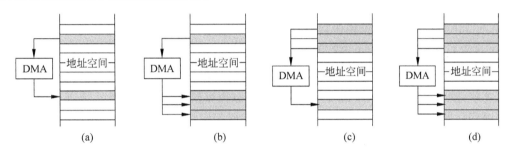

图 11.17　DMA 进行数据传输的 4 种情况

2. DMA 传输模式

以上 4 种情况是从用户传输数据的角度来看,但从 DMA 模块自身提供的工作模式来看,DMA 支持 6 种数据传输模式,分别是单字或者单字节传输、块传输、猝发块传输、重复单字或者单字节传输、重复块传输、重复猝发块传输。其中,工作在前三种模式中的 DMA 通道,传输完成后相应的 DMAEN 会自动复位。若要再次传输时需要重新使 DMAEN 置位以启用 DMA 通道。后面三种模式为前三种的重复模式,工作在该模式下,每次传输完数据后,DMAEN 不会自动复位,此时触发信号可以再次启动 DMA 的数据传输。DMA 的工作模式由 DMADTx 控制位决定,具体见表 11.8。

表 11.8　DMA 传输模式

DMADTx	传 输 模 式	DMADTx	传 输 模 式
000	单次传输	100	重复单次传输
001	块传输	101	重复块传输
010,011	猝发传输	110,111	重复猝发传输

(1) 单次传输(Single)。单次传输,也称为单字或者单字节传输。当 DMADTx＝0 时则表明 DMA 通道被定义为单字或者单字节传输。在该传输模式下,每触发一次 DMA,只

传输一个字或者字节，传输完毕后 DMAEN 位自动清除。若需要再次传输，必须重新置位 DMAEN。若 $DMADTx=4$，则 DMA 通道工作在重复单次传输模式下。此时 DMAEN 位一直保持置位，这样每来一个触发信号就会启动一次传输。

在进行单次数据传输时，DMAxSZ 寄存器保存传输的单元个数，如果该寄存器为 0，则没有传输。传输之前 DMAxSZ 寄存器的值写入到一个临时的寄存器中，每次操作之后 DMAxSZ 做减操作。当 DMAxSZ 减为零的时候，它所对应的临时寄存器将原来的值重新置入 DMAxSZ，同时相应的 DMAIFG 标志置位。

（2）块传输（Block）。块传输模式即是数据块传输模式。若 $DMADTx=1$ 则表明 DMA 通道工作在块传输模式下，此时每来一次触发信号就可传输一个数据块。数据块传输完毕后，DMAEN 位自动清除。若要启动传输下一个数据块，则该位需要被重新置位。在传输数据块期间，其他的传输请求将被忽略。当 $DMADTx=5$ 时，DMA 通道工作在重复块传输模式下。数据块传输完毕后，DMAEN 位仍然保持置位。此时，若有新的触发信号便可开始下一次数据块传送。

在传输数据块时，DMAxSZ 寄存器保存数据块所包含的单元个数。DMASRCINCR 和 DMADSTINCR 反映在数据块传输过程中的目的地址和源地址的变化情况。具体过程为 DMAxSA、DMAxDA、DMAxSZ 寄存器的值写入到对应的临时寄存器中，DMAxSA、DMAxDA 寄存器所对应的临时值在块传输过程中增加或减少，而 DMAxSZ 在块传输过程中减计数，始终反映当前数据块还有多少单元没有传输完毕，当 DMAxSZ 减为 0，它所对应的临时寄存器将原来的值重新置入 DMAxSZ，同时相应的 DMAIFG 被置位。

在块传输过程中，CPU 暂停工作，不参与数据的传输。数据块需要 $2 \times MCLK \times DMAxSZ$ 个时钟周期。当每个数据块传输完毕，CPU 按照暂停前的状态重新开始执行。

（3）猝发块传输（Block）。猝发块传输模式与块传输模式极其类似，它们之间唯一的不同是，在猝发块传输模式下，DMA 每传输 4 个字或字节，就会释放内部总线，让 CPU 运行两个 MCLK 周期，然后再传输 4 个字或字节，如此往复，直至块传输完毕。所以，在传输数据块过程中 CPU 具有 20% 的执行时间处理其他事务。但在上面讲的块传输模式中，CPU 一直处于暂停状态。

$DMADTx=3$ 表示 DMA 处于猝发块传输模式。$DMADTx=6$ 表示 DMA 处于重复猝发块传输模式。具体工作过程与块传输相同，这里不再重复。

3. DMA 中断

上面介绍了 DMA 在正常情况下的工作方式。但当有中断发生时 DMA 是否会中断工作呢？当 DMA 处于数据传输状态时，MSP430 单片机通常是不响应普通中断的。假如有中断，也只能等到 DMA 数据传送结束之后才运行中断程序。考虑到外部 NMI 中断的重要性，DMA 专门有一个控制位 ENNMI 用来控制是否响应 NMI 中断。只有 $ENNMI=1$ 时 NMI 中断才可以打断 DMA 工作。

现在说一下 DMA 自身的中断。每个 DMA 通道都有一个与之对应的中断标志寄存器（DMAIFG）和中断使能位（DMAIE）。在数据传送过程中若 DMAxSZ 寄存器值减为 0，则会使 DMAIFG 置位。若此时 DMAIE 和 GIE 置位,就会产生中断。

DMA 的所有通道共享一个中断向量,所以 DMA 中断属于多源中断。因此,DMA 的 DMAIFG 就不能自动复位,因此使用时必须对其进行软件清零。对于中断源比较多的中断向量,往往具有中断向量寄存器以方便确定中断源,如定时器 A、定时器 B 以及 ADC12 等模块均有自己的中断向量寄存器。所以 DMA 也不例外,它也有自己的中断向量寄存器(DMAIV)。DMAIV 的值与中断源的对应关系见表 11.9。

表 11.9　DMA 中断向量与中断源

DMAIV	中　断　源	中　断　标　志	优　先　级
0x00	无中断		最高
0x02	通道 0	DMA0IFG	
0x04	通道 1	DMA1IFG	
0x06	通道 2	DMA2IFG	
0x08			
0x0A			
0x0C			最低
0x0E			

由表 11.9 可知,每个通道被赋予不同的中断优先级,通道 0 的中断优先级最高,通道 2 的中断优先级最低。通常查询 DMAIV 的值就可以方便地得知触发中断的中断源。

4. DMA 控制寄存器

经过上面的介绍,已对部分控制位的功能有了深入了解。现就 DMA 的控制寄存器做一简要介绍,DMA 具有两个 16 位控制寄存器(DMACTL0 和 DMACTL1)和三个 16 位通道控制寄存器(DMAnCTL)。

(1) DMACTL0 主要用于触发源的选择,每个通道的触发源具体由 DMAnTSELx 位进行控制。这些控制位位于 DMACTL0 中,如下所示。可见,每个通道具有 16 种触发源可供选择,具体将在下面的内容中介绍。

15	14	13	12	11	10	9	8
保留				DMA2TSELx			
rw-(0)	rw-(0)	rw-(0)	rw-(0)	rw-(0)	rw-(0)	rw-(0)	rw-(0)

7	6	5	4	3	2	1	0
DMA1TSELx				DMA0TSELx			
rw-(0)	rw-(0)	rw-(0)	rw-(0)	rw-(0)	rw-(0)	rw-(0)	rw-(0)

(2) DMACTL1 控制寄存器主要用于控制 DMA 的整体性能,其中控制位的分布如下。

15		3	2	1	0
0	...	0	DMAONFETCH	ROUNDROBIN	ENNMI
r0		r0	rw-(0)	rw-(0)	rw-(0)

控制位 DMAONFETCH 用于设置 DMA 启动传输数据的速度。DMAONFETCH=0 表示触发 DMA 后立即启动 DMA 数据传输;DMAONFETCH=1 表示触发 DMA 后待

CPU 执行完当前指令后再启动 DMA 数据传输。

控制位 ROUNDROBIN 用于控制三个 DMA 通道的优先权。默认情况下，ROUNDROBIN=0 表示 DMA 通道的优先权是固定的，DMA0 的优先权最高、DMA2 的优先权最低。ROUNDROBIN=1 表示每次 DMA 传输结束后 DMA 通道的优先权都会改变。

控制位 ENNMI 用于设置 DMA 传输过程是否可以被 NMI 中断。ENNMI=0 表示 DMA 传输不能被 NMI 中断；相反，ENNMI=1 表示 DMA 传输可以被 NMI 中断。当前字节或字数据传输完成后，下次传输开始前 NMI 才可以中断 DMA 传输。中断发生后 DMAABORT 会置位。

（3）DMA 有三个独立的通道，每一个通道有一个控制寄存器 DMAnCTL。通道寄存器中控制位分布如下。

15	14	13	12	11	10	9	8
保留	DMADTx			DMADSTINCRx		DMASRCINCRx	
rw-(0)	rw-(0)	rw-(0)	rw-(0)	rw-(0)	rw-(0)	rw-(0)	rw-(0)

7	6	5	4	3	2	1	0
DMADSTBYTE	DMASRCBYTE	DMALEVEL	DMAEN	DMAIFG	DMAIE	DMAABORT	DMAREQ
rw-(0)	rw-(0)	rw-(0)	rw-(0)	rw-(0)	rw-(0)	rw-(0)	rw-(0)

考虑到控制位 DMADTx、DMADSTINCRx、DMASRCINCRx、DMADSTBYTE、DMASRCBYTE、DMAIFG 和 DMAIE 前面已经介绍，这里介绍 DMALEVEL、DMAABORT 和 DMAREQ 的作用。控制位 DMAREQ 作为一种 DMA 触发源使用，主要用于软件触发 DMA 传输。DMAREQ=0 表示不触发 DMA；DMAREQ=1 表示触发 DMA 传输，传输开始后 DMAREQ 自动复位。控制位 DMAABORT 用于指示 DMA 是否被 NMI 中断。DMAABORT=0 表示没有被中断，DMAABORT=1 则表示 DMA 传输被 NMI 中断。

控制位 DMALEVEL 用于设置触发信号的触发方式。DMA 可识别两种触发方式，分别是边缘触发和电平触发。当 DMALEVEL=0 时表示边缘触发，即上升沿触发 DMA 工作；当 DMALEVEL=1 时表示电平触发，即高电平触发 DMA 工作。当使用电平触发方式时，在传输期间触发电平必须一直保持高电平，若中途变成低电平，则 DMA 将暂停传输，直至触发电平再次回到高电平才继续传输。

对于这两种触发方式，使用场合略有不同。例如，当使用外部信号（DMAE0）触发时，只能使用电平触发。另外，当 DMADTx=0、1、2、3 时也推荐使用电平触发，这主要是由于在这 4 种传输模式下，DMAEN 将自动复位。

11.5.3 DMA 触发源

没有触发信号 DMA 是无法启动数据传输的，因此，那些可以触发 DMA 传输的事件或信号就称为 DMA 的触发源。前面说过，DMA 的每个通道有 16 种触发源可供选择。这 16 种触发源绝大部分来自定时器、串口、模数转换、数模转换和硬件乘法器等片上模块，还有就是软件触发以及外部信号触发。现将这 16 个触发源列于表 11.10 中。

表 11.10　DMA 的触发源

DMAnTSELx	触　发　源	DMAnTSELx	触　发　源
0000	DMAREQ（软件触发）	1000	TBCCR0CCIFG
0001	TACCR2 CCIFG	1001	UCA1RXIFG
0010	TBCCR2 CCIFG	1010	UCA1TXIFG
0011	UCA0RXIFG	1011	Multiplier ready
0100	UCA0TXIFG	1100	UCB0RXIFG
0101	DAC12IFG(DAC12_0CTL)	1101	UCB0TXIFG
0110	ADC12IFGx	1110	DMA1IFG/DMA2IFG /DMA0IFG
0111	TACCR0CCIFG	1111	External trigger DMAE0

1. 软件触发

DMAnTSELx＝0000 时为软件触发。当控制位 DMAREQ 置位时触发 DMA 启动传输，开始传输后 DMAREQ 自动复位。软件触发灵活性高，但需要 CPU 参与设置。

例 11.12　已知 0x1500～0x151F 处有 16 个字数据，试利用 DMA 将其存放到 0x1550-0x156F 处。

解　由于是数据块，这里采用 DMAREQ 触发的猝发块传输模式。为方便观察程序 DMA 工作情况，这里利用 P1.0 输出脚 DMA 状态，具体程序如下。

```
♯include <msp430x26x.h>
void main(void)
{
  WDTCTL = WDTPW + WDTHOLD;
  P1DIR |= 0x001;
  __data16_write_addr((unsigned short) &DMA0SA,(unsigned long) 0x1400);    // 源地址
  __data16_write_addr((unsigned short) &DMA0DA,(unsigned long) 0x1420);    // 目标地址
  DMA0SZ = 0x0010;                          // 数据块大小
  DMA0CTL = DMADT_5 + DMASRCINCR_3 + DMADSTINCR_3; // 重复猝发模式, 增地址
  DMA0CTL |= DMAEN;                          // 启用 DMA0
  while(1)
  {
    P1OUT |= 0x01;                          // P1.0 = 1
    DMA0CTL |= DMAREQ;                       // 启动 DMA 传输
    P1OUT &= ~0x01;                          // P1.0 = 0
  }
}
```

2. 定时器触发

DMAnTSELx＝0001 时定时器 A 的捕获/比较中断标志位 TACCR2 CCIFG 为触发源。当 TACCR2 CCIFG 置位时触发 DMA 启动传输，开始传输后 TACCR2 CCIFG 自动复位。需要注意，当 TACCR2 CCIFG 作为触发源时该标志位不产生中断。例如，当 TACCR2 CCIE＝1 时，即使 TACCR2 CCIFG 置位也不会触发 DMA 传输。

与此类似，DMAnTSELx＝0010 时定时器 B 的捕获/比较中断标志位 TBCCR2 CCIFG 为触发源；DMAnTSELx＝0111 时定时器 A 的捕获/比较中断标志位 TBCCR0 CCIFG 为触发源；DMAnTSELx＝1000 时定时器 B 的捕获/比较中断标志位 TBCCR0 CCIFG 为触

发源。工作原理与 TACCR2 CCIFG 为触发源时完全一致,这里不再重复。

例 11.13 已知存储器内有一常量数组 testconst[6]={0x00,0x03,0x02,0x03, 0x00,0x01},试将其以同样的速度从 P1 口输出。

解 本例可使用 TA+DMA 的组合实现。为了充分体现 DMA 的性能,这里使用 TA. Out2 直接触发 DMA 传输。DMA 的具体设置是重复单字节传输方式,具体程序如下。

```
# include < msp430x26x. h>
const char testconst[6] = { 0x0, 0x3, 0x2, 0x3, 0x0, 0x1 };
void main( void)
{
  WDTCTL = WDTPW + WDTHOLD;
  P1DIR |= 0x003;                                              // P1.0 和 P1.1 输出
  DMACTL0 = DMA0TSEL_1;                                        // TACCR2 为触发源
  __data16_write_addr((unsigned short) &DMA0SA,(unsigned long) testconst);
  __data16_write_addr((unsigned short) &DMA0DA,(unsigned long) &P1OUT);
  DMA0SZ = 0x06;                                               // 数据块大小
  DMA0CTL = DMADT_4 + DMASRCINCR_3 + DMASBDB + DMAEN;          // Rpt, inc src
  TACTL = TASSEL_2 + MC_2;                                     // SMCLK/4, contmode
  __bis_SR_register(LPM0_bits + GIE);                          // 进入 LPM0
}
```

3. USCI 串口触发

DMAnTSELx = 0011 时 USCI_A0 的 UCA0RXIFG 为触发源。当 USCI_A0 的 UCA0RXIFG 置位时(即串口接收到新数据时)触发 DMA 启动传输,开始传输后 USCI_A0 的 UCA0RXIFG 自动复位。需要注意,当 USCI_A0 的 UCA0RXIFG 作为触发源时该标志位不能用于产生中断。

DMAnTSELx = 0100 时 USCI_A0 的 UCA0TXIFG 为触发源。当 USCI_A0 的 UCA0TXIFG 置位时(即串口准备好发送数据时)触发 DMA 启动传输,开始传输后 USCI_A0 的 UCA0TXIFG 自动复位。需要注意,当 USCI_A0 的 UCA0TXIFG 作为触发源时该标志位不能用于产生中断。

与此类似,DMAnTSELx = 1001 时 USCI_A1 的 UCA1RXIFG 为触发源; DMAnTSELx = 1010 时 USCI_A1 的 UCA1TXIFG 为触发源;DMAnTSELx = 1100 时 USCI_B0 的 UCB0RXIFG 为触发源;DMAnTSELx = 1101 时 USCI_B0 的 UCB0TXIFG 为触发源;工作原理与 USCI_A0 相同,这里不再重复。

例 11.14 已知某字符数组 Strs[13]="How are you!",试利用 DMA 通道将其通过 UART 串口以 9600b/s 的速度发送出去。

解 为便于观察串口数据,这里让串口每隔 1s 重发一次。因此,本例涉及三个模块的初始化,分别是 DMA、UART 和看门狗定时器。这里看门狗定时器作为作定时器使用。假设 $f_{ACLK} = f_{UCLK} = 32\,768\mathrm{Hz}$,$f_{MCLK} = f_{SMCLK} = 1.0\mathrm{MHz}$,则程序如下。

```
# include < msp430x26x. h>
const char Strs[13] = "How are you!";
void main( void)
{
  WDTCTL = WDT_ADLY_1000;                                      // 配置 WDT
```

```
    IE1 | = WDTIE;                                            // 启用 WDT 定时中断
    P3SEL | = BIT6 + BIT7;                                    // 端口功能初始化
    UCA1CTL1 = UCSSEL_1;                                      // 以下是配置 USCI_A1 的 UART
    UCA1BR0 = 03;
    UCA1BR1 = 0x0;
    UCA1MCTL = UCBRS_3;
    UCA1CTL1 & = ～UCSWRST;
    DMACTL0 = DMA0TSEL_10;                                    // 以下是配置 DMA0
    __data16_write_addr((unsigned short) &DMA0SA,(unsigned long) String1);
    __data16_write_addr((unsigned short) &DMA0DA,(unsigned long) &UCA1TXBUF);
    DMA0SZ = sizeof Strs - 1;
    DMA0CTL = DMASRCINCR_3 + DMASBDB + DMALEVEL;
    __bis_SR_register(LPM3_bits + GIE);
}
#pragma vector = WDT_VECTOR
__interrupt void WDT_ISR(void)
{
    DMA0CTL | = DMAEN;
}
```

4. 数模转换(DAC12)触发

DMAnTSELx=0101 时 DAC12_0 通道的 DAC12IFG 为触发源。当 DAC12IFG 置位时触发 DMA 启动传输,开始传输后 DAC12IFG 自动复位。需要注意,当 DAC12_0 通道的 DAC12IFG 作为触发源时该标志位不能用于产生中断。例如,当 DAC12IE=1 时,即使 DAC12IFG 置位也不会触发 DMA 传输。

例 11.15　试利用 DMA 和 DAC12 模块,通过查表方式输出正弦波。

解　由题意可知,利用 DMA 将表中的正弦波数据按字格式逐个送入 DAC 中转化成模拟电压。为了控制 DAC12 的转换速度,这里使用定时器 A 的 TACCR1 控制 DAC12 的转换速率。DAC12_0 的 DAC12IFG 作为 DMA 的触发源。假设 $f_{ACLK}=32kHz$, $f_{MCLK}=f_{SMCLK}=f_{TACLK}=f_{DCOCLK}=1.0MHz$,具体程序设计如下。

```
#include <msp430x26x.h>
const int Sin_tab[32] = {2048, 2447, 2831, 3185, 3495, 3750, 3939, 4056, 4095,
                         4056, 3939, 3750, 3495, 3185, 2831, 2447, 2048, 1648,
                         1264, 910, 600, 345, 156, 39, 0,39, 156,
                         345, 600, 910, 1264, 1648};            // 12 位正弦波形表
void main(void)
{
    WDTCTL = WDTPW + WDTHOLD;                                 // 关看门狗
    ADC12CTL0 = REFON;                                        // 开参考电压源
    __data16_write_addr((unsigned short) &DMA0SA,(unsigned long) Sin_tab);
    __data16_write_addr((unsigned short) &DMA0DA,(unsigned long) &DAC12_0DAT);
    DMA0SZ = 0x020;                                           // 数据块大小
    DMACTL0 = DMA0TSEL_5;                                     // DAC12IFG 为触发源
    DMA0CTL = DMADT_4 + DMASRCINCR_3 + DMAEN;                 // Rpt, inc src, word - word
    DAC12_0CTL = DAC12LSEL_2 + DAC12IR + DAC12AMP_5 + DAC12IFG + DAC12ENC;
    TACCTL1 = OUTMOD_3;                                       // 设置输出方式
    TACCR1 = 01;                                              // 设置占空比
```

```
    TACCR0 = 032 - 1;                              // 设置周期
    TACTL = TASSEL_2 + MC_1;                       // 时钟源为 SMCLK、连续计数
    __bis_SR_register(LPM0_bits + GIE);
}
```

5. 模数转换(ADC12)触发

DMAnTSELx=0110 时 ADC12 的 ADC12IFGx 为触发源。由于 ADC12 既有多通道转换也有单通道转换,这里分别进行阐述。当 ADC12 工作在单通道转换模式下时,相应通道的 ADC12IFGx 置位时触发 DMA 启动传输;当 ADC12 工作在多通道转换模式时,当最后一个通道转换结束后,相应通道的 ADC12IFGx 置位时触发 DMA 启动传输。此时使用程序设置 ADC12IFGx 是不会启动 DMA 传输的。当相应的 ADC12MEMx 寄存器被 DMA 访问后,所有的 ADC12IFGx 均会自动复位。

例 11.16 利用 DMA 通道将 ADC12 采用的数据依次存入数据缓冲区中。要求 ADC12 的采样速率由定时器控制。数据缓冲区的大小为 32 字节。

解 根据题意可知,本例涉及 ADC12、Timer 和 DMA 三个模块。定时器用于控制 ADC12 的采样速率,ADC12 的 ADC12IFGx 作为 DMA 的触发源。这里定时器选用 TB,缓冲区首地址为 0x1500,ADC12 的输入通道假设为 A10。假设 $f_{ACLK} = 32\text{kHz}$, $f_{MCLK} = f_{SMCLK} = 1.0\text{MHz}$,那么具体程序如下。

```
void Record(void)
{
  volatile int i;
  ADC12MCTL0 = SREF_1 + INCH_10;                   // 配置通道和参考电压
  ADC12IFG = 0;
  ADC12CTL1 = SHS_3 + CONSEQ_2;                    // TB.OUT1 为采用时钟,重复单通道
  ADC12CTL0 = REF2_5V + REFON + ADC12ON + ENC;     // 配置参考电压
  for(i = 0; i < 0x03600; i++);                    // 等待电压稳定
  __data16_write_addr((unsigned short) &DMA0SA,(unsigned long) &ADC12MEM0);
  __data16_write_addr((unsigned short) &DMA0DA,(unsigned long) 0x01500);
  DMA0SZ = 0x020;
  DMACTL0 = DMA0TSEL_6;
  DMA0CTL = DMADSTINCR_3 + DMAIE + DMAEN;
  TBCCR0 = 100;                                    // 配置周期
  TBCCR1 = 70;                                     // 配置占空比
  TBCCTL1 = OUTMOD_7;                              // 配置输出方式
  TBCTL = TBSSEL_2 + MC_1 + TBCLR;                 // SMCLK, 清 TBR, up mode
  __bis_SR_register(LPM0_bits + GIE);              // 进入 LPM0, 开启总中断
  ADC12CTL1 &= ~CONSEQ_2;                          // 停止转换
  ADC12CTL0 &= ~ENC;                               // 禁用 ADC12 转换
  ADC12CTL0 = 0;                                   // 关闭 ADC12 与参考电压源
  TBCTL = 0;                                       // 关闭 Timer_B
}

void main(void)
{
  WDTCTL = WDTPW + WDTHOLD;
  while(1)
```

```
  {
    Record();                              // 调用采集函数,进行数据采集
  }
}

#pragma vector = DMA_VECTOR
__interrupt void DMA_ISR(void)
{                                          // 采集结束,退出 LPM
  DMA0CTL & = ~DMAIFG;                     // 清 DMA0 interrupt flag
  __bic_SR_register_on_exit(LPM0_bits);    // 退出 LPMx, interrupts enabled
}
```

6. 乘法器触发与外部信号触发

DMAnTSELx=1011 时乘法器准备好信号为触发源。即当乘法器准备好进行下一次计算时触发,触发 DMA 启动传输。在 C 语言程序设计时,硬件乘法器由编译器直接控制,因此在 C 语言程序中通常不需要直接对其进行操作。

DMAnTSELx=1111 时外部触发信号 DMAE0 为触发源,此时 DMAE0 的高电平触发 DMA 启动传输。事实上,在大多数场合下很少使用外部信号作为 DMA 触发源,只有特殊应用场合才使用。具体使用方法看参考上面的示例。

最后再讨论两个问题。第一个问题是如何停止 DMA 传输? 尽管这种情形不常用,但是若确有必要,还是可以通过以下两种方法进行停止 DMA 传输:①如果 DMA 初始化时允许响应 NMI 中断,可以使用 NMI 中止 DMA 的传输;②对于猝发块传输来说,也可以采用使 DMAEN 清零的方法中止 DMA 传输。

第二个是关于通道优先权的问题,前面讲过,默认情况下优先权的次序为 DMA0→DMA1→DMA2,其中,DMA0 最高、DMA2 最低。如果有两个或三个通道同时启动 DMA 传输,则优先权高的先传输。若 DMA 传输时有高优先权的通道需要传输数据,此时需要等到当前通道完成后再进行高优先权的传输。若是 ROUNDROBIN=1 则优先权将发生改变,改变的具体规律如表 11.11 所示。

表 11.11　DMA 优先权的改变规律

传　输　前	传　输　通　道	传　输　后
DMA1→DMA2→DMA0	DMA1	DMA2→DMA0→DMA1
DMA2→DMA0→DMA1	DMA2	DMA0→DMA1→DMA2
DMA0→DMA1→DMA2	DMA0	DMA1→DMA2→DMA0

习题

11-1　Flash 存储器的存储空间是怎样分布的? 通常用来存储哪些信息?

11-2　Flash 存储器内部的信息是否能够重复改写? 为什么?

11-3　编写程序将 Flash 信息存储器 C 段与 D 段的信息互换。

11-4　某程序员在对 Flash 区操作时首先往 0x8080 处写入数据 0x56,紧接着再从该地址读出写入的数据,发现读出的值是 0x50。①试解释为什么会产生该现象,如何避免该现

象发生？②若读出 0x50 后再在同一地址写入新数据 0x42,然后再读取该值。试判断读出的数据。

11-5　已知信息 Flash 区内 C 段中保存有重要数据。现要求编程实现只将 C 段内 0x1042 处的数据一次改写为 0x2013,注意 C 段内其他数据不变。

11-6　简述 MSP430 单片机存储器扩展的方法与原理。

11-7　在网上找一些利用单片机读写 SD 卡的程序,并分析它们是如何实现对 SD 卡的访问的。

11-8　简述文件系统的功能与常见的文件系统。

11-9　简述利用文件系统访问 SD 卡的好处。

11-10　指出 SD 卡、Mini SD 卡和 Micro SD 卡的区别。

11-11　SD 卡读写的最小单位是什么？

11-12　简述 DMA 的工作原理。

11-13　DMA 的传输模式有哪些？有哪几个触发源？

11-14　简述 DMA 的作用以及是如何降低系统功耗的。

11-15　利用 DMA 通道完成 DAC12 输出正弦波的功能。

11-16　参照例 11.15,利用定时器作为触发源,结合 DAC12 与 DMA 编写正弦波输出程序。

## 第 12 章

MSP430 单片机应用系统设计基础

12.1 单片机应用系统设计概述

12.1.1 单片机应用系统设计一般步骤

单片机应用系统的设计与开发一般包括应用系统的设计和应用系统的调试两大部分工作,如图 12.1 所示。应用系统的设计又分为系统硬件设计和系统软件设计,系统硬件设计是以芯片和元器件为基础,目的是要研制出一台完整的单片机应用系统;系统软件设计是基于硬件基础上的程序设计过程,系统硬件设计和系统软件设计是可以并行进行的。应用系统的调试包括应用系统仿真调试和应用系统脱机运行调试两步。但对于功能单一、规模不大的单片机应用开发而言,通常将其作为软件设计的一部分进行处理。这里将简单介绍与单片机应用系统设计有关的知识。

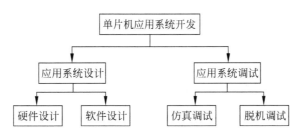

图 12.1 应用系统开发示意图

1. 方案调研与总体规划

古人云:"谋后而定,行且坚毅",这句话也适合单片机应用系统的设计与开发。可将其解释为单片机应用系统的设计一定要重视前期方案调研和总体规划,在确定好之后要坚定不移地执行,克服各种困难,最终做出产品。

因此,首先要对研发的课题进行全面而细致地调研,这是整个研制工作成败、好坏的关键。方案调研就是通过查找资料,分析研究,了解相关课题的开发水平、器材设备技术水平、供应状态,搞清楚应用系统的任务、控制对象、硬件资源和工作环境,明确各项技术指标的性能要求、环境状况、技术水平,了解可移植的软硬件技术资源,以避免大量重复劳动;摸清软硬件技术难度,以明确技术主攻方向。

通过调查研究,则应确定应用系统的功能技术指标,软硬件指令性方案及分工,并在分析研究基础上对设计目标、系统功能、控制速度、输入/输出速度、存储容量、地址分配、I/O接口、出错处理等给出符合实际的明确定义,以拟定出完整的设计任务书。同时还需组织有关专家对系统的技术性能、技术指标和可行性进行论证。这一部分内容主要用于在商业产品研发方面,当然对于一个小制作来说,预先调研一下当前的研究状况,也很有益处。

在拟定出设计任务书后,就应对控制对象的物理过程和计算任务进行全面分析,并从中抽象出数学表达式,即建立数学模型。数学模型的形式是多样的,可以是一系列数学表达式,可以是数学推理和逻辑判断,也可以是运行状态的模拟。

2. 总体设计

在一番前期准备之后,接下来就是比较务实的总体设计。总体设计是一个能影响单片机应用系统功能指标的至关重要的步骤。它主要解决单片机和外围传感器的选型问题。单片机的选型一般是根据系统设计的目标、复杂程度、可靠性、精度、速度等要求来选择的,而且要注重性价比。一个设计合理的单片机应用系统常会因传感器精度和环境条件制约而达不到预定设计指标。所以选择的传感器应该是仔细推敲,甚至是反复演算的产物。

此外,在总体设计过程中,传感器、各功能模块和单片机系统应统一考虑,按经济、技术的要求选择最佳方案。各功能模块和单片机系统电路要尽可能选择标准化器件、模块化结构的典型电路,并要留有余地,以备扩展,要尽可能采用集成电路,减少接插件和相互连线,降低成本,提高可靠性。

对于复杂的单片机应用系统,还应根据系统要求对系统中软硬件功能进行权衡和划分。提高硬件功能的比例可以提高速度、减少存储容量、有利于检测和控制的实时性,但会增加硬件成本,降低硬件的利用率和系统的灵活性与适应性;相反,提高软件功能的比例可以降低硬件成本、提高系统的灵活性和适应性,但相应速度要下降,软件设计费用和所需的存储器容量就会增加。例如,在要求不占用 CPU 时间,且所使用的器件是标准化器件,价格也不贵时,应尽可能使用硬件;而在为了提高系统的可靠性时,应在满足精度和速度要求的基础上尽可能把硬件功能改用软件来实现。通常使用的方法是:软件能实现的功能尽可能由软件实现,以简化硬件结构,降低硬件成本。

3. 硬件设计

总体方案确定下来后,系统的硬件规模和软件框架也就随之而定,就可以进入系统设计的具体实施阶段。在硬件设计时尽可能选择典型电路,应充分满足应用系统的功能要求并留有适当余地。整个系统中的相关器件应尽可能做到性能匹配。例如,若选用的晶体频率较高时,就应选择存取速度较快的存储器芯片;若选择 CMOS 工艺芯片的单片机来构成低功耗系统时,则系统中所有器件也都应选择低功耗型的。当单片机外接电路较多时,就必须考虑其驱动能力。驱动能力不足会导致系统可靠性差,解决的办法是增设驱动器以增加驱动能力或者降低外围芯片功耗以减小总线负载。重视电源管理,尤其在有多种工作电压并存的系统中,设计好电平逻辑的转换。

在此基础上根据要求画出硬件电路原理图,为避免重复制版,最好首先在面包板上搭出初步实验性电路,此举有利于在后续的调试和运行过程中随时对硬件电路加以改进和调整。在反复实验无误后,便可制作印刷电路板及组装成样机了。

4. 软件设计

软件设计应包括拟定程序的总体方案、画出程序流程图、编写具体程序以及程序的检查、修改和调试等工作。一个好的软件程序应具有结构清晰、简洁、流程合理等特点。程序应按功能进行模块化或子程序化以便于调试、链接、移植、修改和维护。程序存储区与数据存储区规划要合理,既能节约内存,又便于操作。运行状态应实现标志化管理,各个功能程序模块的运行状态、运行结果及运行要求都应设置状态标志以便查询,程序的转移、运行、控制都可通过状态标志条件来控制。

对于一个功能复杂、信息量大的单片机控制系统,这要求合理选用切合实际的程序设计方法。常用的程序设计方法有三种:①模块化程序设计;②自顶向下逐步求精程序设计;③结构化程序设计。不论采用何种程序设计方法,都应画出粒度不同的程序流程图。

软件编写完之后就进行调试,调试的次序一般是先易后难,后面的调试应尽可能采用以前已调试好的电路或程序模块,各个单元模块都调好后再进行总调。

所有模块化软件调试完毕后,就应进行链接调试与脱机运行。链接调试可以在所研制成功的硬件系统上进行,其任务是把已调试好的各程序功能模块按照总体设计要求链接成一个完整的应用系统软件。在链接调试中,可能会出现某些支路上的程序模块因受条件制约而不具备得到相应输入参数的情况,这时,调试人员应创造条件进行模拟调试。每当调试好一个程序功能块就把它链接到主程序结构的指定位置上,直到最后一个程序功能块被挂上,全部链接调试工作就算完成了。由于目前大多数器件支持在线调试,所以链接调试与脱机运行一同进行。现场调试是最后一步,通常用在商业产品上。普通的小制作只要在线调试达到预期目标,就算成功了。

12.1.2 基于MSP430单片机的应用系统设计

经过12.1.1节的介绍,相信读者已对基于单片机的应用系统设计的理论知识有了基本了解。本节将结合实际实例,介绍基于MSP430单片机应用系统设计的步骤与注意事项。

1. 简易心率计的制作

(1) 系统方案。简易人体心率检测仪的工作原理是采用光电传感器检测指尖脉搏信号,脉搏信号经放大、滤波、整形等处理得到反映心率变化的脉冲序列,然后通过定时器捕获该脉冲序列信号以准确计算心率值,并在LCD显示器上显示实时心率信息。整个系统的结构如图12.2所示。

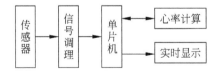

图 12.2 系统框图

第1部分是传感器部分,它负责采集脉冲信号。这里使用的是光电检测法进行脉搏信号采集,其工作原理如图12.3所示。发光二极管发射一定波长的光,通过手指后经光敏二极管接收。光线经过手指时血液会吸收部分光,使得投射光被衰减。由于手指动脉血在血液循环过程中呈周期性的脉动变化,所以它对光的吸收和衰减也是周期性脉动的,于是光敏二极管输出信号的变化也就反映了动脉血的脉动变化。

第 2 部分是信号调理部分。由于光敏二极管得到的信号比较弱,所以必须对其进行放大滤波处理。具体做法是将采集到的脉搏信号依次经过去除直流分量、两级信号放大、低通滤波变换成适于整形的模拟波形,经整形后转换成数字脉冲序列,此时单片机便可直接处理该信号了。

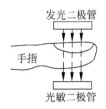

图 12.3 光电检测原理图

第 3 部分为单片机控制部分。这部分主要由单片机内程序完成,主要负责心率实时计算及显示等工作。

第 4 部分实际是单片机处理的一部分,即计算实时心率。这部分主要由单片机内定时器完成。

第 5 部分为 LCD 显示部分,用于实时显示心率值。

(2) 硬件设计。本设计的硬件电路主要是单片机外围电路设计,即信号采集电路的设计和显示电路设计。信号采集电路的原理如图 12.4 所示。制作光电检测电路时首先要选择好发光二极管 D_1 与光敏二极管 D_2,它们的质量将直接影响采集质量,其次要注意选择 R_1 与 R_2 的值,在保证 D_1 与 D_2 正常工作的情况下,D_2 的接收信号最佳。可用示波器反复实验取最佳值。

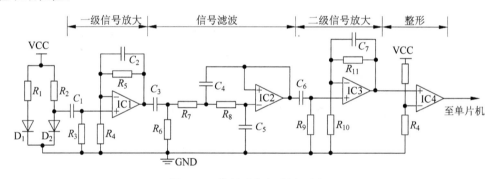

图 12.4 信号采集电路原理图

两级放大电路结构相同,主要是用于检测信号的放大。由于采集的脉搏信号是交流信号,所以它们之间采用了电容耦合的方式,去除直流干扰。考虑到级联放大在放大信号的同时也将噪声放大,因此在两级放大之间增加了巴特沃斯低通滤波,其目的是在二次放大之前先进行低通滤波以减少高频信号(如毛刺信号和噪声)的干扰。

为了简化软件编程,可在信号调理后进行整形处理,整形前后波形的差异如图 12.5 所示。

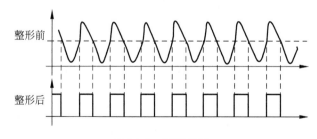

图 12.5 整形前后

显示电路采用段式 LCD 显示,驱动 IC 选用 BU9796FS。它们与单片机的连接方式示意图如图 12.6 所示。段式 LCD 与 BU9796FS 的引脚连接如图 12.7 所示。

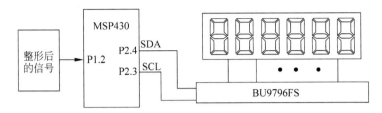

图 12.6 单片机与 BU9796FS 的连接示意图

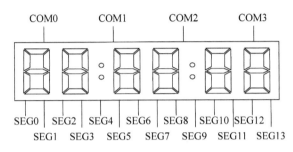

图 12.7 某数字时钟 LCD

当与 BU9796 连接时,COM0~COM3 直接与 LCD 的 COM0~COM3 连接,SEG0~SEG13 直接与 LCD 的 SEG0~SEG13 连接。BU9796FS 剩下段 SEG14~SEG19 的引脚悬空,TEST1、TEST2 为内部测试端,不用时直接接地,VLCD 端为内部对比度控制电路提供偏压,一般 VDD~VLCD≥2.4V。若使用内部时钟,OSCIN 引脚必须接地。

在具体制作调试时,应分别按功能调试。在调试无误后再将其连接在一起进行整体调试,总体原则是先小后大、先易后难,遵循这个原则可达到事半功倍的效果。

由于本例需要使用 LCD 集成驱动电路 BU9796FS,这里对其内部结构与使用方法做一简单介绍。BU9796FS 集成电路具有较宽的工作电压范围(2.5~5.5V),片内资源较丰富,如图 12.8 所示。该芯片内部集成了电压发生器、内部振荡器、段端驱动、内置显存、串行通

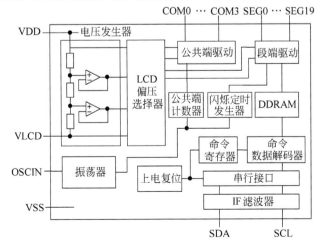

图 12.8 BU9796FS 内部结构

信接口等。电压发生器用于提供 LCD 显示所需要的偏置电压,它支持 1/2 和 1/3 两种偏置电压。内置的片内振荡器可使芯片即使在没有外接时钟的情况下也可正常工作。该芯片采用 4MUX 动态模式输出(4 个 COM 端和 20 个段),同时片内集成了 20×4b 的显存 (DDRAM),可同时驱动 80(20SEG×4COM)段。串行通信接口支持标准两线制 I²C 通信,这样有利于减少对 I/O 引脚的占用。此外,该芯片还支持闪烁效果。

BU9796FS 集成电路的封装如图 12.9 所示,其有 20 个段输出引脚、4 个 COM 端引脚、两个测试引脚、一对串行通信引脚、一个外部时钟输入引脚、一个 LCD 驱动电源引脚和两个电源引脚。各个引脚的功能如表 12.1 所示。

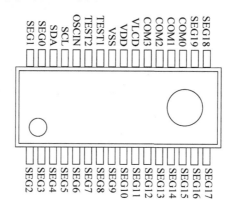

图 12.9　BU9796FS 引脚定义及封装

表 12.1　BU9796FS 引脚功能

引脚名称	引脚编号	传输方向	功　能
TEST1	26	I	测试输入(ROHM 专用),使用时必须接地
TEST2	27	I	测试输入(ROHM 专用),TEST="L",POR 电路使能,TEST="H",POR 电路禁止,具体参考数据手册介绍
OSCIN	28	I	外部时钟输入,由指令来设置使用内部还是外部时钟,如果使用内部时钟,该脚必须接地
SDA	30	I/O	串行数据总线
SCL	29	I	串行时钟总线
VSS	25	-	GND
VDD	24	-	电源
VLCD	23	-	LCD 驱动电源
SEG0~SEG19	1~18,31,32,	O	段输出
COM0~3	19~22	O	公共端输出

由上可知,单片机与 BU9796FS 之间的通信是通过两线式 I²C 协议实现的。通信时单片机是发送端,BU9796FS 是接收端。单片机首先启动 I²C 总线,接着发送该设备的从地址,紧跟着就是指令流,一般在指令流之后会是要显示的数据,最终以停止位关闭本次通信,如图 12.10 所示。

由图可知,串行传输的数据由指令和显示数据组成。指令负责管理 BU9796FS 的工作

图 12.10 串行数据传输格式

方式与显示效果；显示数据负责控制各段是否显示。整个传输过程是单向的。尽管串行通信传输的最小单位是位，但通常将一个字节作为最小分组。BU9796FS 的所有指令均是 7＋1 的格式，即最高位(MSB)为标志位，用于标识下字节数据的性质。若该位为 1，则表示下一个字节将是一条控制指令。若为 0 则表示下一个字节将是要显示的数据，该数据将被写入 BU9796FS 的 RAM 中。最后 7 位为指令位，BU9796FS 共有 6 条指令，它们分别为显示控制指令、显示模式设置指令、地址设置指令、工作模式指令、闪烁控制指令和全字段控制指令。下面逐一对这些指令做介绍。注意，这些指令的 MSB 记为 C。

① 显示控制指令。该指令用于控制字段的显示方式，其格式如下。

7	6	5	4	3	2	1	0
C	0	1	P4	P3	P2	P1	P0

P4 与 P3 共同确定显示的能耗。当 P4P3＝00 时为正常显示，此时功耗最大；当 P4P3＝01 时为低功耗模式 1；当 P4P3＝10 时为低功耗模式 2；当 P4P3＝11 时为低功耗模式 3。

P2 位用于控制 LCD 驱动交流电的波形，P2＝1 为帧翻转，P2＝0 为线翻转。

当 P1P0＝00 时为低功耗模式 1；当 P1P0＝01 时为低功耗模式 2；当 P1P0＝10 时为正常显示；当 P1P0＝11 时为高功耗模式；复位后默认为正常显示模式，使用线翻转交流电驱动 LCD 显示。

② 显示模式设置指令。该指令用于控制 LCD 的显示及偏压设置，其指令格式如下。P3＝0 时关闭显示，P3＝1 时开启显示；P2＝1 时为 1/2 偏压；P2＝0 时为 1/3 偏压。

7	6	5	4	3	2	1	0
C	1	0	-	P3	P2	-	-

③ 地址设置指令。该指令用于设置该 IC 的地址，指令格式如下。所允许的地址范围 P4～P0 为 0x00000～0x10011。

7	6	5	4	3	2	1	0
C	0	0	P4	P3	P2	P1	P0

④ 工作模式指令。该指令用于设置软件复位和时钟源，指令格式如下。

7	6	5	4	3	2	1	0
C	1	1	0	1	-	P1	P0

当 P1＝1 时执行软件复位；当 P0＝1 时使用外部时钟，当 P0＝0 时使用内部振荡器。复位后默认使用内部振荡器。

⑤ 闪烁控制指令。该指令用于控制显示数据是否按一定频率闪烁，低两位为有效控制位，指令格式如下。

7	6	5	4	3	2	1	0
C	1	1	1	0	-	P1	P0

P1P0＝00 时为不闪烁；P1P0＝01 时闪烁频率为 0.5Hz；P1P0＝10 时闪烁频率为 1Hz；P1P0＝11 时闪烁频率为 2Hz。

⑥ 全字段控制指令。该指令为全字段控制指令,低两位为有效控制位,用于控制全部显示或全部消失。指令格式如下。

7	6	5	4	3	2	1	0
C	1	1	1	1	1	P1	P0

当 P1＝1 时显示全部字段信息；P0＝1 时不显示任何字段。其他情况为正常显示状态。复位后默认正常显示状态。

在传输数据时若 MSB 被设置成 0,则表示传输内容由发送指令转换成发送待显示数据。一旦转换成数据发送状态,将再也不能发送指令。若想再次输入指令则必须结束当前传输,并再次发送一个有效的启动信号。

若处于数据发送状态,待显示数据将被写入 BU9796FS 的 RAM 中。BU9796FS 中共有 200b 的显存空间。一般在系统及器件初始化时发送指令完成相应显示环境和效果的配置。而在正常工作中主要是发送待显示的数据。若单纯往 BU9796FS 中写待显示的数据时只需将待显示数据紧跟在地址之后即可,其传输格式如图 12.11 所示,相应数据在 RAM 中的对应位置如图 12.12 所示。

图 12.11 数据传输格式

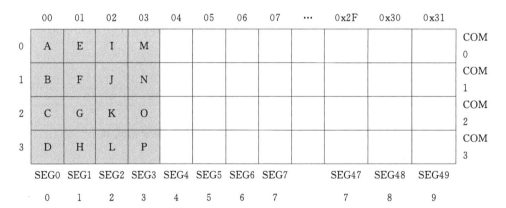

图 12.12 DDRAM 的数据映射关系

由上述可知,若要正确使用 BU9796FS 不但要会配置 I^2C 总线以实现数据传输,还要掌握 BU9796FS 的各种指令以实现各种显示效果。但在实践程序设计时往往不会直接使用指令数据进行操作,而是采用更易记忆的宏定义方式进行使用,如表 12.2 所示。

表 12.2 宏定义对照表

宏指令	自定义名称	值	功 能 说 明	宏指令	自定义名称	值	功 能 说 明
#define	Write_Com	0x80	命令	#define	Display_ON	0x48	打开显示
#define	Write_Data	0x00	数据	#define	Blink_Mode0	0x70	关闭闪烁
#define	BU9796_Addr	0x7C	地址	#define	Blink_Mode1	0x71	闪烁模式1(0.5Hz)
#define	Base_Add	0x00	基地址	#define	Blink_Mode2	0x72	闪烁模式2(1Hz)
#define	Half_Bias	0x44	1/2偏置	#define	Blink_Mode3	0x73	闪烁模式3(2Hz)
#define	Ext_Clock	0x69	使用外部时钟				
#define	Set_Reset	0x6A	复位				

(3) 软件设计。由于输入单片机的信号是脉冲序列，所以整个软件程序比较简单。只需要使用定时器对输入脉冲进行计数即可。考虑到正常人的心率范围是 $60\sim100$ 次/min，平均在 75 次/min 左右。该信号的频率在 1Hz 左右，所以频率较低，因此采用测周期的方式间接计算心率。配置定时器时将其配置为捕获功能。检测相邻两个上升沿或下降沿的周期，根据周期计算出对应的心率值，最后将该值输出至显示器，整个程序的流程图如图 12.13 所示，具体程序如下。

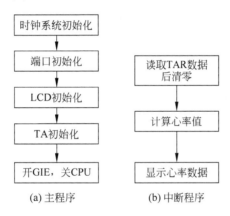

图 12.13 简易心率计程序流程图

```c
#include<msp430x26x.h>
#define uint unsigned int
unsigned int HeartRATE = 0;                             // 周期数
const uchar Num_Code[] = {0xAF, 0x06, 0x6D, 0x4F, 0xC6, 0xCB, 0xEB, 0x0E, 0xEF, 0xCF};
// 0, 1, 2, 3, 4, 5, 6, 7, 8, 9
void I2C_Start(void);                                   // 产生启动信号
void I2C_Stop(void);                                    // 产生结束信号
void I2C_Write_ACK(void);                               // 读应答信号
void I2C_Senduchar( uchar Wr_Data );                    // 发送字符
void Send2Display ( const uchar Addr,const uchar * P_Data, uchar Length )
{
    uchar User_Addr = Addr;
    I2C_Start();                                        // 启动 BU9796
    I2C_Senduchar( BU9796_Addr );                       // 写 BU9796 的物理地址
    I2C_Write_ACK();
    I2C_Senduchar( Base_Add + User_Addr * 2 );          // 发送起始地址,紧跟的是数据
```

```
        I2C_Write_ACK();
        for( uchar i = Length ; i > 0; i-- )
        {
            uchar Temp_Disp_Data = Num_Code[ * P_Data++];
            I2C_Senduchar( Temp_Disp_Data + Num_Code[ * P_Data++]);
            I2C_Write_ACK();
        }
        I2C_Stop();                              // 访问结束
    }

void LCD_Init ( void )
{
    I2C_Start();                                 // 启动 BU9796
    I2C_Senduchar( BU9796_Addr );                // 写 BU9796 的物理地址
    I2C_Write_ACK();                             // 等待 ack
    I2C_Senduchar( Write_Com + Set_Reset);       // 启动软复位
    I2C_Write_ACK();                             // 等待 ack
    I2C_Senduchar( Write_Com + Blink_Mode2 );
    I2C_Write_ACK();
    I2C_Senduchar( Write_Com + Display_ON );     // 开显示
    I2C_Write_ACK();
    I2C_Senduchar( Write_Data + Base_Add );      // 发送起始地址,下一个紧跟的是数据
    I2C_Write_ACK();
    for( uchar i = 0; i < 10; i++)               // 清 LCD 显示屏
    {
        I2C_Senduchar( 0x00 );
        I2C_Write_ACK();
    }
    I2C_Stop();                                  // 访问结束
}

void LCD_Show(unsigned int Data)
{
unsigned char Data_Buf[3];
    Data_Buf[2] = HeartRATE % 10;
    Data_Buf[1] = (HeartRATE % 100)/10;
    Data_Buf[0] = (HeartRATE % 1000)/100;
    Send2Display( 3,Disp_Buf,3 );
}

void main( void )
{
  WDTCTL = WDTPW + WDTHOLD;
  LCD_Init();                                    // 段式 LCD 初始化
  P1SEL |= BIT2;                                 // 选择 P1.2 作为捕获的输入端子
  TACCTL1 |= CM_1 + SCS + CCIS_0 + CAP + CCIE;
  TACTL = TASSEL_1 + MC_2 + TACLR;
  __bis_SR_register(LPM3_bits + GIE);
}

# pragma vector = TIMERA1_VECTOR
```

```
__interrupt void Timer_A(void)
{
  if(TAIV == 2)
  {
    HeartRATE = 32768 * 60/TAR;          // 计算心率值
    TACTL | = TACLR;                     // TAR 清零
LCD_Show(HeartRATE);                     // 送到 LCD 显示
  }
}
```

至此,本例的核心程序介绍完毕。注意,函数 void I2C_Start(void)用于产生启动信号,void I2C_Stop(void)用于产生结束信号,void I2C_Write_ACK(void)用于读应答信号,void I2C_Senduchar(uchar Wr_Data)用于发送字符,具体实现代码参见第 8 章软件模拟 I²C 通信的程序。另外,本例也可以使用数码管等显示心率值。

2. 简易数字示波器

(1) 系统方案。简易示波器的工作原理很简单,如图 12.14 所示,具体是首先将模拟信号进行模数转换得到数字量,然后将采集的数字量通过串口发送到上位机显示和处理。这里假设输入的模拟信号已经过信号处理,可以进行直接采样。在本例中为了控制采样的精度,使用 TB 控制采样频率。

图 12.14 简易示波器框图

(2) 硬件电路设计。为充分利用 MSP430 单片机内部集成的资源,简化外部电路设计,外部模拟信号采集电路使用单片机内部集成的 ADC12 模数转换模块。这里使用 A0 通道(即 P6.0 引脚的第二功能)作为模拟信号的输入通道。这样整个硬件电路只包括单片机采集和 RS-232 接口两部分电路,下面介绍 UART 与 RS232 的关系。

UART 是一种异步串口通信协议,它规定了异步串行通信接口标准规范和总线标准规范。RS-232 规定了通信口的电气特性、传输速率、连接特性和接口的机械特性等内容。所以 RS-232 实际上是属于通信网络中的物理层(最底层)的概念,与通信协议没有直接关系。而通信协议属于通信网络中的数据链路层(上一层)的概念。

单片机中的 UART 和计算机串口 RS-232 的区别仅在于电平的不同,计算机串口采用 232 电平(高电平 1 是-15~-3V,低电平 0 是+3~+15V)而单片机 UART 则采用 TTL 电平(高电平 1 是≥2.4V,低电平 0 是≤0.5V)。如果不进行电平转换,单片机与计算机串口就不能进行直接通信。所以当单片机 UART 接口与计算机上的串口通信时,首先要经过转压芯片(例如 MAX232,TRS3232E 等)来实现电平转化。

(3) 软件设计。由上述可知,本程序流程如图 12.15 所示,整个程序分成两部分,一部分为主程序,负责完成整个系统的初始化。系统初始化部分主要完成时钟系统的初始化、相关端口的初始化、USCI 串口初始化和 ADC12 的初始化,待 ADC12 初始化完成后,启动数据采样。同时开启 GIE 并关闭 CPU,使系统进入低功耗状态,如图 12.15(a)所示。

当数据采集完成后触发 ADC12 中断,单片机随即自动唤醒 CPU 并进入 ADC12 中断处理程序。在中断处理函数中,将采集的数据通过串口发送出去,随后启动下一次采集,如图 12.15(b)所示。

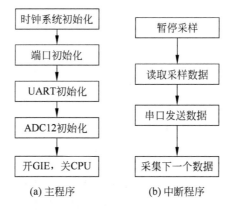

(a) 主程序   (b) 中断程序

图 12.15   程序流程图

具体程序代码如下。

```
# include < msp430x26x. h>
void main(void)
{
  WDTCTL = WDTPW + WDTHOLD;
  BCSCTL1 = CALBC1_1MHZ;                     // 时钟系统初始化
  DCOCTL = CALDCO_1MHZ;
  P3DIR | = BIT4;                            // 端口初始化
  P3SEL | = BIT4 + BIT5;
  UCA0CTL1 | = UCSSEL_2;                     // UART 初始化
  UCA0BR0 = 8;
  UCA0BR1 = 0;
  UCA0MCTL = UCBRS_6;
  UCA0CTL1 & = ～UCSWRST;
  ADC12CTL0 = SHT0_2 + ADC12ON;              // ADC12 初始化
  ADC12CTL1 = SHP;
  ADC12MCTL0 = INCH_0;
  ADC12IE = BIT0;
  ADC12CTL0 | = ENC;
  ADC12CTL0 | = ADC12SC;
  __bis_SR_register(LPM0_bits + GIE);
}

# pragma vector = ADC12_VECTOR
__interrupt void ADC12_ISR (void)
{
  while (!(IFG2&UCA0TXIFG));
  {
    UCA0TXBUF = ADC12MEM0;
    UCA0TXBUF = 0x55;
    ADC12CTL0 | = ADC12SC;
  }
}
```

以上程序为简易示波器的单片机核心程序,上位机程序还需要相应的串口数据显示与处理软件。此类软件可从因特网上下载,这里就不过多介绍了。

本实例仅实现了示波器的基本功能,即数据的采集功能。该实例还有进一步扩展的空间。感兴趣的读者可以尝试从以下几个方面进行功能扩展:①在信号输入端可以增加信号调理电路,以适应不同强度的信号采样,最好是程控的,这样可以实时显示信号的强度;②在模数转换时可以增加采样时间控制,以实现不同分辨下的数据采样与波形显示;③可以增加单片机直接控制的 LCD 显示模块,直接进行数据显示,这样就可以不用上位机了。

12.2 单片机应用系统的抗干扰与低功耗设计

12.2.1 抗干扰技术

1. 干扰源与干扰分类

单片机系统是依靠电信号工作的电系统,所以元器件选择、安装、制造工艺、系统结构设计、系统内部和外部的各种电磁干扰等都可能影响单片机系统的可靠、安全运行。通常将产生干扰的元件、设备或信号称为干扰源。如常见的干扰源是雷电、继电器、可控硅、电机、高频时钟等。容易被干扰的对象称为敏感器件。易受干扰的敏感器件如 A/D、D/A 变换器、单片机、数字 IC、弱信号放大器等。干扰从干扰源传播到敏感器件的通路或媒介则称为传播路径。典型的干扰传播路径是通过导线的传导和空间的辐射。干扰信号往往会导致单片机系统运行失常,轻则影响产品质量和产量,重则会导致事故,造成重大经济损失。

干扰的分类有许多种,通常可以按照干扰产生的原因、传导方式、波形特性等进行不同的分类。按产生的原因可分为放电噪声、高频振荡噪声、浪涌噪声。按传导方式可分为共模噪声和串模噪声。按波形分可分为持续正弦波、脉冲电压、脉冲序列等。在很多场合下将干扰称为噪声,这里将不对这两个概念进行区分。

干扰源产生的干扰信号总是通过某些传播路径对敏感器件产生作用。通常将这个传播路径称为干扰的耦合方式。搞清楚耦合方式也就知道了干扰源和被干扰对象之间的传递方式,具有以下几种耦合方式。①直接耦合,这是最直接的方式,也是系统中存在最普遍的一种方式,例如,干扰信号通过电源线侵入系统。对于这种形式,最有效的方法就是加入去耦电路。②公共阻抗耦合,这也是常见的耦合方式,这种形式常常发生在两个电路电流有共同通路的情况。为了防止这种耦合,通常在电路设计上就要考虑,使干扰源和被干扰对象间没有公共阻抗。③电容耦合,又称电场耦合或静电耦合,是由于分布电容的存在而产生的耦合。④电磁感应耦合,又称磁场耦合,是由于分布电磁感应而产生的耦合。⑤漏电耦合,这种耦合是纯电阻性的,在绝缘不好时就会发生。

2. 常用硬件抗干扰技术

由上述可知,干扰是由干扰源产生经过传播路径耦合到敏感器件上。所以硬件上阻断干扰的方法,也主要是从抑制干扰源、切断干扰传播路径和提高敏感器件自身抗干扰性能三方面着手进行抗干扰的。

抑制干扰源是指尽可能地减小干扰源。这是抗干扰设计中最优先考虑和最重要的原则,常常会起到事半功倍的效果。减小干扰源的电压波动主要是通过在干扰源两端并联电容来实现的。减小干扰源的电流波动则是在干扰源回路串联电感或电阻以及增加续流二极管来实现的。

抑制干扰源的常用措施如下。

（1）为继电器线圈增加续流二极管,消除断开线圈时产生的反电动势干扰。增加稳压二极管可使继电器在单位时间内可动作更多的次数。

（2）在继电器接点两端并接火花抑制电路（一般是 RC 串联电路,电阻一般选几 kΩ 到几十 kΩ,电容选 $0.01\mu\text{F}$）,以减小电火花影响。

（3）给电机加滤波电路,注意电容、电感引线要尽量短。

（4）电路板上每个 IC 要并接一个 $0.01\sim0.1~\mu\text{F}$ 高频电容,以减小 IC 对电源的影响。注意高频电容的布线,连线应靠近电源端并尽量粗短,否则等于增大了电容的等效串联电阻,会影响滤波效果。

（5）布线时避免 90°折线,减少高频噪声发射。

（6）可控硅两端并接 RC 抑制电路,减小可控硅产生的噪声（这个噪声严重时可能会把可控硅击穿）。

按干扰的传播路径可分为传导干扰和辐射干扰两类。传导干扰是指通过导线传播到敏感器件的干扰。高频干扰噪声和有用信号的频带不同,可以通过在导线上增加滤波器的方法切断高频干扰噪声的传播,有时也可加隔离光耦来解决。电源噪声的危害最大,要特别注意处理。辐射干扰是指通过空间辐射传播到敏感器件的干扰。一般的解决方法是增加干扰源与敏感器件的距离,用地线把它们隔离和在敏感器件上加屏蔽罩。

切断干扰传播路径的常用措施如下。

（1）充分考虑电源对单片机的影响。电源做得好,整个电路的抗干扰就解决了一大半。许多单片机对电源噪声很敏感,要给单片机电源加滤波电路或稳压器,以减小电源噪声对单片机的干扰。

（2）如果单片机的 I/O 口用来控制电机等噪声器件,在 I/O 口与噪声源之间应加隔离。

（3）注意晶振布线。晶振与单片机引脚尽量靠近,用地线把时钟区隔离起来,晶振外壳接地并固定。

（4）电路板合理分区,如强、弱信号,数字、模拟信号。尽可能把干扰源（如电机、继电器）与敏感元件（如单片机）远离。

（5）用地线把数字区与模拟区隔离。数字地与模拟地要分离,最后在一点接于电源地。A/D、D/A 芯片布线也以此为原则。

（6）单片机和大功率器件的地线要单独接地,以减小相互干扰。大功率器件尽可能放在电路板边缘。

（7）在单片机 I/O 口、电源线、电路板连接线等关键地方使用抗干扰元件如磁珠、磁环、电源滤波器、屏蔽罩,可显著提高电路的抗干扰性能。

提高敏感器件的抗干扰性能是指从敏感器件这边考虑尽量减少对干扰噪声的拾取,以及从不正常状态尽快恢复的方法。提高敏感器件抗干扰性能的常用措施如下。

（1）布线时尽量减少回路环的面积,以降低感应噪声。

（2）布线时,电源线和地线要尽量粗。除减小压降外,更重要的是降低耦合噪声。

（3）对于单片机闲置的 I/O 口,不要悬空,要接地或接电源。其他 IC 的闲置端在不改变系统逻辑的情况下接地或接电源。

（4）对单片机使用电源监控及看门狗电路可大幅度提高整个电路的抗干扰性能。

（5）在速度能满足要求的前提下,尽量降低单片机的晶振和选用低速数字电路。

(6) IC 器件尽量直接焊在电路板上,少用 IC 座。

另外,还可以使用以下常用的抗干扰措施。

(1) 交流端用电感电容滤波: 去掉高频低频干扰脉冲。

(2) 变压器双隔离措施: 变压器初级输入端串接电容,初、次级线圈间屏蔽层与初级间电容中心接点接大地,次级外屏蔽层接印制板地,这是硬件抗干扰的关键手段。次级加低通滤波器吸收变压器产生的浪涌电压。

(3) 采用有过电流、过电压、过热等保护作用的集成式直流稳压电源。

(4) I/O 口采用光电、磁电、继电器隔离,同时去掉公共地。

(5) 通信线用双绞线排除平行互感。

(6) 用光纤隔离防雷电。

(7) 用隔离放大器或采用现场转换减少 A/D 转换的误差。

(8) 外壳接大地。保护人身安全及避免外界电磁场干扰。

(9) 加复位电压检测电路。防止复位不充分 CPU 就工作,尤其有 E^2PROM 的器件,复位不充分会改变 E^2PROM 的内容。

(10) 印制板工艺抗干扰: 电源线加粗,合理走线、接地,三总线分开以减少互感振荡; CPU、RAM、ROM 等主芯片,VCC 和 GND 之间接电解电容及瓷片电容以去掉高低频干扰信号; 独立系统结构,减少接插件与连线,提高可靠性,减少故障率; 集成块与插座接触可靠,用双簧插座,最好将集成块直接焊在印制板上,防止器件接触不良故障; 有条件的采用 4 层以上印制板,中间两层为电源及地。

3. 常用软件抗干扰技术

在提高硬件系统抗干扰能力的同时,软件抗干扰以其设计灵活、节省硬件资源、可靠性好越来越受到重视。使用软件抗干扰的情况主要是以下三种情形。

(1) 用于抑制叠加在输入信号的噪声,通常是利用使用数字滤波技术对模拟输入信号进行干扰噪声的去除。常用数字滤波方法有均值滤波、中值滤波、惯性滤波以及限幅滤波。

(2) 由于干扰而使程序发生混乱,进而导致程序跑飞或陷入死循环,此时采用软件方法使程序进入正常执行模式。通常使用的方法是指令冗余、软件陷阱和看门狗技术等。

(3) 检测到程序失控后利用软件方式使系统重新恢复正常运行。如重要信息恢复、系统重入条件设置等。

在工程实践中通常都是几种抗干扰方法并用,互相补充完善,才能取得较好的抗干扰效果。从根本上来说,硬件抗干扰是主动的,而软件抗干扰是被动的。细致、周到地分析干扰源,硬件与软件抗干扰相结合,完善系统监控程序,设计一个稳定、可靠的单片机系统是完全可行的。

12.2.2 低功耗设计技术

低功耗系统设计是嵌入式系统设计的一个重要发展趋势。便携式设备的快速发展更是对低功耗系统设计技术提出了更高要求。

一个系统的功耗由多方面的因素决定,它不但取决于所有元器件,还取决于系统的工作方式与电源管理策略等。但综合来看,降低系统功耗的途径只能从软件和硬件方面入手。即在一切有可能降低功耗的环节上采用措施,最终使整个系统的功耗得以降低。现分别从硬件和软件方面介绍降低系统功耗的办法。

1. 低功耗硬件设计

在进行低功耗硬件系统设计时一般都遵循这样的原则,即电压能低就不高、频率能慢就不快、系统能静就不动、电源能短就不通。这 4 个原则说出了低功耗硬件设计时对电源电压、时钟频率及静态功耗方面的控制思路。对于电源的管理应采用智能管理方式,尽量使用单电源供电。

在器件的选择方面,由于 CMOS 器件静态功耗极低、输出范围大、抗干扰能力强、工作温度宽等特点,被广泛使用。因此,在低功耗系统设计时应尽量使用 CMOS 器件或集成电路以尽可能降低单个器件的功耗。当然作为核心控制器的单片机在选型时也要注意选择。影响单片机功耗的因素主要有制造工艺、工作频率、工作电压以及端口漏电流等,所以在选择单片机时应从这些方面加以考虑。

还有一些局部节电方法,如接口电路要尽量匹配,尤其是射频的驱动与输出。电路中的上拉/下拉电阻应采用大阻值电阻。未使用的单片机引脚不要悬空,最好接至电源或地。

2. 低功耗软件设计

通过低功耗硬件设计可以降低功耗恐不难理解,其实通过合理的软件设计也可以达到很好的节电效果。由前面讲述可知,单片机中功耗最大的部件是 CPU。CPU 运行时间越长,功耗自然就越大。因此在软件设计时应尽量使 CPU 处于待机或断电状态,这样便可极大地降低功耗。以 MSP430 单片机为例来说,尽可能使 CPU 处于低功耗/休眠模式可以降低大量功耗。

这里介绍一些软件降低功耗的方法:取消程序无谓的循环等待;尽量不要采用软件延时,因为软延时是以增加 CPU 工作时间为代价的;同理,在与慢速外设交互时应以中断方式取代软件查询方式,显示单元应尽量使用 LCD 取代 LED;若必须使用 LED 时应少用动态扫描方式以减少 CPU 工作,尽量关闭片上不使用的外设;串行通信时应尽量使用硬件接口并提高传输速率,不要 CPU 时应使其处于低功耗模式;尽量使用查表方法代替程序计算;对外围硬件电路尽可能实现软件电源控制;采用功能较强大的嵌入式操作系统使其合理安排任务,也能节约功耗。

12.3 嵌入式操作系统的应用

12.3.1 嵌入式操作系统基础

嵌入式操作系统是随着嵌入式系统的不断发展而出现的。它的出现大大提高了嵌入式系统的开发效率,改变了以前嵌入式软件设计的方式。基于嵌入式操作系统的嵌入式系统软件设计与开发,不但极大地减少了工作量,而且也节约了成本。尤为重要的是,基于操作系统的嵌入式系统软件增强了嵌入式应用软件的可移植性,使得嵌入式系统的开发方法更具科学性和延续性。

1. 基本概念

操作系统(Operating System, OS)主要用于控制和管理计算机软硬件资源,合理组织计算机工作流程,方便用户使用计算机的系统软件。可将 OS 看成是应用程序与硬件间的接口或虚拟机。OS 的主要功能包括进程管理、存储管理、文件管理、设备管理、网络和通信管理等。嵌入式操作系统则是指运行在嵌入式硬件平台上,对整个系统及其所操作的部件装置等资源进行统一协调、指挥和控制的系统软件。它的特点是微型化、可裁剪性、实时性、高可靠性和易移植性。

嵌入式操作系统按系统类型分类可分为商用系统、专业系统和开源系统；按软件结构分类可分为单体结构、分层结构和微内核结构，它们的主要差别是内核中包含哪些功能组件，系统中集成了哪些其他的系统软件。

在单体结构的操作系统中，整个系统通常只有一个可执行文件，包含所有的功能组件。整个 OS 由一组功能模块构成，这些功能模块间可以相互调用。该结构的优点是性能较好、系统各模块间可以相互调用、通信开销小。其缺点是操作系统体积庞大、高度集成、不便系统裁剪、修改和调试等。

在分层结构中，操作系统被划分为若干个层次，各层间的调用关系是单向的。分层结构的操作系统也只有一个大的可执行文件。操作系统在每个层次上都要提供一组 API 接口函数。

在微内核结构中，只保留操作系统最核心的功能单元，把其他的大部分功能都剥离出去。这样一来内核非常小，因此称为微内核。在微内核操作系统中，新的功能组件可被动态地添加进来，具有易于扩充、调试方便和易于移植等特点。核内组件与核外组件间的通信方式是消息传递而不是直接的函数调用。

实时操作系统(Real Time Operate System，RTOS)指能使计算机及时响应外部事件请求，并能及时控制所有实时设备与实时任务协调运行，且能在规定时间内完成事件处理的操作系统。RTOS 最大的特点是无论在什么情况下，OS 完成任务所需的时间应该是在程序设计时就可预知的。嵌入式实时操作系统是指用于嵌入式系统，对系统资源和多个任务进行管理，且具有高可靠性、良好可裁剪性等优良性能的，为应用程序提供运行平台和实时服务的微型系统软件。广泛使用的嵌入式操作系统几乎全是嵌入式实时操作系统，若无特殊说明，本书对此不做区分。

按照实时性的强弱，也可将实时操作系统分为两类。一类是面向控制、通信等领域的强(硬)实时操作系统，这类实时操作系统对于实时性能有很高的要求，程序运行的结果不仅取决于结果的正确性，还要取决于是否在可预计的时间内完成。另一类是面向消费电子产品的弱(软)实时操作系统，这些操作系统大部分属于商业操作系统。但也有一些开源的，如 μC/OS Ⅱ 和 μCLinux 等。

2. 常见嵌入式操作系统

20 世纪 80 年代出现了各种各样的商用嵌入式操作系统，这些系统大多是为专用系统而开发的，从而形成了各种嵌入式操作系统百家争鸣的局面，在国内外已经有近百种成熟、稳定的嵌入式操作系统供工程师们选择使用，如 Hopen、pSOS、LynxOS、Qnx、Linux、VxWorks、WinCE 及 μC/OS Ⅱ 等，其应用与分布情况如表 12.3 所示。

表 12.3 常见操作系统及应用领域

操作系统	应用领域	操作系统	应用领域
WinCE	消费电子	LynxOS	电信、航空、防御系统
VxWorks	消费电子、工控、网络设备、航空、防御系统、汽车、医疗设备	pSOS	消费电子、工控、网络设备、航空、防御系统、交通、医疗设备
μC/OS Ⅱ	消费电子、工控、航空、汽车、医疗设备	OS9	消费电子、信息电器、汽车电子
Hopen	消费电子、信息家电、导航系统	Qnx	消费电子、电信、汽车、医疗设备

(1) Windows CE。Microsoft Windows CE 是一种针对小容量、移动式、智能化、32 位、连接设备的模块化实时嵌入式操作系统。Windows CE 的优点是基于 Windows 背景,界面美观,容易操作和被用户接受。它是微软公司专门为信息设备、移动应用、消费类电子产品、嵌入式应用等非 PC 领域而从头设计的战略性操作系统产品。

(2) VxWorks。VxWorks 是美国 WindRiver 公司于 1983 年设计开发的一种实时嵌入式操作系统。VxWorks 的突出特点是高可靠性、实时性和可裁减性。由于具有高性能的系统内核和友好的用户开发环境。它现在成为目前嵌入式系统领域中使用最广泛、市场占有率最高的系统。此外,pSOS 原属 ISI 公司的产品,但 ISI 公司已经被 WinRiver 公司兼并,现在 pSOS 属于 WindRiver 公司的产品。

(3) QNX。QNX 是一个实时的、可扩充的操作系统,它部分遵循 POSIX 相关标准 POSIX.1b 实时扩展。它提供了一个很小的微内核以及一些可选的配合进程。该结构灵活,可使用户根据实际的需求,将系统配置成微小的嵌入式操作系统或是包括几百个处理器的超级虚拟机操作系统。

(4) Palm OS。Palm OS 是著名的网络设备制造商 3Com 公司旗下的 Palm Computing 掌上电脑公司的产品,在 PDA 市场上占有很大的市场份额,它有开放的操作系统应用程序接口(API),开发商可以根据需要自行开发所需要的应用程序。Palm OS 的优势在于可以让用户灵活、方便地定制操作系统,以适合自己的特殊应用和使用习惯,而且其市场运作经验丰富,资本雄厚。

(5) OS-9。MicroWave 的 OS-9 是为微处理器关键实时任务设计的操作系统,广泛应用于包括消费电子产品、工业自动化、无线通信产品、医疗仪器、数字电视/多媒体设备等高科技产品中。它提供了很好的安全性和容错性。与其他的嵌入式系统相比,它的灵活性和可升级性非常突出。

(6) LynxOS。LynxOS 是一个分布式、嵌入式、可扩展的实时操作系统,它遵循 POSIX.1a、POSIX.1b 和 POSIX.1c 标准。

(7) 嵌入式 Linux。Linux 是一个成熟、稳定的网络操作系统。将 Linux 移植到嵌入式系统中变成了嵌入式 Linux。Linux 的众多优点还使它在嵌入式领域获得了广泛的应用,并出现了数量可观的嵌入式 Linux 系统。其中,有代表性的包括 μCLinux、ETLinux、ThinLinux、LOAF 等。

(8) Android。Android 操作系统最初由 Andy Rubin 开发,主要支持手机。2005 年 8 月,由 Google 收购注资。2007 年 11 月,Google 与 84 家硬件制造商、软件开发商及电信营运商组建开放手机联盟,共同研发改良 Android 系统。随后,Google 以 Apache 开源许可证的授权方式,发布了 Android 的源代码。

Android 是一种基于 Linux 的自由及开放源代码的操作系统,主要使用于移动设备,如智能手机和平板电脑。Android 是运行于 Linux Kernel 之上的操作系统,但并不是 GNU/Linux,因为在一般 GNU/Linux 里支持的功能,Android 大都没有支持。

(9) μC/OS Ⅱ。μC/OS Ⅱ 为 Micro C OS Two 的简写,其中文含义是微型 C 语言操作系统第二版的意思。它是美国 Jean J. Labrosse 工程师于 1998 年为微处理器、微控制器和 DSP 编写的一个可升级、可固化、可移植、可裁剪、占先式实时多任务内核,该内核源代码完全开放且全部采用 C 语言编写,可以在大量处理器框架上运行。

μC/OS Ⅱ内核代码完全公开,100% ANSI C 语言编写,内核小(5~24KB),逻辑性强,系统具有较好的灵活性和可扩展性,并且全部代码均有详细的注释,代码结构合理格式清晰。凭借着上述及其他优点,μC/OS Ⅱ几乎超越了其他 RTOS,备受工程师的青睐。

以上几种操作系统是国际上比较流行的嵌入式操作系统,国内在这方面也取得了不少成绩。"女娲 Hopen"是 1999 年由凯思软件集团开发的产品,开始了中国嵌入式操作系统的自主化之路。Hopen 是一个多任务可抢占式调度的 16 位或 32 位的实时多任务操作系统,其核心程序由 C 语言编写,内核非常小,只有 10KB 左右,配置极为灵活;桑夏 2000 是深圳桑夏公司自主研发的嵌入式操作系统,真正实现了中国第一个嵌入式操作系统,它是一个面向嵌入式应用的实时操作系统,结构简洁,灵活性强,具有高执行效率和可移植性,并且有较好的图形处理、网络支持等特性,适用于掌上电脑、移动信息终端、机顶盒、多媒体设备、智能控制等领域;DeltaOS 是北京科银京成公司开发的一个具有高可靠性、以抢占式调度算法为主、基于优先级多任务调度的嵌入式实时操作系统;此外,还有一些基于标准 Linux 的嵌入式操作系统,如红旗 Linux、东方 Linux 及 KLinux。

3. 嵌入式操作系统的特点

目前,嵌入式操作系统的品种较多,据不完全统计,仅用于信息电器的嵌入式操作系统就有 40 种左右,这些嵌入式操作系统尽管各有特色,用途也不尽相同,但综合来看,它们也具有一些共同的特点。

(1) 体积小。嵌入式系统所能提供的硬件资源是有限的,所以嵌入式操作系统必须做到尽量小以充分利用有限的资源。

(2) 实时性。大部分的嵌入式系统工作在实时性要求很高的环境中,必须在有效的时间内对到来的信息及时地进行处理,从而为进一步的决策分析争取时间。这就要求嵌入式操作系统必须将实时性能作为一个重要的因素来考虑。

(3) 可删减性。由于嵌入式系统需要根据具体的应用来进行相应的添加与裁减,因此嵌入式操作系统相应地也必须能够按照应用需求进行裁剪,去除暂时不使用的部分模块或者添加新的需要使用的模块。

(4) 代码固化。在嵌入式操作系统中,嵌入式操作系统和嵌入式应用软件都是被固化在嵌入式系统的 ROM 中的,在没有更改原有的嵌入式系统应用之前,是没有必要更改嵌入式操作系统或者嵌入式应用软件代码的,这样也在一定程度上保证了嵌入式系统的安全性和可靠性。

(5) 高稳定性。嵌入式系统一旦开始运行就不需要人工进行过多的干预,并且大部分嵌入式系统都用于对安全性和稳定性要求较高的场合,因此在这样的条件下,就必须要求负责管理的嵌入式操作系统具有较高的稳定性。

4. 嵌入式操作系统的选择依据

嵌入式操作系统是嵌入式系统软件开发中最重要的组成部分,同时也是连接硬件平台和应用程序的桥梁。因此,嵌入式操作系统的选择对于整个嵌入式系统的开发具有决定性意义。在选择嵌入式操作系统的时候,基本要求是体积小、执行速度快、效率高、具有良好的裁减性和可移植性,稳定性和可维护性好。除此之外,还应该考虑以下几个方面的内容。

(1) 软硬的兼容性。这里兼容性包括硬件兼容和软件兼容两方面的内容。硬件兼容是指选择的操作系统应该完全支持所使用的硬件平台。软件兼容主要是指软件的可移植性，即操作系统与硬件平台的相关性。相关性越小，越容易移植。现有应用程序模块向所选操作系统上移植的复杂度，也是一个重要因素。

（2）是否满足需求。嵌入式系统的开发都是针对具体应用的。操作系统的选择也必须满足应用需求。在此条件下，操作系统的代码当然是越小越好、功能越多越好。所以在选择操作系统的时候，一方面要考虑自己的成本和资源，一方面要尽可能地裁减优化配置内核的模块，提高软、硬件的使用效率。

（3）开发工具的支持程度。选择实时操作系统的时候，必须要考虑与之相关的开发工具。例如，是否具有集成开发环境，能否支持在线调试。这些因素都不同程度地影响着操作系统的开发工作。从上手的难易度以及开发的进度等方面考虑，还要考虑所选操作系统是否具有丰富的支持资源，如参考书籍、源代码等。它也影响着整个系统开发的进度。在时间受限的场合下，应首先选用资源丰富且熟悉的操作系统。

12.3.2　μC/OS Ⅱ 在 MSP430 单片机上的移植

1. μC/OS Ⅱ 简介

μC/OS 是一种免费公开源代码，结构小巧，具有可剥夺实时内核的实时操作系统。μC/OS Ⅱ 的前身是 μC/OS，由美国嵌入式系统专家 Jean J. Labrosse 于 1992 年提出，公布了源代码。发展至今已有三个版本，分别是 μC/OS、μC/OS Ⅱ 和 μC/OS Ⅲ。其中，μC/OS Ⅱ 应用最为广泛。

μC/OS Ⅱ 是专门为计算机的嵌入式应用设计的，绝大部分代码是用 C 语言编写的。与 CPU 硬件相关部分是用汇编语言编写的、总量约两百行的汇编语言部分被压缩到最低限度，为的是便于移植到任何一种其他的 CPU 上。用户只要有标准的 ANSI 的 C 交叉编译器，有汇编器、连接器等软件工具，就可以将 μC/OS Ⅱ 嵌入到开发的产品中。μC/OS Ⅱ 具有执行效率高、占用空间小、实时性能优良和可扩展性强等特点，最小内核可编译至 2KB。μC/OS Ⅱ 已经移植到了几乎所有知名的 CPU 上。

严格地说，μC/OS Ⅱ 只是一个实时操作系统内核，它仅包含任务调度、任务管理、时间管理、内存管理和任务间的通信和同步等基本功能。由于 μC/OS Ⅱ 良好的可扩展性和源码开放，其他功能可由用户自己根据实际需求实现。

2. μC/OS Ⅱ 内核结构

μC/OS Ⅱ 是以源代码形式提供的实时操作系统内核，其包含的文件结构如图 12.16 所示。

μC/OS Ⅱ 大致可以分成系统核心（包含任务调度）、任务管理、时间管理、多任务同步与通信、内存管理、CPU 移植等部分。

（1）核心部分（OSCore.c）。μC/OS Ⅱ 处理核心，包括初始化、启动、中断管理、时钟中断、任务调度及事件处理等用于系统基本维持的函数。

（2）任务管理（OSTask.c）。包含与任务操作密切相关的函数，包括任务建立、删除、挂起及恢复等，μC/OS Ⅱ 以任务为基本单位进行调度。

（3）时钟部分（OSTime.c）。μC/OS Ⅱ 中最小时钟单位是 timetick（时钟节拍），其中包含时间延迟、时钟设置及时钟恢复等与时钟相关的函数。

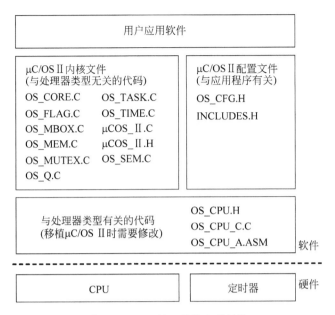

图 12.16 μC/OS Ⅱ 的文件结构

（4）多任务同步与通信（OSMbox.c，OSQ.c，OSSem.c，OSMutex.c，OSFlag.c）。包含事件管理函数，涉及 Mbox、msgQ、Sem、Mutex、Flag 等。

（5）内存管理部分（OSMem.c）。主要用于构建私有的内存分区管理机制，其中包含创建 memPart、申请/释放 memPart、获取分区信息等函数。

（6）CPU 接口部分。μC/OS Ⅱ针对所使用的 CPU 的移植部分。由于 μC/OS Ⅱ是一个通用性的操作系统，所以对于关键问题上的实现，还是需要根据具体 CPU 的具体内容和要求做相应的移植。这部分内容由于牵涉 SP 等系统指针，所以通常用汇编语言编写。主要包括中断级任务切换的底层实现、任务级任务切换的底层实现、时钟节拍的产生和处理、中断的相关处理部分等内容。

3. μC/OS Ⅱ 系统移植

现在介绍一下如何将 μC/OS Ⅱ移植到 MSP430F2618 单片机上，其他 MSP430 单片机移植与此类似。应该清楚进行 μC/OS 操作系统的移植是有条件限制的。例如，移植 μC/OS 的处理器需要满足以下条件。

（1）处理器的 C 编译器能产生可重入型代码。

（2）处理器支持中断，并可产生定时中断（10～100 Hz）。

（3）处理器最好能用 C 语言开关中断或者可以内嵌汇编语句。

（4）处理器支持数据存储硬件堆栈（一般几千字节）。

（5）处理器可以通过指令读出堆栈指针以及其他 CPU 寄存器的内容，并将其存储到堆栈或内存中。

MSP430F2618 单片机完全满足以上条件。

由于 μC/OS Ⅱ在设计之初就考虑了移植性的问题，绝大多数代码直接使用 C 语言编写，并且数据类型均采用统一格式定义，因此移植起来并不复杂。关键在于对目标处理器的时钟系统、寄存器等结构的熟悉过程。移植 μC/OS Ⅱ 的过程其实是根据

MSP430F2618 单片机的硬件资源修改 Os_cpu_c. c、汇编文件 Os_cpu_a. ASM 及头文件 Os_cpu. H 的过程。

下面详细介绍在 IAR 下将 μC/OS Ⅱ 移植到 MSP430F2618 单片机的过程。

(1) 对头文件 INCLUDES. H 的修改。通过改写 INCLUDES. H 文件,增加自己的头文件。具体代码如下。

```
# ifndef __INCLUDES_H__
# define __INCLUDES_H__
# include    <stdio.h>
# include    <string.h>
# include    <ctype.h>
# include    <stdlib.h>
# include    <in430.h>
# include    <msp430x26x.h>
# include    "OS_CPU.H"
# include    "os_cfg.h"
# include    "uCOS_II.H"
# endif __INCLUDES_H__
```

(2) 对头文件 OS_CPU. H 的修改。通过改写 OS_CPU. H 文件,修改与处理器相关的常数、宏,以及数据类型的定义。具体代码如下。

```
# ifdef OS_CPU_GLOBALS
# define OS_CPU_EXT
# else
# define OS_CPU_EXT extern
# endif
typedef unsigned     char    BOOLEAN;
typedef unsigned     char    INT8U;            /* 无符号 8b */
typedef signed       char    INT8S;            /* 有符号 8b */
typedef unsigned     int     INT16U;           /* 无符号 16b */
typedef signed       int     INT16S;           /* 有符号 16b */
typedef unsigned     long    INT32U;           /* 无符号 32b */
typedef signed       long    INT32S;           /* 有符号 32b */
typedef float                FP32;             /* 单精度浮点数 */
typedef double               FP64;             /* 双精度浮点数 */

typedef unsigned     int     OS_STK;           /* 堆栈宽度 16b */
typedef unsigned     int     OS_CPU_SR;        /* 状态寄存器宽度 16b */

# define OS_CRITICAL_METHOD 1                   /* 选择中断开关的方法 */

# if OS_CRITICAL_METHOD == 1                    /* 方法 1 */
# define OS_ENTER_CRITICAL()    _DINT()         /* 关中断 */
# define OS_EXIT_CRITICAL()     _EINT()         /* 开中断 */
# endif

# if    OS_CRITICAL_METHOD == 2                 /* 方法 2 */
# define OS_ENTER_CRITICAL()                    /* 关中断 */
# define OS_EXIT_CRITICAL()                     /* 开中断 */
```

```
# endif

# if      OS_CRITICAL_METHOD == 3                    /* 方法 3 */
# define OS_ENTER_CRITICAL() (cpu_sr = OSCPUSaveSR())    /* 关中断 */
# define OS_EXIT_CRITICAL() (OSCPURestoreSR(cpu_sr))     /* 开中断 */
# endif

# define OS_STK_GROWTH       1                       /* MSP430 的堆栈从高到低 */
# define OS_TASK_SW() OSCtxSw()                      /* 任务级任务切换函数 */
OS_CPU_EXT OS_STK * OSISRStkPtr;                     /* 中断服务程序堆栈指针 */
OS_CPU_SR OSCPUSaveSR(void);                         /* 定义外部函数 */
void OSCPURestoreSR(OS_CPU_SR cpu_sr);               /* 定义外部函数 */
```

至此,对于 OS_CPU.H 的本地化修改就完成了。这里对上述修改做一简要说明。首先根据 MSP430 单片机在 IAR 编译环境下的数据类型修改了系统中使用的 16 位无符号整型数 INT16U、32 位有符号整型数 INT32S 等的定义。根据 MSP430 单片机的 CPU 状态寄存器位宽定义 OS_CPU_SR 为 16 位。

其次决定了三种实现临界段的方法:第一种方法是使用指令单纯的开关中断;第二种方法是临界状态结束仅恢复中断原来的状态;第三种方法是使用局部变量 cpu_sr 来临时保存原来的中断开关状态,临界状态结束再恢复到恢复到之前状态。这三种方法的区别在于第一种方法仅简单地进行中断的开关,中断的开关与之前状态无关,临界段结束会自动打开中断。而第二种方法利用堆栈保存了进入临界状态之前的中断开关状态,临界段结束后恢复为之前的中断开关状态。第三种方法没有使用堆栈,而是利用了一个临时局部变量 cpu_sr 来保存进入临界段前的中断开关状态,临界段结束后恢复。用户可以根据需要通过宏定义 OS_CRITICAL_METHOD 来选择实现临界段方式。上述代码中使用了第一种方法。

由于 MSP430 单片机的堆栈是从高地址向低地址递减的,因此还需要将 OS_STK_GROWTH 设置为 1。最后定义了任务切换函数、中断服务程序堆栈指针和两个外部函数。

(3) 对头文件 OS_CPU.C 的修改。该文件中有 10 个 C 函数需要做出相应的修改,包括:OSTaskStkInit()、OSTaskCreateHook()、OSTaskDelHook()、OSTaskSwHook()、OSTaskIdleHook()、OSTaskStatHook()、OSTaskTickHook()、OSInitHookBegin()、OSInitHookEnd()和 OSTCBInitHook()。其中,函数 OSTaskStkInit()必须根据处理器不同做出相应修改,其他 9 个函数必须声明,但具体代码根据用户具体应用需要进行编写,如不需要可以不包含任何代码。该实验中就不需要对 Hook 函数进行操作,因此没有添加相应代码。

修改后的 OSTaskStkInit()函数代码如下。

```
OS_STK * OSTaskStkInit (void ( * task)(void * pd), void * p_arg, OS_STK * ptos, INT16U opt)
{
    INT16U * top;
    opt = opt;
    top = (INT16U * )ptos;
    top -- ;
```

```
        * top = (INT16U)task;
        top--;
        * top = (INT16U)task;                          /* 中断返回指针 */
        top--;
        * top = (INT16U)0x0008;                        /* 状态寄存器 */
        top--;
        * top = (INT16U)0x0404;
        top--;
        * top = (INT16U)0x0505;
        top--;
        * top = (INT16U)0x0606;
        top--;
        * top = (INT16U)0x0707;
        top--;
        * top = (INT16U)0x0808;
        top--;
        * top = (INT16U)0x0909;
        top--;
        * top = (INT16U)0x1010;
        top--;
        * top = (INT16U)0x1111;
        top--;
        * top = (INT16U)p_arg;
        top--;
        * top = (INT16U)0x1313;
        top--;
        * top = (INT16U)0x1414;
        top--;
        * top = (INT16U)0x1515;
        return ((OS_STK *)top);
    }
```

该函数是供 OSTaskCreate() 和 OSTaskCreateExt() 创建任务时调用来初始化任务堆栈结构的。初始状态的堆栈模拟发生一次中断后的堆栈结构。其他 Hook 函数如不使用可以留空。

(4) 对头文件 OS_CPU_A.ASM 的修改。该汇编文件中需要修改 4 个处理器相关汇编函数,包括 OSStartHighRdy()、OSCtxSw()、OSIntCtxSw()、OSTickISR()。由于 MSP430 的 IAR 编译器环境支持插入行汇编代码,因此可以将所有与处理器相关的汇编代码合并入 OS_CPU_C.C 文件中,不再需要单独的汇编语言文件,但为了与传统移植方式统一,此处仍然分开。

OSStart() 函数会调用 OSStartHighRdy() 来使就绪态任务从优先级最高的任务先开始执行。OSStartHighRdy() 函数汇编代码如下。

```
            RSEG CODE                    ; 可重定位段,下面汇编可重定位
OSStartHighRdy
            ; call #OSTaskSwHook          ; 未使用,因此禁止了 Hook 函数
            mov.b #1, &OSRunning          ; 置内核运行标志
            mov.w SP, &OSISRStkPtr        ; 保护中断堆栈
```

```
        mov.w &OSTCBHighRdy, R13          ; 载入最高优先级任务堆栈
        mov.w @R13, SP
        POPALL                            ; 从堆栈弹出任务对应的所有寄存器
        reti                              ; 效仿一次中断返回
```

函数 OSCtxSw()是一个任务级的任务切换函数,任务级的切换是通过执行软中断指令或者依据处理器的不同执行 TRAP(陷阱)指令来实现。中断服务子程序、陷阱或异常处理的向量地址必须指向 OSCtxSw()。OSCtxSw() 的汇编代码如下。

```
OSCtxSw
        push.w SR                         ; 保存 SR,效仿一次中断
        PUSHALL                           ; 所有当前任务的寄存器压入堆栈

        mov.w   &OSTCBCur, R13            ; OSTCBCur -> OSTCBStkPtr = SP
        mov.w   SP, 0(R13)
        ; call   ♯ OSTaskSwHook           ; 未使用,因此先禁用
        mov.b   &OSPrioHighRdy, R13       ; OSPrioCur = OSPrioHighRdy
        mov.b   R13, &OSPrioCur           ;
        mov.w   &OSTCBHighRdy, R13        ; OSTCBCur = OSTCBHighRdy
        mov.w   R13, &OSTCBCur            ;
        mov.w   @R13, SP                  ; SP = OSTCBHighRdy -> OSTCBStkPtr
        POPALL                            ; 弹出高优先级任务的寄存器
        reti                              ; 效仿中断返回
```

在 μC/OS Ⅱ 中,由于中断的产生可能会引起任务切换,在中断服务程序的最后会调用 OSIntExit()函数检查任务就绪状态,如果需要进行任务切换,将调用 OSIntCtxSw()。所以 OSIntCtxSw()又称为中断级的任务切换函数。由于在调用 OSIntCtxSw()之前已经发生了中断,OSIntCtxSw()将默认 CPU 寄存器已经保存在被中断任务的堆栈中了。

函数 OSIntCtxSw() 应完成调用 OSTaskSwHook()、复制 OSPrioHighRdy 到 OSPrioCur、复制 OSTCBHighRdy 到 OSTCBCur、把 OSTCBHighRdy-> OSTCBStkPtrLoad 载入到 SP、从高优先级任务堆栈弹出所有寄存器、执行一次中断返回。具体代码如下。

```
OSIntCtxSw

        ; call ♯ OSTaskSwHook            ; 未使用,因此先禁用
        mov.b &OSPrioHighRdy, R13        ; OSPrioCur = OSPrioHighRdy
        mov.b R13, &OSPrioCur            ;
        mov.w &OSTCBHighRdy, R13         ; OSTCBCur = OSTCBHighRdy
        mov.w R13, &OSTCBCur             ;
        mov.w @R13, SP                   ; SP = OSTCBHighRdy -> OSTCBStkPtr
        POPALL                           ; 弹出高优先级任务的寄存器
        reti                             ; 中断返回
```

μC/OS Ⅱ 需要一个周期性时钟源来实现时间的延迟和超时功能。此处采用 WDT 来实现,当然可以采用其他 Timer 来实现。OSTickISR()汇编代码如下。

```
WDT_ISR                                  ; 看门狗定时器中断服务程序
        PUSHALL                          ; 保护所有寄存器
        bic.b       ♯0x01, IE1           ; 关闭看门狗定时器中断
```

```
            cmp.b       #0, &OSIntNesting          ; if (OSIntNesting == 0)
            jne         WDT_ISR_1
            mov.w       &OSTCBCur, R13             ; 保存任务堆栈
            mov.w       SP, 0(R13)
            mov.w       &OSISRStkPtr, SP           ; 载入中断堆栈
WDT_ISR_1
            inc.b       &OSIntNesting              ; OSIntNesting++
            bis.b       #0x01, IE1                 ; 开看门狗定时器中断
            EINT                                   ; 开中断允许中断嵌套
            call        #OSTimeTick                ; 调用节拍处理函数
            DINT                                   ; 调用函数 OSIntExit()前关闭中断
            call        #OSIntExit                 ; 调用退出中断函数
            cmp.b       #0, &OSIntNesting          ; if (OSIntNesting == 0)
            jne         WDT_ISR_2
            mov.w       &OSTCBHighRdy, R13         ; 恢复任务堆栈
            mov.w       @R13, SP
WDT_ISR_2
            POPALL                                 ; 恢复所有寄存器
            reti
```

至此，μC/OS II 的移植基本已经结束，接下来介绍如何进行基于 μC/OS II 的程序设计问题。

12.3.3 基于 μC/OS II 的单片机系统开发

首先介绍一下在基于嵌入式操作系统的软件设计中常用的几个术语。

1. 相关术语

（1）进程。简单地说，进程就是一个正在运行的程序。进程与程序既有联系又有区别，主要表现为：①程序由数据和代码两部分内容组成，它是一个静态的概念。而进程是正在执行的程序，它也由两部分组成：程序和该程序的运行上下文。它是一个动态的概念。②程序和进程之间并不是一一对应的。一个进程在运行的时候可以启动一个或多个程序，反之，同一个程序也可能由多进程同时执行。③程序可以作为一种软件资源长期保存，以文件的形式存放在光盘或硬盘上，而进程则是一次执行的过程，它是暂时的，是动态的产生和终止。

（2）线程。线程就是进程当中的一条执行流程。进程其实包含两个部分：资源平台和执行流程（线程）。在一个进程当中，或者说在一个资源平台上，可以同时存在多个线程；可以用线程作为 CPU 的基本调度单位，使得各个线程之间可以并发执行；对于同一个进程当中的各个线程来说，它们可以共享该进程的大部分资源。每个线程都有自己独立的 CPU 运行上下文和栈，这是不能共享的。

（3）任务。在嵌入式系统中，任务其实就是线程，它是能够独立运行的一个实体。任务之间可以很方便地、直接地使用共享的内存单元，而不需要经过系统内核。这是因为任务具有独立的优先级和栈空间，CPU 上下文一般存放在栈空间中。

μC/OS II 中的任务就是一个线程，其代码通常是一个无限循环结构/超循环结构，看起来像其他 C 函数一样，具体如下。

```
void mytask(void * pdata)
{
for (; ; )
  {
    … ;                       // 事务处理
  }
}
```

μC/OS II 中每个任务有 5 种状态,分别是睡眠态、就绪态、运行态、等待态和中断服务态。睡眠态(DORMANT)是指任务驻留在程序空间,还没有交给操作系统管理。就绪态(READY)是指任务一旦建立,就进入就绪态准备运行,"万事俱备,只欠 CPU"。运行态(RUNNING)是指正在使用 CPU 的状态。等待态(WAITING)是指等待某事件发生的状态。正在运行的任务被中断时就进入了中断服务态(ISR)。μC/OS II 是抢占式多任务实时操作系统,所以它为每个任务设定一个特定的优先级。任务的优先级别用数字表示,0 表示的任务的优先级最高,数字越大表示的优先级越低。

μC/OS II 提供了多个任务管理函数,它们分别是任务创建 OSTaskCreate()、任务挂起OSTaskSuspend()、任务恢复 OSTaskResume()、任务删除 OSTaskDel()和更改优先级OSTaskChangePrio()等。充分利用这些任务管理函数就可以方便地进行任务操作。

2. 任务设计

在基于 μC/OS II 的应用程序设计中,任务设计是整个应用程序的基础,软件设计工作都是围绕任务设计展开的。任务设计就是设计"任务函数"和相关的数据结构。任务的执行方式可将任务分为三类,即单次执行类、周期执行类和事件触发类,下面分别介绍其结构特点。

(1) 单次执行的任务。该类任务在创建后只执行一次,执行结束后即自行删除,其代码结构如下。

```
void UserTask (void * pdata)    // 单次执行的任务函数
{
  进行准备工作的代码;
  任务实体代码;
  调用任务删除函数;              // 调用 OSTaskDel(OS_PRIO_SELF)
}
```

单次执行的任务函数由三部分组成:第一部分是"进行准备工作的代码",完成各项准备工作,如定义和初始化变量、初始化某些设备等,这部分代码的多少根据实际需要来决定,也可能完全空缺;第二部分是"任务实体代码",这部分代码完成该任务的具体功能,其中通常包含对若干系统函数的调用,除若干临界段代码(中断被关闭)外,任务的其他代码均可以被中断,以保证高优先级的就绪任务能够及时运行;第三部分是"调用任务删除函数",该任务将自己删除,操作系统将不再管理它。

(2) 周期性执行的任务。该类任务在创建后按一个固定的周期来执行,其代码结构如下。

```
void UserTask (void * pdata)    // 周期性执行的任务函数
{
  进行准备工作的代码;
```

```
    for (; ;)                        // 无限循环,也可用 while (1)
    {
      任务实体代码;
      调用系统延时函数;              // 调用 OSTimeDly( )或 OSTimeDlyHMSM( )
    }
}
```

周期性执行的任务函数也由三部分组成:第一部分"进行准备工作的代码"和第二部分"任务实体代码"的含义与单次执行任务的含义相同,第三部分是"调用系统延时函数",把 CPU 的控制权主动交给操作系统,使自己挂起,再由操作系统来启动其他已经就绪的任务。当延时时间到后,重新进入就绪状态,通常能够很快获得运行权。周期性执行的任务函数编程比较单纯,只要创建一次,就能周期运行。在实际应用中,很多任务都具有周期性,它们的任务函数都使用这种结构,如键盘扫描任务、显示刷新任务、模拟信号采样任务等。

(3) 事件触发执行的任务。该类任务在创建后,虽然很快可以获得运行权,但任务实体代码的执行需要等待某种事件的发生,在相关事件发生之前被操作系统挂起。相关事件发生一次,该任务实体代码就执行一次,故该类型任务称为事件触发执行的任务,其代码结构如下。

```
void UserTask (void * pdata)     // 事件触发执行的任务函数
{
   进行准备工作的代码;
   for (; ;)                        // 无限循环,也可用 while (1)
   {
      调用获取事件的函数;          //如: 等待信号量、等待邮箱消息等
      任务实体代码;
   }
}
```

事件触发执行的任务函数也由三部分组成:第一部分"进行准备工作的代码"和第三部分"任务实体代码"的含义与前面两种任务的含义相同,第二部分是"调用获取事件的函数",使用了操作系统提供的某种通信机制,等待另外一个任务(或 ISR)发出的信息(如信号量或邮箱中的消息),在取得这个信息之前处于等待状态(挂起状态),当另外一个任务(或 ISR)发出相关信息时(调用了操作系统提供的通信函数),操作系统就使该任务进入就绪状态,通过任务调度,任务的实体代码获得运行权,完成该任务的实际功能。

3. 设计实例

这里以一个简单的例子说明基于 μC/OS Ⅱ 的单片机系统开发过程。在本例中实现的功能是分别利用两个任务控制两个 LED 的闪烁,其中,引脚输出低电平时点亮 LED 灯。本例共包含三个任务,一个为 TaskStart,另外两个为 Task1 与 Task2。TaskStart 负责引脚的初始化,Task1 与 Task2 控制相应的 LED。

首先是编写单片机硬件的初始化程序,如时钟设置等。其次是操作系统的初始化,这一部分需要编写的内容不多,主要是根据具体硬件平台修改或重新编写一些底层的代码,这一部分已在操作系统移植部分介绍过。具体程序如下。

```
# include "includes.h"
# define   TASK_STK_SIZE              64                    /* 定义任务堆栈大小 */
OS_STK   TaskStartStk[TASK_STK_SIZE];
OS_STK   Task1Stk[TASK_STK_SIZE];
OS_STK   Task2Stk[TASK_STK_SIZE];
void TaskStart(void * pdata);                               // 声明任务
void Task1(void * pdata);                                   // 声明任务
void Task2(void * pdata);                                   // 声明任务

void SysClkInit(void)
{
  unsigned int i;
  BCSCTL1 = CALBC1_8MHZ;                                    // 设置 DCO 时钟为 8MHz
  DCOCTL = CALDCO_8MHZ;
  BCSCTL2 = DIVM_1 + SELS + DIVS_1;                         // MCLK = DCO/2, SMCLK = XT2CLK/2
  BCSCTL3 = XT2S_2;                                         // XT2 范围选择 2~16MHz
  BCSCTL1 &= ~XT2OFF;                                       // 开 XT2
  while(IFG1&OFIFG)                                         // 检测晶振失效位
  {
    IFG1 &= ~OFIFG;                                         // 清失效标志
    for(i = 50000; i; i--);                                // 延时等待
  }
}

void main (void)
{
    WDTCTL = WDTPW + WDTHOLD;                               /* 禁止看门狗 */
    SysClkInit();                                          /* 初始化系统时钟 */
    OSInit();                                              /* 初始化 uCOS-II */
    OSTaskCreate(TaskStart, (void * )0, &TaskStartStk[TASK_STK_SIZE - 1], 0);
/* 创建启动任务 */
    OSStart();                                             /* 开始任务调度 */
}

void TaskStart (void * pdata)
{
    P7DIR = BIT1 + BIT3;
    P7OUT = BIT1 + BIT3;
    OSTaskCreate(Task1,0,&Task1Stk[TASK_STK_SIZE - 1],1);  // 创建任务 1
    OSTaskCreate(Task2,0,&Task2Stk[TASK_STK_SIZE - 1],2);  // 创建任务 2
    OSTaskDel(OS_PRIO_SELF)
}

void Task1(void * pdata)                                   // 任务 1(Priority 1)
{
  for(; ; )
  {
    P7OUT ^ = BIT1;
    OSTaskResume(2);
OSTaskSuspend(1);
OSTimeDly(20);
```

```
    }
}

void Task2(void * pdata)
{ //任务 2(Priority 2)
  for(; ; )
  {
    P7OUT ^ = BIT3;
    OSTaskResume(1);
    OSTaskSuspend(2);
    OSTimeDly(20);
  }
}
```

这里用一个简单的例子介绍了基于操作系统的软件程序设计的大致流程。要想进一步深入了解嵌入式操作系统 μC/OS II,请查阅相关图书资料。

习题

12-1 什么是单片机应用系统？单片机应用系统设计一般有哪些步骤？

12-2 简述软件设计与硬件设计的关系以及需要注意的问题

12-3 利用三个 7 段数码管替代 12.1.2 节 1 中的段式 LCD。编写 Display_Init()函数和 Send2Display()函数。要求使用数码管动态扫描显示方法,自定义所使用的端口。

12-4 在 12.1.2 节简易数字示波器中,采用的程序设计方法是采集后立即将数据通过串口发送出去,该方法适用于低速数据采样场合。在高速采样时,可能会发生 ADC12 已完成数据采集,但先前数据还未发送完毕的情况。即采样速度大于数据传输速度时可能会发生数据传输错误或数据丢失。试给出一种当采样速度大于数据传输速度时的程序设计方案。

12-5 对于数字示波器而言,模数转换的采样频率越高看到的细节信息就越多。但在12.1.2 节简易数字示波器中,并没有实现改变采样频率的功能。试尝试在原程序的基础上增加通过按键改变采样频率的功能。要求所使用的按键不多于两个。

12-6 什么是干扰源？干扰有哪些种类？

12-7 简述干扰与噪声的关系,常见的抗干扰的方法有哪些？

12-8 什么是低功耗设计技术？为什么要进行低功耗设计？

12-9 列举常见的低功耗设计方法。

12-10 什么是嵌入式操作系统？其功能是什么？

12-11 嵌入式实时操作系统的特点是什么？

12-12 列举身边常见的嵌入式操作系统。

12-13 如何选择嵌入式操作系统？

12-14 什么是 μC/OS？它有哪些特点？

12-15 简述 μC/OS 在 MSP430 单片机上的移植方法。

12-16　简述 μC/OS 的任务类型以及任务设计方法。

12-17　说一说使用嵌入式操作系统的好处。

12-18　简述基于嵌入式操作系统的程序设计与普通的单片机程序设计的异同点。

12-19　近年来人们对健康问题十分关注,各种便携式保健设备应运而生。假设某简易心电仪系统可采集一路心电信号,该信号的模拟波形如图 12.17 所示。已知心电信号电压为 0～2.5V,现要求利用 MSP430 系统实现以下功能。

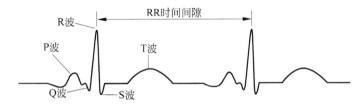

图 12.17　心电波形数据示意图

（1）对心电信号进行采集。

（2）计算出心率值。

中断向量速查表

中断向量速查表见附表 A.1。

附表 A.1　中断向量速查表

优先级	中断类型	中断源（中断事件）	中断标志	入口地址	中断向量符号
31（最高级）	系统复位（不可屏蔽中断）	上电外部复位看门狗复位或安全键值出错 Flash 安全键值出错	PORIFG RSTIFG WDTIFG KEYV	0x0FFFE	RESET_VECTOR
30	非屏蔽中断	NMI 振荡器失效 Flash 访问出错	NMIIFG OFIFG ACCVIFG	0x0FFFC	NMI_VECTOR
29	可屏蔽中断	定时器 B（Timer_B7）	TBCCR0 CCIFG	0x0FFFA	TIMERB0_VECTOR
28		定时器 B（Timer_B7）	TBCCR1 CCIFG ｜ TBCCR6 CCIFG TBIFG	0x0FFF8	TIMERB1_VECTOR
27		比较器（Comparator_A+）	CAIFG	0x0FFF6	COMPARATORA_VECTOR
26		看门狗定时器（Watchdog timer+）	WDTIFG	0x0FFF4	WDT_VECTOR
25		定时器 A（Timer_A3）	TACCR0 CCIFG	0x0FFF2	TIMERA0_VECTOR
24		定时器 A（Timer_A3）	TACCR1 CCIFG TACCR2 CCIFG TAIFG	0x0FFF0	TIMERA1_VECTOR
23		串口 0 接收 USCI_A0/USCI_B0	UCA0RXIFG UCB0RXIFG	0x0FFEE	USCIAB0RX_VECTOR
22		串口 0 发送 USCI_A0/USCI_B0	UCA0TXIFG UCB0TXIFG	0x0FFEC	USCIAB0TX_VECTOR
21		ADC12	ADC12IFG	0x0FFEA	ADC12_VECTOR
19		P2 口中断	P2IFG.0～P2IFG.7	0x0FFE6	PORT2_VECTOR
18		P1 口中断	P1IFG.0～P1IFG.7	0x0FFE4	PORT1_VECTOR
17		串口 1 接收 USCI_A1/USCI_B1	UCA1RXIFG UCB1RXIFG	0x0FFE2	USCIAB1RX_VECTOR

续表

优先级	中 断 类 型	中断源(中断事件)	中 断 标 志	入口地址	中断向量符号
16	可屏蔽中断	串口 1 发送 USCI_A1/USCI_B1	UCA1TXIFG UCB1TXIFG	0x0FFE0	USCIAB1TX_ VECTOR
15		DMA	DMA0IFG DMA1IFG DMA2IFG	0x0FFDE	DMA_VECTOR
14		DAC12	DAC12_0IFG DAC12_1IFG	0x0FFDC	DAC12_VECTOR

端口功能速查表

1. P1 端口

P1 端口第一功能都是基本 I/O。Timer_A3 模块的输入输出也映射到了 P1 端口,具体映射规则见附表 B.1。

附表 B.1　P1.0~P1.7 引脚功能分布

引脚	功　能	控制位		引脚	功　能	控制位	
		P1DIR. x	P1SEL. x			P1DIR. x	P1SEL. x
P1.0	I/O	I:0;O:1	0	P1.1	I/O	I:0;O:1	0
	Timer_A3. TACLK	0	1		Timer_A3. CCI0A	0	1
	CAOUT	1	1		Timer_A3. TA0	1	1
P1.2	I/O	I:0;O:1	0	P1.3	I/O	I:0;O:1	0
	Timer_A3. CCI1A	0	1		Timer_A3. CCI2A	0	1
	Timer_A3. TA1	1	1		Timer_A3. TA2	1	1
P1.4	I/O	I:0;O:1	0	P1.5	I/O	I:0;O:1	0
	SMCLK	1	1		Timer_A3. TA0	1	1
P1.6	I/O	I:0;O:1	0	P1.7	I/O	I:0;O:1	0
	Timer_A3. TA1	1	1		Timer_A3. TA2	1	1

2. P2 端口

P2 端口第一功能都是基本 I/O。Timer_A3 模块和模拟比较器模块的输入输出也映射到了 P2 端口。具体映射规则见附表 B.2 和附表 B.3。

附表 B.2　P2.0~P2.4,P2.6,P2.7 引脚功能分布表

引脚	功　能	控制位			引脚	功　能	控制位		
		CAPD. x	P1SEL. x	P2SEL. x			CAPD. x	P1SEL. x	P2SEL. x
P2.0	P2.0(I/O)	0	I:0;O:1	0					
	ACLK	0	1	1					
	CA2	1	x	x					

续表

引脚	功能	控制位			引脚	功能	控制位		
		CAPD.x	P1SEL.x	P2SEL.x			CAPD.x	P1SEL.x	P2SEL.x
P2.1	P2.1(I/O)	0	I：0；O：1	0	P2.2	P2.2(I/O)	0	I：0；O：1	0
	Timer_A3.INCLK	0	0	1		CAOUT	0	1	1
						Timer_A3.CCI0B	0	0	1
	DVss	0	1	1					
	CA3	1	x	x		CA4	1	x	x
P2.3	P2.3(I/O)	0	I：0；O：1	0	P2.4	P2.4(I/O)	0	I：0；O：1	0
	Timer_A3.TA1	0	1	1		Timer_A3.TA2	0	1	x
	CA0	1	x	x		CA1	1	x	1
P2.6	P2.6(I/O)	0	I：0；O：1	0	P2.7	P2.7(I/O)	0	I：0；O：1	0
	ADC12CLK	0	1	1		Timer_A3.TA0	0	1	1
	DMAE0	0	0	1					
	CA2	1	x	x		CA7	1	x	x

附表 B.3　P2.5 引脚功能分布

引　脚	功　能	控制位			
		CAPO	DCOR	P2DIR.5	P2SEL.5
P2.5	P2.5(I/O)	0	0	I：0；O：1	0
	＊ROSC	0	1	x	x
	DVSS	0	0	1	1
	CA5	1 或 selected	0	x	x

注：＊ 若使用 Rosc 功能,使用该引脚与外部电阻相连接。

3. P3 端口

P3 端口第一功能都是基本 I/O。USCI_A0 和 USCI_B0 模块的输入输出也映射到了 P3 端口,具体映射规则见附表 B.4。需要注意,在使用 USCI_A0 和 USCI_B0 时其引脚的方向是由 USCI 模块自动控制的,用户不需要设置。

附表 B.4　P3.0～P3.7 引脚功能分布表

引脚	功　能	控制位		引脚	功　能	控制位	
		P1DIR.x	P1SEL.x			P1DIR.x	P1SEL.x
P3.0	I/O	I：0；O：1	0	P3.1	I/O	I：0；O：1	0
	＊UCB0STE/UCA0CLK	x	1		↑UCB0SIMO/UCB0SDA	x	1
P3.2	I/O	I：0；O：1	0	P3.3	I/O	I：0；O：1	0
	↑UCB0SOMI/UCB0SCL	x	1		UCB0CLK/UCA0STE	x	1

引脚	功　能	控制位		引脚	功　能	控制位	
		P1DIR.x	P1SEL.x			P1DIR.x	P1SEL.x
P3.4	I/O	I：0；O：1	0	P3.5	I/O	I：0；O：1	0
	UCA0SXD/ UCA0SIMO	x	1		UCA0RXD/ UCA0SOMI	x	1
P3.6	I/O	I：0；O：1	0	P3.7	I/O	I：0；O：1	0
	UCA1TXD/ UCA1SIMO	x	1		UCA1RXD/ UCA1SOMI	x	1

注：* UCA0CLK 的功能要优先于 UCB0STE 功能，即当需要 UCA0CLK 作为时钟输入时，USCI_A0/B0 将强制选择工作在 3-SPI 模式。

† 若使用 I²C 功能，输出的低电平 0 实为 VSS。

4. P4 端口

P4 端口第一功能都是基本 I/O。Timer_B7 模块的输入输出也映射到了 P4 端口，具体映射规则见附表 B.5。

附表 B.5　P4.0～P4.7 引脚功能分布表

引脚	功　能	控制位		引脚	功　能	控制位	
		P4DIR.x	P4SEL.x			P4DIR.x	P4SEL.x
P4.0	I/O	I：0；O：1	0	P4.1	I/O	I：0；O：1	0
	Timer_B7.CC10A &Timer_B7.CC10B	0	1		Timer_B7.CCI1A& Timer_B7.CCI1B	0	1
	Timer_B7.TB0	1	1		Timer_B7.TB1	1	1
P4.2	I/O	I：0；O：1	0	P4.3	I/O	I：0；O：1	0
	Timer_B7.CCI2A& Timer_B7.CCI2B	0	1		Timer_B7.CCI3A& Timer_B7.CCI3B	0	1
	Timer_B7.TB2	1	1		Timer_B7.TB3	1	1
P4.4	I/O	I：0；O：1	0	P4.5	I/O	I：0；O：1	0
	Timer_B7.CCI4A& Timer_B7.CCI4B	0	1		Timer_B7.CCi5A& Timer_B7.CCI5B	0	1
	Timer_B7.TB4	1	1		Timer_B7.TB5	1	1
P4.6	I/O	I：0；O：1	0	P4.7	I/O	I：0；O：1	0
	Timer_B7.CCI6A& Timer_B7.CCI6B	0	1		Timer_B7.TBCLK	1	1
	Timer_B7.TB6	1	1				

5. P5 口

P5 端口第一功能都是基本 I/O。USCI_A1 和 USCI_B1 模块的输入输出也映射到了 P5 端口，具体映射规则见附表 B.6。需要注意，在使用 USCI_A1 和 USCI_B1 时其引脚的方向是由 USCI 模块自动控制的，用户不需要设置。

附表 B.6 P5.0～P5.7 引脚功能分布表

引脚	功能	控制位 P1DIR.x	控制位 P1SEL.x	引脚	功能	控制位 P1DIR.x	控制位 P1SEL.x
P5.0	I/O	I：0；O：1	0	P5.1	I/O	1：0；O：1	0
	*UCB1STE/ UCA1CLK	-	1		∤UCB1SIMO/ UCB1SDA	0	1
P5.2	I/O	I：0；O：1	0	P5.3	I/O	I：0；O：1	0
	∤UCB1SOMI/ UCB1SCL	0	1		UCB1CLK/ UCA1STE	0	1
P5.4/	I/O	I：0；O：1	0	P5.5	I/O	I：0；O：1	0
	MCLK	1	1		SMCLK	1	1
P3.0	I/O	I：0；O：1	0	P5.7	I/O	I：0；O：1	0
	ACLK	1	1		TBOUTH SVSOUT	1	1

注：*UCA1CLK 的功能要优先于 UCB1STE 功能，即当需要 UCA1CLK 作为时钟输入时，USCI_A1/B1 将强制选择工作在 3-SPI 模式。

∤ 若使用 I²C 功能，输出的低电平 0 实为 VSS。

6. P6 端口

P6 端口第一功能都是基本 I/O。ADC12 与 DAC12 模块的输入输出也映射到了 P6 端口，具体映射规则见附表 B.7 和附表 B.8。需要注意，在使用复用功能时，不选用的 ADC12 的 Ax 引脚单片机自动将其与 AVSS 相连。

附表 B.7 P6.0～P6.4 引脚功能分布表

引脚	功能	控制位 P6DIR.x	控制位 P6SEL.x	控制位 INCH.x	引脚	功能	控制位 P6DIR.x	控制位 P6SEL.x	控制位 INCH.x
P6.0	I/O	I：0；O：1	0	0	P6.1	I/O	I：0；O：1	0	0
	A0	-	1	1(y=0)		A1	-	1	1(y=1)
P6.2	I/O	I：0；O：1	0	0	P6.3	I/O	I：0；O：1	0	0
	A2	-	1	1(y=2)		A3	-	1	1(y=3)
P6.4	I/O	I：0；O：1	0	0					
	A4	-	1	1(y=4)					

附表 B.8 P6.5～P6.7 引脚功能分布表

引脚	功能	控制位 P6DIR.x	控制位 P6SEL.x	控制位 DAC12AMP＞0	控制位 INCH.x
P6.5	I/O	I：0；O：1	0	0	0
	DVSS	1	1	0	0
	A5	-	-	0	1(y=5)
	*DAC1(DAC12OPS=1)	-	-	1	0
P6.6	I/O	I：0；O：1	0	0	0
	DVSS	1	1	0	0
	A6	-	-	0	1(y=6)
	*DAC0 (DAC12OPS=0)	-	-	1	0

引脚	功　　能	控制位			
		P6DIR.x	P6SEL.x	DAC12AMP$>$0	INCH.x
P6.7	I/O	I：0；O：1	0	0	0
	DVSS	1	1	0	0
	A7	-	1	0	1($y=7$)
	DAC1(DAC12OPS=0)	-	1	1	0
	SVSIN(VLD=15)	-	1	0	0

＊不选用的 DAC12 的输出引脚处于悬浮状态。

7. P7 端口

P7 端口只在 80 引脚 PN 封装和 113 引脚 ZQW 封装中。它只有基本 I/O 功能,具体映射规则见附表 B.9。

附表 B.9　P7.0~P7.7 引脚功能分布表

引脚	功能	控制位		引脚	功能	控制位	
		P7DIR.x	P7SEL.x			P7DIR.x	P7SEL.x
P7.0	P7.0(I/O)	I：0；O：1	0	P7.1	P7.1(I/O)	I：0；O：1	0
	input	-	1		input	-	1
P7.2	P7.2(I/O)	I：0；O：1	0	P7.3	P7.3(I/O)	I：0；O：1	0
	input	-	1		input	-	1
P7.4	P7.0(I/O)	I：0；O：1	0	P7.5	P7.1(I/O)	I：0；O：1	0
	input	-	1		input	-	1
P7.6	P7.6(I/O)	I：0；O：1	0	P7.7	P7.7(I/O)	I：0；O：1	0
	input	-	1		input	-	1

8. P8 端口

P8 端口只在 80 引脚 PN 封装和 113 引脚 ZQW 封装中。P8.0~P8.5 只有基本 I/O 功能,P8.6、P8.7 还具有外接晶振的功能,具体映射规则见附表 B.10。

附表 B.10　P8.0~P8.7 引脚功能分布表

引脚	功　　能	控制位		引脚	功　　能	控制位	
		P7DIR.x	P7SEL.x			P7DIR.x	P7SEL.x
P8.0	P8.0(I/O)	I：0；O：1	0	P8.1	P8.1(I/O)	I：0；O：1	0
	input	-	1		input	-	1
P8.2	P8.2(I/O)	I：0；O：1	0	P8.3	P8.3(I/O)	I：0；O：1	0
	input	-	1		input	-	1
P8.4	P8.4(I/O)	I：0；O：1	0	P8.5	P8.1(I/O)	I：0；O：1	0
	input	-	1		input	-	1
P8.6	P8.6(I/O)	I：0；O：1	0	P8.7	P8.7(I/O)	I：0；O：1	0
	XT2OUT(默认值)	0	1		XT2IN(默认值)	0	1
	input	1	1		VSS	1	1

寄存器速查表

1. 状态寄存器（SR）

15～9	8	7	6	5	4	3	2	1	0
未使用	V	SCG1	SCG0	OSCOFF	CPUOFF	GIE	N	Z	C
	rw-0	rw-0	rw-0	rw-0	rw-0	rw-0	rw-0	rw-0	rw-0

2. 特殊寄存器（SFR）

1）中断标志寄存器 1（IFG1）

7	6	5	4	3	2	1	0
			NMIIFG	RSTIFG	PORIFG	OFIFG	WDTIFG
			rw-0	rw-0	rw-0	rw-0	rw-0

2）中断标志寄存器 2（IFG2）

7	6	5	4	3	2	1	0
				UCB0TXIFG	UCB0RXIFG	UCA0TXIFG	UCA0RXIFG
				rw-0	rw-0	rw-0	rw-0

3）中断使能寄存器 1（IE1）

7	6	5	4	3	2	1	0
		ACCVIE	NMIIE			OFIE	WDTIE
		rw-0	rw-0			rw-0	rw-0

4）中断使能寄存器 2（IE2）

7	6	5	4	3	2	1	0
				UCB0TXIE	UCB0RXIE	UCA0TXIE	UCA0RXIE
				rw-0	rw-0	rw-0	rw-0

3. 基本时钟系统寄存器

1）数控振荡器控制寄存器（DCOCTL）

7	6	5	4	3	2	1	0
DCOx			MODx				
rw-0	rw-1	rw-1	rw-0	rw-0	rw-0	rw-0	rw-0

2）基本时钟控制寄存器 1（BCSCTL1）

7	6	5	4	3	2	1	0
XT2OFF	XTS	DIVAx		RSELx			
rw-(1)	rw-(0)	rw-(0)	rw-(0)	rw-0	rw-1	rw-1	rw-1

3）基本时钟控制寄存器 2（BCSCTL2）

7	6	5	4	3	2	1	0
SELMx		DIVMx		SELS	DIVSx		DCOR
rw-0	rw-0	rw-0	rw-0	rw-0	rw-0	rw-0	rw-0

4）基本时钟控制寄存器 3（BCSCTL3）

7	6	5	4	3	2	1	0
XT2Sx		LFXT1Sx		XCAPx		XT2OF	LFXT1OF
rw-0	rw-0	rw-0	rw-0	rw-0	rw-1	r-0	r-(0)

5）中断使能寄存器 1（IE1）

7	6	5	4	3	2	1	0
						OFIE	
						rw-0	

6）中断标志寄存器 1（IFG1）

7	6	5	4	3	2	1	0
						OFIFG	
						rw-1	

4. 看门狗寄存器

1）控制寄存器（WDTCNT）

15	14	13	12	11	10	9	8
WDTPW							

7	6	5	4	3	2	1	0
WDTHOLD	WDTNMIES	WDTNMI	WDTTMSEL	WDTCNTCL	WDTSSEL	WDTISx	
rw-0	rw-0	rw-0	rw-0	r0(w)	rw-0	rw-0	rw-0

2）中断标志寄存器（IFG1）

7	6	5	4	3	2	1	0
			NMIIFG				WDTIFG
			rw-0				rw-(0)

3）中断允许寄存器（IE1）

7	6	5	4	3	2	1	0
			NMIIE				WDTIE
			rw-0				rw-0

5. 定时器 A 寄存器

1）TA 控制寄存器（TACTL）

15	14	13	12	11	10	9	8
未使用						TASSELx	
rw-(0)	rw-(0)	rw-(0)	rw-(0)	rw-(0)	rw-(0)	rw-(0)	rw-(0)

7	6	5	4	3	2	1	0
IDx		MCx		未使用	TACLR	TAIE	TAIFG
rw-(0)	rw-(0)	rw-(0)	rw-(0)	rw-(0)	rw-(0)	rw-(0)	rw-(0)

2）TA 计数寄存器（TAR）

15	0
TARx	
rw-(0)	rw-(0)

3）TA 捕获/比较寄存器（TACCRn）

15	0
TACCRx	
rw-(0)	rw-(0)

4）TA 捕获/比较控制寄存器（TACCTLn）

15	14	13	12	11	10	9	8
CMx		CCISx		SCS	SCCI	未使用	CAP
rw-(0)	rw-(0)	rw-(0)	rw-(0)	rw-(0)	r	r0	rw-(0)

7	6	5	4	3	2	1	0
OUTMODx			CCIE	CCI	OUT	COV	CCIFG
rw-(0)	rw-(0)	rw-(0)	rw-(0)	r	rw-(0)	rw-(0)	rw-(0)

5）TA 中断向量寄存器（TAIV）

15	14	13	12	11	10	9	8
0	0	0	0	0	0	0	0
r0	r0	r0	r0	r0	r0	r0	r0

7	6	5	4	3	2	1	0
0	0	0	0	TAIVx			0
r0	r0	r0	r0	r-(0)	r-(0)	r-(0)	r0

TAIVx：TA 中断向量值，具体见附表 C.1。

附表 C.1　TA 中断向量值

TAIV	中　断　源	中　断　标　志	中断优先级
0x00	无中断请求	-	最高
0x02	捕获/比较 1	TACCR1 CCIFG	
0x04	捕获/比较 2	TACCR2 CCIFG	↑
0x06	保留	-	
0x08	保留	-	
0x0A	定时器溢出	TAIFG	
0x0C	保留	-	↓
0x0E	保留	-	最低

6. 定时器 B 寄存器

1）控制寄存器（TBCTL）

15	14	13	12	11	10	9	8
未使用	TBCLGRPx		CNTLx		未使用	TBSSELx	
rw-(0)	rw-(0)	rw-(0)	rw-(0)	rw-(0)	rw-(0)	rw-(0)	rw-(0)

7	6	5	4	3	2	1	0
IDx		MCx		未使用	TBCLR	TBIE	TBIFG
rw-(0)	rw-(0)	rw-(0)	rw-(0)	rw-(0)	rw-(0)	rw-(0)	rw-(0)

2）计数寄存器（TBR）

15		0
	TBRx	
rw-(0)		rw-(0)

3）捕获/比较寄存器（TBCCRx）

15		0
	TBCCRx	
rw-(0)		rw-(0)

4）捕获/比较控制寄存器（TBCCTLx）

15	14	13	12	11	10	9	8
CMx		CCISx		SCS	CLLDx		CAP
rw-(0)	rw-(0)	rw-(0)	rw-(0)	rw-(0)	rw-(0)	r-(0)	rw-(0)

7	6	5	4	3	2	1	0
OUTMODx			CCIE	CCI	OUT	COV	CCIFG
rw-(0)	rw-(0)	rw-(0)	rw-(0)	r	rw-(0)	rw-(0)	rw-(0)

5）TB 中断向量寄存器（TBIV）

15	14	13	12	11	10	9	8
0	0	0	0	0	0	0	0
r0	r0	r0	r0	r0	r0	r0	r0

7	6	5	4	3	2	1	0
0	0	0	0	TBIVx			0
r0	r0	r0	r0	r-(0)	r-(0)	r-(0)	r0

TBIVx：TB 中断向量值，具体见附表 C.2。

附表 C.2　TB 中断向量值

TBIV	中　断　源	中　断　标　志	中断优先级
0x00	无中断请求	-	最高
0x02	捕获/比较 1	TBCCR1 CCIFG	↑
0x04	捕获/比较 2	TBCCR2 CCIFG	
0x06	捕获/比较 3	TBCCR3 CCIFG	
0x08	捕获/比较 4	TBCCR4 CCIFG	
0x0A	捕获/比较 5	TBCCR5 CCIFG	
0x0C	捕获/比较 6	TBCCR6 CCIFG	↓
0x0E	定时器溢出	TBIFG	最低

7. 模数转换（ADC12）寄存器

1）转换控制寄存器 0（ADC12CTL0）

15	14	13	12	11	10	9	8
SHT1x				SHT0x			
rw-(0)	rw-(0)	rw-(0)	rw-(0)	rw-(0)	rw-(0)	rw-(0)	rw-(0)

7	6	5	4	3	2	1	0
MSC	REF2_5V	REFON	ADC12ON	ADC12OVIE	ADC12TOVIE	ENC	ADC12SC
rw-(0)	rw-(0)	rw-(0)	rw-(0)	rw-(0)	rw-(0)	rw-(0)	rw-(0)

2）转换控制寄存器 1（ADC12CTL1）

15	14	13	12	11	10	9	8
CSTARTADDx				SHSx		SHP	ISSH
rw-(0)	rw-(0)	rw-(0)	rw-(0)	rw-(0)	rw-(0)	rw-(0)	rw-(0)

7	6	5	4	3	2	1	0
ADC12DIVx			ADC12SSELx		CONSEQx		ADC12BUSY
rw-(0)	rw-(0)	rw-(0)	rw-(0)	rw-(0)	rw-(0)	rw-(0)	r-(0)

3）转换存储控制寄存器（ADC12MCTLx）

7	6	5	4	3	2	1	0
EOS	SREFx			INCHx			
rw-(0)	rw-(0)	rw-(0)	rw-(0)	rw-(0)	rw-(0)	rw-(0)	rw-(0)

4）转换存储寄存器（ADC12MEMx）

15	14	13	12	11	10	9	8
0	0	0	0	转换结果			
r0	r0	r0	r0	rw	rw	rw	rw

7	6	5	4	3	2	1	0
转换结果							
rw	rw	rw	rw	rw	rw	rw	rw

5）ADC12 中断使能寄存器（ADC12IE）

15	14	13	12	11	10	9	8
ADC12IE15	ADC12IE14	ADC12IE13	ADC12IE12	ADC12IE11	ADC12IE10	ADC12IE9	ADC12IE8
rw-(0)	rw-(0)	rw-(0)	rw-(0)	rw-(0)	rw-(0)	rw-(0)	rw-(0)

7	6	5	4	3	2	1	0
ADC12IE7	ADC12IE6	ADC12IE5	ADC12IE4	ADC12IE3	ADC12IE2	ADC12IE1	ADC12IE0
rw-(0)	rw-(0)	rw-(0)	rw-(0)	rw-(0)	rw-(0)	rw-(0)	rw-(0)

6）ADC12 中断标志寄存器（ADC12IFG）

15	14	13	12	11	10	9	8
ADC12IFG15	ADC12IFG14	ADC12IFG13	ADC12IFG12	ADC12IFG11	ADC12IFG10	ADC12IFG9	ADC12IFG8
rw-(0)	rw-(0)	rw-(0)	rw-(0)	rw-(0)	rw-(0)	rw-(0)	rw-(0)

7	6	5	4	3	2	1	0
ADC12IFG7	ADC12IFG6	ADC12IFG5	ADC12IFG4	ADC12IFG3	ADC12IFG2	ADC12IFG1	ADC12IFG0
rw-(0)	rw-(0)	rw-(0)	rw-(0)	rw-(0)	rw-(0)	rw-(0)	rw-(0)

7）ADC12 中断向量寄存器（ADC12IV）

15	14	13	12	11	10	9	8
0	0	0	0	0	0	0	0
r0	r0	r0	r0	r0	r0	r0	r0

7	6	5	4	3	2	1	0
0	0	ADC12IVx					0
r0	r0	r-(0)	r-(0)	r-(0)	r-(0)	r-(0)	r0

ADC12IVx：ADC12 中断向量值，见附表 C.3。

附表 C.3　ADC12 中断向量值

ADC12IV 的值	中　断　源	中　断　标　志	优先级
000h	无中断	—	
002h	ADC12MEMx 溢出	—	
004h	转换时间溢出	—	
006h	ADC12MEM0 中断	ADC12IFG0	高
008h	ADC12MEM1 中断	ADC12IFG1	
00Ah	ADC12MEM2 中断	ADC12IFG2	
00Ch	ADC12MEM3 中断	ADC12IFG3	
00Eh	ADC12MEM4 中断	ADC12IFG4	
010h	ADC12MEM5 中断	ADC12IFG5	
012h	ADC12MEM6 中断	ADC12IFG6	
014h	ADC12MEM7 中断	ADC12IFG7	
016h	ADC12MEM8 中断	ADC12IFG8	
018h	ADC12MEM9 中断	ADC12IFG9	
01Ah	ADC12MEM10 中断	ADC12IFG10	
01Ch	ADC12MEM11 中断	ADC12IFG11	低
01Eh	ADC12MEM12 中断	ADC12IFG12	
020h	ADC12MEM13 中断	ADC12IFG13	
022h	ADC12MEM14 中断	ADC12IFG14	
024h	ADC12MEM15 中断	ADC12IFG15	

8. 数模转换（DAC12）寄存器

1）DAC12 控制寄存器（DAC12_xCTL）

15	14	13	12	11	10	9	8
DAC12OPS	DAC12SREFx		DAC12RES	DAC12LSELx		DAC12CALON	DAC12IR
rw-(0)	rw-(0)	rw-(0)	rw-(0)	rw-(0)	rw-(0)	rw-(0)	rw-(0)

7	6	5	4	3	2	1	0
DAC12AMPx			DAC12DF	DAC12IE	DAC12IFG	DAC12ENC	DAC12GRP
rw-(0)	rw-(0)	rw-(0)	rw-(0)	rw-(0)	rw-(0)	rw-(0)	rw-(0)

2) DAC12 数据寄存器(DAC12_xDAT)

15	14	13	12	11	10	9	8
0	0	0	0	DAC12 Data			
r(0)	r(0)	r(0)	r(0)	rw-(0)	rw-(0)	rw-(0)	rw-(0)

7	6	5	4	3	2	1	0
DAC12 Data							
rw-(0)	rw-(0)	rw-(0)	rw-(0)	rw-(0)	rw-(0)	rw-(0)	rw-(0)

9. USCI-UART 寄存器

1) USCI_Ax 控制寄存器(UCAxCTL0)

7	6	5	4	3	2	1	0
UCPEN	UCPAR	UCMSB	UC7BIT	UCSPB	UCMODEx		UCSYNCx
rw-0	rw-0	rw-0	rw-0	rw-0	rw-0		rw-0

2) USCI_Ax 控制寄存器 1(UCAxCTL1)

7	6	5	4	3	2	1	0
UCSSELx		UCRXEIE	UCBRKIE	UCDORM	UCTXADDR	UCTXBRK	UCSWRST
rw-0	rw-0	rw-0	rw-0	rw-0	rw-0	rw-0	rw-1

3) USCI_Ax 波特率控制寄存器 0(UCAxBR0)

7	6	5	4	3	2	1	0
			UCBRx				
rw	rw	rw	rw	rw	rw	rw	rw

4) USCI_Ax 波特率控制寄存器 1(UCAxBR1)

7	6	5	4	3	2	1	0
UCBRx							
rw	rw	rw	rw	rw	rw	rw	rw

5) USCI_Ax 波特率调整控制寄存器 1(UCAxMCTL)

7	6	5	4	3	2	1	0
UCBRFx				UCBRSx			UCOS16
rw-0	rw-0	rw-0	rw-0	rw-0	rw-0	rw-0	rw-0

6) USCI_Ax 状态寄存器 1(UCAxSTAT)

7	6	5	4	3	2	1	0
UCLISTEN	UCFE	UCOE	UCPE	UCBRK	UCRXERR	UCADDRUCIDLE	UCBUSY
rw-0	rw-0	rw-0	rw-0	rw-0	rw-0	rw-0	r-0

7) USCI_Ax 接收缓存寄存器(UCAxRXBUF)

7	6	5	4	3	2	1	0
UCRXBUFx							
r	r	r	r	r	r	r	r

8) USCI_Ax 发送缓存寄存器(UCAxTXBUF)

7	6	5	4	3	2	1	0
UCTXBUFx							
rw	rw	rw	rw	rw	rw	rw	rw

9) USCI_Ax IrDA 发送控制寄存器(UCAxIRTCTL)

7	6	5	4	3	2	1	0
UCIRTXPLx						UCIRTXCLK	UCIREN
rw-0	rw-0	rw-0	rw-0	rw-0	rw-0	rw-0	rw-0

10) USCI_Ax IrDA 接收控制寄存器(UCAxIRRCTL)

7	6	5	4	3	2	1	0
UCIRRXPLx						UCIRRXPL	UCIRRXFE
rw-0	rw-0	rw-0	rw-0	rw-0	rw-0	rw-0	rw-0

11) USCI_Ax 自动波特率控制寄存器(UCAxABCTL)

7	6	5	4	3	2	1	0
Reserved		UCDELIMx		UCSTOE	UCBTOE	Reserved	UCABDEN
r-0	r-0	rw-0	rw-0	rw-0	rw-0	r-0	rw-0

12) 中断使能寄存器 2(IE2)

7	6	5	4	3	2	1	0
						UCA0TXIE	UCA0RXIE
						rw-0	rw-0

13) 中断标志寄存器 2(IFG2)

7	6	5	4	3	2	1	0
						UCA0TXIFG	UCA0RXIFG
						rw-1	rw-1

14) USCI_A1 中断使能寄存器(UC1IE)

7	6	5	4	3	2	1	0
Unused	Unused	Unused	Unused			UCA1TXIE	UCA1RXIE
rw-0	rw-0	rw-0	rw-0			rw-0	rw-0

15）USCI_A1 中断标志寄存器（UC1IFG）

7	6	5	4	3	2	1	0
Unused	Unused	Unused	Unused			UCA1TXIFG	UCA1RXIFG
rw-0	rw-0	rw-0	rw-0			rw-1	rw-0

10. USCI-I2C 寄存器

1）USCI_Bx 控制寄存器（UCBxCTL0）

7	6	5	4	3	2	1	0
UCA10	UCSLA10	UCMM	Unused	UCMST	UCMODEx＝11		UCSYNC＝1
rw-0	rw-0	rw-0	rw-0	rw-0	rw-0	rw-0	r-1

2）USCI_Bx 控制寄存器 1（UCBxCTL1）

7	6	5	4	3	2	1	0
UCSSELx		Unused	UCTR	UCTXNACK	UCTXSTP	UCTXSTT	UCSWRST
rw-0	rw-0	rw-0	rw-0	rw-0	rw-0	rw-0	rw-1

3）USCI_Bx 波特率控制寄存器 0（UCBxBR0）

7	6	5	4	3	2	1	0
UCBRx-low byte							
rw	rw	rw	rw	rw	rw	rw	rw

4）USCI_Bx 波特率控制寄存器 1（UCBxBR1）

7	6	5	4	3	2	1	0
UCBRx-high byte							
rw	rw	rw	rw	rw	rw	rw	rw

5）USCI_Bx 状态寄存器（UCBxSTAT）

7	6	5	4	3	2	1	0
Unused	UCSCLLOW	UCGC	UCBBUSY	UCNACKIFG	UCSTPIFG	UCSTTIFG	UCALIFG
rw-0	r-0	rw-0	rw-0	rw-0	rw-0	rw-0	rw-0

6）USCI_Bx 接收缓存寄存器（UCBxRXBUF）

7	6	5	4	3	2	1	0
UCRXBUFx							
r	r	r	r	r	r	r	r

7）USCI_Bx 发送缓存寄存器（UCBxTXBUF）

7	6	5	4	3	2	1	0
UCTXBUFx							
rw	rw	rw	rw	rw	rw	rw	rw

8) USCI_BxI2C 本地地址寄存器(UCBxI2COA)

15	14	13	12	11	10	9	8
UCGCEN	0	0	0	0	0	I2COAx	
rw-0	r0	r0	r0	r0	r0	rw-0	rw-0

7	6	5	4	3	2	1	0
I2COAx							
rw-0	rw-0	rw-0	rw-0	rw-0	rw-0	rw-0	rw-0

9) USCI_BxI2C 从设备地址寄存器(UCBxI2CSA)

15	14	13	12	11	10	9	8
0	0	0	0	0	0	I2CSAx	
rw-0	r0	r0	r0	r0	r0	rw-0	

7	6	5	4	3	2	1	0
I2CSAx							
rw-0	rw-0	rw-0	rw-0	rw-0	rw-0	rw-0	rw-0

10) USCI_BxI2C 中断使能寄存器(UCBxI2CIE)

7	6	5	4	3	2	1	0
Reserved				UCNACKIE	UCSTPIE	UCSTTIE	UCALIE
rw-0	rw-0	rw-0	rw-0	rw-0	rw-0	rw-0	rw-0

11) 中断使能寄存器 2(IE2)

7	6	5	4	3	2	1	0
				UCB0TXIE	UCB0RXIE		
				rw-0	rw-0		

12) 中断标志寄存器 2(IFG2)

7	6	5	4	3	2	1	0
				UCB0TXIFG	UCB0RXIFG		
				rw-1	rw-0		

13) USCI_B1 中断使能寄存器(UC1IE)

7	6	5	4	3	2	1	0
Unused	Unused	Unused	Unused	UCB1TXIE	UCB1RXIE		
rw-0	rw-0	rw-0	rw-0	rw-0	rw-0		

14) USCI_B1 中断标志寄存器(UC1IFG)

7	6	5	4	3	2	1	0
Unused	Unused	Unused	Unused	UCB1TXIFG	UCB1RXIFG		
rw-0	rw-0	rw-0	rw-0	rw-1	rw-0		

11. USCI-SPI 寄存器

1) USCI_Ax 控制寄存器(UCAxCTL0)& USCI_Bx 控制寄存器(UCBxCTL0)

7	6	5	4	3	2	1	0
UCCKPH	UCCKPL	UCMSB	UC7BIT	UCMST	UCMODEx		UCSYNC=1
rw-0	rw-0	rw-0	rw-0	rw-0	rw-0		rw-0

2) USCI_Ax 控制寄存器 1(UCAxCTL1)& USCI_Bx 控制寄存器 1(UCBxCTL1)

7	6	5	4	3	2	1	0
UCSSELx		Unused					UCSWRST
rw-0	rw-0	rw-0	rw-0	rw-0	rw-0	rw-0	rw-1

3) USCI_Ax 波特率控制寄存器 0(UCAxBR0)& USCI_Bx 波特率控制寄存器 0(UCBxBR0)

7	6	5	4	3	2	1	0
UCBRx-low byte							
rw	rw	rw	rw	rw	rw	rw	rw

4) USCI_Ax 波特率控制寄存器 1(UCAxBR1)& USCI_Bx 波特率控制寄存器 1(UCBxBR1)

7	6	5	4	3	2	1	0
UCBRx-high byte							
rw	rw	rw	rw	rw	rw	rw	rw

5) USCI_Ax 状态寄存器(UCAxSTAT)& USCI_Bx 状态寄存器(UCBxSTAT)

7	6	5	4	3	2	1	0
UCLISTEN	UCFE	UCOE	Unused	Unused	Unused	Unused	UCBUSY
rw-0	rw-0	rw-0	rw-0	rw-0	rw-0	rw-0	r-0

6) USCI_Ax 接收缓存寄存器(UCAxRXBUF)& USCI_Bx 接收缓存寄存器(UCBxRXBUF)。

7	6	5	4	3	2	1	0
UCRXBUFx							
r	r	r	r	r	r	r	r

7) USCI_Ax 发送缓存寄存器（UCAxTXBUF）& USCI_Bx 发送缓存寄存器（UCBxTXBUF）。

7	6	5	4	3	2	1	0
			UCTXBUFx				
rw	rw	rw	rw	rw	rw	rw	rw

8) 中断使能寄存器 2(IE2)

7	6	5	4	3	2	1	0
				UCB0TXIE	UCB0RXIE	UCA0TXIE	UCA0RXIE
				rw-0	rw-0	rw-0	rw-0

9) 中断标志寄存器 2(IFG2)

7	6	5	4	3	2	1	0
				UCB0TXIFG	UCB0RXIFG	UCA0TXIFG	UCA0RXIFG
				rw-1	rw-0	rw-1	rw-0

10) USCI_A1/USCI_B1 中断使能寄存器(UC1IE)

7	6	5	4	3	2	1	0
Unused	Unused	Unused	Unused	UCB1TXIE	UCB1RXIE	UCA1TXIE	UCA1RXIE
rw-0	rw-0	rw-0	rw-0	rw-0	rw-0	rw-0	rw-0

11) USCI_A1/USCI_B1 中断标志寄存器(UC1IFG)

7	6	5	4	3	2	1	0
Unused	Unused	Unused	Unused	UCB1TXIFG	UCB1RXIFG	UCA1TXIFG	UCA1RXIFG
rw-0	rw-0	rw-0	rw-0	rw-1	rw-0	rw-1	rw-0

12. Flash 寄存器

1) 控制寄存器 1(FCTL1)

15 14 13 12 11 10 9 8	7	6	5	4	3	2	1	0
FWKEY	BLKWRT	WRT	保留	EEIEX*	EEI*	MERAS	ERASE	保留
	rw-0	rw-0	r-0	rw-0	rw-0	rw-0	rw-0	rw-0

* 不存在于 MSP430x20xx 和 MSP430G2xx 系列芯片中。

2) 控制寄存器 2(FCTL2)

15 14 13 12 11 10 9 8	7	6	5	4	3	2	1	0
FWKEY	FSSELx		FN5	FN4	FN3	FN2	FN1	FN0
	rw-0 rw-1		rw-0	rw-0	rw-0	rw-0	rw-1	rw-0

3) 控制寄存器 3(FCTL3)

15 14 13 12 11 10 9 8	7	6	5	4	3	2	1	0
FWKEY	FAIL	LOCKA	EMEX	LOCK	WAIT	ACCVIFG	KEYV	BUSY
	r(w)-0	r(w)-1	rw-0	rw-1	r-1	rw-0	rw-(0)	r(w)-0

4）控制寄存器 4（FCTL4）

15	14	13	12	11	10	9	8	7	6	5	4	3	2	1	0
FWKEYx								保留		MRG1	MRG0	保留			
								r-0	r-1	rw-0	rw-0	r-0	r-0	r-0	r-0

13. DMA 寄存器

1）DMA 控制寄存器 0（DMACTL0）

15	14	13	12	11	10	9	8
				DMA2TSELx			
rw-(0)	rw-(0)	rw-(0)	rw-(0)	rw-(0)	rw-(0)	rw-(0)	rw-(0)

7	6	5	4	3	2	1	0
DMA1TSELx				DMA0TSELx			
rw-(0)	rw-(0)	rw-(0)	rw-(0)	rw-(0)	rw-(0)	rw-(0)	rw-(0)

2）DMA 控制寄存器 1（DMACTL1）

15		3	2	1	0
0	. . .	0	DMAONFETCH	ROUNDROBIN	ENNMI
r0		r0	rw-(0)	rw-(0)	rw-(0)

3）DMA 通道控制寄存器（DMAnCTL）

15	14	13	12	11	10	9	8
保留	DMADTx			DMADSTINCRx		DMASRCINCRx	
rw-(0)	rw-(0)	rw-(0)	rw-(0)	rw-(0)	rw-(0)	rw-(0)	rw-(0)

7	6	5	4	3	2	1	0
DMADSTBYTE	DMASRCBYTE	DMALEVEL	DMAEN	DMAIFG	DMAIE	DMAABORT	DMAREQ
rw-(0)	rw-(0)	rw-(0)	rw-(0)	rw-(0)	rw-(0)	rw-(0)	rw-(0)

4）DMA 源地址寄存器（DMAnSA）

15	14	13	12	11	10	9	8	7	6	5	4	3	2	1	0
保留													DMAnSAx		
r0	r0	r0	r0	r0	r0	r0	r0	r0	r0	r0	r0	r0	rw	rw	rw

15	14	13	12	11	10	9	8	7	6	5	4	3	2	1	0
DMAnSAx															
rw	rw	rw	rw	rw	rw	rw	rw	rw	rw	rw	rw	rw	rw	rw	rw

5）DMA 目的地址寄存器（DMA*n*DA）

15	14	13	12	11	10	9	8	7	6	5	4	3	2	1	0
保留													DMA*n*DA*x*		
r0	r0	r0	r0	r0	r0	r0	r0	r0	r0	r0	r0	r0	rw	rw	rw

15	14	13	12	11	10	9	8	7	6	5	4	3	2	1	0
DMA*n*DA*x*															
rw	rw	rw	rw	rw	rw	rw	rw	rw	rw	rw	rw	rw	rw	rw	rw

6）DMA 数据块大小寄存器（DMA*n*SZ）

15	14	13	12	11	10	9	8	7	6	5	4	3	2	1	0
DMA*n*SZ*x*															
rw	rw	rw	rw	rw	rw	rw	rw	rw	rw	rw	rw	rw	rw	rw	rw

7）DMA 中断向量寄存器（DMAIV）

15	14	13	12	11	10	9	8	7	6	5	4	3	2	1	0
0	0	0	0	0	0	0	0	0	0	0	0	DMAIV*x*			0
r0	r0	r0	r0	r0	r0	r0	r0	r0	r0	r0	r0	r-(0)	r-(0)	r-(0)	r0

DMA 中断值见附表 C.4。

附表 C.4　DMA 中断值

DMAIV 的值	中　断　源	中　断　标　志	优先级
000h	无中断	--	高
002h	DMA 通道 0	DMA0IFG	
004h	DMA 通道 1	DMA1IFG	
006h	DMA 通道 2	DMA2IFG	
008h	保留	--	
00Ah	保留	--	
00Ch	保留	--	
00Eh	保留	--	低

参 考 文 献

[1] 谢楷,赵建. MSP430 系列单片机系统工程设计与实践. 北京:机械工业出版社,2009.

[2] 沈建华,杨艳琴. MSP430 系列 16 位超低功耗单片机原理与实践. 北京:北京航空航天大学出版社,2008.

[3] 王建校,危建国,孙宏滨. MSP430 5XX/6XX 系列单片机应用基础与实践. 北京:高等教育出版社,2012.

[4] 李智奇. MSP430 系列超低功耗单片机原理与系统设计. 西安:西安电子科技大学出版社,2008.

[5] 邓颖. MSP430FRAM 铁电单片机原理及 C 程序设计. 北京:北京航空航天大学出版社,2012.

[6] 梁源,贾灵,郝强. 大学生嵌入式学习实践——基于 MSP430 系列. 北京:北京航空航天大学出版社,2010.

[7] 曹磊. MSP430 单片机 C 程序设计与实践. 北京:北京航空航天大学出版社,2007.

[8] 黄子强. 液晶显示原理(第 2 版). 北京:国防工业出版社,2008.

[9] 窦振中. 基于单片机的嵌入式系统工程设计. 北京:中国电力出版社,2008.

[10] 任哲. 嵌入式实时操作系统 μC/OS-Ⅱ原理及应用. 第 2 版. 北京:北京航空航天大学出版社,2009.

[11] 王宜怀. 嵌入式系统原理与实践:ARM Cortex-M4 Kinetis 微控制器. 北京:电子工业出版社,2012.

[12] 吴建平. 传感器原理及应用. 第 2 版. 北京:机械工业出版社,2012.

[13] 傅强,杨艳. LaunchPad 口袋实验平台——MSP-EXP430G2 篇. 北京:北京航空航天大学出版社,2013.

[14] 黄龙松. 利尔达 LSD-TEST430F261X-V1_1 实验指导书. 2008.

[15] John Davies. MSP430 Microcontroller Basics. Newnes Press,2008.

[16] TI datasheet:MSP430x2xx Family User's Guide. http://www. ti. com. cn/cn/lit/ug/slau144j/slau144j. pdf.

[17] TI datasheet:MSP430F261x 混合信号微控制器. http://www. ti. com. cn/cn/lit/ds/symlink/msp430f2618. pdf.

[18] 孙树印. 铁电存储器原理及应用比较. 单片机与嵌入式系统应用,2004,(9):15 -18.

图书资源支持

感谢您一直以来对清华版图书的支持和爱护。为了配合本书的使用，本书提供配套的素材，有需求的用户请到清华大学出版社主页（http://www.tup.com.cn）上查询和下载，也可以拨打电话或发送电子邮件咨询。

如果您在使用本书的过程中遇到了什么问题，或者有相关图书出版计划，也请您发邮件告诉我们，以便我们更好地为您服务。

我们的联系方式：

地　　址：北京海淀区双清路学研大厦 A 座 707

邮　　编：100084

电　　话：010－62770175－4604

资源下载：http://www.tup.com.cn

电子邮件：weijj@tup.tsinghua.edu.cn

QQ：883604(请写明您的单位和姓名)

扫一扫
资源下载、样书申请
新书推荐、技术交流

用微信扫一扫右边的二维码，即可关注清华大学出版社公众号"书圈"。